Karin Schweizer

Strömt die Welt in unseren Köpfen?

KOGNITIONSWISSENSCHAFT

Karin Schweizer

Strömt die Welt in unseren Köpfen?

Kontiguität und Abruf in mentalen Karten

Mit einem Geleitwort von Prof. Dr. Theo Herrmann

Deutscher Universitäts-Verlag

Bibliografische Information Der Deutschen Bibliothek
Die Deutsche Bibliothek verzeichnet diese Publikation in der Deutschen Nationalbibliografie; detaillierte bibliografische Daten sind im Internet über <http://dnb.ddb.de> abrufbar.

Habilitationsschrift Universität Mannheim, 2002

1. Auflage Juli 2004

Lektorat: Ute Wrasmann / Dr. Tatjana Rollnik-Manke

Der Deutsche Universitäts-Verlag ist ein Unternehmen von Springer Science+Business Media.
www.duv.de

Umschlaggestaltung: Regine Zimmer, Dipl.-Designerin, Frankfurt/Main

Gedruckt auf säurefreiem und chlorfrei gebleichtem Papier

ISBN-13:978-3-8244-4569-1 e-ISBN-13:978-3-322-81334-3
DOI: 10.1007/978-3-322-81334-3

Geleitwort

Die Orientierung im Raum gehört zu den komplexesten Leistungen des menschlichen Geistes. Diese Leistung ist für unser Überleben und auch für unsere Kulturentwicklung von höchster Bedeutung. Wie sollten wir ohne eine adäquate Raumkognition unsere lebenserhaltenden Ressourcen gewinnen, und wie sollten wir ohne die geeignete Plazierung von Artefakten im Raum und ohne eine etablierte räumliche Infrastruktur eine fortgeschrittene Kultur erschaffen?

Diese Forschungsmonographie befaßt sich mit der Raumkognition unter psychologischem Blickwinkel. Mit der Raumkognition verschaffen sich Menschen einen Überblick über die Areale ihrer räumlichen Umgebung, sie gewinnen Wissen über begangene oder befahrene Routen, sie orientieren sich häufig zusätzlich mit Hilfe des Studiums von Karten und Plänen und können sich auf diese Weise immer besser in ihrer räumlichen Umgebung orientieren. Der erfolgreiche Erwerb von Raumwissen bedeutet im wesentlichen: Man kann einzelne Örter, aber auch Routen von einem Start bis zu einem Ziel sowie spezielle Punkte, an denen Entscheidungen über Weg-Alternativen zu treffen sind, und auch ganze Raumareale bei Bedarf im Gedächtnis abrufen. Man erinnert sich an Raumkonstellationen und ihre Elemente, man erkennt sie bei neuerlicher Wahrnehmung wieder, man kann sie erwarten, und so fort.

Da die experimentelle psychologische Forschung notwendigerweise parzelliert betrieben wird, ist auch das Thema der vorliegenden Arbeit nur ein begrenzter, wenn auch sehr wichtiger Teil des allgemeinen psychologischen Problems der Raumkognition. Das Thema ist aktuell und wird seit einiger Zeit intensiv bearbeitet. Die bisher gewonnenen Forschungsergebnisse wie auch die Theorien bzw. Modelle sind vielfältig und zum Teil widersprüchlich. Eine psychologische Theorie, die der gesamten Befundlage gerecht werden könnte, fehlt. Über alles dies kann man sich in der vorliegenden Publikation informieren. Nun legt die Autorin einen eigenen Theorievorschlag vor, der mehr als die konkurrierenden Theorien der derzeit so komplexen Befundsituation gerecht zu werden verspricht. Und die Autorin bietet eine Innovation dar: Sie benutzt Teile des Formalismus der physikalischen Strömungstheorie, um psychologische Datenstrukturen zu rekonstruieren, und sie hat offensichtlich Erfolg damit.

Ihr Forschungsfeld bezieht sich auf folgenden Sachverhalt: Menschen, die in einem bereits erlernten Raumareal oder auf einer bereits erlernten Route einen Ort O_1 erneut wahrnehmen oder sich an ihn erinnern, erkennen oder erinnern sich an ihn in der Regel schneller und genauer, wenn sie kurz zuvor einen anderen Ort O_2 aus demselben Areal oder auf derselben Route wahrgenommen oder erinnert haben. Die vorherige Kognition von O_2 erleichtert also die Kognition von O_1. Diesen Vorgang nennt man *Priming* („Vorwärmen"). Eine notwendige

Voraussetzung für den Erleichterungseffekt auf dem Wege des Priming besteht ersichtlich darin, daß O_1, O_2 und viele andere Örter beim Erlernen von Arealen und Routen mental integriert und als kognitive Struktur gespeichert wurden.

Man kann das raumbezogene Priming und seine Wirkung experimentell untersuchen. Umfangreiche Forschungsprojekte der letzten Jahrzehnte haben ergeben, daß der raumbezogene Priming-Effekt keineswegs immer auftritt. Er tritt nur unter diversen Randbedingungen auf, die die Psychologie der Raumkognition bis heute kaum als eine kohärente Bedingungsstruktur zu durchschauen vermag. Es handelt sich vor allem um die folgenden sechs variablen Bedingungen: Wie weit sind O_2 und O_1 räumlich voneinander entfernt? Wurde O_2 während des Lernens vor oder nach O_1 wahrgenommen? Wie sind das Areal oder die Route topographisch aufgebaut, handelt es sich also etwa um geteilte oder ungeteilte Räumlichkeiten, wo liegen die Entscheidungspunkte, und so fort? Wie groß ist während des Wissensabrufs der zeitliche Abstand des Sichtbarwerdens von O_2 und O_1? Wie hoch ist das Übungs- bzw. Erfahrungsniveau der Versuchspersonen? Welche generellen interindividuellen Unterschiede der raumbezogenen Informationsverarbeitung wirken sich aus?

Wie erwähnt, ist keine der bisher vorliegenden psychologischen Theorien bzw. Modelle in der Lage, alle diese Einflüsse auf das raumbezogene Priming in kohärenter und konsistenter Weise zu rekonstruieren. Die Autorin legt nun eine Theorie des raumbezogenen Priming vor, die auf der Basis einfacher strömungstheoretischer Formalismen beansprucht, genau dies zu leisten. Sie modelliert das raumbezogene Priming als laminare Scherströmung mit variablem Parameter P. Die heterogenen Randbedingungen des Priming-Effekts wirken in nichtlinearer Weise zusammen auf die Scherströmung ein. Neben der erstaunlichen Einfachheit dieses Theorieaufbaus sehe ich einen erheblichen Vorteil darin, daß die Autorin mit modellspezifischen Zeitparametern arbeitet, die unmittelbar mit experimentell gewonnenen Zeit-Daten in Beziehung gesetzt werden können. Die Generalisierbarkeit des Modells auf Sachverhalte außerhalb des Priming-Paradigmas erscheint mir einstweilen noch gering.

Die Autorin arbeitete bei der Entwicklung und provisorischen Überprüfung ihrer Theorie mit vorliegenden, zum Teil eigenen und speziell zur Prüfung ihrer Theorie erhobenen und herangezogenen Daten. Auch die Theorieentwicklung, über die in der vorliegenden Monographie berichtet wird, ist wie jede andere einer fortgesetzten empirischen Überprüfung und auch der theoretischen Weiterentwicklung (auch unter dem Aspekt der soeben genannten Generalisierbarkeit) bedürftig. Ich halte solche Elaborationen angesichts der Aktualität des Problembereichs und der Neuartigkeit und Orginalität des Ansatzes für außerordentlich lohnend.

Theo Herrmann

Vorwort

„Strömt die Welt in unseren Köpfen?“, so lautet die zugegebenermaßen etwas provokative Frage meiner Habilitationsschrift, die sogleich an den von William James postulierten Strom des Bewußtseins erinnert, dem beständigen Aufeinanderfolgen psychischer Vorgänge. Doch mit Bewußtsein hat das Ganze weniger zu tun. Vielmehr wird – vollends im Rahmen des Informationsverarbeitungsparadigmas der Psychologie – ein Modell aufgestellt, das mit Hilfe von Gesetzmäßigkeiten der Strömungslehre dazu beiträgt, generelle Mechanismen beim Informationsabruf zu erklären.

Wie funktioniert das Denken des Menschen? Wie kann man es beschreiben? Dies sind die zentralen Fragen der Psychologie, die mich seit meinem Studium beschäftigen. Was wechselte, war die Herangehensweise an dieses Thema und die Sicht auf die Dinge. Während meiner Zeit an der Fakultät für Sozialwissenschaften der Universität Mannheim war die Beantwortung der Frage vor allem im Bereich des „Sprechens über Raum“ angesiedelt. Die Fragen hießen: Wie beschreibt man eine räumliche Anordnung? Was führt Menschen dazu, eine bestimmte Reihenfolge bei der Beschreibung zu wählen? Wie beeinflußt die Situation das sprachliche Verhalten von Menschen?

Seit meinem Wechsel an die Universität der Bundeswehr München hat sich mein Interesse am Anwendungsbezug der Forschung entscheidend vergrößert. Dies hatte auch Einfluß auf meine Forschungsfragen zum Abruf von Information. Es ist mir wichtig, Bezüge zum Anwendungsbereich herzustellen und diese interdisziplinär – unter Hinzunahme von Werkzeugen aus anderen Disziplinen – zu bearbeiten. Hier bedeutet das, daß die beim Informationsabruf entstehenden Erleichterungseffekte eben nicht nur als genuin grundlagenwissenschaftliches Thema, sondern auch als ein Problem der angewandten Forschung betrachtet werden. Der Informationsabruf im allgemeinen wird konkretisiert, indem z.B. betrachtet wird, was passiert, wenn Menschen sich an Dinge, die sie während eines Rundgangs durch ein Museum sahen, erinnern. Ich vermute, daß sich diese Erinnerung als eine Strömung auffassen läßt.

Wie genau sich die Idee dazu entwickelt hat, läßt sich wohl nicht mehr nachvollziehen. Sie konkretisierte sich fraglos in den anregenden Gesprächen mit Prof. Dr. Theo Herrmann zu einem Forschungsvorhaben. Dafür und für die anregende und inspirierende Atmosphäre in Mannheim möchte ich ihm und meinen ehemaligen Mannheimer Kolleginnen und Kollegen Dipl.-Psych. Stefan Barattelli, Dr. Heike Maria Buhl, Dr. Peter Dreyer, Prof. Dr. Joachim Grabowski, Dr. Ralf Graf, Dr. Gabriele Janzen, Dr. Steffi Katz, Dr. Klaus Kessler,

Dr. Markus Kiefer, Prof. Dr. Roland Mangold, Dr. Ralf Rummer, Dr. Constanze Vorwerg und Dipl.-Psych. Petra Weiß danken.

Daß die Idee, Informationsabruf und die dabei entstehenden Priming-Effekte als Strömung und nicht als Aktivationsausbreitung aufzufassen, letztendlich zu dem hier entwickelten Modell führen konnte, verdanke ich der interdisziplinären Zusammenarbeit mit vielen Wissenschaftlerinnen und Wissenschaftlern aus Deutschland und den USA im Rahmen der beiden Sommerkollegs des GAAC in Boston und Bielefeld. Hierfür bedanke ich mich stellvertretend bei Prof. Dr. Holk Cruse und Prof. Dr. Terrence W. Deacon sowie dem Deutschen Wissenschaftskolleg. Besonders wertvoll war mir auch die Unterstützung bei der Überprüfung der strömungsmechanischen Voraussetzungen des entwickelten Modells durch Prof. Dr. Klaus Hornung vom Institut für angewandte Strömungsmechanik an der Fakultät für Luft- und Raumfahrttechnik der Universität der Bundeswehr München.

Für die Heranführung an anwendungsbezogene Perspektiven und für wertvolle Tips, anregende Diskussionen sowie die Unterstützung und Ermutigung während der Fertigstellung der Arbeit gilt mein besonderer Dank Prof. Dr. Bernd Weidenmann und Prof. Dr. Manuela Paechter. Ihnen sowie der Bereitschaft von Prof. Dr. Roland Mangold, Dr. Rudolph Seising und Dr. Gabriele Janzen, mir ihre Zeit und Konzentration zu schenken, verdanke ich auch Verbesserungsvorschläge zu früheren Versionen dieses Textes.

Die empirische Prüfung des entwickelten Modells war schließlich nur möglich durch die Förderung der DFG, insbesondere durch die beiden im Schwerpunktprogramm „Raumkognition" durchgeführten Projekte, sowie die Mittel der Emil-Kömmerling-Stiftung der Universität Mannheim. Anteil an der Durchführung der Untersuchungen haben vor allem die beiden unermüdlichen Projektmitarbeiterinnen Dr. Gabriele Janzen und Dr. Steffi Katz sowie Dagmar Hoffmann, Tanja Keller, Matthias Stapel, Marion Schade und Christian Westermeier. Last but not least danke ich sehr herzlich meinem Ehemann, Dipl.-Geogr. Michael Horn, sowie Carolin Bauer und Yasmin Obst für ihre unentwegte Hilfsbereitschaft.

Karin Schweizer

Inhaltsverzeichnis

Abbildungsverzeichnis

Tabellenverzeichnis

1 Einleitung

Äußerungen wie „Haben Sie das alles auf Ihrer Festplatte?“ oder „Mein Arbeitsspeicher ist zu klein.“ tauchen zunehmend häufig in unserer Alltagssprache auf. Gemeint ist damit nicht etwa die Festplatte eines Computers oder dessen Arbeitsspeicher, sondern die „vermuteten“ Speicher in unserem Gehirn. Die nach der „kognitiven Wende“ in der Psychologie so erfolgreich verwendete Computermetapher hat nun also Einzug in unsere Alltagsvorstellungen von geistigen Prozessen gehalten – und das mit der ihr eigenen überwältigenden Überzeugungskraft (Gentner & Grudin, 1985). Obwohl es prinzipiell möglich gewesen wäre, Kognitionswissenschaft auch ohne Computer zu betreiben, sah man seit der ersten Generation der Kognitionsforscher im Computer das praktischste und passendste Modell, um über das Denken nachzudenken (Gardner, 1992, S. 401).

Doch was steckt eigentlich hinter dieser Metapher? Wir nehmen an, daß geistige Prozesse wie Empfinden, Wahrnehmen, Vorstellen, Assoziieren, Schlußfolgern oder Problemlösen als Symbolmanipulationen beschrieben werden können (s. auch Exkurs: Symbolische und analoge Repräsentationen). Wir nehmen Information auf, halten sie für eine begrenzte Zeit aufrecht und enkodieren diese dann längerfristig. Benötigen wir zuvor gespeicherte Information, dann können wir über geeignete Adressen oder andere Verfahren wieder darauf zugreifen. Diese Prozesse können i.d.R. relativ gut mit der Computermetapher beschrieben oder mit Computermodellen simuliert werden. So kommt es häufig zu dem Mißverständnis, die Simulation menschlicher Leistungen durch Computermodelle impliziere, daß das kognitive System des Menschen durchweg wie ein Computer funktioniere, daß menschliche Informationsverarbeitung Symbolmanipulation sei. Die oben genannten Äußerungen sind eine Folge davon. Weit schwerer wiegt aber, daß Heuristiken, die durch das Nachdenken über nichtsymbolische Prozesse gewonnen werden, an Bedeutung verlieren.

Dabei war dies von „kognitiven Modellierern“ keineswegs beabsichtigt. Zu Beginn der kognitiven Modellierung ging es lediglich darum, Vorhersagen von Modellen zu überprüfen, d.h. diese zu berechnen. Dazu postulierte man, daß kognitive Systeme lebender Organismen und künstliche kognitive Systeme eine gemeinsame Klasse bilden. Eigenschaften von lebenden Organismen können so in künstlichen Systemen abgebildet werden. Häufig geschieht das durch die Konzeption sog. neuronaler (konnektionistischer) Netze, wie konnektionistische Modelle oft genannt werden (s. auch Abschnitt 2.1 und 3.1.2). Beispiele hierfür sind die von McCullochs und Pitts entworfenen Recheneinheiten, die dazu dienen, logische Kalküle nachzuvollziehen, Hebbs Nachbildungen des Lernens von Neuronen oder Rosenblatts Entwurf der Perzeptronen zur Wiedererkennung (Mangold, 1996; Rojas, 1993; Waloszek, 1996).

Es gibt jedoch auch Bereiche, in denen man die Idee, Prozesse zumindest teilweise nicht-symbolisch zu beschreiben, beibehielt – so vor allem im Bereich der Wahrnehmung von Bildern und in der Raumkognition. I.d.R. werden solche Phänomene folgerichtig dem Bereich der wahrnehmungsbasierten Wissensrepräsentationen zugeordnet (s. z.B. Anderson, 1996, S. 103 ff.; zu Repräsentationen s. auch Exkurs: Symbolische und analoge Repräsentationen). Kognitionswissenschaftler, die analoge (nicht-symbolische) Modelle propagieren, wie z.B. Kosslyn (1983), betonen stets, daß es neben der Enkodierung von Information in Symbolen auch „quasi-bildhafte" Repräsentationen gäbe, sog. „Bilder im Kopf".

Die Fähigkeit, sich alle nur erdenklichen Gegenstände, Szenen und Erlebnisse vor das „geistige Auge" zu führen, beschäftigt die Forscher seit der Antike. Auch zu Beginn der experimentellen Psychologie stand die Erforschung der Vorstellungsbilder im Vordergrund (s. auch Kapitel 3). Heute liegen die Vorteile nicht-symbolischer Modelle in ihrem heuristischen Charakter. Heuristiken können dazu dienen, neue Erkenntnisse im Sinne neuer Einsichten zu erzeugen und nicht nur die Geltung bereits vorhandener Erkenntnisse sicherzustellen (s. auch Albert, 1982)[1]. So dient beispielsweise die Analyse menschlicher Informationsverarbeitung vor dem Hintergrund menschlicher Interaktion mit der Umwelt dazu, Heuristiken und Theorien zur situierten Handlung zu entwickeln: Im Gegensatz zu Computern sind menschliche Lebewesen mit ihrer Umwelt in qualitativ anderer Weise verbunden, da sie sich in der Evolution gemeinsam mit ihr entwickelt haben (z.B. Agre, 1993; Anderson, 1991; Deacon, 1998; Greeno & Moore, 1993).

Ganz in diesem Sinne soll in der vorliegenden Arbeit ein Modell zum Informationsabruf vorgestellt werden, das für die dabei entstehenden Erleichterungseffekte einen Strömungsprozeß zugrunde legt. Das Strömungsmodell ermöglicht es, bei solchen Abrufprozessen meßbare Reaktionszeiten über Funktionsgleichungen zu bestimmen und an dem Prozeß beteiligte Parameter zu identifizieren. Es wird als Analogie zu Prozessen gesehen, die beim Denken stattfinden. Durch die gewählte Analogie wird nicht festgelegt, ob die Prozesse, die so beschrieben werden, als symbolische oder nicht-symbolische (analoge) Prozesse zu verstehen sind.

1.1 Ausgangspunkt und Ziel der Arbeit

Der Gegenstandsbereich des in dieser Arbeit zu entwerfenden Modells ist der Abruf von Information in mentalen Karten – einer hypothetischen mentalen Repräsentation der räumlichen

[1] Es sei darauf hingewiesen, daß die Kombination rationaler Heuristik und Beweisführung zur resolutiv-kompositiven Methode im strengen Sinne der Logik zu einem echten logischen Zirkel führt (Albert, 1982, S. 40 ff.; Lakatos, 1962, S. 76).

Umgebung des Menschen (Downs & Stea, 1982; Kitchin & Freundschuh, 2000; Liben, 1981). Speziell interessieren mich dabei Erleichterungseffekte (Priming-Effekte), die ein sehr allgemeines Phänomen beim Informationsabruf – nicht nur in mentalen Karten – darstellen. Zu Priming[2]-Effekten gibt es eine Fülle von Literatur sowie ganz unterschiedliche Theorien, um die dabei wirkenden Mechanismen und Prozesse zu erklären (Glaser, 1992; McNamara, 1992a; 1994b; Neely, 1991; Neely & Keefe, 1989; Ratcliff & McKoon, 1994). Mein Ziel ist es, diese Modelle durch die Abbildung und Formalisierung der stattfindenden Prozesse als Strömungsprozesse zu verbessern und diese Annahme anhand einiger empirischer Untersuchungen zu prüfen. Durch die in dieser Arbeit gewählte nicht-symbolische Analogie gelingt es, Parameter zu identifizieren, die einen Einfluß auf den zu modellierenden Priming-Prozeß haben. Ich erläutere im folgenden kurz die Schlüsselbegriffe des gewählten Themas, bevor ich in Abschnitt 1.2 einen Überblick über die Methode und den Gegenstandsbereich gebe.

Wie bereits dargestellt, geht es um Priming-Effekte, die auch beim Informationsabruf in mentalen Karten zu beobachten sind. Dazu ein Beispiel: Wahrscheinlich kennen wir alle die Situation, daß wir ein Foto oder ein Dia aus einer längst vergessenen Urlaubsreise sehen und uns plötzlich wieder an viele Einzelheiten aus dieser Zeit erinnern, die wir längst vergessen glaubten. Das mag sich auf Situationen beziehen wie den Kauf eines Baguettes in der Bäckerei gleich neben dem Hotel. Oder aber uns fällt wieder ein, wie beeindruckt wir vom Inneren einer Kirche waren, die gleich am anderen Ende des Marktplatzes lag, den wir gerade auf dem Dia sehen.

Daß der Abruf durch den entsprechenden Hinweisreiz (das Dia) erleichtert wird, mag an vielen verschiedenen Dingen liegen. So kann beispielsweise die Urlaubsstimmung, an die man sich erinnert und die man beim Betrachten der Bilder wieder empfindet, ein Auslöser dafür sein. Oft erinnert man sich auch an bestimmte Handlungen, eben den Einkauf in der Bäckerei oder eventuell an das Gespräch, das man dabei geführt hat. Wahrscheinlich ist es, daß die ungewöhnliche und doch so alltägliche Erinnerungsleistung durch eine raum-zeitliche Kontiguität bedingt ist, die zwischen dem gesehenen Bild und den plötzlich wieder erinnerbaren Ereignissen besteht.

Das Prinzip der Kontiguität gehört wie die Prinzipien Ähnlichkeit und Kontrast zu den primären Assoziationen. Seit der Antike und später dem englischen Empirismus wird postuliert, daß Vorstellungen (ursprünglich: Ideen) sich verbinden, die nach den eben genannten Prinzipien klassifizierbar sind. Die Fähigkeit, solche Verbindungen (Beziehungen) zu sehen

---

[2] Die englische Bezeichnung hat sich im psychologischen Sprachgebrauch derart eingebürgert, daß von einer Verwendung des Wortes „Vorwärmen“ oder „Bahnung“ abgesehen wird (s. auch Dorsch, Häcker & Stapf, 1987, S. 504).

und sie zu erforschen, war nach Flugels Ansicht (1938, S. 20 ff.) jedoch wie ein Irrlicht in der modernen Psychologie, da man sie dauernd aus dem Auge verlor, vergaß oder vernachlässigte und wiederentdeckte. Zu Beginn des 19. Jahrhunderts beschäftigte sich Thomas Brown mit der Frage, warum Vorstellungen bei Menschen unterschiedliche Assoziationen (einfache Suggestionen) hervorrufen können. Um diesen Sachverhalt zu erklären, postulierte er, daß neben den primären Assoziationsprinzipien ebenso die relative Dauer, die relative Stärke, die relative Häufigkeit, die relative Frische, die konstitutionelle Verschiedenheit und die Gemütsbewegungen einer Person sowie vorübergehende Zustandsänderungen und frühere Denk- und Lebensgewohnheiten einen Einfluß auf die Bildung von Assoziationen haben. Diese Prinzipien wurden später „sekundäre Assoziationsgesetze“ genannt (Flugel, 1938).

Aufgrund der genannten und anderer Assoziationen entstehen beim Abruf von Information fast immer sog. Erleichterungs- oder Priming-Effekte. Mit dem Begriff „Priming“ (Vorwärmen) bezeichnete man ursprünglich den Sachverhalt, daß durch die Darbietung eines Wortes alle anderen Wörter, die eine assoziative Beziehung zum ersten Wort haben „assoziativ aktiviert“ werden. Man spricht dann davon, daß Priming vorliegt, wenn ein Ereignis *A* das Auftreten der Wahrscheinlichkeit eines Ereignisses *B* vergrößert, das mit *A* assoziiert ist. In diesem Fall kommt es zu einer Reaktionszeitverkürzung, dem Priming-Effekt.

Dieser Effekt kann – ähnlich wie die Anzahl der Wörter, die in einer bestimmten Zeit genannt werden – gemessen werden. Zentrale Theorien erklären Priming-Effekte jedoch nicht direkt über Reaktionszeiten, sondern als Folge eines berechneten Wertes, der für die Assoziation zwischen Elementen steht (Anderson & Matessa, 1997; Ratcliff & McKoon, 1994; Rouder, Ratcliff & McKoon, 2000). Reaktionszeitverkürzungen ergeben sich nach diesen Theorien erst dann, wenn das Erreichen eines festgelegten Schwellenwertes in einer bestimmten Zeit angenommen wird. Dazu kann eine Transformationsregel festgelegt werden. Es sind also mehrere Schritte nötig, um von einem Stimulus, der mit einem anderen assoziiert ist, auf Reaktionszeitverkürzungen schließen zu können.

Darüber hinaus sind Priming-Effekte sehr vielfältig (Lüer, Heuermann, Lass, Becker, Fang & Ma, 1993). Sie treten in den unterschiedlichsten Aufgaben zu Tage und dauern oft sehr lange an. Man kann den Stimulus, der für die Reaktionszeitverkürzung verantwortlich gemacht wird (das Prime), auch unterhalb der Wahrnehmungsschwelle darbieten und dennoch Priming-Effekte erhalten (Dagenbach, Carr & Wilhelmsen, 1989). Man kann ihn auch kurz nach der Präsentation des zweiten Stimulus exponieren und kann dennoch Priming-Effekte evozieren. Die Gesamtheit all dieser Effekte kann nicht mit einer einzigen der zentralen Theorien erklärt werden (Neely, 1991; Neely & Keefe, 1989). Vielmehr werden mehrere Mechanismen für das Zustandekommen einzelner Effekte verantwortlich gemacht.

Beim Abruf von Information in mentalen Karten hat diese Unterschiedlichkeit der Priming-Befunde dazu geführt, hoch-komplexe Repräsentationen anzunehmen, um die Modelle aufrecht erhalten zu können. Damit ist ein Status erreicht, der eine Verbesserung der Theorien empfehlenswert erscheinen läßt. Eine solche Verbesserung soll in dieser Arbeit über einen Strömungsansatz geschehen, der in dieser interdisziplinären Weise für diesen Gegenstandsbereich so noch nicht formuliert wurde. Dadurch ergibt sich die Möglichkeit, Reaktionszeiten als Strömungsgeschwindigkeiten abzubilden und auf weitere Transformationsregeln zu verzichten. Außerdem können die Einflußgrößen im Strömungsmodell auf kognitive Einflußfaktoren beim Priming übertragen werden.

1.2 Methode und Aufbau der Arbeit

Die Konzeption von Reaktionszeiten als Geschwindigkeiten einer Strömung beruht auf dem Ansatz, die menschliche Informationsverarbeitung als zeitliche Veränderung in einem dynamischen System aufzufassen. Das Strömungsmodell ist somit ein Modellierungswerkzeug. Es dient – wie andere Modellierungswerkzeuge auch – dazu, Annahmen zu formalisieren und Parameter zu bestimmen, die einen Einfluß auf den Prozeß haben. In der Strömungslehre, einem Anwendungsgebiet der Feldtheorie, ist das Feld eine Abbildung des Raumes bzw. eine Abbildung der Raum-Zeit, wobei beides, die Umgebung und der Prozeß, durch Gleichungen beschrieben wird. In Abhängigkeit davon, welches Problem zu lösen ist, können unterschiedliche Blickwinkel auf dieses Feld eingenommen werden, was dazu führt, daß unterschiedliche Gleichungen formuliert oder gelöst werden. Im hier vorliegenden Fall wird eine spezielle Lösung der Navier-Stokesschen Bewegungsgleichungen (s. unten) angewendet, die zu einer einfachen Lösung für die Berechnung der Geschwindigkeitsfelder im Strömungskanal führt.

Die gewählte Lösung läßt – trotz aller Einfachheit – eine Reihe von Vorhersagen über den Prozeß des Primings zu. Parameter, die beim Zustandekommen der Strömung, die für den Prozeß als Modell dient, eine Rolle spielen, werden auf kognitionspsychologisch relevante Größen übertragen. Die Zuordnung dieser Einflußgrößen zu mentalen Determinanten des Priming-Prozesses sowie die spezifische Formulierung der Geschwindigkeitsfelder führen zu Hypothesen, die in sieben Untersuchungen geprüft werden.

Nach den eben getroffenen Aussagen ist das Modell im kognitionspsychologischen Bereich angesiedelt. Es dient dazu, den Forschungsgegenstand möglichst strikt zu bestimmen und empirische Ergebnisse zu systematisieren und zu bewerten. Es sollte als Teil von umfassenderen Theoriesystemen angesehen werden können, die den Kriterien der Abgeschlossenheit, Axiomatik, Widerspruchsfreiheit, Unabhängigkeit und Notwendigkeit genügen müssen (Albert, 1982; Popper, 1964). Diese Kriterien zur Beurteilung von Modellen und Theorien werden zusammen mit der Beschreibung des Vorgehens beim kognitiven Modellieren in Abschnitt 2.1 dargelegt.

Eine wichtige Voraussetzung, um die in dieser Arbeit gewählte Vorgehensweise nachvollziehen zu können, sind die Grundlagen der Systemtheorie und der Strömungslehre. Die hierfür notwendigen Schlüsselbegriffe werden in den Abschnitten 2.2.2 und 2.2.3 erläutert. Eine wichtige Schlußfolgerung aus Abschnitt 2.2.2 ist, daß die Beschreibung von Systemen, wie jede andere Modellierung auch, die Menge der Parameter, die einen Einfluß haben, begrenzt. Der aus diesen Parametern konzipierte Zustandraum des Systems ist eine Idealisierung. Er kann in unterschiedlicher Art und Weise formalisiert und dargestellt werden. Zusammen mit der Dynamik, dem Verhalten über die Zeit, stellt er das System in einem bestimmten Ausschnitt dar (v. Bertalanffy, Beier & Laue, 1977; Stachowiak, 1973). In der hier vorgestellten Arbeit soll die Identifizierung des Zusammenwirkens verschiedener Parameter über eine spezielle Lösung der Navier-Stokesschen Bewegungsgleichungen erfolgen (Abschnitt 2.2.3). Solche Gleichungen sind dynamische Beschreibungen des Strömungsfeldes, d.h. Beschreibungen, in denen auf die Strömung wirkende Kräfte (wie z.B. Zähigkeit und Trägheit) berücksichtigt sind. Es ergeben sich letztlich Geschwindigkeitsfelder, die durch einen dimensionslosen Druckgradienten (P) moduliert werden können. Diese Größe beschreibt das Zusammenwirken der strömungsrelevanten Parameter, wie z.B. die Abmessung des Systems u.a., die im Verlauf dieser Arbeit kognitionspsychologisch interpretiert werden. Abschnitt 2.3 enthält schließlich eine Zusammenfassung der in Kapitel 2 getroffenen Aussagen.

Das resultierende Strömungsmodell soll auf einen bestimmten Gegenstandsbereich angewendet werden, nämlich den Informationsabruf in mentalen Karten, die beim Navigieren durch eine Raumanordnung entstehen. Eine zentrale Frage ist dabei, ob sich die Repräsentation von Rauminformation grundsätzlich von der Repräsentation anderer Information unterscheidet. Seit es mit der kognitiven Wende in der Psychologie möglich wurde, Gedanken über ihren Informationsgehalt zu objektivieren (s. auch Exkurs: Information und Informationsverarbeitung), wird die Frage, ob alle Information gleich verarbeitet wird oder ob verschiedene Arten mentaler Repräsentationen und unterschiedliche Gedächtnissysteme angenommen werden müssen, kontrovers diskutiert. Diese Diskussion wird in den Abschnitten 3.1.1 und 3.1.2 nachgezeichnet. Die Beschreibung der Theorien zu Enkodierung und Speicherung beginnt dabei mit der in entsprechenden Arealen des Gehirns vorliegenden Information. Auf eine Darstellung des Wahrnehmungsvorgangs und der Theorien zu Korrespondenzen zwischen neurologischen Strukturen und mentalen Repräsentationen und Prozessen wird aus Gründen der Übersichtlichkeit weitgehend verzichtet.

Vertritt man die Auffassung, daß Information unterschiedlich repräsentiert wird, so bringt man die Enkodierung visuell-räumlicher Information vor allem mit der Repräsentation wahrnehmungsbezogener Wissensinhalte in Verbindung (Abschnitt 3.1.1, s. auch Kluwe, 1990; Paivio, 1975a, b). Man nimmt an, daß wahrnehmungsbezogene und bedeutungsbezogene Repräsentationen von Wissen sich einerseits durch das Format der Repräsentation (symbolisch vs. nicht-symbolisch), andererseits aber auch durch die Art der Relationen zwischen einzelnen Informationsbestandteilen unterscheidet. So trennt z.B. Tulving (1972, 1985) episodische von semantischen Gedächtnisinhalten. Während mit semantischem Wissen Information bezeichnet wird, die nach Bedeutung kategorisiert ist (z.B. nach Oberbegriffs-Unterbegriffs-Relationen), bezeichnet man mit episodischem Wissen die Information, die nach den räumlich-zeitlichen Assoziationen (Kontiguität) des eigenen Erlebens enkodiert sind (s. auch Exkurs: Einfluß der Lernsituation). Solche raum-zeitlichen Assoziationen, die schon von Ebbinghaus (1985) postuliert wurden, spielen auch beim seriellen Lernen eine Rolle (Foppa, 1970; Kluwe, 1990). Diese Art der Enkodierung, die auch entstehen kann, wenn das Lernmaterial in Listen vorgegeben wird, spielt hier eine entscheidende Rolle, denn die Frage ist, ob die Enkodiermechanismen beim Navigieren durch den Raum, um die es in Kapitel 4 geht, nicht als eine Form des seriellen Lernens betrachtet werden können.

Ein hypothetisches Konstrukt, das für diese Arbeit von besonderer Bedeutung ist, ist die Aktivation, da eine Reihe von Theorien zum Informationsabruf das Konzept der Aktivationsausbreitung (Spreading-Activation) nutzen, um Priming-Effekte zu erklären. Gedächtnistheorien betonen die Aktivation von Information in unterschiedlicher Weise, je nachdem, welche Strukturen und Prozeduren sie annehmen bzw. ob sie die Trennung zwischen passiven Speichern und exekutiven Mechanismen sogar ganz aufgeben wie in konnektionistischen Netzen (Walsozek, 1996). Vorstellungen und Annahmen zur Aktivation in Gedächtnistheorien sind Thema des Abschnittes 3.1.2. Im einzelnen werden Produktionensysteme wie im ACT*-Modell von Anderson (1983a, b), schema-orientierte Repräsentationssysteme, Multikomponentenmodelle, Situationsmodelle und konnektionistische Netze behandelt. Eine Zusammenfassung der wichtigsten Aussagen zur Enkodierung und Speicherung von Information findet sich in Abschnitt 3.1.3.

Der Abruf von Information wird in Abschnitt 3.2 dargestellt. Die in dieser Arbeit zu erklärenden Daten beruhen auf Reaktionszeitmessungen bei der Wiedererkennung von Objekten. Daher werden wichtige Prinzipien zur Reaktionszeitmessung zusammen mit der heute weitgehend aufgegebenen Annahme der Additivität von Prozessen in Abschnitt 3.2.1 beschrieben. Mehr Gewicht liegt jedoch auf der Erläuterung der zentralen Annahmen zum Informationsabruf in Abschnitt 3.2.2. Hier werden Eigenschaften der Aufgabe behandelt, die die

Versuchspersonen in den in Kapitel 5 und 6 berichteten Untersuchungen zu lösen haben. Um diese Eigenschaften zu bestimmen, werden Aussagen der Signal-Entdeckungstheorie zur Wiedererkennung von Reizen, lernpsychologische Annahmen zu Positionseffekten, die beim Abruf serieller Information entstehen, und zentralen Mechanismen zur Erklärung von Priming-Effekten illustriert.

Zentrale Theorien zur Erklärung von Priming-Effekten, die damit in Zusammenhang stehenden unterschiedlichen Auffassungen der Modellierung von Wissen und die Beschreibungen der daraus resultierenden Aktivationswerte oder Familiaritätsindizes (als Ausdruck der theoretischen Nähe zwischen Prime und Target) bilden den Abschluß des Abschnitts 3.2.2. Wie in den Abschnitten 3.2.2 und 3.2.3 dargelegt wird, können Annahmen zu Zeitverläufen der Priming-Prozesse nur mit Zusatzannahmen (zusätzlichen Transformationsprozessen) in Zeitverläufe der aufsummierten Aktivationswerte oder Familiaritätsindizes überführt werden. Dies ist ein wichtiger Kritikpunkt an den beschriebenen Modellen und ein Ansatzpunkt des hier vorgeschlagenen Modells.

Ein weiterer Kritikpunkt ist, daß eine Reihe der dargestellten Befunde nicht durch ein Modell alleine erklärt werden kann. Dazu zählen vor allem unterschiedliche Zeitverläufe für bildhaftes und verbales Material und Priming, das aufgrund von „Rückwärtsassoziationen" stattfindet. Bisher wurde vorgeschlagen, verschiedene Abrufmechanismen dafür verantwortlich zu machen. Die hier entwickelte Modellierung des Prozesses im Strömungsmodell bietet die Möglichkeit, beide Befundarten zu integrieren und außerdem ohne zusätzliche Transformationen auszukommen. Ferner können, wie bereits erwähnt, weitere Einflußgrößen berücksichtigt werden. Eine wichtige Schlußfolgerung aus den in Abschnitt 3.2.3 dargestellten Untersuchungen war z.B., daß Zeitfenster und Zeitverläufe eine wesentliche Rolle zu spielen scheinen. Man muß annehmen, daß der Priming-Prozeß in einem bestimmten Zeitfenster maximal ausgeprägt ist. Dieses Zeitfenster hängt vom Material, von der Aufgabe, aber auch von der Geschwindigkeit ab, mit der Versuchspersonen überhaupt reagieren. Diese Faktoren können als Einflußgrößen des Priming-Prozesses betrachtet werden.

Eine Einschränkung des soeben beschriebenen Gegenstandsbereiches würde sich ergeben, wenn die Enkodierung und Speicherung sowie der Abruf von Information in mentalen Karten grundsätzlich anders verlaufen würde als in Kapitel 3 dargestellt. Was man genau unter mentalen Karten versteht, welche Information enkodiert wird, wie sie repräsentiert und abgerufen wird, ist daher Thema des vierten Kapitels. Dabei ist das hypothetische Konstrukt der mentalen Karte Ausdruck einer psychologischen Raumkonzeption, bei der der Mensch im Mittelpunkt des Geschehens steht und Dinge zu sich oder zu anderen Dingen, denen er Bedeutung zumißt, verortet. Die Erfahrungen des Menschen mit dem und im Raum sind so grundlegend, daß man sich im Alltag kaum Gedanken darüber macht. Der Mensch stellt im Nu Beziehungen zwischen räumlichen Entitäten her und verortet sich selbst dazu. Eine eindrucksvolle Darstellung dieses Vorgangs liefert Gibson (1982). Er weist darauf hin, daß man bei der Wahrnehmung einer Raumkonstellation fortwährend auch Teile von sich selbst wahrnimmt. So konstituiert sich das Blickfeld. Ihm zufolge könnte man etwa formulieren: Wenn ich am Computer schreibe und dabei nach unten sehe, sehe ich einen Teil meines Oberkörpers und wie sich meine Hände auf der Tastatur bewegen. Obwohl diese Information normalerweise nicht weiter beachtet wird, liefert sie wertvolle Anhaltspunkte über das Zueinander der Objekte und vor allem der Objekte zu mir. Psychologische und andere – physikalische und philosophische Raumkonzepte sind Gegenstand der Abschnitte 4.1.1 und 4.1.2.

Die erwähnten Anhaltspunkte ermöglichen es, den umgebenden Raum und die Dinge in ihm in Regionen oder Dimensionen aufzuteilen, den Raum unter einer bestimmten Perspektive zu repräsentieren. Die gewählte Perspektive ist sicher ein Kriterium, das Rauminformation von anderer Information unterscheidet. Dieser Sachverhalt wird im Zusammenhang mit unterschiedlichen Arten der Aneignung von Raumwissen in Abschnitt 4.2.2 unter dem Begriff „Orientierungsspezifität" dargestellt.

Um beurteilen zu können, inwiefern Information orientierungsspezifisch ist oder nicht, muß zunächst dargestellt werden, welche Information in mentalen Karten enkodiert wird (Abschnitt 4.2.1). Eine Möglichkeit zu untersuchen, welches Wissen Menschen von ihrer Umwelt aufnehmen, besteht darin, sie Karten ihrer Umgebung zeichnen zu lassen. Bei allen Vorbehalten gegenüber dem Einfluß von kognitiven Verzerrungen und zeichnerischen Fähigkeiten konnte man so relevante Orientierungsmerkmale identifizieren (Lynch, 1960). Dazu zählen u.a. Wegmarken, Landmarken und Entscheidungspunkte, d.h. Objekte und Orte, die dem Menschen helfen, eine Entscheidung über den weiteren Weg wiederzufinden oder den eingeschlagenen Weg zu überprüfen.

Neben solchen Orientierungspunkten sind Distanz- und Richtungsurteile für das Verhalten im Raum wichtig. Bedeutsam ist im Zusammenhang mit dieser Information, daß sie erheblich von der Art bestimmt wird, wie man sich räumliches Wissen aneignet. So wird in mentalen Karten, die aufgrund der Inspektion von externen Karten entstehen, häufig eine Orientierungsspezifität (Alignment-Effekt) festgestellt. Wissen aus externen Karten scheint nicht unabhängig von der Ausrichtung der externen Karte zu sein. Auch Wissen, das man sich beim Navigieren durch eine Anordnung aneignet, ist zunächst orientierungsspezifisch. Die Navigationsrichtung ist entscheidend. Hinzu kommt, daß die eben beschriebenen Wissensarten, die in Abschnitt 4.2.2 ausführlich dargestellt werden, sich vermutlich auch bzgl. der Distanzen, die enkodiert werden, unterscheiden. Es existieren unterschiedliche Vorstellungen dazu, wie Distanzen repräsentiert werden, was wiederum damit zusammenhängt, wie man sich die Repräsentation in mentalen Karten überhaupt vorstellt – ob symbolisch oder nicht-symbolisch, hierarchisch oder nicht-hierarchisch.

Ein Modell, das im Bereich der Priming-Ergebnisse zu mentalen Karten, die hier von besonderem Interesse sind, besonderen Einfluß hatte, ist das später durch Zusatzannahmen erweiterte teilweise hierarchische Modell von McNamara (1986, 1991). In diesem Modell werden Spreading-Activation-Theorien herangezogen, um zu erklären, daß Gesamt-Priming-Effekte dann auftreten, wenn Prime und Target aus der gleichen Region stammen, aber auch wenn die Entfernung, die beide in einem zugrundeliegenden physikalischen Modell (z.B. einer Karte) haben, kurz ist. Diese Aussagen und dazu durchgeführte kritische Untersuchungen anderer Forschergruppen werden in Abschnitt 4.3.1 dargelegt.

Ähnlich wie schon bei der Darstellung allgemeiner Prinzipien zum Informationsabruf können die eben geschilderten orientierungsspezifischen Informationsbestandteile, die in Abschnitt 4.3.2 weiter ausgeführt werden, lediglich über Zusatzannahmen durch Spreading-Activation-Theorien erklärt werden. Insgesamt resultiert ein Modell, das relativ überladen erscheint. Hinzu kommt, daß die im Zusammenhang mit semantischem Priming diskutierte Lösung, bei Backward-Priming eher erwartungsbasierte Abrufprozesse (z.B. in Compound-Cue-Theorien) anzunehmen, hier ebenfalls keine Alternative darstellt: Compound-Cue-Theorien haben – wie berichtet – Schwierigkeiten, unterschiedliche Zeitverläufe beim Priming zu erklären. Diese zeigen sich jedoch auch bei Distanzeffekten (Abschnitt 4.3.2).

Die erwähnten Befunde aus Priming-Untersuchungen bilden folglich die erste Datengrundlage für ein neu zu entwerfendes Modell, das Priming-Prozesse durch Strömungsgeschwindigkeiten erklärt. Aus den bisher dargelegten Annahmen geht hervor, daß der Abrufprozeß dabei als nicht für Raum spezifisch anzusehen ist. Lediglich die Konzeption des Zustandsraumes enthält raumspezifische Information. In Kapitel 5 erfolgt die Darstellung des Modells unter Berücksichtigung der eben genannten Gesichtspunkte:

- In Abschnitt 5.1.1 wird erläutert, wie die Repräsentation von kognitiver Distanz und Richtung in dieser Arbeit aufgefaßt wird. Die Relationen zwischen den einzelnen Objekten werden dabei nicht per se als raumspezifisch betrachtet. Lediglich die Tatsache, daß die Kontiguität der Elemente eine Rolle spielt, deutet auf eine wahrnehmungsbezogene Repräsentation (s. oben). Raumspezifisch ist jedoch die Auffassung, daß Distanzen in Vorwärts- und Rückwärtsrichtung unterschiedlich repräsentiert werden.
- In Abschnitt 5.1.2 werden spezifische Anforderungen des Informationsabrufs, d.h. der eingesetzten Aufgabe, erläutert. Dieser Prozeß ist nicht raumspezifisch konzipiert.

- Aus den Darlegungen in den Abschnitten 5.1.1 und 5.1.2 ergeben sich die Schlußfolgerungen für den Zustandsraum und das Modell (Abschnitt 5.1.3), das in insgesamt zwölf Aussagen (A1 bis A12) erläutert wird. Es entsteht ein Modell eines zweifachen Strömungsvorganges (für Vorwärts- und Rückwärtspaarungen), dessen Geschwindigkeitsfelder durch das Zusammenwirken einiger Einflußgrößen determiniert ist. Zu diesen Einflußgrößen gehören die Zeit, die Grundverarbeitungsgeschwindigkeit des Individuums, seine Vertrautheit mit der Raumanordnung und bestimmte anordnungsspezifische Gesichtspunkte wie die maximale Erinnerungsleistung, die in Vorwärts- und Rückwärtsrichtung unterschiedlich ausfällt.
- Abschnitt 5.1.4 enthält schließlich die aus den Aussagen zum Modell ableitbaren Hypothesen bzgl. der beim Informationsabruf in mentalen Karten zu erwartenden Priming-Effekte.

Die empirische Prüfung der Hypothesen (H1 bis H5) und die Prüfung der Übereinstimmung des Modells mit Daten aus der Empirie erfolgt in den Abschnitten 5.2.1 bis 5.2.4 anhand von drei Experimenten zu einer Raumanordnung, die als VR-Umgebung erzeugt wurde. Die Hypothesen beziehen sich auf Distanz- und Richtungseffekte und auf den Einfluß den die SOA (die Zeit von der Darbietung des Primes bis zur Darbietung des Targets) auf den Priming-Prozeß hat. In diesen Punkten stimmen Modell und Empirie sehr gut überein. Die gewählte Betrachtung des Priming-Prozesses im Strömungsmodell führt zu der Aussage, daß Priming-Prozesse bei geeigneter SOA sowohl zu einfachen Priming-Effekten als auch zu Gesamt-Priming-Effekten bzgl. der kognitiven Distanz und der Richtung führen. Der Prozeß wird durch die Erinnerung an die Anordnung eingeleitet und erfolgt in Vorwärts- und in Rückwärtsrichtung. Dadurch kommt es zu einer Verkürzung aller Reaktionszeiten aufgrund einer im Modell postulierten einfachen Scherströmung, die jedoch durch den Einfluß der maximalen Erinnerungsleistung unter konstantem Druckgradienten in Strömungsrichtung unterschiedlich moduliert wird. (Eine Folge davon ist, daß die Reaktionsgeschwindigkeiten, die aus den Reaktionszeiten berechnet werden, nicht linear mit der Distanz steigen.) Eine Verlängerung der SOA führt jedoch zu einem Verschwinden der Gesamt-Priming-Effekte, d.h. dem Einfluß der maximalen Erinnerungsleistung, aber auch zu einem Ansteigen der einfachen Priming-Effekte. Eine Folge davon ist, daß Reaktionszeitverkürzungen zwischen einzelnen Prime-Target-Paaren (aufgrund der entstandenen einfachen Scherströmung) nicht mehr systematisch variieren. Eine zusammenfassende Bewertung des Vorgehens findet sich in Abschnitt 5.3.

In Kapitel 6 wird die Generalisierbarkeit des Modells geprüft. Dazu werden in den Abschnitten 6.1 bis 6.3 vier weitere Untersuchungen angeführt. Die Generalisierbarkeit wird über den Einfluß der Anordnung (Abschnitte 6.1.1 und 6.1.2), über weitere Variationen der SOA (Abschnitte 6.2.1.und 6.2.2) und über den Einfluß der Grundverarbeitungsgeschwindigkeit des

Systems bzw. der Individuen geprüft (Abschnitt 6.3). Es gelingt so, das Modell weiter zu stützen: Die in Kapitel 5 ermittelten Funktionsgleichungen zur Bestimmung der Reaktionsgeschwindigkeit können auch bei den hier vorgenommenen Veränderungen der Anordnung und Variationen der SOA eingesetzt werden. Außerdem kann die Grundverarbeitungsgeschwindigkeit als weitere Einflußgröße bestätigt werden (s. auch Abschnitt 6.4).

Kapitel 7 enthält eine Zusammenfassung des Modells und die Darstellung des Erkenntnisgewinns, der unter folgenden Fragen behandelt wird: Welche Rolle spielen die identifizierten kognitiven Einflußgrößen bei der Erklärung der in Kapitel 3 und 4 dargestellten Priming-Befunde? Muß das Strömungsmodell als raumspezifisch betrachtet werden oder ist die Modellierung des Strömungsprozesses auch auf Abrufprozesse bei nicht-räumlichen Wissensinhalten anwendbar? Kann der Strömungsprozeß als Dynamik eines Systems bezeichnet werden und liefert die Betrachtung der Dynamik weitere Hinweise auf die Erklärung kognitiver Prozesse? Abschließend wird erläutert, daß das Modell eine höhere Erklärungskraft als die hier referierten Theorien zum Priming besitzt, da es ohne weitere Zusatzannahmen auskommt und neue Forschungsperspektiven aufzeigt.

2 Theorien, Modelle und Modellierungswerkzeuge

Das Ziel der Arbeit ist die Formulierung eines Strömungsmodells zum Informationsabruf in mentalen Karten und den dabei entstehenden Priming-Effekten und somit eine Verbesserung der bisher vorherrschenden Theorien zur Erklärung der genannten Prozesse. Das Modell dient der möglichst strikten Formulierung des Forschungsgegenstandes und soll helfen, die vorliegenden empirischen Ergebnisse zum Informationsabruf in mentalen Karten zu systematisieren und zu bewerten. Für die Bewertung von Theorien und Modellen werden im folgenden wissenschaftstheoretische Kriterien angegeben (Abschnitt 2.1). Außerdem wird das Vorgehen beim kognitiven Modellieren erläutert.

Der Ansatz, der zur Modellierung des Informationsabrufs gewählt wird, ist letztlich ein systemtheoretischer Ansatz: Menschliche Informationsverarbeitung wird als zeitliche Veränderung in einem dynamischen System aufgefaßt. Systemtheorien hielten schon in den 20er Jahren Einzug in verschiedene Wissenschaften, geraten seit dieser Zeit jedoch immer wieder in Vergessenheit. Nach einer kurzen Darstellung verschiedener Bereiche der Systemtheorie und des damit verbundenen Begriffs der Ganzheit (Abschnitt 2.2.1) werden die Begriffe bereit gestellt, die für die Beurteilung des Modells unter systemtheoretischer Sicht von Bedeutung sind (Abschnitt 2.2.2). Dazu gehören der Zustands- oder Phasenraum, die Stationarität von Systemen, die Offenheit vs. die Abgeschlossenheit von Systemen und die Tendenz von Systemen, gegen Gleichgewichtszustände zu streben. Die Zustände von Systemen können unterschiedlich notiert werden. Es werden Beispiele für eine mengentheoretische Betrachtung, aber auch für eine Formulierung in Differentialgleichungen und für grafische Lösungen aus den unterschiedlichsten Bereichen dargestellt. Immer jedoch ist das Beschriebene ein in der Zeit verlaufender Prozeß, der durch eine Reihe von Parametern, die den Zustandsraum des Systems aufspannen, und durch die Formalisierung der Dynamik definiert ist.

In der hier vorgestellten Arbeit, soll die Identifizierung des Zusammenwirkens verschiedener Parameter über ein Strömungsmodell erfolgen. Eine Bereitstellung der hierzu verwendeten Schlüsselbegriffe erfolgt in Abschnitt 2.2.3. Es folgt hier eine kurze Inhaltsangabe dieses Abschnittes: In der Strömungslehre, einem Anwendungsgebiet der Feldtheorie, ist das Feld eine Abbildung des Raumes bzw. eine Abbildung der Raum-Zeit, wobei beides, die Umgebung und der Prozeß, durch Gleichungen beschrieben wird. Der in dieser Arbeit gewählte Ausgangspunkt sind Bewegungsgleichungen. Bewegungsgleichungen (Navier-Stokessche Gleichungen) sind dynamische Beschreibungen des Strömungsfeldes, d.h. neben kinematischen Größen, wie Geschwindigkeit und Bewegung, ist außerdem die Angabe der auf das strömende Medium wirkenden Kräfte wie Trägheits-, Volumen- und Oberflächenkraft notwendig. Dazu ist es meist nötig, Bilanzgleichungen der Masse und des Impulses einzubeziehen. Im vorliegenden Fall wird jedoch eine Lösung angegeben, die eine spezielle Lösung der Navier-Stokesschen Bewegungsgleichungen darstellt und die Berechnung der Geschwindigkeitsfelder im Strömungskanal somit vereinfacht. Die Größen, die dabei ermittelt werden, sind der Ausgangspunkt für das in Kapitel 5 aufzustellende Modell.

2.1 Kognitive Modellierung und andere Perspektiven empirischer Forschung zur menschlichen Informationsverarbeitung

Theorien werden in empirischen Wissenschaften wie der Psychologie als Teil von umfassenden Theoriensystemen angesehen, die folgenden Kriterien genügen müssen.[3] Sie müssen in sich abgeschlossen und axiomatisch sein, d.h. die aufgestellten Aussagen müssen widerspruchsfrei, unabhängig, hinreichend und notwendig sein (Gadenne, 1994; s. unten). Man kann Theorien auch als Teil von Forschungsprogrammen begreifen (Lakatos, 1962). Ein Forschungsprogramm liegt vor, wenn eine Gruppe von Forschern ein gemeinsames Problem nach sozial definierten Handlungsregeln bearbeitet. Es ist wesentlich bestimmt durch seinen Annahmekern. In diesem Sinne sind Theorien als Mittel zur Lösung der in Forschungsprogrammen behandelten Theorien zu sehen (Dörner, 1979; 1994; Herrmann, 1994).

Ein sehr einflußreiches Forschungsprogramm, das mit der kognitiven Wende in den 60er Jahren seinen Einzug hielt, ist die Erforschung der menschlichen Informationsverarbeitung, die auch Gegenstandsbereich der hier vorliegenden Arbeit ist. Die Betrachtung der menschlichen Informationsverarbeitung kann unter verschiedenen Perspektiven erfolgen: u.a. aus einer empirisch-experimentellen, einer entwicklungsgeschichtlich-funktionalistischen oder aber aus der Sichtweise der kognitiven Modellierung. Mit „empirisch-experimenteller" Perspektive ist gemeint, daß die behandelten Theorien zur Repräsentation von Wissen und dessen Abruf daran gemessen werden, welchen Beitrag sie zur Erklärung von Befunden in experimentellen Untersuchungen leisten. Der weitaus größte Teil der hier dargestellten Theorien und Modelle zählt zu dieser Klasse von Forschungsansätzen.

Entwicklungsgeschichtlich-funktionalistische Forschungsansätze versuchen, theoretische Annahmen über das kognitive System auch aus entwicklungsgeschichtlicher Perspektive plausibel zu machen. Dazu zählen z.B. die Arbeiten von Deacon (1998), Velichkovsky (1994) oder Klix (1993), die eine evolutionäre Betrachtungsweise in der Kognitions- und Sprachpsychologie einnehmen. Eine zentrale Annahme solcher Forschungsansätze ist i.d.R., daß sich in der Geschichte jeweils solche Mechanismen durchsetzen konnten, die ein Minimum an Auf-

[3] Hier soll nicht versucht werden, eine wissenschaftstheoretische Diskussion über die Evaluation von Theorien und Modellen zu führen. Es werden lediglich mögliche Bewertungskriterien für das vorliegende Modell angegeben.

wand benötigten, um die betreffenden Ziele der kognitiven Verarbeitung zu erreichen und sich dadurch für den Organismus als besonders funktional erwiesen. Nach Anderson (1983a) kann das Prinzip der kognitiven Sparsamkeit jedoch nicht einfach auf kognitive Einzelleistungen bezogen werden. Er hält es nicht für plausibel, daß der Mensch die vielfältigen kognitiven Einzelleistungen, die er seit dem Heraustreten aus dem Tierreich erbringen mußte, bereits in seiner Vorgeschichte antizipieren konnte, andererseits scheint die Zeitspanne der seither stattgefundenen Entwicklung zu kurz, als daß eine Spezialisierung des kognitiven Systems auf diese Vielfalt von Leistungen hin hätte stattfinden können. Die in dieser Arbeit erfolgte Darstellung der menschlichen Informationsverarbeitung greift auf diese Klasse von Forschungsansätzen kaum zurück.

Innerhalb des Ansatzes der kognitiven Modellierung versucht man, bestimmte Eigenschaften eines Systems durch die Eigenschaften des anderen Systems abzubilden (zum Systembegriff s. Abschnitt 2.2). Man nimmt an, daß kognitive Systeme lebender Organismen und künstliche kognitive Systeme eine gemeinsame Klasse der informationsverarbeitenden Systeme bilden. Ein Beispiel für kognitive Modellierung sind die Produktionensysteme im Modell von Newell und Simon (1972), die tatsächlich implementiert wurden, um die Laufzeiten für die Produktion von Propositionen am Rechner zu überprüfen (s. auch Kapitel 3). Ein weiteres Beispiel ist die bereits erwähnte Theorie Kosslyns (1983) zur analogen Bildverarbeitung (s. auch Kosslyn, Cave, Provost & Gierke, 1988; Kosslyn, Flynn, Amsterdam & Wang, 1990; Kosslyn, Reiser, Farah & Fliegel, 1983). Auch Kosslyn und seine Mitarbeiter haben ihre Vorstellungen von quasi-bildhaften mentalen Repräsentationen so weit berechenbar gemacht, daß sie auf dem Computer implementiert werden konnten (vgl. auch Kapitel 1).

Eine weitere bedeutende Ausprägung kognitiver Modellierungen sind (künstliche) neuronale Netze (s. z.B. Feldman, 1981; Hinton & Anderson, 1989; Mangold-Allwin, 1993; Rojas, 1993; Schade, 1999 u.v.a.; s. auch Abschnitt 3.1.2). Darunter versteht man mathematische Modelle zur Übertragung und Speicherung von Daten, die der Architektur von Neuronenverbänden im Nervensystem lebender Organismen nachempfunden sind. Sie bestehen – vereinfacht ausgedrückt – aus vielen einfachen Einheiten, die Knoten genannt werden und Verbindungen zwischen ihnen. Jeder Knoten wird mit einer mathematischen Funktion ausgestattet, in der festgelegt wird, wie ein sog. Eingangswert (Input) in einen Ausgangswert umgewandelt wird. Der Ausgangswert kann dann entweder an andere Knoten weitergegeben werden (Output) oder aber (durch rekursive Mechanismen) dort verbleiben und so gespeichert werden.

Auch systemtheoretische Beschreibungen können zur kognitiven Modellierung herangezogen werden. Tatsächlich nehmen systemtheoretische Modellbildungen in der Kognitionswissenschaft gegenwärtig zu (Jaeger, 1996). Wichtigste Werkzeuge sind dabei dynamische Systeme. Sie können als Systeme mit gesetzmäßigen Zustandsänderungen aufgefaßt werden, so daß das System eine zusammenhängende Geschichte (Spur in der Zeit) verfolgt (s. auch unten, Abschnitte 2.2.1 und 2.2.2). Wir werden sehen, daß die Beschreibung der Informationsverarbeitung meist unter mehr als einer der hier genannten Perspektiven erfolgt.

Konnektionistische oder systemtheoretische Formulierungen der menschlichen Informationsverarbeitung sind Modellierungswerkzeuge. Sie werden genutzt, um Theorien eine ganz bestimmte formale Struktur zu geben. Die Modellbildung geschieht i.d.R. in drei Schritten: der Konzeptualisierung, der Formalisierung und der Implementierung (Davis, 1990). Während die Konzeptualisierung, die einer detaillierten „Papier-und-Bleistift-Theorie" entspricht, wegen ihrer faktischen Komplexität oft der Gefahr unterliegt, unvollständig und logisch unstimmig zu bleiben, führt die Formalisierung dazu, solche logischen Unstimmigkeiten aufzudecken. Die Implementierung schließlich macht aus dem formalen Modell ein „mechanisch" ausführbares Modell (Opwis & Plötzner, 1996). Unter wissenschaftstheoretischen Gesichtspunkten soll die Modellbildung auch eine Weiterentwicklung bereits vorhandener Modelle darstellen. Das setzt voraus, daß vorhandene Modelle (bzw. Theorien) bewertend verglichen werden (s. unten).

Unumstößliche Merkmale von Modellen sind das Abbildungs-, das Verkürzungs- und das Subjektivierungsmerkmal (s. auch v. Bertalanffy et al., 1977; Stachowiak, 1973). Das Abbildungsmerkmal beinhaltet, daß Modelle Abbildungen von Originalen darstellen. Originale sind dabei natürliche oder künstliche Objekte. Modelle stehen zu dem Sachverhalt, den sie darstellen sollen, in einem unumkehrbaren Abbildungsverhältnis. Das Verkürzungsmerkmal drückt aus, daß nicht alle Eigenschaften des Originals im Modell abgebildet werden, sondern nur diejenigen, die für den jeweiligen Konstrukteur des Modells relevant erscheinen. Das Subjektivierungsmerkmal schließlich sagt aus, daß Modelle nur für einen bestimmten Personenkreis bedeutsam sein können. Modelle sind darüber hinaus immer Modelle von einer bestimmten Person zu einem bestimmten Zeitpunkt und an einem bestimmten Ort für ein bestimmtes Problem (Stachowiak, 1973).

Modelle können sich zudem auf unterschiedliche Ebenen der Modellbildung beziehen: So stellt die Beschreibung einer mentalen Repräsentation bereits ein Modell der angenommenen kognitiven Strukturen und diese Annahme wiederum ein Modell der beobachtbaren Prozesse dar. Wird aus der Beschreibung eine Abbildung, so dient auch die Abbildung als Modell der Beschreibung der mentalen Repräsentation. (Zur Problematik der verschiedenen semantischen Ebenen von Modellen s. Stachowiak, 1973; vgl. auch May, 1992.) Modelle in Form von mathematischen oder netzwerktheoretischen Beschreibungen sind demgegenüber durch einen höheren Formalisierungsgrad und ein damit verbundenes höheres Maß an Expliziertheit ausgezeichnet. Eine solche Darstellungsart hat den Vorteil, daß die Ableitung empirisch prüfbarer Hypothesen weiter voran getrieben werden kann (Dörner, 1994).

Im Gegensatz zu empirischen Theorien, die die oben genannten Kriterien der Abgeschlossenheit und Axiomatik erfüllen müssen, darf die Annahmemenge, die Modellen zugrunde liegt, auch Vereinfachungen enthalten. Solche Vereinfachungen können zwar zu Fehlern führen, sie dienen jedoch auch einem besseren Verständnis des Untersuchungsgegenstandes (Schade, 1999). Doch auch Modelle müssen bestimmte Kriterien erfüllen. Sie müssen allgemein und einfach sein, adäquat beschreiben und erklären (Albert, 1982; Popper, 1964; Stachowiak, 1973). Eine weitere Einschränkung ergibt sich, wenn Modelle aus der Simulation von Daten entstehen. Dann können sie nicht im gleichen Sinne wie empirische Theorien mit dem Risiko des Scheiterns an der Realität geprüft werden. Sie verlieren zwar ihre Beliebigkeit dadurch, daß sie empirische Daten abbilden, doch sind sie nicht im strengen Sinne falsifizierbar.

Unter Falsifizierbarkeit versteht man nach Popper (1964; 1973), daß Theorien widerlegbar sein müssen. Voraussetzung dafür ist, daß sich die Gültigkeit von Sätzen logisch korrekt herleiten läßt. Die zu prüfende Theorie muß daher so formuliert sein, daß Hypothesen in Randbedingungen und Basissätze klassifiziert werden können. Dann können Sätze gefunden werden, die der Theorie widersprechen. Diese Vorgehensweise ist jedoch nur möglich, wenn eine Theorie als universeller Satz ohne Raum-Zeit-Beschränkung formuliert ist. So läßt sich ohne weiteres ein singulärer „Es-gibt-nicht-Satz" ableiten, dessen Negation als Basissatz formuliert werden kann und an dem die Theorie zu prüfen ist. Die Falsifizierbarkeit einer Theorie und damit auch eines Modells hängt immer von der Falsifizierbarkeit ihrer Basissätze ab. Auch das Vorhandensein konkurrierender Modelle, die unterschiedliche Vorhersagen machen, ist hierbei nützlich. Es wirkt dem sog. „Confirmation Bias" entgegen, dem Streben, genau solche Daten zu erheben, die das Modell stützen.

Eng mit dem Falsifikationskriterium verbunden ist auch die Forderung nach der Einfachheit einer Theorie oder eines Modells. Je komplexer die Aussagen einer Theorie (oder eines Modells) sind, um so leichter kann sie (es) an empirische Daten angepaßt werden, d.h. um so schwerer kann sie (es) falsifiziert werden. Allerdings kann eine Erfüllung dieser Forderung dazu führen, daß das Modell Einschränkungen bzgl. der Allgemeinheit unterliegt. Für das Kriterium „Allgemeinheit" gilt nämlich, daß die Klasse der Falsifikationsmöglichkeiten einer Theorie um so größer ist, je allgemeiner sie ist, denn dann läßt sich eine größere Anzahl von Basissätzen formulieren (s. oben). Mit der Allgemeinheit steigt somit der Grad des empirischen Gehalts einer Theorie, der wiederum ein Kennzeichen dafür ist, wie befriedigend eine

Erklärung ist. Nach wissenschaftstheoretischen Kriterien gibt eine Theorie nämlich nur dann eine befriedigende Erklärung ab, wenn sie eine empirisch möglichst gehaltvolle und logisch möglichst hinreichende Begründung für eine Sachverhaltsbehauptung liefert. Dazu gehört auch, daß sie zuverlässig und gültig ist.

In dieser Arbeit wird ein Modell von Priming-Prozessen vorgestellt, das eben diesen Kriterien genügen soll. Darüber hinaus muß dieses heutige Modell von Priming-Prozessen die empirischen Daten von Priming-Untersuchungen nachbilden, die in bereits vorhandenen Theorien oder Modellen wiedergegeben und durch sie erklärt werden. Das Vorgehen bei der Modellbildung beginnt somit mit der Bewertung der zur Verfügung stehenden Daten im entsprechenden Gegenstandsbereich (s. auch Abb. 2.1).

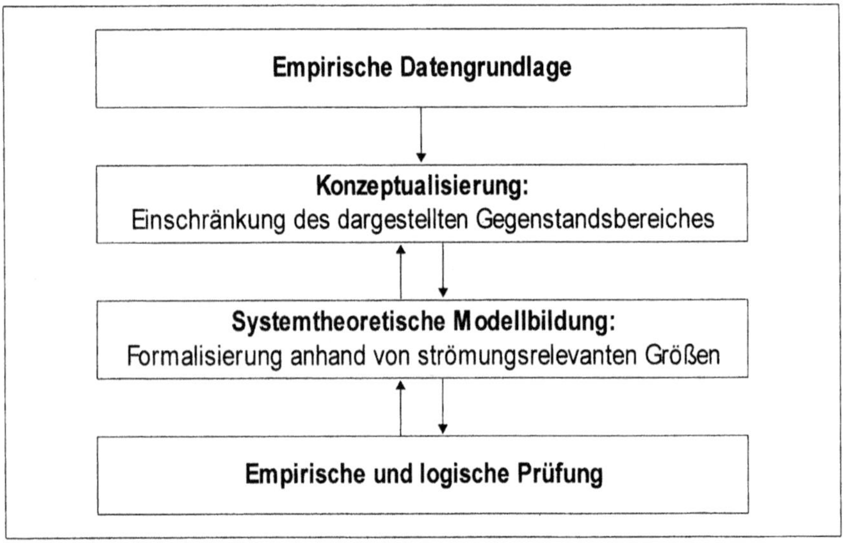

Abb. 2.1 Vorgehen zur Formulierung eines Strömungsmodells zum Informationsabruf in mentalen Karten.

Auf der Grundlage der empirischen Daten, der Regelmäßigkeiten und Gesetzmäßigkeiten, die zu erklären sind, wird ein erstes vorläufiges Modell des zu modellierenden Prozesses aufzustellen sein. Diese Stufe der Modellbildung kann als Konzeptualisierung betrachtet werden. Im Verlaufe dieses Prozesses wird der Gegenstandsbereich spezifiziert, und es werden Annahmen zu den zu erklärenden Befunden formuliert. In einer weiteren Stufe wird das Modell als Systemprozeß klassifiziert und anhand von relevanten Größen der Strömungstheorie formalisiert. In dieser Phase wird geprüft, welchen Einfluß die stofflichen, dynamischen und kinematischen Größen auf den Prozeß haben. Daraus lassen sich Hypothesen ableiten, die geprüft werden können. Dies wiederum bedeutet eine Einschränkung der Beliebigkeit des Modells, u.U. aber auch eine Einschränkung des Gültigkeitsbereiches. So kann es nötig sein, die getroffenen Aussagen mit Hilfe von Zusatzannahmen an die empirische Situation anzupassen bzw. diese neu zu formulieren. Daher ist in Abbildung 2.1 sowohl der Übergang von Konzeptualisierung zu Formalisierung als auch zur Prüfung durch Pfeile in beide Richtungen gekennzeichnet.

2.2 Systemtheorien als Modellierungswerkzeug

Betrachtet man Systemtheorien als Modellierungswerkzeuge, so liefern sie einen einheitlichen Forschungsansatz zur Beschreibung komplexer, dynamischer Systeme. In empirischen Wissenschaften werden Systemdefinitionen jedoch zuallererst als mathematische Modelle begriffen. Ob deren Referenz oder das gesamte Tripel, bestehend aus mathematischem Modell, Referenzbereich und der Abbildungszuordnung zwischen beiden, ebenfalls als dynamisches System angesehen werden sollte, ist abhängig vom wissenschaftstheoretischen Standpunkt (s. oben, Abschnitt 2.1; s. auch Alisch & Gerber, 2001a). Es gelten jedoch folgende Grundvoraussetzungen (Alisch & Gerber, 2001b):

- Systeme erzeugen Signale.
- Signale sind phänomenale Größen, die sich verändern können und für die ein Meßverfahren existiert (s. auch Kapitel 3).
- In der allgemeinen Systemtheorie werden Signale dem Raum der Ausgangssignale eines Systems zugeordnet.
- Jedes empirisch meßbare dynamische System kann somit in zeitveränderlichen Zuständen über die Aufnahme von Signalen beobachtet und untersucht werden.
- Das in seinen Zuständen beobachtete System ist der Zielbereich der Modellierung.
- Dabei wird versucht, möglichst wenige Parameter zu verwenden, was natürlich eine Idealisierung bedeutet.
- Diese Idealisierung ist abhängig von dem geometrischen Modell der Menge aller möglichen Zustände, d.h. vom Zustands- oder Phasenraum.
- Die Dimensionen dieses Zustandsraumes werden durch die gewählten Parameter aufgespannt.
- Grundlage der Relation zwischen den Zuständen des Systems und den Punkten im Zustandsraum sind häufig mehr oder weniger gut abgesicherte Annahmen.

Es wurde bereits darauf hingewiesen, daß dynamische Systeme als zur Zeit bedeutendstes Mittel in der Kognitionspsychologie angesehen werden. Da systemtheoretische Techniken im

Gegensatz zu den 20er Jahren heute oft nur wenig bekannt sind, folgt ein kurzer Überblick über die wichtigsten existierenden Systemtheorien und die zentralen Begriffsbildungen.

2.2.1 Die historische Entwicklung systemtheoretischer Forschungsprogramme

Systemtheorien hielten schon in den 20er Jahren Einzug in verschiedene Wissenschaften. Die Gründe für ihre seit dieser Zeit zyklisch verlaufende Beliebtheit sind u.a. (s. auch Jaeger, 1996; Willke, 1987): Sie stellen ein universelles Werkzeug dar, mit dem sehr verschiedene konkrete Systeme untersucht werden können. Eine systemtheoretische Betrachtungsweise liefert einen einheitlichen Forschungsansatz, mit dem fachspezifische aber auch interdisziplinäre Systemprobleme beschrieben werden können. Sie sind besonders gut geeignet, dynamische, komplexe und selbstorganisierte Problemstellungen zu behandeln. Dabei ist zu beachten, daß es nicht nur eine Systemtheorie gibt, sondern viele mathematische, natur- und gesellschaftswissenschaftliche Forschungslinien. Auch in der Psychologie erweist sich ihr Einfluß als beträchtlich. Dabei wird meist übersehen, daß schon ganzheitspsychologische Ansätze als Vorläufer der modernen, in der Psychologie angewandten Systemtheorie betrachtet werden können (Herrmann, 1976). So lautet die strukturale Grunddefinition des Begriffs „System“[4]: Ein System ist eine Ganzheit miteinander verknüpfter Teile (v. Bertalanffy et al., 1977; Ropohl, 1978). Ein System entwickelt sich in der Zeit und besteht aus Teilsystemen oder Komponenten, so daß das Ganze mehr ist als die Summe seiner Teile (s. auch Herrmann, 1976; Klix, 1971).

Exkurs: Der Begriff der Ganzheit in der Psychologie

Der Gedanke, daß das Ganze mehr sei als die Summe seiner Teile, spiegelt die philosophische Grundfrage wider, ob sich das „Physische“ vom „Seelischen“ unterscheiden läßt. Man verstand das, was man erlebte, als Ergebnis komplexer psychischer Verarbeitungsvorgänge sog. Synthesen und nicht als bloße Abbildung der realen Außenwelt. Zum Zwecke einer solchen Unterscheidung wurde in der Psychologie des ausgehenden 19. Jahrhunderts der Begriff der Gestalt eingeführt.[5]

Der hier wesentliche „System“-Begriff „Gestalt“ wurde vor allem von den Berliner Gestaltpsychologen geprägt. Max Wertheimer, Wolfgang Köhler und Kurt Koffka begründeten die Berliner Schule der Gestaltpsychologie und kehrten sich damit radikal von der „klassischen“ Psychologie ab. In seiner bekannten Arbeit „Experimentelle Studien über das Sehen von Bewegungen“ (1912) beschrieb Wertheimer, daß es keine eindeutige Zuordnung von Reizen zu Erlebnisqualitäten gibt (keine Konstanzannahme) und daß Erlebnisqualitäten nicht durch die Summation unabhängig zu denkender Elemente zustande kommt, sondern daß die

---

[4] Eine allgemeine soziologische Definition des Begriffs „System“ gibt Luhmann (1984, S. 15): „Von System im allgemeinen kann man sprechen, wenn man Merkmale vor Augen hat, deren Entfallen den Charakter eines Gegenstandes als System in Frage stellen würde. Zuweilen wird auch die Gesamtheit solcher Merkmale als System bezeichnet.“

[5] Nach Herrmann (1976, S. 575 ff.) geht die Einführung des heutigen Gestaltbegriffs zwar auf Chr. v. Ehrenfels zurück, verstreute Andeutungen finden sich jedoch schon bei dem Physiker E. Mach sowie bei den Physiologen J. v. Müller und E. Hering.

Reizwirkung von übergreifenden Feldprozessen abhängt. Wertheimer zeigte, daß Bewegungen ohne adäquate Reizgrundlage wahrgenommen werden können. Dazu bot er seinen Versuchspersonen (Köhler, Koffka und dessen Frau Klein-Koffka) horizontale und diagonale Linien mit Hilfe eines Tachistoskops dar. Die Linien wurden in der oberen und der unteren Hälfte des Dias dargeboten. Die Darbietung rief folgende Bewegungseindrücke hervor: Der optimale Bewegungseindruck entstand bei einem Intervall zwischen der Exposition der beiden Stimuli, das etwa 60 Millisekunden betrug (entspricht etwa einer 1/16 Sekunde): Es wurde eine Rotation des horizontalen Streifens in eine 45° Position wahrgenommen. Bei einem Intervall von ca. 30 Millisekunden, entstand der Eindruck, daß ein 45° Winkel dargeboten wurde und bei einem 200 Millisekunden-Intervall zwischen beiden Stimuli der Eindruck, daß beide Reize sukzessive folgten.

Wertheimer sprach im Zusammenhang mit seinen Experimenten davon, daß Bewegungsgestalten entstünden, die nicht in einfachere Bestandteile zerlegt werden können. Er ordnete dem physiologischen Sachverhalt des Sehens einer Bewegung einen parallelen nervösen Prozeß zu, der das Ergebnis der Umkreiswirkungen zweier (sukzessiver) retinaler Erregungen ist. Diesem physiologischen Ergebnis entspricht das Wahrnehmen einer Bewegung.[6]

Die Ansicht, daß nicht mehr die einzelnen Elemente, sondern die Wirkungen der Elemente aufeinander, nicht die Eigenschaften losgelöster Prozesse, sondern die Eigenschaften von Ganzheiten studiert werden müßten (s. auch Exkurs: Der Begriff der Ganzheit in der Psychologie), setzte sich durch. Kennzeichnend für Systemtheorien ist, daß sie eine Brückenfunktion zwischen Natur- und Geisteswissenschaften einnehmen (v. Weizsäcker, 1987). Ein Beispiel hierfür ist die schon in den 20er Jahren als eine Methode der Biologie entwickelte „Allgemeine Systemtheorie" (v. Bertalanffy, 1968). Von Bertalanffy gilt als einer der Begründer von Systemtheorien im engeren Sinne, der noch allgemeine Fragen nach Finalität/Kausalität, Ganzheit/Gestalt oder der Relativität von Beschreibungskategorien diskutiert (s. auch Jaeger, 1996). Er folgte der bereits angeführten Definition von dem Ganzen und der Summe seiner Teile, betonte jedoch auch die Bedeutung des Systems als besonderes Verhältnis von „System und Umwelt". Er war der Ansicht, daß die Definition eines Systems weit über den Rahmen der Ganzheitspsychologie hinausreiche. Was das Ganze von der Summe seiner Teile unterscheidet, sind die Systemgesetze, um die das Ganze gegenüber seinen Teilen reicher ist (v. Bertalanffy et al., 1977, S. 15). Um solche Systemgesetze zu formulieren, faßte er ein System als eine Menge von Objekten und Relationen zwischen diesen Objekten auf, die er mit Hilfe von Differentialgleichungen quantifizierte.

Eine weitere Forschungsrichtung innerhalb der Systemtheorien ist die in der Zeit um den II. Weltkrieg entstandene Kybernetik (Wiener, 1961), die im engen Austausch von Wissenschaftlern aus Mathematik, Neurophysiologie, Psychiatrie, Regelungstechnik und anderen Gebieten entstand (s. auch Kriz, 1992; Jaeger, 1996; 1995). Die Kybernetik, die von so verschiedenen Persönlichkeiten wie Lewin, McCulloch und Pitts, Wiener oder Rosenblueth ge-

---

[6] In diesem Zusammenhang ist auch der Begriff „Phi-Phänomen" geprägt worden. Die scheinbare Bewegung ist ein Phänomen sui generis.

prägt wurde, basiert im wesentlichen auf den Theorien der Regelung und der Information (Shannon, 1938). Ein wesentliches Verdienst der Kybernetik war, daß neben den Einflüssen von Materie und Energie zum ersten Mal auch Informationseinflüsse explizit berücksichtigt wurden. So ist eine zentrale Forderung das Dualitätsprinzip, das besagt, daß neben jedem Satz zur Beschreibung von Steuerung und Regelung energetischer Flüsse auch ein Satz existieren muß, der die informationellen Flüsse berücksichtigt. Heute wird der damals vor allem für die spezielle Klasse der selbstregulierenden Systeme geprägte Begriff jedoch fast nach Belieben für jede Forschungsrichtung gebraucht, die etwas mit Regelung, Informationsverarbeitung oder biologischen Systemen zu tun hat.

Neben dem bisher Gesagten betonen systemtheoretische Forschungsansätze, daß die Welt als Prozeß begriffen werden muß. Prozesse unterliegen Veränderungen, die reversibel oder irreversibel sein können. Systeme „bestehen" dadurch, daß sie ihre Elemente und Beziehungen und ihre dadurch erzeugten strukturellen und inhaltlichen Eigenschaften fortwährend neu aufbauen. Dabei zerfallen diese Elemente genau in dem Moment, in dem sie entstanden sind (Esser, 1993, S. 495). Ganz in dieser Tradition stehen z.B. Maturana und Varela (1987), wenn sie autopoietische Systeme[7] definieren. Die Grundthese ihrer Arbeit ist, daß lebendige Systeme, deren charakteristischste Eigenschaft es ist, sich andauernd selbst zu erzeugen, die äußere Wirklichkeit nicht intern abbilden, sondern jeweils eine eigene, wesentlich durch das System erzeugte Wirklichkeit schaffen.

2.2.2 Das Begriffsinventar der Systemtheorien

Systembeschreibungen sind zuallererst Modelle der Realität und unterliegen somit den gleichen Einschränkungen wie alle Modelle (Stachowiak, 1973; s. oben Abschnitt 2.1). Allgemein formuliert, läßt sich ein dynamisches System in einem kontinuierlichen Zustandsraum darstellen, in dem durch Gesetzmäßigkeiten festgelegt ist, wie im Laufe der Zeit die Zustände des Systems (S) aufeinander folgen. Ein solcher Zustandsraum hat unterschiedlich viele Dimensionen, je nachdem wieviel Parameter zur Beschreibung des Systems nötig sind. Mathematisch kann der Zustandsraum somit als die Gesamtheit aller n-dimensionalen Vektoren $(x_1,...,x_n)$ formalisiert werden. Jede Dimension repräsentiert eine Meßgröße, d.h. eine Systemvariable, Systemgröße oder einen Systemparameter (s. z.B. Alisch & Gerber, 2001b; Jaeger, 1996).

[7] Die Grundidee der Theorie der Autopoiesis besagt, daß komplexe Systeme sich kontinuierlich und in einem operativ geschlossenen Prozeß mit Hilfe der Elemente reproduzieren, aus denen sie bestehen (Willke, 1987, S. 6; s. auch Esser, 1993, S. 494 ff.).

Wie die Systemvariablen nun im einzelnen definiert sind, hängt vom jeweiligen Anwendungsgebiet ab. In der Strömungslehre beispielsweise kann ein Strömungsfeld durch die Angabe der Geschwindigkeit und der Beschleunigung an jeder Stelle und zu jeder Zeit sowie die Angabe der Kräfte, die auf das strömende Medium wirken notwendig sein. Die Gesamtheit dieser Größen im betrachteten Raum- und Zeitbereich beschreibt das Strömungsfeld. Eine etwas allgemeinere mathematische Betrachtungsweise stammt von v. Bertalanffy (v. Bertalanffy et al., 1977, S. 35 ff.). Systeme (*S*) sind dadurch gekennzeichnet, daß sie nur einen begrenzten Ausschnitt der realen Welt umfassen, der durch die Auswahl der zum System gehörenden Objekte festgelegt ist. Ein konkretes System ist ein abgegrenzter Teilbereich der uns umgebenden Welt. Bis auf wenige Ausnahmen stehen nun aber die Objekte der Systeme in bestimmten Relationen zu Objekten außerhalb des Systems. Neben dem System selbst existiert also ein Suprasystem (*S'*), das auch als die Umgebung des Systems bezeichnet wird. Abbildung 2.2 verdeutlicht diesen Sachverhalt.

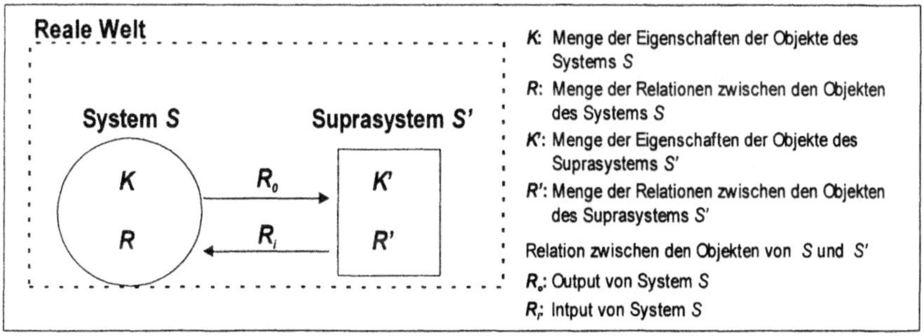

Abb. 2.2 Schematische Darstellung des Systems *S* und des zugehörigen Suprasystems *S'* (nach v. Bertalanffy et al., 1977, S. 18).

Mengentheoretisch kann ein System in der Form $S = \{[K, R]\}$ geschrieben werden, wobei die Menge K mit den Elementen K_i die Eigenschaften (einstellige Relation) der Objekte O_i einer Menge von Objekten $O_1, O_2, O_3, \ldots, O_n$ darstellen. Dabei wird eine Relation zwischen zwei Objekten als zweistellig, eine zwischen n Objekten als n-stellig bezeichnet. R bezeichnet die Menge aller möglichen Relationen, die sich in einem von mehreren endlichen Zuständen befinden können und von dazugehörigen ein- bis n-stelligen Relationen beschrieben werden.

Eigenschaften von Systemen

Eine exakte Theorie von Systemen sollte nach v. Bertalanffys Ansicht Verhaltensweisen aus ihren Eigenschaften herleiten können. Er definiert folgende Eigenschaften für Systeme (v. Bertalanffy et al., 1977, S. 19 ff.).[8]

- Ein System heißt isoliert, wenn es weder Input noch Output besitzt. Das bedeutet, daß weder Energie noch Materie vom System aufgenommen oder abgegeben wird.
- Ein System wird als abgeschlossen bezeichnet, wenn es nur Energie, jedoch keine Materie von seiner Umgebung aufnimmt und/oder an seine Umgebung abgibt.
- Ein System nennt man dagegen offen, wenn es Materie oder Energie und Materie von seiner Umgebung aufnimmt und/oder an seine Umgebung abgibt.
- Ein System besitzt Ganzheitscharakter, wenn Änderungen eines Elementes K_i Änderungen gewisser anderer Elemente K_e und eine Änderung der Verhaltensweisen des Systems bewirken.
- Ein System heißt stabil, wenn sich nach Ablauf einer gewissen Zeitspanne die Verhaltensweisen des Systems vor und nach Änderungen von Elementen K_e beliebig gering voneinander unterscheiden.
- Ein System heißt hierarchisch geordnet, wenn die Menge K Mengen K_i unterschiedlicher Stufen als Elemente und die Menge R Mengen R_j unterschiedlicher Stufen als Elemente enthält.
- Ein System wird adaptiv genannt, wenn der Austausch von Materie und/oder Energie und Materie zwischen dem System und seiner Umgebung die Existenz des Systems nicht zerstört.
- Ein System heißt stationär, wenn die Eigenschaften der Elemente K_i und damit bestimmte Zustände des Systems nicht von der Zeit abhängen.

Besonderes Gewicht legten v. Bertalanffy et al. (1977) auf die Unterscheidung zwischen isolierten, geschlossenen und offenen Systemen und auf die Feststellung, daß eine Systembeschreibung wesentlich auf einer Fixierung der Wechselwirkung zwischen den Systemelementen, den Subobjekten, beruht. Im biologischen Bereich soll das Objekt dabei als Ganzheit betrachtet und behandelt werden, was zur Folge hat, daß die Wechselwirkung zwischen zwei bestimmten Subobjekten durch die Struktur des gesamten Systems bedingt wird. Soll also eine Menge von Subobjekten, in die ein gegebenes biologisches Objekt zu denken ist, durch quantitative Maße charakterisiert werden, so hängt die zeitliche und räumliche Ände-

[8] Es werden hier nur die Eigenschaften aufgezählt, die im folgenden von Bedeutung sind.

rung einer bestimmten Variable für ein Subobjekt von einer Teilmenge aller Subobjekte des Systems und gegebenenfalls von der Vorgeschichte des Systems ab.

Formale Methoden zur Notation und Zustände von Systemen

Die formalen Methoden zur Notation von Systemen unterscheiden sich ganz erheblich voneinander. So kann etwa ein stationäres System als folgendes hydrodynamisches Modell beschrieben werden (v. Bertalanffy et al., 1977, S. 61; s. Abb. 2.3).

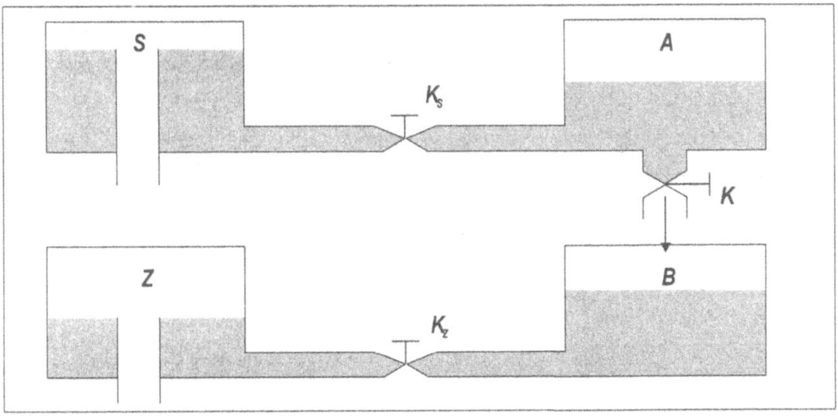

Abb. 2.3 Hydrodynamisches Modell eines stationären Systems (nach v. Bertalanffy et al., 1977, S. 61).

Das Gefäß *S* stellt eine Quelle mit konstantem Flüssigkeitsniveau und das Gefäß *Z* einen Abfluß (Senke) dar. Beide gehören zum „äußeren Milieu" des Systems. Durch die Hähne K_S und K_Z, die Zu- und Abfluß regeln, stehen die Gefäße *A* und *B* mit dem „äußeren Milieu" in Verbindung. Die Hähne K_S und K_Z regeln zudem die Geschwindigkeit, mit der die Flüssigkeit zu- oder abfließt. Ein stationärer Zustand wird erreicht, wenn in den Gefäßen *A* und *B* ein bestimmtes Niveau erreicht ist. Der Hahn *K* regelt die Geschwindigkeit mit der die Flüssigkeit von *A* nach *B* fließt. Bei stationärem Durchfluß bleibt das Niveau in *B* konstant. Ändert man die Stellung der Hähne, so bildet sich ein neues Niveau in *B* und somit ein neuer stationärer Zustand.

Ein Beispiel für solche Systeme können auch Lebensgemeinschaften von miteinander in Wechselwirkung und Wettbewerb stehenden Arten sein. Die für offene Systeme in Physik und Biologie gültigen Grundgleichungen entsprechen nämlich denen von Lotka und Volterra zur Bevölkerungsdynamik und biologischem Gleichgewicht (Abraham & Shaw, 1985; Kriz,

1992). Um das bisher Gesagte zu illustrieren, wird ein Ökosystem, das aus Gründen der Vereinfachung nur zwei Spezies (Jäger und Beutetiere) enthält, betrachtet und als Phasenportrait dargestellt. Als Phasenportrait wird dabei die Illustration möglichst vieler Spuren in der Zeit in einem für das System charakteristischen Zustands- oder Phasenraum bezeichnet (s. auch Abraham, Abraham & Shaw, 1990; Abraham & Shaw, 1985).

Bei einer solchen Vorgehensweise besteht die eigentliche Leistung darin, einen geeigneten Zustandsraum zu finden, ein Modell aller möglichen Zustände des Systems auf den relevanten Parametern (s. oben). Es erfolgt eine Reduzierung der zu beschreibenden Zustände auf wenige Parameter oder Observablen, wobei die Beschreibung sowohl ein- als auch mehrdimensional erfolgen kann. Die Observablen werden zu aufeinanderfolgenden Zeitpunkten betrachtet, woraus sich eine Zeitreihe ergibt. Wenn man diese Zeitreihe unter geeigneter Perspektive in einer Grafik zusammenfaßt, erhält man eine Trajektorie oder Phase (Spur in der Zeit). Der Zustandsraum mit möglichst vielen Trajektorien des Systems wird „Phasenportrait eines dynamischen Systems" genannt.

Für die Illustration des Lotka-Volterra-Modells wird der in Abbildung 2.4 ersichtliche Zustandsraum gewählt (Abraham & Shaw, 1985).

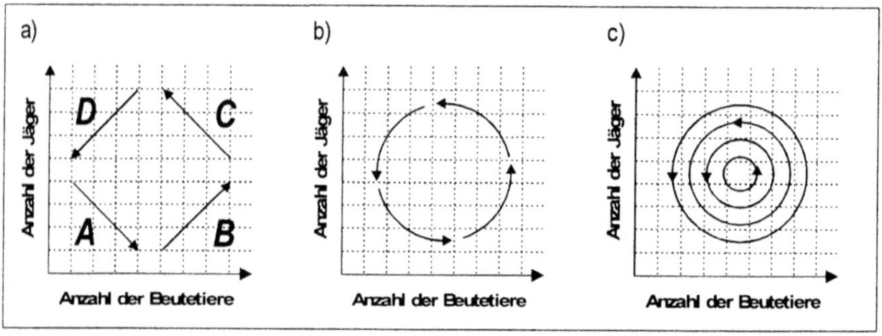

Abb. 2.4 Zustandsraum, Trajektorien und Phasenportrait des Lotka-Volterra-Modells (nach Abraham und Shaw, 1985, S. 83 ff.).

Der gewählte Zustandsraum ist zweidimensional und besteht aus der Anzahl der Jäger als y-Koordinate und der Anzahl der Beutetiere als x-Koordinate. Die jeweilige Populationsgröße kann nun als Trajektorie (Spur in der Zeit) in diesem Koordinatensystem aufgetragen werden. Dabei ergeben sich folgende vier Zustände:

Region *A* stellt einen Bereich dar, in dem beide Populationen relativ gering sind. Der Zustand tendiert zu einer Dezimierung der Jäger (aufgrund des Futtermangels), was wiederum zu einer Vermehrung der Beutetiere führt.

In Region B erreicht die Populationsgröße der Jäger zunächst einen Tiefststand. Dieser wiederum führt jedoch dazu, daß die wenigen Jäger wieder ausreichend Futter haben und sich vermehren. Beide Populationen vermehren sich. Kurzfristig erreicht die Population der Beutetiere ihren Höchststand.

Dieser Höchststand an Beutetieren hat in Region C zur Folge, daß sich auch die Jäger weiter vermehren, was aber naturgemäß zu einer Reduzierung der Beutetiere führt.

In Region D schließlich hat der Bestand der Jäger ein Maximum erreicht, dezimiert sich aber schnell wieder, da sich die Anzahl der Beutetiere weiter verringert.
Insgesamt läßt sich das Fließgleichgewicht des Systems, wie in Abbildung 2.4b dargestellt, als Phasenportrait zeichnen. Das mathematische Modell (s. unten) sagt vorher, daß bei jeder Ausgangspopulation von Jägern und Beutetieren ein Gleichgewicht erreicht wird. Unabhängig von der Ausgangsgröße kreisen die Trajektorien des Systems also um den Mittelpunkt des Koordinatensystems. Es handelt sich um eine harmonische Oszillation (Abb. 2.4c).

Mathematisch werden dynamische Systeme – um ein solches handelt es sich nämlich beim Lotka-Volterra-Modell – meist durch Differentialgleichungen beschrieben. Das bedeutet, es wird eine unbekannte Funktion gesucht, die von einer bis mehreren unbekannten Variablen und ihren Ableitungen abhängt. (Im eben beschriebenen Modell wäre das etwa die Populationsgröße der Jäger und/oder die Populationsgröße der Beutetiere.) Eine Lösung des Differentialgleichungssystems ist jede Funktion, die die Differentialgleichungen erfüllt. Oft ist es nicht möglich, eine allgemeine Lösung anzugeben, da Differentialgleichungen n-ter Ordnung n freie Parameter besitzen. Daher werden i.d.R. spezielle Lösungen gesucht, die bestimmte Randbedingungen erfüllen. Zur Verdeutlichung wird das eben erläuterte Problem noch einmal in Form eines Differentialgleichungssystems angegeben.

Generell läßt sich das Wachstum einer Population wie folgt beschreiben:

$$N_{t+1} = N_t + (a_N - \beta N_t)N_t \text{ und } M_{t+1} = M_t + (a_M - \beta M_t)M_t \quad \text{(Gl. 2.1a,b)}$$

Dabei stellen die Parameter N und M die Größe der Population, t den jeweiligen Zeitpunkt, a die Wachstumsrate und β die Sterberate einer Population dar. Das Lotka-Volterra-Modell beschreibt nun eine Populationsdynamik, bei der die Beutetiere N nur von den Jägern M dezimiert werden, während die Vermehrung der Jäger von N abhängt. Außerdem wird eine natürliche Sterberate der Jäger in Abhängigkeit von der Population mit β_M definiert. In Korrespondenz mit den eben eingeführten Parametern lauten die Differentialgleichungen wie folgt:

$$\frac{dN}{dt} = (a_N - \beta_N M)N \text{ und } \frac{dM}{dt} = (a_M N - \beta_M)M . \quad \text{(Gl. 2.2a, b)}$$

Für eine bestimmte Wahl der Parameter und Anfangsbedingungen kann die Dynamik dieser Gleichung tatsächlich wie in Abbildung 2.4 beschrieben werden. Auf der anderen Seite kann man aber folgendes zeigen: Wird z.B. für die Wachstumsrate (a) ein Wert zwischen 0,3 und 0,4 gewählt, so zeigt sich nach einigen Zeittakten, daß die Größe N einen Wert erreicht, der a/β entspricht und zwar unabhängig davon wie groß N zum Zeitpunkt t war. Dieser Wert ist ein Punktattraktor. (Im oben eingezeichneten Phasenportrait lag dagegen kein Attraktor vor. Der kritische Punkt stellte keine Asymptote dar, s. unten.)

Solche Attraktoren sind ein zentrales Phänomen bei dynamischen Systemen, denn zur Bestimmung des Verhaltens ist vor allem die Betrachtung der asymptotischen Grenzmenge des Systems von Bedeutung. Sie gibt Auskunft darüber, ob das System gegen einen Gleichgewichtszustand konvergiert. Ein Attraktor ist ein Gebiet im Phasenraum, das für benachbarte Trajektorien eine Asymptote darstellt. Er hat einen bestimmten Einzugsbereich, das Attraktorbecken. Treten mehrere Attraktoren in einem Zustandsraum auf, so kann man das Phasenportrait des dynamischen Systems durch die verschiedenen Attraktorbecken aufgeteilt darstellen. Die Grenzlinien, die die Attraktorbecken voneinander trennen, heißen Separatrizen. Ein Punkt in einem Zustandsraum eines dynamischen Systems gehört also entweder zu einem Attraktorbecken oder zu einer Separatrix.

Attraktoren können von unterschiedlicher Form sein: punktförmig (Fixpunktattraktoren), zyklisch oder chaotisch. Trajektorien, die im Bereich von einem Fixpunktattraktor liegen, entwickeln sich auf diesen zu und nähern sich ihm asymptotisch beliebig nahe an. Wenn das System zufällig in einem solchen Punkt gestartet wird, dann verharrt es darin, d.h. der Zustand ist stabil (Ruhezustand). Kleine Störungen des Systems werden nach kurzer Zeit wieder ausgeglichen, indem die Trajektorie zum Fixpunktattraktor zurückkehrt. Bei andauernden kleinen Störungen bedeutet Stabilität, daß sich das System mit seinen Zuständen in einer kleinen Umgebung des Ruhezustandes aufhält. Ein Beispiel hierfür ist ein durch Reibung gedämpftes Pendel (Abraham & Shaw, 1985; Abraham et al., 1990; Alisch & Gerber, 2001b; Jaeger, 1996).

Bei zyklischen Attraktoren ist der Attraktor selbst eine geschlossene zyklische Trajektorie. Trajektorien aus der Umgebung nähern sich diesem Attraktor bei $t \rightarrow \infty$ spiralförmig beliebig nahe. Zyklische Attraktoren sind mit stabilen Schwingungen vergleichbar. Ein Beispiel hierfür ist ein angeregtes Pendel bei einer Uhr.

Chaotische Attraktoren (auch „seltsame Attraktoren“ genannt) bestehen aus unendlich vielen Trajektorien, die in einer fraktalen Struktur[9] angeordnet sind. Sie sind durch Selbstähnlichkeit über alle Größen hinweg charakterisiert, d.h. in jeder Skalierung wiederholt sich

[9] Die Schilderung fraktaler Strukturen würde über den hier verfolgten Ansatz hinausgehen. Der Vollständigkeit halber sei jedoch Mandelbrots (1987) Definition hier angeführt: „ ...ein Fraktal ist nach Definition eine Menge, deren Hausdorff-Besicovitch-Dimension echt die topologische Definition übersteigt.“ Eine Einführung in dieses Gebiet gibt z.B. Kriz (1992).

seine Struktur. Wenn man also an einer Stelle der Abbildung eines solchen Attraktors einen Querschnitt durch den Attraktor legen würde, könnte man das entstehende Punktemuster immer wieder vergrößern, ohne daß sich wesentliche Änderungen ergäben. Diese Art von Selbstähnlichkeit ist von Mandelbrot (1987) in einem gewissen Sinne meßbar gemacht worden. Eine zentrale Eigenschaft chaotischer Attraktoren ist ihre Unvorhersehbarkeit. Chaotische Systeme sind zwar deterministisch, jedoch verhalten sie sich bzgl. der Vorhersagbarkeit in vielem wie stochastische Systeme (Jaeger, 1996; Kriz, 1992).

Mit der Darstellung des Begriffs „Attraktor" kann die Bereitstellung des Begriffsinventars der systemtheoretischen Ansätze nun abgeschlossen werden. Zusammenfassend könnte man etwa mit Alisch und Gerber (2001b) formulieren: Ein auf eine gegebene Experimentalsituation passendes systemtheoretisches Modell besteht aus einer Geometrie oder Mannigfaltigkeit (geometrische Raumkonzeptionen, die nicht mehr dem euklidischen Koordinatenraum entsprechen) und einem Vektorfeld. Die Mannigfaltigkeit liefert das geometrische Modell für die experimentell beobachteten Verhaltenszustände bzgl. der zu beschreibenden Parameter. Man nennt die Mannigfaltigkeit den Phasen- oder Zustandsraum des Systems. Das Vektorfeld enthält ein Modell aller aktuellen und möglichen Verhaltenstendenzen in Experimentalsituationen des vorliegenden Typs und eine Modellierung der sukzessiven Entwicklung von Systemzustandsveränderungen. Dies ist die Dynamik des Systems, die auch durch Differentialgleichungen zum Ausdruck gebracht werden kann. Durch solche und andere Methoden der Analysis können mögliche Trajektorien des dynamischen Systems bestimmt werden. Sie konstituieren das Phasenportrait des dynamischen Systems. Jede Trajektorie beschreibt Zustandsveränderungen über die Zeit. Bezogen auf die Experimentalsituation kann man nun versuchen festzustellen, ob sich darunter eine Trajektorie befindet, die das Experimentalverhalten des dynamischen Systems beschreibt und vorhersagt. Hierbei spielen Attraktoren eine besondere Rolle, denn Attraktoren stellen für benachbarte Trajektorien eine Asymptote dar. Sie geben Auskunft darüber, ob das System gegen einen Gleichgewichtszustand konvergiert.

Wie bereits berichtet, besteht eine wesentliche Leistung bei der Formulierung eines dynamischen Systems darin, die Parameter zu bestimmen, die für die beobachteten Veränderungen verantwortlich sind. Dazu gehört auch eine Konzeptualisierung ihres Zusammenwirkens. Eine wesentliche Schlußfolgerung systemtheoretischer Ansätze ist ja gerade, daß die zeitliche und räumliche Änderung einer bestimmten Variablen für ein Subobjekt von einer Teilmenge aller Subobjekte des Systems und gegebenenfalls von der Vorgeschichte des Systems abhängt (v. Bertalanffy et al., 1977, s. oben). Die Identifizierung des Zusammenwirkens verschiedener Parameter soll in dieser Arbeit über die Strömungslehre erfolgen.

2.2.3 Feldtheorie und Strömungslehre

Eine erste allgemeine Beschreibung der Feldtheorie kann über ihre Einsatzgebiete erfolgen: Sie wird genutzt, um Verhältnisse in kontinuierlichen Systemen, wie die Strömung von Flüssigkeiten und Gasen, den Transport von Wärme, die Wellenoptik usf. zu beschreiben. (Eine spezifische Form der Feldtheorie sind z.B. die Hydro- bzw. Aerodynamik, die sich mit der Strömung von Flüssigkeiten oder Gasen beschäftigen.) Mit Hilfe der Feldtheorie werden physikalisch mögliche Feldkonfigurationen und ihre zeitliche Entwicklung berechnet. Für jeden Punkt im Raum kann der Zustand aufgrund des Feldes zu einem bestimmten Zeitpunkt beschrieben werden. Die Feldtheorie kann dabei eher als ein Zweig der angewandten Mathematik oder der theoretischen Physik aufgefaßt werden. In Abhängigkeit davon werden bestimmte Größen vernachlässigt bzw. als Störgrößen betrachtet, oder es wird ihnen besonderes Gewicht beigemessen.

Exkurs: Die historische Entwicklung der Feldtheorie

Die Feldtheorie entwickelte sich aus dem Dynamismus und läßt sich auf Faraday zurückführen, der die 1780 entdeckte Induktion im Jahre 1831 als eine Folge eines von elektrischen und magnetischen Kraftfeldern durchsetzten Raumes formulierte (s. auch Römer & Forger, 1993). Faraday entwickelte eine genaue Vorstellung über den Verlauf und die Wechselwirkung der nur als vage zusammenhängend betrachteten Kraft- und Stromlinien der entsprechenden Fluide. Eine mathematische Formulierung der Gleichungen des elektromagnetischen Feldes formulierte Maxwell und veröffentlichte sie 1862. In den Maxwellschen Gleichungen werden elektrische und magnetische Kräfte in einer einheitlichen Theorie als Wellenlösungen, deren Ausbreitungsgeschwindigkeit mit der Lichtgeschwindigkeit übereinstimmt, zusammengefaßt. Insofern gelten sie als vollständige Theorie aller klassischen elektromagnetischen und optischen Erscheinungen, auch Feldtheorie genannt.[10]

Revolutionär ist an der Theorie, daß elektromagnetische Erscheinungen nur durch zwei Felder erfaßt werden. Dies stellte eine ungeheure Vereinfachung dar. Denn zuvor konnte die Kraft auf eine Ladung a priori von unzähligen Faktoren wie z.B. der gesamten Vorgeschichte der Versuchsanordnung abhängen. Der Begriff der Kraft entspricht übrigens dem Begriff des Attraktors in der allgemeiner gehaltenen Notation der dynamischen Systeme.

Heute werden alle bekannten Wechselwirkungen durch Feldtheorien beschrieben. Der Feldbegriff entspricht der Vorstellung, daß jeder Punkt des Raumes zum Träger von Qualitäten wie Druck, Temperatur, Dichte, Strömungsgeschwindigkeit bzw. elektrischer und magnetischer Feldstärke wird (s. oben).

In mathematischer Sprache ist ein Feld oder eine Feldkonfiguration eine Abbildung des Raumes bzw. bei zeitabhängigen Feldern eine Abbildung der Raum-Zeit in eine Menge, die die möglichen Werte der Feldstärke beschreibt. Dabei ist die Struktur des Wertebereiches nicht von vornherein festgelegt. Für ein Druck-, Temperatur- oder Dichtefeld kann die Menge

---

[10] Heute kennt man neben den elektromagnetischen und gravitativen Kräften noch zwei weitere fundamentale Arten der Wechselwirkung, nämlich die sog. starke Wechselwirkung, die u.a. für den Zusammenhang der Atomkerne sorgt und die sog. schwache Wechselwirkung, die u.a. für das Phänomen der Beta-Radioaktivität verantwortlich ist.

der nicht-negativen reellen Zahlen herangezogen werden. Ein Strömungsfeld ist dagegen meist ein dreidimensionaler Vektorraum, der durch die Größen Geschwindigkeit, Beschleunigung, Druck, Dichte und Temperatur bestimmt sein kann (s. unten).

Strömungen in Fluiden: a) Voraussetzungen zur Beschreibung von Strömungsvorgängen

Strömungsfelder in Fluiden, dem physikalischen Oberbegriff von Flüssigkeiten, Dämpfen und Gasen, sind nach Römer und Forger (1993, S. 15 ff.) besonders anschauliche Beispiele der Feldtheorie (s. auch oben, Abb. 2.3).[11] Der Ablauf von Strömungsvorgängen wird von folgenden Parametern bestimmt:

- den Stoffgrößen des betrachteten Fluids, wie Dichte und Viskosität,
- dem kinematischen Verhalten, wie Zeit, Geschwindigkeit und Beschleunigung und
- den dynamischen Einwirkungen, wie Druck, Kraft, Arbeit und Energie.

Aus der eigenen Erfahrung ist bekannt, daß zur Bewegung eines Körpers Kraft aufgewendet werden muß, um den dabei auftretenden Widerstand (Reibungskraft) zu überwinden. Beim Verschieben von Fluidelementen gegeneinander entsteht ein physikalisches Verhalten, das man Zähigkeit nennt. Diese ist bedingt durch die dem Fluid eigene Viskosität, eine Stoffgröße der inneren Reibung. Bei zähigkeitsbehafteten Strömungen bewegen sich die Fluidelemente bei kleinen mäßigen Geschwindigkeiten als laminare (nicht-turbulente) Strömungen wohlgeordnet in Schichten. Unter bestimmten Voraussetzungen können jedoch zeitlich und räumlich ungeordnete Bewegungen der Fluidelemente als turbulente Strömungen auftreten (s. unten).

Zur kinematischen Beschreibung der Bewegung eines strömenden Fluids ist die Angabe der Geschwindigkeit und der Beschleunigung an jeder Stelle und zu jeder Zeit erforderlich. Wählt man dagegen die dynamische Beschreibung der Bewegung, so ist außerdem die Angabe der auf das Fluid wirkenden Kräfte, wie Trägheits-, Volumen- und Oberflächenkraft notwendig. Es werden sog. Bewegungsgleichungen[12] aufgestellt. Weiterhin kann unterschieden werden, welche Methode zur Beschreibung gewählt wird: die Eulersche (ortsfeste Betrachtung) oder die Lagrangesche Methode (massen- oder teilchenfeste Betrachtung).

Bei der Eulerschen Beschreibung der Fluidbewegung interessiert man sich für die Geschwindigkeit $\vec{v}(\vec{r}, t)$ eines Fluidelements, das sich zum festen Zeitpunkt t an dem festen Punkt M mit dem Positionsvektor $\vec{r}$ befindet (Aufpunkt). Zu einem späteren Zeitpunkt t' wird die Geschwindigkeit an derselben Position $\vec{r}$ zu $\vec{v}(\vec{r}, t')$. Zu verschiedenen Zeitpunkten be-

[11] Die folgende kurze Zusammenfassung der in diesem Kontext wichtigsten Grundgesetze der Strömungslehre ist im wesentlichen der eben genannten Arbeit von Römer und Forger (1993), Guyon, Hulin und Petit (1997), Trukkenbrodt (1983) sowie Zierep (1997) entnommen.

[12] In späteren Teilen dieser Arbeit sollen Parameter einer speziellen Lösung der Navier-Stokesschen Gleichungen verwendet werden. Daher werden im folgenden einige Begriffe, die für das Verständnis dieses Ansatzes nötig sind, eingeführt.

trachtet man also die Geschwindigkeit von verschiedenen Elementen. Es ist die Sichtweise eines ruhenden Beobachters, in dessen Bezugssystem die Geschwindigkeit $\vec{v}$ gemessen wird. Die Änderung der Strömungsgrößen wird an einer festen Stelle des Raumes betrachtet. Die einzelnen Elemente ziehen vorbei, wie wenn man einen Fluß von einer Brücke aus beobachtet: Zu jedem Zeitpunkt sind die vorbeiziehenden Fluidelemente andere. Ihre Geschwindigkeit ist sowohl eine Funktion des Beobachtungszeitpunktes als auch eine Funktion des beobachteten Ortes $\vec{r}$.

Bei der Lagrangeschen Methode wird das einzelne Element bei seiner Bewegung durch den Raum verfolgt. Die Position des Elements $\vec{r}_0$ ($\vec{r}_0 = \overrightarrow{OM_0}$) ist jeweils eine Funktion seiner Ausgangslage und der Zeit (t). Das bewegte Fluid wird als ein Punktehaufen aufgefaßt, dessen einzelne Fluidelemente bestimmten, durch den Zusammenhang des Fluids bedingten Bewegungsbeschränkungen unterworfen sind. Es wird nach dem zeitlichen Ablauf der Bewegung jedes einzelnen Fluids gefragt. Die Geschwindigkeit des Fluids ist durch den Vektor $\vec{V}(\vec{r}_0, t)$[13] charakterisiert, der eine Funktion der beiden Variablen $\vec{r}_0$ und t ist. Man betrachtet das Element wie von einem Boot aus, das von der Strömung mitgenommen wird: Die Geschwindigkeit des Bootes gibt die Lagrangesche Geschwindigkeit an. Abbildung 2.5 skizziert die Langrangesche Beschreibung der Bewegung in einem Fluid. Die Bewegung des Fluidelements vom Punkt $\vec{M}_0$ an ist mit Hilfe von Vektoren angegeben. Sie zeigen die Veränderung der Bewegung desselben Fluidelements vom Zeitpunkt t_0 zum Zeitpunkt t.

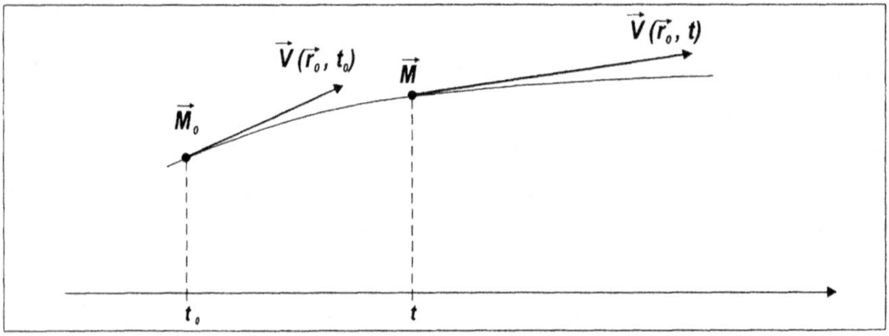

Abb. 2.5 Bewegung in einem Fluid: Lagrangesche Betrachtung (nach Guyan, Hulin und Petit, 1997, S. 91).

Strömungsfelder können zeitlich unverändert – dann liegen stationäre Strömungen vor – oder zeitlich veränderlich mit instationären Strömungen sein. Diese Begriffe beziehen sich jedoch

[13] Die Verwendung von Großbuchstaben soll den Unterschied zur Eulerschen Methode verdeutlichen.

nicht auf den Bewegungszustand eines einzelnen Fluidelements, sondern immer auf den Bewegungszustand des ganzen Fluidsystems.

Die räumliche Veränderung des Strömungsfeldes kann durch ein-, zwei- oder dreidimensionale Strömungen verursacht werden. Die dreidimensionale Strömung stellt den allgemeinsten, aber auch den schwierigsten Fall dar. Vereinfachungen ergeben sich durch Eigenschaften der Strömungen selbst bzw. durch die vorhandenen stofflichen Größen. Zwei Beispiele, die im folgenden eine besondere Rolle spielen, sind Strömungen mit kleiner Reynolds-Zahl und ebene Strömungen (s. unten). In solchen Strömungen kann die Bestimmung der Größen in den zugehörigen Bewegungsgleichungen unter bestimmten Randbedingungen in einfacher Weise erfolgen. Um diese spezifischen Sachverhalte erläutern zu können, muß zunächst die Bewegung im allgemeinen Fall beschrieben werden.

Strömungen in Fluiden: b) Bewegungen und Bewegungsgleichungen

Für ein ruhendes und gleichförmig bewegtes Fluid ist das dynamische Verhalten der Fluide von Bedeutung. (Zur Beschreibung der kinematischen Größen, wie Geschwindigkeit und Beschleunigung, kommen dynamische Größen hinzu.) Die jeweils auftretenden Kräfte bilden ein mechanisches Gleichgewichtssystem (Statik). Bei gleichmäßiger Bewegung treten zeitlich und räumlich veränderliche Strömungsfelder auf. Zur Beschreibung der Bewegung werden zunächst die Größen Geschwindigkeit, kinematische Begriffe wie Bahn-, und Stromlinie sowie die Ableitung des Beschleunigungsfeldes erklärt.

Die Geschwindigkeit eines Fluidteilchens nach der Lagrangeschen Methode ist definiert als:

$$\vec{V} = \frac{d\vec{r}}{dt}. \qquad \text{(Gl. 2.3a)}$$

Werden bei räumlichen Strömungen in einem kartesischen Koordinatensystem x, y, z die Geschwindigkeitskomponenten mit v_x, v_y und v_z bezeichnet, so gilt für den Geschwindigkeitsvektor: $\vec{v} = \vec{e}_x v_x + \vec{e}_y v_y + \vec{e}_z v_z$. Bei ebener Strömung, z.B. in der x-y-Ebene, gilt dann:

$$v_x = \frac{dx}{dt},\ v_y = \frac{dy}{dt}. \qquad \text{(Gl. 2.3b)}$$

Die Bahnlinie eines Fluidelements ist der Weg, den dieses Element mit der Zeit durchläuft, d.h. die Menge der sukzessiven Positionen des Elements im Verlauf seiner Bewegung (Lagrangesche Betrachtungsweise). In Abbildung 2.6 ist für Fluidelement m_0 eine solche Bahnlinie angegeben. Stromlinien sind dagegen nicht auf ein einzelnes Element bezogen, sondern auf einen Zeitpunkt ausgerichtet. Sie sind die Linien des Strömungsfeldes, die zu einem gegebenen Zeitpunkt t_0 an jeder Stelle mit der dort vorhandenen Richtung des Geschwindigkeitsvektors für verschiedene Elemente übereinstimmen. Eine Stromlinie ist die Verbindungslinie von Orten, an denen sich zur gleichen Zeit verschiedene Elemente befinden (s. auch Abb. 2.6).[14]

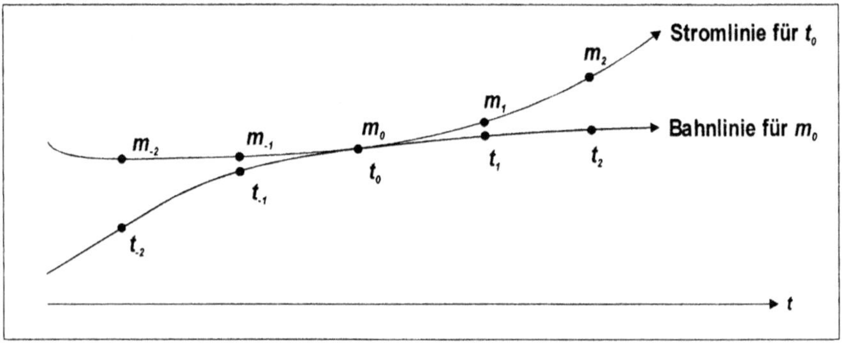

Abb. 2.6 Bahnlinie für Fluidelement m_0 zu verschiedenen Zeitpunkten und Stromlinie zum Zeitpunkt t_0 für verschiedene Fluidelemente.

Die Beschleunigung ($\vec{b}$) ist die Änderung der Geschwindigkeit mit der Zeit. Die Beschleunigung hat wie die Geschwindigkeit vektoriellen Charakter. Der Beschleunigungsvektor hat die Richtung der Geschwindigkeitsänderung, muß aber nicht mit der Richtung der Geschwindigkeit übereinstimmen.

Zur Aufstellung der Bewegungsgleichung kommen zu den bisher betrachteten kinematischen Größen nun dynamische Größen. Unter einer Bewegungsgleichung versteht man ein aus Impuls- und Impulsmomentgleichung (Bilanzgleichungen für das Kräfte- und Momentgleichgewicht) sowie Kontinuitätsgleichung (Massenerhaltung) bestehendes Gleichungssystem. In bezug auf die Kontinuität in einem System nimmt man an, daß eine zu einer bestimmten Zeit t in einem abgegrenzten Systemvolumen befindliche Fluidmasse m als ein System von kontinuierlich verteilten Massenelementen gebildet wird. Das Volumen ist dabei stets vollkommen ausgefüllt und bildet keine Hohlräume (Kontinuitätsbedingung). In einem solchen abgegrenzten Volumen kann im allgemeinen Masse weder verlorengehen, noch entstehen. Die mathematische Formulierung dieser Bilanzgleichung lautet:

$$\frac{dm}{dt} = 0. \qquad \text{(Gl. 2.4)}$$

[14] Man kann Stromlinien experimentell sichtbar machen, indem man ein Photo mit relativ kurzer Belichtungszeit von Teilchen macht: Die Richtung der so aufgezeichneten Segmente ist gleich der Richtung des Geschwindigkeitsvektors, ihre Länge ist proportional zum Betrag der Geschwindigkeit.

Masse kann, wenn im Inneren eines Volumens keine Quellen oder Senken vorhanden sind, die Masse nachliefern, also nur durch den Rand ein- oder ausströmen.

Eine weitere wichtige Voraussetzung zur Aufstellung der Bewegungsgleichung ist die Impulsgleichung für das Fluidelement. Sie wird aus dem Impulssatz abgeleitet, der besagt, daß die zeitliche Änderung des Impulses $\vec{I}$ einer Masse m, die sich in einem angegrenzten Systemvolumen befindet, gleich der auf das System wirkenden resultierenden Kraft $\vec{F}$ ist:

$$\frac{d\vec{I}}{dt} = \vec{F}. \tag{Gl. 2.5}$$

Aus dieser Aussage lassen sich nun Impulsgleichungen für verschiedene Strömungszustände formulieren und zusammen mit der Kontinuitätsgleichung in Bewegungsgleichungen zusammenfassen. Dabei wurden die vollständigen Bewegungsgleichungen strömender Fluide schon gegen Mitte des 19. Jahrhunderts von Navier und Stokes angegeben. Die Lösung dieser Gleichungen bereitete jedoch so große Schwierigkeiten, daß sie zunächst nur unter Vernachlässigung der inneren Reibung des Fluids behandelt wurden.[15]

Es können nun die für diese Arbeit relevanten speziellen Lösungen der Bewegungsgleichungen betrachtet werden.

Strömungen in Fluiden: c) ebene Strömungen und Strömungen bei kleiner Reynolds-Zahl

Es wurde bereits darauf hingewiesen, daß beim Verschieben von Fluidelementen gegeneinander ein physikalisches Verhalten entsteht, das man Reibung nennt und das durch die dem Fluid eigene Viskosität bestimmt ist. Die Viskosität ist für verschiedene Fluide unterschiedlich. Sie hängt vom Druck und der Temperatur des Fluids selbst ab. Der Einfluß dieser (dynamischen) Viskosität (η) bzw. einer daraus abgeleiteten Größe (kinematische Viskosität) ist u.a. verantwortlich dafür, daß Strömungen laminar oder turbulent verlaufen. Um dies zu bestimmen, kann die Reynolds-Zahl (*Re*) herangezogen werden. Die Reynoldszahl ist eine dimensionslose Kenngröße. Sie wird als das Verhältnis von Trägheits- und Zähigkeitsgrößen interpretiert. Sie lautet:

$$\mathrm{Re} = \frac{v \cdot l \cdot \rho}{\eta}. \tag{Gl. 2.6}$$

In Strömungen mit kleiner Reynolds-Zahl sind die Kräfte zur Viskosität (Reibungskräfte) dominant. Die Strömung ist zähigkeitsbehaftet, d.h. die Fluidelemente bewegen sich

[15] Dadurch entstand jedoch eine so große Lücke zu praktisch arbeitenden Ingenieuren, daß sich ein eigener Zweig, die technische Hydraulik, entwickelte. Erst die 1904 von Prandtl entwickelte Grenzschicht-Theorie für wandnahe Strömungen mit Reibung brachte die beiden Forschungsgebiete zusammen. Nach der Grenzschichttheorie ist die Ursache für den Reibungswiderstand eines Körpers in einer relativ dünnen wandnahen Schicht zu suchen, in der der Geschwindigkeitsanstieg von Null an der Wand auf den Wert der Außenströmung erfolgt.

bei kleinen mäßigen Geschwindigkeiten als laminare (nicht-turbulente) Strömungen wohlgeordnet in Schichten. Diese Strömungen findet man z.B. in sehr zähen Fluiden wie Teer, Teig, Plastik oder Honig. Ein kleiner Wert einer Reynolds-Zahl kann aber auch bei sehr langsamen Geschwindigkeiten (z.B. bei Gletscherbewegungen) und/oder in Systemen von kleinen Abmessungen (Bakterien oder Mikroorganismen) vorliegen. Im allgemeinen handelt es sich hier um sehr stabile Strömungen mit wohldefinierten Profilen, sog. Schleichströmungen.

Im Gegensatz dazu sind die Strömungen bei großer Reynolds-Zahl erheblich weniger stabil: Es handelt sich z.B. um turbulente Strömungen, die einer Vielzahl möglicher Lösungen der Bewegungsgleichung entsprechen.

Ein anderer Spezialfall ergibt sich als Folge der Geometrie des Systems. Das Strömungsbild kann dabei dasselbe bleiben wie bei kleinen Geschwindigkeiten. Solange das Geschwindigkeitsprofil parallel bleibt, werden diese Strömungen von der Viskosität bestimmt und zwar unabhängig von der Reynolds-Zahl. Ist das zugehörige Fluid zusätzlich inkompressibel (die Massendichte bleibt im Verlauf der Bewegung in jedem Element konstant), dann kann eine ebene oder axialsymmetrische Strömung mit Hilfe der Stromfunktion (Ψ) beschrieben werden. Zweidimensionale, inkompressible Strömungen können unabhängig davon, inwieweit sie viskos sind (Reibungskräfte einen Einfluß haben) oder nicht, mit Hilfe der Stromfunktion beschrieben werden.

Die Stromfunktion (Ψ) hat die Eigenschaft, daß ihre Linien Ψ=const. identisch sind mit den Stromlinien. In Abbildung 2.7 sind zwei Beispiele für ebene Strömungen angeführt. Ihre Stromfunktion hat die Form $\Psi(x,y) = bx^2 + cy^2$ (b und c sind Konstanten). Für die Geschwindigkeitskomponenten des Strömungsfeldes folgt damit:

$$v_x = \frac{\partial \Psi}{\partial y} = 2cy \text{ und } v_y = \frac{\partial \Psi}{\partial x} = -2bx . \qquad \text{(Gl. 2.7a, b)}$$

Die Stromlinien sind durch die Gleichung

$$\Psi(x,y) = \text{const} \qquad \text{(Gl. 2.7c)}$$

gegeben. Welche Geschwindigkeitsprofile und Stromlinien diese ebenen Strömungen nun im einzelnen annehmen können, hängt vom Verhältnis der Konstanten b und c ab (s. auch Abb. 2.7). In Abbildung 2.7 sind diese für verschiedene Werte des Verhältnisses dargestellt.

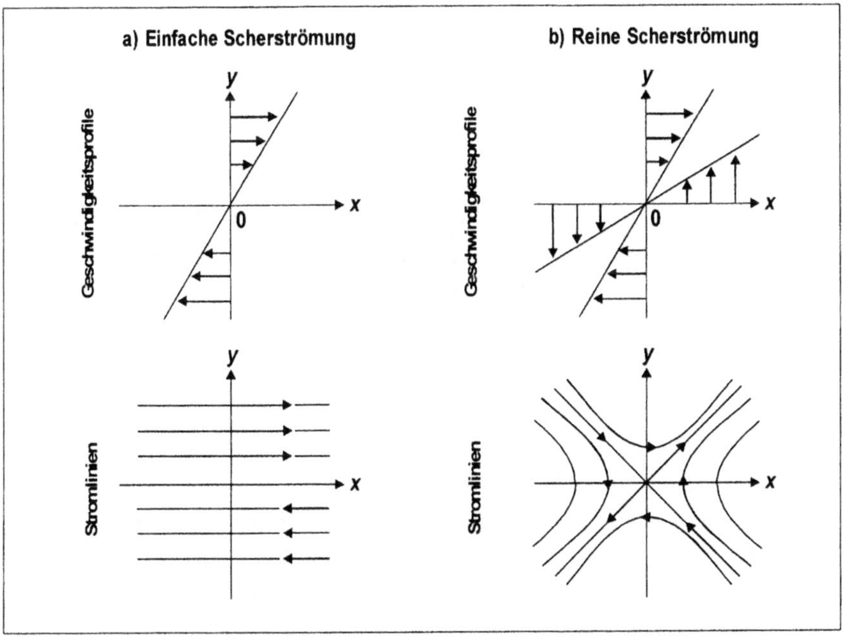

Abb. 2.7 Geschwindigkeitsprofile und Stromlinien für laminare Strömungen (nach Guyan et al., 1997, S. 117; Erläuterungen s. Text).

(1) $b/c = 0$ (Abb. 2.7a). Es gilt: $v_x = 2cy$ und $v_y = 0$. Die zugehörige Strömung ist eine einfache Scherströmung (ebene Couette-Strömung) wie sie z.B. in zähen Strömungen zwischen zwei Wänden vorkommt, die einen Abstand a zueinander haben und sich parallel zu ihren Ebenen mit einer Geschwindigkeit U zueinander verschieben. Das Geschwindigkeitsfeld ist durch den Wert des Geschwindigkeitsgradienten charakterisiert. Die Stromlinien entsprechen den Geraden $y = \text{const}$ und sind parallel zu den Ebenen.

(2) $b/c = -1$ (Abb. 2.7b). Die Bestimmungsgleichungen der Stromlinien sind: $\Psi(x,y) = b(x^2 - y^2) = const$. Die Stromlinien bilden ein Bündel von gleichseitigen Hyperbeln, deren Asymptoten die Diagonalen in jedem Quadranten sind ($y = \pm x$). Das zugehörige Geschwindigkeitsfeld hat die Komponenten: $v_x = 2by$ und $v_y = -2bx$. Es entspricht einem reinen Deformationsfeld. Dieses Geschwindigkeitsfeld ist charakterisiert durch Dehnungskomponenten, die die Fluidteilchen in Strömungsrichtung strecken. Man findet sie z.B. bei Strömungen durch einen Spalt oder auch zwischen vier Zylindern, die in alternierendem Drehsinn rotieren.

Eine wichtige Eigenschaft ebener Strömungen ist, daß der Druckgradient in Strömungsrichtung (*dp/dx*) konstant ist. Dabei kann es jedoch durchaus einen Unterschied machen, ob der Druck gleich Null ist, oder eine bestimmte konstante Größe annimmt. Dies soll anhand der für diese Arbeit wichtigen Fall, der laminaren Scherströmung (s. auch Abb. 2.7) noch einmal erläutert werden.

Die laminare Scherströmung (ebene Couette-Strömung) kommt z.B. in zähen Strömungen zwischen zwei Platten vor, die einen Abstand a zueinander haben. Bewegt sich nun eine Platte in konstanter Geschwindigkeit U und die andere ruht, so läßt sich die zugehörige Geschwindigkeit in Abhängigkeit von einem dimensionslosen Druckgradienten (P) beschreiben. Nimmt dieser Druckgradient den Wert Null an, so handelt es sich um die oben dargestellte einfache Scherströmung. Der dimensionslose Druckgradient hängt ab von der Größe (dp/dx), vom Abstand der Platten zueinander (a), von der Geschwindigkeit (U), mit der die obere Platte bewegt wird, und von der Viskositität (η). Dieser dimensionslose Druckgradient bestimmt das zugehörige Geschwindigkeitsfeld, das dann verschiedene parabolische Profile annehmen kann (s. auch Abb. 2.8).

Trotz der Veränderungen der Geschwindigkeitsprofile sind die Stromlinien invariant. Dies ist die Voraussetzung für eine spezielle Lösung der Navier-Stokesschen Gleichungen. Die Berechnung des dimensionslosen Druckgradienten bestimmt sich nach folgender Gleichung:

$$P = -\frac{a^2}{2\eta U}\frac{dp}{dx}. \qquad \text{(Gl. 2.8a)}$$

Die Bestimmung der Geschwindigkeit erfolgt über:

$$v_y = \frac{y}{a}\left[U - \left(1 - \frac{y}{a}\right)\frac{a^2}{2\eta}\frac{dp}{dx}\right], \text{ für } \frac{dp}{dx} = \text{const}. \qquad \text{(Gl. 2.8b)}$$

Abbildung 2.8 illustriert den Sachverhalt.

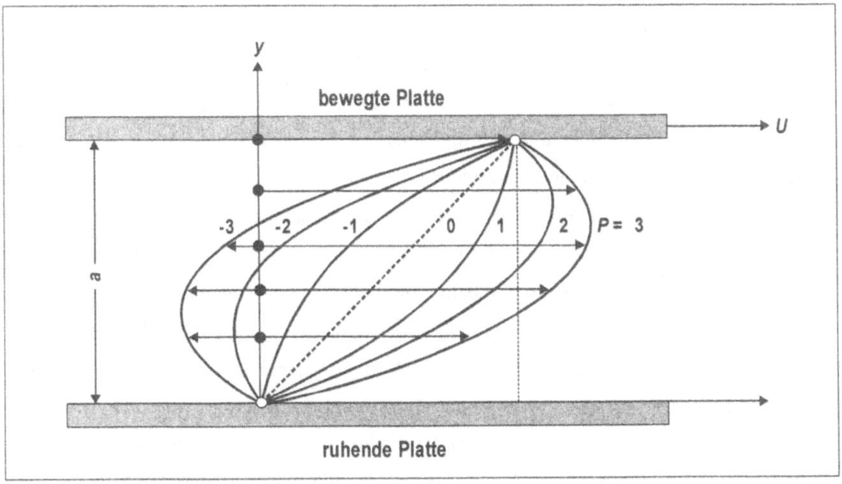

Abb. 2.8 Spezielle Lösung der Navier-Stokesschen Bewegungsgleichung: laminare Scherströmung mit veränderlichem dimensionslosem Druckgradienten *P* (nach Trukkenbrodt, 1983, S. 62).

In Abbildung 2.8 sind die Geschwindigkeitsverteilungen für verschiedene Größen von *P* dargestellt. Für $P>-1$ ist die Geschwindigkeitsverteilung für alle Werte von *y* (Abstand zwischen den Platten) positiv, während sie für $P<-1$ negativ sein kann, was eine Rückströmung in der Nähe der ruhenden Platte zur Folge hat.

2.3 Zusammenfassung

Das Ziel der hier vorliegenden Arbeit ist es, ein Modell zum Informationsabruf in mentalen Karten zu formulieren. Dazu soll die Strömungslehre genutzt werden, die eine Möglichkeit darstellt, Veränderungen in Raum und Zeit mit Hilfe von Feldgrößen zu bestimmen. Nachdem in Abschnitt 2.1 wissenschaftstheoretische Überlegungen zur Formulierung und Prüfbarkeit von Modellen und zum Vorgehen bei der kognitiven Modellierung empirischer Daten dargelegt wurden, beschäftigte sich Abschnitt 2.2 mit dem Modellierungswerkzeug im engeren Sinne. Eine Möglichkeit, den Informationsabruf zu beschreiben, besteht darin, diesen Prozeß als Dynamik eines Systems aufzufassen (Abschnitt 2.2.2). Dann sind folgende Größen zu berücksichtigen: der Phasen- oder Zustandsraum des Systems, der alle Parameter enthält, die für die Beschreibung des Systems von Bedeutung sind, und die Dynamik des Systems. Meist werden die für den Zustandsraum relevanten Größen in der Stufe der Konzeptualisierung gewonnen (s. auch Abschnitt 2.1). Die Formalisierung des Vektorfeldes, das die Dynamik des Systems zeigt und somit alle aktuellen und möglichen Verhaltenstendenzen in Experimentalsituationen des vorliegenden Typs und eine Modellierung der sukzessiven Entwicklung von Systemzustandsveränderungen enthält, erfolgt meist durch Differentialgleichungen oder die Angabe der Trajektorien des Systems. Ziel ist es, genau solche Trajektorien zu finden, die das Experimentalverhalten des dynamischen Systems beschreiben und vorhersagen. Hierbei spielen Attraktoren eine besondere Rolle, da diese Auskunft darüber geben, ob das System gegen einen Gleichgewichtszustand konvergiert oder nicht.

Die Formulierung des dynamischen Systems steht und fällt jedoch mit der Wahl des Zustandsraumes. Dazu gehört auch die Beschreibung des Zusammenwirkens verschiedener Parameter, die hier mit Hilfe der Strömungslehre (Abschnitt 2.2.3) erfolgt. Die zeitliche Veränderung von Strömungsfeldern kann in der Strömungslehre anhand von Bewegungsgleichungen beschrieben werden. Dies ist eine dynamische Betrachtungsweise, bei der – außer der Angabe der Geschwindigkeit und der Beschleunigung an jeder Stelle und zu jeder Zeit (kinematische Betrachtung) – die Angabe der auf das Fluid (das strömende Medium) wirkenden Kräfte, wie Trägheits-, Volumen- und Oberflächenkraft notwendig ist. Spezielle Lösungen der Bewegungsgleichungen in zähigkeitsbehafteten Strömungen treten unter bestimmten Randbedingungen (z.B. einer Strömung zwischen zwei Platten) bei laminaren (nicht-turbulenten) Strömungen in inkompressiblen Fluiden oder mit kleiner Reynolds-Zahl auf. In diesem Fall kann das Vektorfeld der zugehörigen Geschwindigkeit auf ein Skalarfeld reduziert und mit Hilfe der zugehörigen Stromfunktion bestimmt werden.

Wie zuvor ausgeführt wurde, ist für eine dynamische Betrachtung das Zusammenspiel von kinematischen Größen und anderen wirkenden Kräften entscheidend. In dem hier gewählten Fall (s. Abb. 2.8) ist die Dynamik durch den Einfluß eines dimensionslosen Druckgradienten determiniert, der sich bei konstantem, aber von Null verschiedenem Druckgradienten in Strömungsrichtung auswirkt. Das zugehörige Modell ist eine einfache Scherströmung (s. auch Abb. 2.7), bei der eine Platte bewegt wird. Größen, die einen Einfluß haben, sind der Abstand der Platten zueinander, die Geschwindigkeit, mit der die Platte bewegt wird und die Viskositität. In Abhängigkeit von diesen Größen kann eine einfache Scherströmung, deren Geschwindigkeitsfeld sonst linear ist, ein Geschwindigkeitsfeld entwickeln, das verschiedene parabolische Profile annehmen kann.

Eine solche Lösung soll zur Modellierung der Daten herangezogen werden. Um die hier isolierten Größen mit kognitionspsychologisch relevanten Einflußgrößen in Verbindung bringen zu können, werden in den nächsten beiden Kapiteln zunächst die Prozesse im fraglichen Gegenstandsbereich beschrieben und die Befunde referiert und kritisch bewertet.

3 Informationsverarbeitung im menschlichen Gedächtnis

Theorien dazu, wie das menschliche Gedächtnis aufgebaut ist, wie Information wahrgenommen und enkodiert, verarbeitet, behalten und abgerufen wird, haben eine lange Tradition. Schon seit die Psychologie sich Ende des 19. Jahrhunderts zu einer eigenständigen Disziplin entwickelte, befaßte man sich mit Themen wie Empfindung, Wahrnehmung, Assoziation, Vorstellung und Aufmerksamkeit. Nur wenige Jahre nachdem Wilhelm Wundt in Leipzig das erste psychologische Laboratorium zur Untersuchung von perzeptiven und apperzeptiven Prozessen und den seiner Ansicht nach damit verbundenen Vorstellungsbildern gegründet hatte, veröffentlichte Hermann Ebbinghaus 1885 eine experimentelle Forschungsmonographie, in der er darlegte, welche Gesetzmäßigkeiten bei der Speicherung und beim Abruf von Information wirksam werden (Ebbinghaus, 1985). Die von ihm verwendeten sinnfreien Silben (z.B. PEL, WUK, etc.), also Material, das von vorangegangenen Erfahrungen und Erlebnissen unbeeinflußt war, lernte er im Selbstversuch auswendig und gab sie unter Prüfung von Einflüssen wie Umfang und Wiederholungen des Materials, pro- und retroaktive Hemmung usf. wieder. Er selbst formulierte keine eigene Gedächtnistheorie. Ihm ging es darum, Gesetzmäßigkeiten zwischen Einpräge- und Abrufbedingungen zu finden und zu formulieren (s. auch Wippich, 1984, S. 17). Dennoch geriet sein Forschungsprogramm genauso wie Wundts introspektive Vorgehensweise wegen der engen und für die Öffentlichkeit wenig weitreichenden Gültigkeit der Aussagen über das menschliche Gedächtnis in den 30er Jahren in Mißkredit.

Nach einer Abkehr von der Beschäftigung mit dem Geist und dem damit verbundenen Aufschwung des Behaviorismus als Reaktion auf die wenig objektivierbaren Methoden der Introspektion und des Selbstversuchs war man erst mit der kognitiven Wende in der Psychologie wieder bereit, sich erneut der Kognition zuzuwenden (s. dazu auch Anderson, 1996; Gardner, 1992; Neisser, 1979). Dieses Mal geschah dies jedoch im Rahmen des Informationsverarbeitungsparadigmas. Man zögerte nicht mehr, wieder über Probleme des Geistes zu sprechen, über geistige Repräsentationen nachzudenken und versuchte nicht mehr, sie mit Reiz-Reaktions-Serien wegzuerklären (Gardner, 1992, S. 108; Luce, 1986). Die Paradigmen, die sich im Rahmen des Informationsverarbeitungsansatzes entwickelten, waren jedoch sehr unterschiedlich. Manche Forscher nutzten die Methode, Gedanken über ihren Informationsgehalt zu objektivieren, um Probleme der Begrenzung und Übertragungsraten zu bearbeiten (z.B. Broadbent, 1958; Cherry, 1953; Miller, 1956), andere widmeten sich größeren Zusammenhängen (z.B. Bruner, Goodnow & Austin, 1956). Es entstand eine Vielfalt an Theorien, die folgendes gemeinsam haben: Sie liegen über der neurobiologischen Betrachtungsebene und postulieren eine mentale bzw. kognitive Ebene, die sie als symbolische (digitale) und/oder analoge Repräsentation von Information und darauf basierender Operationen beschreiben. Dörner und van der Meer (1995, S. I) beschreiben die Konzeption der Informationsverarbeitungstheorie wie folgt: „Psychische Phänomene können als Prozesse der Aufnahme, der Verarbeitung, der Speicherung und der Nutzung von Information angemessen beschrieben und erklärt werden. Psychische Prozesse sind also Informationsverarbeitungsprozesse."

Eine zentrale Frage dieser Arbeit ist, ob sich die Informationsverarbeitung und die im Zusammenhang mit dem Abruf von Information auftretenden Priming-Effekte in mentalen Karten von der Verarbeitung anderer Information unterscheiden. In Abschnitt 3.1.1 wird daher zunächst die Unterscheidung sog. wahrnehmungsbezogener und bedeutungsbezogener Wissensinhalte angesprochen, denn wahrnehmungsbezogene Wissensinhalte werden hauptsächlich mit visuell-räumlichem Wissen in Verbindung gebracht. So war Paivio (1975a, b) einer der ersten Forscher, die postulierten, daß Information in zwei verschiedenen Codes vorliegen könne. Eng damit verknüpft sind Fragen nach dem Format, d.h. ob Information symbolisch oder nicht-symbolisch gespeichert ist, und Fragen nach der Art der Relation zwischen den einzelnen Informationsbestandteilen. Vor allem Wissen, das nach raum-zeitlicher Nähe (Kontiguität) enkodiert wird, interessiert im Hinblick auf die Vergleichbarkeit mit Wissen in mentalen Karten. Dies ist einerseits episodisches Wissen (Information, die nach der räumlich-zeitlichen Nähe des eigenen Erlebens enkodiert ist) aber auch Wissen, das beim seriellen Lernen entsteht. Bei dieser Art der Enkodierung wird das Lernmaterial meist in Listen vorgegeben. Somit zeigt sich hier eine gewisse Nähe zur in dieser Arbeit untersuchten Situation, bei der Raumwissen beim Navigieren durch eine Raumanordnung entsteht, also einer ebenfalls sukzessiven Informationsaufnahme.

Daß verschiedene Arten mentaler Repräsentationen gleichzeitig existieren, ist heute kaum noch umstritten. Kontrovers diskutiert wird jedoch, ob alle Information in einem einheitlichen Gedächtnissystem gespeichert wird oder ob unterschiedliche Systeme für verschiedene Wissensarten angenommen werden müssen. Die Vorstellungen dazu finden Eingang in eine Vielzahl von Gedächtnistheorien, die in Abschnitt 3.1.2 auszugsweise behandelt werden. Dabei ist die Hervorhebung des hypothetischen Konstrukts der Aktivation von besonderer Bedeutung, denn in vielen Theorien zum Informationsabruf wird das Konzept der Aktivationsausbreitung (Spreading-Activation) für Priming-Effekte verantwortlich gemacht. Durch das Aktivationskonzept kann im Langzeitwissen des Menschen ein aktiver Teil postuliert werden, das sog. Arbeitsgedächtnis. Dadurch war es möglich, die Vorstellung separater Speicher aufzugeben.

Die referierten Gedächtnistheorien betonen die Aktivation von Information in unterschiedlicher Weise. Um dies zu erläutern, werden im einzelnen Produktionensysteme wie im ACT*-Modell von Anderson (1983a, b), schema-orientierte Repräsentationssysteme, Multikomponentenmodelle, Situationsmodelle und konnektionistische Netze behandelt.

Nach einer kurzen Zusammenfassung zur Enkodierung und zur Speicherung von Information (Abschnitt 3.1.3) werden in Abschnitt 3.2 Prozesse des Informationsabrufs beschrieben. Lange Zeit war hier ein strittiger Punkt, ob Informationsprozesse als seriell oder als parallel aufgefaßt werden können (Abschnitt 3.2.1). In diesem Zusammenhang werden wichtige Prinzipien zur Reaktionszeitmessung und Additivität von Prozessen erläutert, denn die später dargestellten Untersuchungen nutzen ebenfalls Reaktionszeiten, um Aussagen über Prozesse zu formulieren. Weitere Eigenschaften der Aufgabe, die die Versuchspersonen in den in Kapitel 5 und 6 berichteten Untersuchungen zu lösen haben, werden in Abschnitt 3.2.2 illustriert. Dazu werden die Aussagen der Signal-Entdeckungstheorie zur Wiedererkennung von Reizen, lernpsychologische Annahmen zu Positionseffekten, die beim Abruf serieller Information entstehen und zentralen Mechanismen zur Erklärung von Priming-Effekten angeführt.

Die Signal-Entdeckungstheorie liefert Aussagen zur Wiedererkennung von Reizen. Eine Möglichkeit, die Entscheidung einer Versuchsperson zu beschreiben, erfolgt über die Zuordnung zu den Kategorien „Treffer“, „Fehler“, „falscher Alarm“ und „korrekte Zurückweisung“. Ein Vergleich der Raten für Treffer und falschen Alarm zwischen Aufgaben, ermöglicht die Abschätzung der Entsprechung des Schwierigkeitsgrades. So kann auch bewertet werden, ob Reaktionszeiten aus verschiedenen Aufgaben kompatibel sind. Ein zweites wichtiges Prinzip beim Abruf von Information ist der serielle Positionseffekt, womit ein besseres Behalten der Reize zu Beginn und am Ende einer Liste gegenüber den Reizen in der Mitte bezeichnet wird.

Zentral sind die Schilderung der Theorien zur Erklärung von Priming-Effekten, die damit in Zusammenhang stehenden unterschiedlichen Auffassungen der Modellierung von Wissen (im wesentlichen Netzwerke und Multikomponentenmodelle) und die daraus resultierenden Aktivationswerte oder Familiaritätsindizes, die die theoretische Nähe zwischen Prime und Target ausdrücken. Wie in Abschnitt 3.2.2 und 3.2.3 dargelegt wird, können Annahmen zu Zeitverläufen der Priming-Prozesse nur mit Zusatzannahmen (zusätzlichen Transformationsprozesse) in Zeitverläufe der aufsummierten Aktivationswerte oder Familiaritätsindizes überführt werden. Vor allem hieran und an der Schwierigkeit, die die einzelnen Theorien mit der Erklärung all der unterschiedlichen Phänomene beim Priming haben, macht sich die Kritik an den beschriebenen Modellen fest. Abschnitt 3.2.4 faßt die Aussagen zum Informationsabruf abschließend zusammen.

3.1 Repräsentation von Wissen: Enkodierung und Speicherung

Wie gelangt eigentlich ein Reiz von den Sinnesorganen ins Gedächtnis? Ein typisches Beispiel für eine Gedächtnistheorie im Rahmen des Informationsverarbeitungsparadigmas ist das Mehr-Speicher-Modell von Atkinson und Shiffrin (1968). (Zu historischen Vorläufern des Modells vgl. Kluwe, 1990; zur Kritik vgl. auch Engelkamp, 1990.) Die Entstehung dieses Modells wurde durch viele Forschungsergebnisse der 50er und 60er Jahre vorbereitet (z.B. Broadbent, 1958; Brown, 1959; Cherry, 1953; Miller, 1956; Peterson & Peterson, 1959; Sperling, 1967). Es wurde gezeigt, daß Information, die an die Sinnesorgane gelangt, nur in begrenztem Maße gleichzeitig aufgenommen werden kann. Wenn die Aufmerksamkeit jedoch auf eine bestimmte Information gelenkt wird oder zwischen Darbietung und Abruf der Information nur wenige 100 Millisekunden vergehen, steigen die Quantität und die Qualität der abrufbaren Information. Atkinson und Shiffrin (1968) entwickelten gemäß dieser Forschungsergebnisse eine Theorie des Kurzzeitgedächtnisses, die drei separate Speicher postuliert: Mit Aufmerksamkeit versehene Information wird von den sensorischen Speichern (Registern), in welche die Information zunächst gelangt, an das Kurzzeitgedächtnis (bzw. den Kurzzeitspeicher) weitergegeben. Während Information in den sensorischen Registern nur einige 100 Millisekunden lang verfügbar ist, kann sie, sobald sie in den Kurzzeitspeicher gelangt ist, ohne memoriert zu werden, ca. 15 bis 30 Sekunden lang vorliegen. Die begrenzte Kapazität des Kurzzeitgedächtnisses (Miller, 1956) führt dazu, daß Information wie dargebotene Zahlen oder Wörter z.B. durch inneres oder lautes Vorhersagen (Rehearsal) memoriert werden muß, um behalten zu werden. Gelangen zu viele Items ins Kurzzeitgedächtnis, oder werden die Kontrollprozesse des Memorierens gestört, so geht die Information verloren. Wenn aber keine Engpässe oder Interferenzen entstehen, dann erreicht die Information den Langzeitspeicher. Über der Information in den einzelnen strukturellen Komponenten arbeiten somit unterschiedliche Kontrollprozesse, die von Instruktionen, Bedeutungsgehalt des Materials und Lerngeschichte des Individuums bestimmt werden.

3.1.1 Mentale Repräsentationen: wahrnehmungsbezogene vs. bedeutungsbezogene Wissensinhalte

Das eben beschriebene Modell von Atkinson und Shiffrin (1968) war sehr einflußreich. Dennoch glaubt heute kaum noch ein Forscher, daß separate Speicher existieren bzw. ein separater Kurzzeitspeicher angenommen werden muß. Dafür gibt es wohl zwei Gründe:

(1) Die Architektur von Speichersystemen wird weitgehend abgelehnt, da sie als zu starr angesehen wird. Auch die Annahme dynamischer Kontrollprozesse hat daran wenig geändert.

(2) Die begrenzte Kapazität wird weniger an Begrenzungen eines Systems festgemacht als vielmehr an der Geschwindigkeit der stattfindenden Prozesse.

Ein wesentlicher weiterer Punkt im Modell von Atkinson und Shiffrin (1968) war, daß die postulierte Informationsverarbeitung für jede Art von Wissen zutreffen sollte. Für jeden Abruf- oder Kontrollprozeß wird die gleiche Zeit benötigt, unabhängig davon, um welches Wissen es sich handelt und wer sucht.

Exkurs: Information und Informationsverarbeitung

Nach allgemeiner Auffassung geht die Entwicklung der Informationstheorie auf Claude Shannon zurück. Er sah Ende der 30er Jahre, daß die Klassifikation von Aussagen als wahr oder falsch auch genutzt werden kann, um den an- und ausgeschalteten Zustand eines Schalters zu beschreiben. Es entstand die Idee, daß auch elektrische Schaltkreise grundlegende Denkprozesse repräsentieren könnten. Nach Shannons Theorie (Shannon, 1938; s. auch Broadbent, 1958; Shannon & McCarthy, 1956) ist Information nicht an einen spezifischen Inhalt gebunden, sondern im wesentlichen die Wahl zwischen zwei möglichen Alternativen. Ein Stimulus steht direkt mit seiner Vorhersagbarkeit in Beziehung: Ein völlig vorhersagbarer redundanter Stimulus enthält keine Information, während ein unerwarteter Stimulus Information enthält. Die Einheit einer Information, die Menge, die benötigt wird, um eine Nachricht oder einen Zustand aus zwei Alternativen auszuwählen ist ein Bit. So benötigt man ein Bit, um zwischen zwei Alternativen zu wählen, ein weiteres, um zwischen vier (2x2) und ein drittes, um zwischen acht (2x2x2) zu wählen usf. Das Informationsmaß ist demnach durch den Logarithmus zur Basis 2 (*ld*) der Alternativen eines Ereignisses bestimmt (Attneave, 1974).

Wie bereits erwähnt, begann man Ende der 50er Jahre sich auch in der Psychologie mit der Informationstheorie zu beschäftigen. Man erkannte, daß kognitive Prozesse unabhängig von ihrer Qualität als Übertragung von Information, die weder Materie noch Energie ist (Wiener, 1961, S.132), untersucht werden können. So sind z.B. auch für Neisser (1979, S. 54) folgende Beschreibungen im Zusammenhang mit Information wichtig: Information ist die Wahl zwischen Alternativen, die immer dann gegeben sind, wenn sich Systeme in unterschiedlichen Zuständen befinden können. Wenn nun der Zustand eines Systems *B* in irgendeiner Weise vom Zustand des Systems *A* abhängig ist, so ist Information übermittelt worden. Ein Beobachter könnte, indem er *B* beobachtete, etwas über *A* erfahren. Wenn in *B* genügend Information übermittelt wurde, kann *A* bis in alle Einzelheiten charakterisiert werden. Die gleiche Beziehung sieht er auch zwischen strukturierten Lichtmustern, die dem Auge zugänglich sind (System *B*) und den Objekten (System *A*), die das Licht reflektieren. Die Information, die übermittelt wird, liegt im Licht. Sie spezifiziert die Lage und viele der Eigenschaften von Objekten wie dies schon Gibson (1966) betonte. Neisser (1979, S. 56) tritt jedoch gleichzeitig der Auffassung entgegen, daß Information gespeichert, abgelegt und bei Bedarf hervorgeholt wird.

Atkinson und Shiffrin (1968) nahmen wie viele andere Forscher an, daß Information unterschiedlich kodiert sein kann und daß sich die Art der Kodierung mit dem Übergang in ein anderes System auch ändern kann. Dies führte aber noch nicht zur Annahme unterschiedlicher Arten mentaler Repräsentation (s. unten). Die erst später entstandene Dual-

Code-Theorie stammt ursprünglich von Paivio (1975a, b). Er postulierte eine Trennung zwischen Bild- und Textverarbeitung, auf der viele Arbeiten im Bereich der Format- und Modalitätsspezifität beruhen. Danach soll Information anders kodiert werden, wenn sie als Wort oder als Bild dargeboten wird. Paivio nimmt an, daß die voneinander unabhängigen, aber teilweise miteinander verbundenen Systeme an der Enkodierung, Speicherung, Organisation und am Abruf von Information beteiligt sind (s. auch Wippich, 1980). Während das nonverbale System Vorstellungsbilder (Images) verarbeitet, repräsentiert der verbale Kode linguistische Einheiten. Beides geschieht jedoch unabhängig von der Darbietungsmodalität. So kann es sich bei Vorstellungsbildern durchaus auch um auditorische oder haptische Information handeln (Paivio, 1975a, S. 181).

Neben der Art der Information, in denen sich die Kodierungssysteme unterscheiden, sollen auch die Art und Weise der Organisation dieser Information und die Möglichkeiten, solche Information umzustrukturieren und zu transformieren, verschieden sein. Als Beleg für die unterschiedliche Kodierung von Information wird i.d.R. angesehen, daß inkongruente Größenunterschiede bei Paaren von Objekten (in der Literatur ein riesiger Hund und ein kleiner Elefant) nur dann mit den tatsächlichen Größenunterschieden der Objekte interferieren, wenn sie als Bilder dargeboten werden, nicht aber wenn die Wörter der zugehörigen Objekte als Stimuli inkongruenter Größenunterschiede (HUND – ELEFANT) exponiert werden (Paivio, 1975b).

Eine klassische Studie, die die Trennung in ein verbales und ein visuell-räumliches Enkodiersystem stützt, stammt ursprünglich von Brooks (1967) und wurde von Baddeley, Grant, White und Thompson (1975) aufgegriffen und erweitert. Bei besagter Untersuchung wurden Versuchspersonen instruiert, sich eine leere Matrix mit einer markierten Zelle (z.B. die 2,2-Zelle einer 4-mal-4-Matrix) als Startpunkt vorzustellen (s. auch Abb. 3.1). Es gab „räumliche" und „nicht-räumliche" Bedingungen. Unter der „räumlichen" Bedingung wurde den Versuchspersonen eine Reihe von Instruktionen vorgelesen, die sie dazu veranlassen sollten, die Zellen der Matrix in ihrer Vorstellung in einer bestimmten Reihenfolge und mit bestimmten Objekten (z.B. Zahlen) zu füllen. Ihnen wurde z.B. vorgelesen: „Die Startzelle erhält eine 1; die Zelle darunter bekommt eine 2; die Zelle darunter bekommt eine 3; usf." Die Instruktionen enthielten jeweils einen der Lokative „rechts", „links", „darüber" oder „darunter". Die Aufgabe der Versuchspersonen war es, die Instruktionen später wiederzugeben, wobei sie sich typischerweise die räumliche Position der Zahlen in der Matrix vorstellten. Unter den „nicht-räumlichen" Bedingungen wurden „Nonsense-Instruktionen" gegeben. Die Lokative wurden z.B. durch „gut", „schlecht", „langsam" und „schnell" ersetzt (s. auch Abb. 3.1). Die Aufgabe war auch hier, die Instruktionen wiederzugeben. Allerdings konnte hier kein

Vorstellungsbild der mit Zahlen besetzten Matrix generiert werden, sondern die Versuchspersonen mußten sich auf die verbale Enkodierung der Instruktionen verlassen.[16]

Räumliche Instruktion:
Feld-(2,2) eine 1,
darunter eine 2,
darunter eine 3,
rechts eine 4,
rechts eine 5,
darüber eine 6,
links eine 7,
darüber eine 8.

	1	8	
	2	7	6
	3	4	5

Sinnlose Instruktion:
Feld-(2,2) eine 1,
langsam eine 2,
langsam eine 3,
schlecht eine 4,
schlecht eine 5,
schnell eine 6,
gut eine 7,
schnell eine 8.

Abb. 3.1 Versuchsanordnung zur räumlichen Vorstellung (nach Brooks, 1967).

Baddeley et al. (1975) ließen nun die Hälfte der Versuchspersonen, während diese die Instruktionen lernten, eine visuell-räumliche Interferenzaufgabe ausführen, eine sog. Tracking-Aufgabe. Bei dieser Aufgabe mußten die Versuchspersonen beispielsweise mit dem Zeigefinger ein bestimmtes Lichtmuster nachfahren. Es zeigte sich, daß die Interferenzaufgabe die räumlichen Instruktionen mehr störte als die Nonsense-Instruktionen. Den Autoren zufolge unterstützt das Ergebnis die Annahme eines spezialisierten visuellen Kurzzeitgedächtnisses, dessen Aufgabe es ist, visuelle Vorstellungsbilder zu formen und zu enkodieren und das durch visuell-räumliche Tracking-Aufgaben gestört wird (vgl. dazu auch Baddeley & Lieberman, 1980).

Eine Trennung verbaler und visuell-räumlicher Gedächtnisinhalte wird auch von vielen anderen Autoren angenommen. So spricht z.B. Anderson (1996) von wahrnehmungsbezogener und bedeutungsbezogener Wissensrepräsentation, Kluwe (1990) unterscheidet Repräsentationen der räumlichen Lage von Sachverhalten (Spatial Images), Repräsentationen der zeitlichen Abfolge (Linear Orderings) sowie Repräsentationen der Bedeutung von Sachverhalten durch Propositionen.[17] Offensichtlich ist man der Ansicht, daß Wörter und Sätze eher in Propositionen (bzw. linguistische Einheiten) zusammengefaßt werden und somit ihre analoge Struktur zum dargebotenen Reiz verlieren, während bei Bildern und räumlichen Gege-

[16] Brooks (1967) gab den Versuchspersonen die oben beschriebenen Instruktionen schriftlich oder akustisch vor. Es zeigte sich, daß die Versuchspersonen, denen unter der „räumlichen" Bedingung die Instruktionen schriftlich gegeben wurden, über Schwierigkeiten berichteten, das Vorstellungsbild der Matrix zu behalten. Auf der anderen Seite hatten auch die Versuchspersonen unter der Bedingung „Nonsense" Schwierigkeiten, die Instruktionen, die ihnen akustisch vorgegeben wurden, zu behalten.

[17] Unter Propositionen versteht man diskrete Symbolstrukturen, deren Bedeutungsgehalt sinnvoll als wahr oder falsch beurteilt werden kann (s. auch Exkurs: Symbolische und analoge Repräsentationen).

benheiten eher die Struktur beibehalten wird, die auch in der Wahrnehmungssituation vorliegt.[18]

Exkurs: Symbolische und analoge Repräsentationen

Zunächst verweist der Repräsentationsbegriff darauf, daß etwas, das Repräsentat, für etwas, das Repräsentandum, steht. Repräsentat und Repräsentandum befinden sich dabei in einem bestimmten, unumkehrbaren Abbildungsverhältnis. Die Abbildungsrelation gibt an, welche Eigenschaften des Repräsentandums welchen Eigenschaften des Abbilds entsprechen. Wichtig ist dabei, daß nie alle Eigenschaften abgebildet werden können. Auch hier kommt es zu einer Verkürzung: Eine Repräsentation ist immer eine Reduktion (s. auch oben, Kapitel 2). Hinzu kommt, daß bei der Verwendung des Begriffs „mentale Repräsentation" das Abbildungsergebnis nach Herrmann (1993) einer bestimmten Klasse von Repräsentaten angehört, nämlich der Klasse der Repräsentate im „Mind" eines einzelnen Systems, der distinkten Ebene zum „Brain", der neuronalen Struktur, die mit der Einführung dieses Begriffs postuliert wurde (z.B. Dörner & van der Meer, 1995; Gardner, 1992; Zimmer, 1993; s. auch oben). Eine mentale Repräsentation vermittelt demzufolge zwischen Input und Output des Individuums, das als informationsverarbeitendes System gesehen wird.

Mentale Repräsentationen von Information können als Anwendung von Symbolen (d.h. Zahlen, Wörtern, Propositionen o.ä.) beschrieben werden, d.h. als symbolische Modelle. Symbolische Modelle einer Repräsentation finden per Definition in einem Medium statt, das in eine Menge elementarer Informationseinheiten zerlegbar ist und über eine Menge von Vorschriften verfügt, die die Zusammensetzung einfacher Symbole in komplexe Symbolstrukturen beschreiben. Die am weitesten verbreitete Art der Repräsentation ist dabei wohl die Beschreibung eines Sachverhalts in Form von Propositionen (daher auch propositionale Repräsentation). Aber auch eine Beschreibung in natürlicher Sprache oder eine Umsetzung eines Sachverhalts in einen numerischen Code wäre eine symbolische Repräsentation des Sachverhalts. Ausschlaggebend ist, daß aus den vorliegenden Symbolen durch Anwendung bestimmter Inferenzen neue Symbole generiert werden.

Ganz im Gegensatz dazu steht die analoge Repräsentation. Hier werden die Sachverhalte, die dargestellt werden sollen, nicht in Symbole transformiert, sondern in physikalische Größen. Wichtig ist, daß analoge Relationen im Gegensatz zu symbolischen Relationen symmetrisch und transitiv sind. So ist z.B. ein verkleinertes maßstabsgetreues Modell einer räumlichen Anordnung eine analoge Repräsentation. Das Modell weist in diesem Fall sogar strukturelle Äquivalenz zum Original auf. Bestimmte Eigenschaften des Originals werden nämlich physikalisch-isomorph im Modell abgebildet (Palmer, 1978). Auf den Begriff „analog" wird jedoch häufig in unterschiedlicher und sehr uneinheitlicher Weise referiert (vgl. dazu Finke, 1989; Lüer et al., 1995; Opwis & Lüer, 1996; Pinker, 1980; Rehkämper, 1993; Zimmer, 1993). So bezeichnet man auch Repräsentate als analog, die funktionale Äquivalenz aufweisen, d.h. nicht unbedingt physikalisch-isomorphe Modelle sind. Ein Beispiel für analoge Prozesse zwischen Repräsentat und Repräsentandum sind die bekannten Untersuchungen zur mentalen Rotation, die Shepard und Mitarbeiter hauptsächlich in den 70er Jahren durchführten (vgl. dazu vor allem Cooper & Shepard, 1973; Shepard, 1975; Shepard & Metzler, 1971). Das Analogiekriterium ist hierbei die Ähnlichkeit zwischen den mentalen und den physikalischen Transformationsprozessen. In diesem Falle ist es die Ähnlichkeit zwischen der mentalen Rotation eines Images und der physikalischen Rotation eines Objektes, die darin besteht, daß der mentale Prozeß die gleichen Zwischenstufen durchläuft wie der externe physikalische

[18] Damit wird jedoch nicht postuliert, daß aus Texten generierte mentale Repräsentationen nicht auch analog sein können (s. dazu auch Schnotz, 1994; Johnson-Laird, 1983).

Prozeß. (Vgl. zur kritischen Betrachtung des Paradigmas der mentalen Rotation auch Graf, 1994; May, 2000.)

Zum theoretischen Konstrukt der Formatspezifität, der Frage, ob Information analog oder symbolisch repräsentiert wird, wurden schon erbitterte Gefechte geführt (z.B. Kosslyn, 1981; Pylyshyn, 1981; 1984). Dennoch muß die Frage, ob kognitive Prozesse, die mit Hilfe von analogen Repräsentationen erklärt werden – wie etwa der Prozeß des bildhaften Vorstellens – nicht nur durch Wünsche und Annahmen des Individuums beeinflußt werden (sie also kognitiv penetrierbar sind), wohl bis auf weiteres offen bleiben (Lüer et al., 1995; s. auch Rehkämper, 1990). So ist beispielsweise Pylyshyn (1981; 1984) der Ansicht, man könne sich beim Vorstellen selbst propositionale Anweisungen geben und damit einen bestimmten Verhaltensoutput, wie die spezifische Zeitcharakteristik bei der mentalen Rotation, erzeugen.

Folgt man dagegen den Ausführungen von Johnson-Laird (1983; s. auch unten), so handelt es sich bei der Repräsentation vieler Sachverhalte um die Generierung eines mentalen Modells. Ein solches mentales Modell ist eine analoge Repräsentation, obwohl sie keine bildhafte Vorstellung des Sachverhalts sein muß. Die Eigenschaften des Originals und die Eigenschaften des Modells müssen dabei nicht strukturell, sondern lediglich funktional äquivalent sein (s. oben). Eine Reihe von Untersuchungsergebnissen scheint analoge Repräsentationen zu bestätigen. Ein Beispiel dafür sind Scanning-Experimente. In solchen Untersuchungen werden Versuchspersonen aufgefordert, sich einen bestimmten Ort in einer räumlichen Anordnung (die meist zuvor gelernt wurde) vorzustellen, von dem aus sie dann die mentale Vorstellung der gelernten räumlichen Anordnung absuchen (Scannen) sollen. Für eine analoge Repräsentation der zuvor dargebotenen räumlichen Anordnung spricht eine bestimmte Zeitcharakteristik, die von der physikalischen Distanz der vorgegebenen Orte abhängt (z.B. Kosslyn, Ball & Reiser, 1978). Werden Objekte dreidimensional vorgegeben, so findet sich sogar eine Abhängigkeit der Reaktionszeit von dreidimensionalen Distanzen. Müssen Versuchspersonen jedoch zweidimensionale Projektionen der dreidimensionalen Objekte anfertigen, um eine Aufgabe zu lösen, so finden sich bei den gleichen Objekten Reaktionszeiten, die von zweidimensionalen Distanzen abhängig sind (Pinker, 1980). Versuchspersonen scheinen sich Distanzen so vorstellen zu können, daß sie einem analogen Format entsprechen.

Neben den beschriebenen eher wahrnehmungsbezogenen Repräsentationen und den in Form von Propositionen oder anderen Symbolen repräsentierten bedeutungsbezogenen Wissensinhalten, wie semantische Netze oder Schemata (s. auch Abschnitt 3.1.2), hat eine weitere Art von Wissen enorme Bedeutung erlangt: die Repräsentation der zeitlichen Abfolge. Diese Forschung steht in der Tradition von Experimenten, wie sie Ebbinghaus (1985) schon in ähnlicher Weise durchgeführt hat (s. oben). Ebbinghaus nahm an, daß Lernen auf den Erwerb von Assoziationsketten zurückgeht. Für ihn entstanden Assoziationen zwischen einzelnen Gliedern einer Reihe nach ihrer zeitlichen Folge. Nach seiner Auffassung sind: „... die assoziativen Fäden, welche eine innerlich behaltene Reihe zusammenhalten, nicht nur einfach zwischen Glied und Folgeglied gesponnen, sondern es bestehen solche Fäden zwischen jedem einzelnen Glied und allen zeitlich benachbarten, über die Zwischenglieder hinweg.“ (S. 82). Er nannte sie Assoziationen der unmittelbaren und der mittelbaren Folge (s. auch Abb. 3.2).

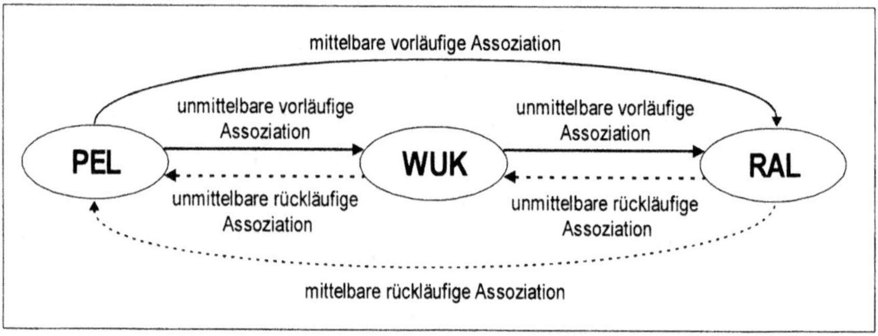

Abb. 3.2 Assoziationen der mittelbaren und der unmittelbaren Folge sowie vorläufige vs. rückläufige Assoziationen (nach Ebbinghaus, 1985).

Abbildung 3.2 zeigt eine Skizze solcher Assoziationen zwischen drei Gliedern. Ebbinghaus unterschied zusätzlich auch vorläufige und rückläufige Assoziationen voneinander. Auch hier stellte er eine Abnahme der Stärke fest, und zwar so, daß rückläufige Assoziationen, die sich auf das direkt vorausgegangene Glied beziehen, kaum stärker sind als vorläufige Assoziationen, die sich auf das zweite nachfolgende Glied beziehen (Ebbinghaus, 1985, S. 99 f.).

Das hier beschriebene Assoziationsprinzip ist das der Kontiguität, der engen (raumzeitlichen) Aufeinanderfolge von Reizen oder von Reiz und Reaktion. Wie schon in Kapitel 1 kurz angeführt, gehört das Prinzip der Kontiguität wie die Prinzipien Ähnlichkeit und Kontrast zu den primären Assoziationen. Diese sog. Aristotelische Dreiheit (Flugel, 1938, S. 22) beschäftigte seit der Antike das Denken der Philosophen und Psychologen. Dabei war es später in der modernen Psychologie keineswegs üblich, den Verbindungen oder Beziehungen zwischen Reizen Bedeutung zuzumessen und sie zu erforschen. Obwohl auch David Hume (1711 – 1776) sieben Möglichkeiten genannt hatte, wie komplexe Ideen (im heutigen Sprachgebrauch eher Vorstellungen) entstehen können (darunter waren auch Ähnlichkeit, Kontrast, Kontiguität und Ursache-Wirkung) wurden die Relationen häufig vergessen oder vernachlässigt (Boring, 1929, S. 190 ff.). Erst Thomas Brown, der von 1810 – 1820 Professor für Moralphilosophie in Edinburgh war, unternahm die Aufgabe, genau nachzuweisen, warum eine Assoziation in jedem Falle einen ganz bestimmten Weg geht. Für Brown existierten zwei

Hauptprinzipien des Lebens, die einfache und die relative Suggestion. Er setzte Suggestion für Assoziation, um zum Ausdruck zu bringen, daß ein Angleichungsprozeß zwischen den einzelnen assoziierten Vorstellungen stattfindet (Flugel, 1938, S. 21). Mit relativer Suggestion bezeichnet er die schöpferische Kraft des Geistes, nicht-sinnliche Begriffe zu erfassen. Diese Fähigkeit der relativen Suggestion, meinte er, versetze uns in die Lage, Dinge zu beurteilen und zu vergleichen, also das Vorhandensein von Beziehungen zu erkennen. Neben den für ihn gültigen Hauptprinzipien postulierte er die später sog. sekundären Assoziationsgesetze (s. auch Kapitel 1): die relative Dauer, die relative Stärke, die relative Häufigkeit, die relative Frische, die konstitutionelle Verschiedenheit und die Gemütsbewegungen einer Person sowie vorübergehende Zustandsänderungen und frühere Denk- und Lebensgewohnheiten.

In der späteren Assoziationstheorie wurde jedoch besonders die Kontiguität zur Erklärung des seriellen Lernens herangezogen. Das Erlernen einer Reihe von sinnfreien Silben kann als systematische, kontrollierte Realisation von Kontiguitäten zwischen Silben aufgefaßt werden (s. oben). Die systematische Erforschung dieses Sachverhalts erfolgte, wie schon erwähnt, durch Hermann Ebbinghaus (1985). Er entwickelte experimentelle Meßverfahren, um seine Annahmen bzgl. der Assoziationsstärken zu überprüfen, u.a. die Erlernungsmethode und die Ersparnismethode. Bei der Erlernungsmethode wird die Anzahl an Wiederholungen bis zur vollständigen Wiedergabe einer Reihe gemessen, während mit der Ersparnismethode die Differenz der Durchgänge bestimmt wird, die erneut benötigt werden, um eine einmal vollständig wiedergegebene Reihe wieder zu lernen. Das am häufigsten zitierte Ergebnis von Ebbinghaus (1985) war in diesem Zusammenhang die Darstellung des Behaltens und Vergessens als Funktion der Zeit (s. auch Kluwe, 1990, S. 118). Durch seine Ersparnismethode, mit der er den Gedächtnisverlust messen konnte, entdeckte er folgendes: Je länger das Behaltensintervall ist, um so mehr Wiederholungen werden erforderlich. (Zu einer kritischen Betrachtung der Ergebnisse von Ebbinghaus vgl. auch Foppa, 1970, S.171 ff.)

Beim seriellen Lernen können jedoch nicht nur raum-zeitliche Beziehungen, sondern auch inhaltliche Kriterien Anlaß zur Knüpfung von Beziehungen sein (Hoffmann, 1996). So können beispielsweise Teil-Ganzes-Beziehungen oder eine gemeinsame kategoriale Zugehörigkeit von Elementen einer Reihe ebenfalls strukturbildend sein und die Enkodierung von Reizen beeinflussen. Dies ist z.B. der Fall, wenn eine Wortfolge wie „Apfel, Birne, Kirsche, Aster, Rose, Nelke, Birke, Eiche, Kiefer“ dargeboten wird. Dann ist es sehr wahrscheinlich, daß die kategoriale Zugehörigkeit der Worte selbst ein Ordnungskriterium bildet, das gelernt wird. Die dargebotenen Worte werden in Dreiergruppen gelernt.

Exkurs: Einfluß der Lernsituation

Die Bedeutung der Lernsituation, die bei der Aufnahme von Information eine Rolle spielen könnte, betonte Tulving (1972). Er führte in den 70er Jahren die Aufteilung des Langzeitwissens in zwei Typen ein: das episodische Wissen, das Erinnerungen an bestimmte Vorgänge und Erlebnisse betrifft, und das semantische Wissen, das universelle Wissen. Tulving bezeichnet Wissen dann als semantisch, wenn es vermittelt (vs. selbst erlebt) wurde oder wenn man sich an die Erwerbsumstände des Wissens nicht mehr erinnert. Im Gegensatz dazu steht das episodische Wissen, Information, an die man sich erinnert (vs. die man weiß). Tulving (1985) benutzt zur Kennzeichnung der beiden Wissensarten das Begriffspaar „Knowing" und „Remembering".

Episodisches Wissen soll nach der Erfahrung organisiert sein, nach raum-zeitlichen Strukturen (s. auch Engelkamp, 1990; Neisser, 1986). Wir erkennen die Welt nämlich nicht auf einen Blick, wie Hoffmann (1996) dies ausdrückt. Wir erleben unsere Umgebung als eine Folge von Reizsituationen als ein raum-zeitliches Nacheinander. Diese raum-zeitliche Aufeinanderfolge von Reizen bewirkt nach dem Gesetz der Kontiguität (s. oben) eine Assoziation zwischen den einzelnen Elementen, wobei einzelne Reize als Glieder einer Kette betrachtet werden können, die sowohl Reaktion auf das vorangehende Glied als auch Reiz für das nachfolgende Glied darstellen. So gibt z.B. Neisser (1974, S. 364 ff.) an, daß das zeitliche Aufeinanderfolgen zweier Stimuli oder eines Stimulus und einer Reaktion automatisch eine innere Repräsentation bewirke, worin ihre Reihenfolge festgehalten werde. Genau so, meint er, habe er sein gegenwärtiges englisches Vokabular in einer bestimmten Reihenfolge erlernt. Diese relationale Information sieht auch Mandler (1967) als wichtigstes Organisationsprinzip beim episodischen Enkodieren an.

In der visuellen Wahrnehmung werden die Gestaltgesetze zur Erklärung solcher Verbindungen schaffender Mechanismen herangezogen. So besagt das Gesetz der Nähe, daß nahe beieinander liegende Reize, das Gesetz der Ähnlichkeit, daß ähnliche Reize als zusammengehörend wahrgenommen werden (Metzger, 1975; Wertheimer, 1923). Werden Reize jedoch sukzessive wahrgenommen, so bietet sich vor allem diese zeitliche Strukturierung als Organisationsprinzip an (s. auch Schweizer, 1997). So lange man sich an die fraglichen Reize mit Hilfe einer Reihenfolge erinnert, so lange handelt es sich um episodisches Wissen. So merkt z.B. Neisser (1974) weiter an, daß diese Reihenfolge eine Zeit lang relevant für den Abruf der einzelnen Worte gewesen sein mag, sie jedoch heute keine Rolle mehr spiele. Heute könne er sich nicht mehr an die Umstände des Erwerbs erinnern. In diesem Sinne kann episodisches Wissen im Laufe der Zeit auch zu semantischem Wissen werden. Die raum-zeitlichen Strukturen verlieren an Bedeutung. Unterstützt wird dieser Vorgang, wenn das Material unabhängig von der einst aufgetretenen Kontiguität geübt wird (s. dazu auch Exkurs: Einfluß von Übung und Verarbeitungstiefe).

Ein weiteres Beispiel für Information, die zusätzlich zu der eigentlichen Iteminformation gelernt wird, tritt im Zusammenhang mit dem seriellen Positionseffekt beim Lernen einer Liste auf. Der serielle Positionseffekt zeigt sich daran, daß Items einer Liste unterschiedlich rasch gelernt werden. So werden die Items zu Beginn und am Ende einer Liste schneller gelernt als die in der Mitte der Liste. Gemessen werden kann diese Leistung beispielsweise durch die Anzahl der Fehlversuche. Dabei ist jedoch zu beachten, daß dieses Ergebnis nur dann auftritt, wenn die Position der Items auf der Liste auch beim Abruf von Bedeutung ist, wenn Versuchspersonen eine Liste von Wörtern in genau der Abfolge wiedergeben sollen, in der sie sie gelernt haben. Nach Kluwe (1990) kann das Phänomen dadurch erklärt werden, daß die Versuchspersonen die Items einer Liste von den Enden her lernen. Diese Erklärung macht vor allem dann Sinn, wenn man diese Strategie als Spezialfall eines allgemeineren Phänomens sieht, nämlich als Effekt der als Folge einer immer schwieriger werdenden Diskrimination von Reizen auftritt, je mehr sich die Positionen ähneln. Dies aber würde bedeuten, daß nicht nur die Items selbst (Silben, Wörter oder Zahlen), sondern auch die Positionen gelernt werden (z.B. Murdock, 1960). Dies ist eine Annahme, die vor allem im Zusammenhang mit Multikomponentenmodellen getroffen wird und auf die im Zusammenhang mit der Schilderung verschiedener Gedächtnistheorien im nächsten Abschnitt eingegangen wird.

3.1.2 Gedächtnistheorien: Modelle der Repräsentation von Wissen

Es wurde bereits dargestellt, daß die Annahme eines separaten Kurzzeitspeichers als Begrenzung der Kapazität beim Behalten von neuem Material aufgegeben wurde. Ein Grund war, daß der Kurzzeitspeicher ähnlich wie bei Broadbent (1958) als passiver Input-Speicher mit einer Kapazität von etwa sieben Einheiten (Chunks) gesehen wurde. Im Gegensatz dazu steht die Auffassung, die in vielen Untersuchungen festgestellte begrenzte Aufnahmekapazität in der Geschwindigkeit der Verarbeitung zu sehen. In dieser Art und Weise argumentiert beispielsweise Baddeley (1986; s. auch Gathercole & Baddeley, 1993). Er postuliert unterschiedliche Hilfssysteme, die von einer zentralen Instanz (Zentrale Exekutive) aus gesteuert werden und für das Memorieren unterschiedlichen Materials zuständig sind. Während die Zentrale Exekutive in Prozesse des schlußfolgernden Denkens, des Problemlösen und des Treffens von Entscheidungen involviert ist, sorgt der „Articulary Loop" dafür, daß verbales Material aufrecht erhalten (d.h. im Arbeitsgedächtnis gehalten) wird, indem es durch artikulatorisches Rehearsal (lautes oder inneres Vorhersagen) unterstützt wird. Die Verarbeitung visuell-räumlicher Informationen geschieht im „Visuo-Spatial Sketchpad". Dort wird visuelles und/oder räumliches Material temporär gehalten, gespeichert und bearbeitet. Dies gilt in gewissem Maße auch für sprachliches Material, nämlich dann, wenn es in Form von Vorstellungsbildern generiert werden soll (Gathercole & Baddeley, 1993, S. 17). Mit dem Begriff „Arbeitsgedächtnis" ist nun nicht wieder ein separater Speicher gemeint, sondern lediglich die Aufrechterhaltung bzw. das Bereitstellen von Information. Im Arbeitsgedächtnis befindet sich immer die Information, die zur Erledigung einer Aufgabe benötigt wird.

Wie Baddeley und Mitarbeiter so unterscheiden auch Anderson (1983a, b), Rumelhart, Lindsay und Norman (1972), Quillian (1967), Collins und Loftus (1975) oder Gillund und Shiffrin (1984) – um nur einige Autoren zu nennen – zwischen Wissen, das für eine momentane Aufgabe zur Verfügung gestellt wird und dem übrigen Wissen. Dazu wird das Konzept der Aktivationshöhe eingeführt. Grundannahme ist, daß alles Wissen, das der Mensch besitzt, in Form von Langzeitwissen vorliegt. Jede Information kann aber unterschiedliche und variable Aktivationszustände besitzen. Die Aktivationshöhe einer Information bestimmt maßgeblich, wie gut und wie schnell die betreffende Information zugänglich ist. Die Aktivationshöhe wiederum ist abhängig davon, wann die Information zuletzt benötigt wurde. Oft denkt man sich solches Wissen als semantische Netze, d.h. als gerichtete Graphen, deren Knoten und Kanten für die sprachlichen Einheiten und die Relationen zwischen ihnen stehen. Die verschiedenen theoretischen Ansätze unterscheiden sich dadurch, welche elementaren Informationseinheiten und welche Relationen sie annehmen. So können Knoten z.B. als Begriffe oder ganze Sätze konzipiert werden, Relationen können klassifizierend, modifizierend, syntaktisch oder semantisch sein (Opwis & Lüer, 1996).

Der „Computational View of the Mind“ (Newell & Simon, 1972), der in diesen semantischen Netzen zum Ausdruck kommt, legte den Schwerpunkt auf die Speicherung von Zwischenprozessen, auf flexible Strategien des Informationsmanagements und auf den Abgleich zwischen Speicherkapazität und kognitiven Prozessen (s. auch Kintsch & Ericsson, 1996, S. 543 ff.). Neben semantischen Netzen sind eine Reihe weiterer Modelle formuliert worden, die diese Gedanken in unterschiedlicher Weise widerspiegeln, so etwa die mit Erfolg auf Probleme des Denkens und Problemlösens angewendeten Produktionensysteme oder die auf Bartletts (1932) Schemabegriff zurückgehenden schema-orientierten Repräsentationssysteme. Weitere theoretische Rahmenkonzeptionen sind aber auch Modelle, die nicht nur bedeutungsbezogene Wissensinhalte in den Vordergrund stellen, wie Multikomponentenmodelle und Situationsmodelle. Auch konnektionistische Netze, die vor allem die Parallelität der Verarbeitung in den Vordergrund stellen, sind in diesem Zusammenhang zu nennen. Diese werden auszugsweise im folgenden behandelt, wobei jeweils das Konzept der Aktivation betont wird.

Aktivation und Produktionen

Produktionensysteme basieren nach Schnotz (1994, S. 95) auf einem Formalismus für Modelldarstellungen, der 1943 von Post im Rahmen der Automatentheorie entwickelt wurde. Die wesentlichen Elemente eines solchen Systems, das zur generellen Klasse der regelbasierten Systeme gezählt wird, sind eine Datenbasis, ein Regel- oder Produktionenspeicher und ein Interpreter (z.B. Anderson, 1976; Opwis, 1992; Schnotz, 1994). Die Produktionsregeln oder Produktionen sind als Liste von Anweisungen zu verstehen, die aus einer Kondition und einer Aktion bestehen. Die Konditionen sind die Voraussetzungen für eine im Aktionsteil beschriebene Operation. Ergibt ein Vergleich der Bedingungen im Konditionsteil mit dem aktuellen Inhalt des Datenspeichers, daß diese erfüllt sind, so wird die Operation des Aktionsteils ausgeführt. Die Auswertung der Bedingungen, die Auswahl der Produktionen und deren Ausführung sowie den gesamten Ablauf der Informationsverarbeitung steuert der Interpreter. Dabei enthält dieser Interpreter jedoch keine vorgegebene Aufrufsequenz. Die Auswahl und das Anwenden der hier beschriebenen regelhafte Strukturen erfolgt vielmehr durch eine Art assoziative Aktivation (Opwis & Lüer, 1996, S. 375).

Die Anwendung von Produktionensystemen in der Psychologie hat sich als sehr fruchtbar erwiesen. Als eines der prominentesten Beispiele gilt wohl die ACT- bzw. ACT*-Theorie von Anderson (1976; 1983b). In diesem Modell sind die Relationen zwischen den Knoten als semantische Relationen zwischen Argumenten einer oder mehrerer Propositionen dargestellt. Knoten können also durchaus verschiedene Elemente darstellen, wie z.B. den Agenten oder das Objekt einer Handlung oder aber das Prädikat selbst (s. dazu auch Estes, 1972). Um ein externes Ereignis oder ein Ergebnis einer internen Berechnung zu enkodieren, werden solche Knoten generiert, wobei eine transiente Kopie im Arbeitssgedächtnis (aktiviert) gehalten wird. Mit einer bestimmten Wahrscheinlichkeit wird eine existierende Struktur von Knoten aus dem Arbeitsgedächtnis (aktivierte Knoten) ins Langzeitgedächtnis übernommen. Diese Wahrscheinlichkeit ist über eine Menge Faktoren hinweg konstant. So ist sie z.B. nicht von Intention oder Motivation abhängig oder von der Länge des Verbleibs im Arbeitsgedächtnis. Die Wahrscheinlichkeit steigt aber mit der Anzahl von Wiederholungen (z.B. Loftus, 1974).

Neben der Einführung des Konzepts der Aktivationshöhe (bzw. der Aktivationsausbreitung, s. unten) ist in Andersons Modell – wie schon angedeutet – vor allem die Trennung in zwei unterschiedliche Wissensstrukturen bedeutsam: das deklarative Wissen und das prozedurale Wissen (die Prozeduren, die über dem deklarativen Wissen arbeiten). Anderson (1983a, b; 1996) faßt die Prozeduren als Produktionensystem auf. Kondition und Aktion seiner Produktionen sind dabei Beschreibungen eines Ausschnittes des Netzwerkes. Abbildung 3.3 skizziert zusammenfassend die Grundstruktur des ACT*-Modells nach Anderson (1983a).

Dargestellt ist in Abbildung 3.3 die Zweiteilung des LZG in einen deklarativen und einen prozeduralen Teil. Beide Teile sind über das Arbeitsgedächtnis miteinander verbunden, d.h. über die Aktivation von Wissensanteilen. Eine Erweiterung dieses Modells erfolgte 1993 im sog. ACT-R-Modell (Anderson, 1993). Verändert ist gegenüber früheren Versionen, daß in diesem Modell die Knoten sog. Wissenseinheiten darstellen, welche nach Anderson und Matessa (1997) eher Schemata ähneln (s. unten, vgl. Rumelhart et al., 1972). Das prozedurale Wissen wird fast unverändert als Produktionen dargestellt. Es existiert jedoch eine sog. Latenzzeit für Produktionen, die sich auch darüber bestimmt, wie stark die Wissenseinheit für die jeweilige Produktion aktiviert ist (s. auch Abschnitt 3.2.2).

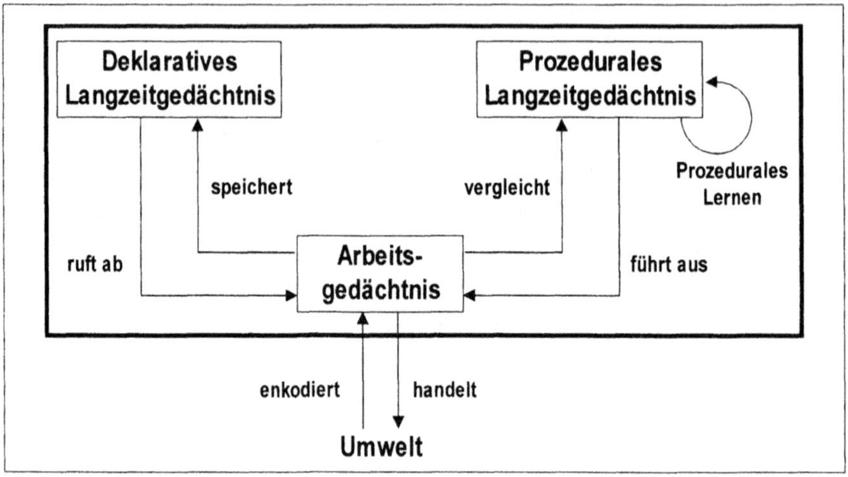

Abb. 3.3 Die Grundstruktur des ACT*-Modells (nach Anderson, 1983a).

Die variable Aktivationshöhe stellt zusammen mit der Einführung eines Produktionensystems zur Repräsentation prozeduralen Wissens eine wesentliche Neuerung gegenüber früheren Gedächtnismodellen dar (s. auch Wender, Colonius & Schulze, 1980). Dadurch eröffnet sich die Möglichkeit, nicht nur Wissen, sondern auch Denkprozesse in einem Modell abzubilden. Nach Opwis und Lüer (1996, S. 374) gelten Produktionensysteme als die elaborierteste Rahmenkonzeption, in der Strukturtheorien des menschlichen Gedächtnisses mit Annahmen über Prozesse der Informationsverarbeitung verknüpft werden.

Aktivation und Erwartungsstrukturen

Wie Anderson (1983a, b) hatten sich auch Rumelhart et al. (1972) zum Ziel gesetzt, ein Modell der geistigen Ausstattung des Menschen zu konstruieren, das so verschiedene Prozesse wie Speichern, Erinnern, Verstehen, Problemlösen usf. abbilden kann. Auch in ihrem Modell finden sich die Elemente Datenbasis, Prozesse, die über dieser Datenbasis arbeiten und exekutive sowie interpretative Wissensbestandteile, die Operationen aufrufen und ihre Abfolge kontrollieren, wieder (s. auch Kluwe, 1980). Die Grundidee dieses Gedächtnismodells ist aber, daß Schemata die zentralen Einheiten bilden. Schemata sind interne Datenstrukturen, die das Wissen des Menschen repräsentieren. Man könnte auch sagen, es sind interne Beschreibungen von Sachverhalten. Sie werden als aktive zusammenhängende Wissenseinheiten gesehen, in denen Erfahrungen verallgemeinert sind. Schemata organisieren die eingehende Information, versehen sie mit Bedeutung, selegieren und filtern sie. (Zur Schematheorie vgl. auch Kaplan,

1976; Kluwe, 1990; Mandler, 1984; Minsky, 1975; Tversky & Hemenway, 1983; Wippich, 1985; s. auch Exkurs: Schematheorie). Man spricht statt von Schemata auch von „Scripts" oder „Plans", wenn es sich um solche Strukturen handelt, die sich dadurch auszeichnen, daß bestimmte Ereignisse in einer festgelegten Reihenfolge ablaufen. Diese Strukturen stellen dann Handlungs- und Ereignisfolgen dar, die relativ häufig vorkommen und daher standardisiert sind (s. auch Schank & Abelson, 1977). Damit solche allgemeinen Strukturen in ganz konkreten Situationen anwendbar sind, ist es nötig, daß sie Leerstellen enthalten. Leerstellen sind zunächst mit einem Default-Wert (einer Voreinstellung) belegt, der in der konkreten Situation durch einen spezifischen Wert der gleichen Art ersetzt werden kann. Strömt Information ein, so wird das passende Schema initiiert und die Leerstellen werden, sofern dies möglich ist, besetzt.

Das Ausfüllen von Leerstellen geschieht unter Einhaltung bestimmter Bedingungen. Nimmt man z.B. die Darstellung einer Situation, so kann diese in die Handlung selbst (meist ein Verb), den Ausführenden der Handlung (Agent), den Gegenstand der Handlung (Objekt), das Instrument der Handlung und den Empfänger der Handlung (Rezipient) zerlegt werden. Soll nun die Leerstelle ausgefüllt werden, die den Agenten der Handlung betrifft, so muß es sich dabei um ein Lebewesen handeln. Dabei kann das Ausfüllen von Leerstellen von der bereits erfolgten Ausfüllung anderer Leerstellen abhängen. So ist es z.B. durchaus von Bedeutung, welches Verb als Handlung eingesetzt wurde, denn ein WERFEN-Schema zieht andere Objekte der Handlung nach sich als ein ESSEN-Schema.

Schemata können auch in andere Schemata eingebettet sein und darin die Rolle von Sub-Schemata einnehmen. Sie können sich auch selbst als Teilstrukturen enthalten. Sie sind somit einerseits hierarchisch, andererseits aber auch rekursiv. Die Aktivierung eines Schemas oder einer Schemakonfiguration aufgrund einer vorliegenden Datenstruktur erfolgt nicht durch eine übergeordnete Koordinationsinstanz. Schemata werden vielmehr als offene Systeme angesehen, die mit ihrer Umwelt im Austausch stehen. Sie sind nach Neisser (1979, S. 50) der Teil, der durch Erfahrung veränderbar und irgendwie spezifisch ist für das, was an Information aufgenommen wird. Das Schema nimmt Information auf, wenn sie bei den Sinnesorganen verfügbar wird, und es wird durch diese Information verändert. Es leitet Bewegungen und Erkundungsaktivitäten, die weitere Information verfügbar machen, und wird durch diese wiederum verändert. Abbildung 3.4 illustriert die Rolle des Schemas nach Neisser (1979).

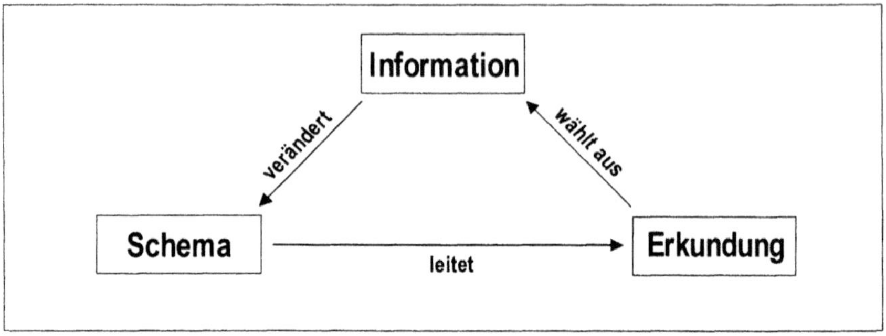

Abb. 3.4 Die Rolle des Schemas beim Wahrnehmen und Erkunden der Umwelt (nach Neisser, 1979).

Exkurs: Schematheorie

Schon Otto Selz (1913; 1922) beschäftigte sich mit (kognitiven) Schemata, die für ihn wesentliche Elemente der Ordnung und des Denkens waren. Er sieht das Ausgangserlebnis eines zielbewußten Denkprozesses in einer schematischen Antizipation des Ziels. Diese Antizipation des Ziels, die durchaus nicht vollständig sein muß, ist die wesentliche Wirkungsweise eines Schemas. Dabei nimmt er an, daß immer dann ein auszufüllender Teil des Schemas aktuell wird, wenn der vorausgegangene erledigt ist. Auch unterscheidet er bereits eine zweifache Wirkungsweise von Schemata, eine, bei der Information von außen ein Schema aktiviert und die andere, bei der ein Schema weitere Subschemata aktivieren kann. (Für eine Systematisierung des Schemabegriffs s. auch Herrmann, 1965).

Bedeutsam machte den Begriff des Schemas aber Frederic Bartlett und zwar vor allem durch seine Untersuchungsmethode. Er erzählte seinen Versuchspersonen Geschichten, die mit ihren Vorstellungen recht wenig übereinstimmten und bat sie, diese nach einiger Zeit wiederzugeben (Bartlett, 1932). Seine aufschlußreichste Variable war dabei die Systematik der Fehler, die beim Wiedererzählen auftrat und die entstand, weil seine Versuchspersonen die Geschichten in charakteristischer Weise änderten, um die für sie nicht sinnvollen Details behalten und wiedergeben zu können. Schemata entstehen bei Begegnungen mit der Umwelt. Ein Schema organisiert Wissen in einer bestimmten Weise, so daß später erworbenes Wissen darin eingepaßt werden kann. Bartlett (1932, S. 213) sah Erinnern nicht bloß als Reaktivierung starrer und lebloser Spuren, sondern als einen Konstruktionsprozeß.

Eine wichtige Weiterentwicklung des Schemabegriffs erfolgte durch Jean Piaget (Piaget, 1969; 1971; s. auch Piaget & Inhelder, 1975). Nach Piaget entstehen Schemata in der Ontogenese durch die handelnde Interaktion des Individuums mit der Umwelt. Ein Kleinkind, das etwas in seiner Umgebung bewirkt, neigt dazu, dieses Handeln immer und immer wieder zu wiederholen. Es entwickelt nach und nach ein Schema, um die gleiche Handlung mit ähnlichen Objekten ausführen zu können. Die kognitive Struktur wird verallgemeinert, aber das Schema wird auch immer mehr verfeinert. Diese zyklische Interaktion nennt Piaget (1969) Akkomodation. Zusammen mit der Assimilation, der Anpassung der Information aus der Umwelt an die existierenden Schemata, stellt der Prozeß der Akkomodation den Kreisprozeß dar, der in Neissers (1979) Orientierungsschema zentral ist.

Auch Minsky (1975) hat die Schematheorie wesentlich beeinflußt. Der Autor führte den Ausdruck „Frame“ als eine strukturierte Repräsentation eines Objektes oder einer Klasse von Objekten ein, um die bereits beschriebenen semantischen Netzwerkmodelle zu verallgemeinern. Innerhalb eines Frames unterscheidet er zwei Arten von Entitäten: Attribute und

Attributwerte. Frames können hierarchisch geschachtelt werden, sie können Standardwerte beinhalten und sie können weitere Prozesse aktivieren, die etwa Informationen hinzufügen oder entfernen.

Im Modell von Rumelhart et al. (1972) werden Schemata als Bestandteile eines Wissensnetzes eingesetzt. In diesem Modell kann ein Knoten ein Konzept, ein Ereignis oder eine Episode repräsentieren. Die Autoren unterscheiden zwischen Knoten höherer und Knoten niedrigerer Ordnung, wobei die Knoten höherer Ordnung aus dem Zusammenspiel der Knoten niedrigerer Ordnung resultieren. Jedes Ereignis besteht aus einer Anzahl von Knoten, die durch verschiedene Relationen miteinander verbunden sind. Ein solcher Knoten ist somit ein funktional zusammenhängendes Cluster von Information. Er kann eine beliebige Anzahl von Relationen besitzen. In der Tat bezeichnen Rumelhart et al. (1972, s. auch Rumelhart & Norman, 1975) die Repräsentation eines Ereignisses als eine Art grundlegender Vorstellung davon, die als Aktionsschema abgebildet wird. Sie sehen ein Aktionsschema, wie eben beschrieben, als Verallgemeinerung einer Vielzahl von Varianten einer Aktion zu einem allgemeinen Plan. Es enthält Angaben über den Zustand des Ereignisses, über einen Wechsel, über die Ursache der Aktion und die Art der Ausführung (Kluwe, 1980, S. 19 ff.), die jeweils in unterschiedlichen Relationen wiedergegeben werden.[19]

Wie im Modell von Anderson (1983a, b) können auch hier über Verbindungen zwischen den einzelnen Knoten Aktivierungszustände einzelner Knoten direkt auf andere Knoten weitergegeben werden. Dies entspricht der aufsteigenden und absteigenden Schemaaktivierung in Schemahierarchien. Soll nun eine spezifische Information abgerufen werden, so wird der Knoten, der den höchsten Aktivationszustand des Netzes zeigt, gewählt werden. Dabei spielen lediglich die aktuellen Verbindungsstärken zwischen den einzelnen Knoten eine Rolle. Die Reihenfolge und die Nachbarschaft der einzelnen Elemente sind nicht relevant.

Aktivation und Multikomponentenmodelle

Bereits in den 60er Jahren veröffentlichte Bower (1967) seine Multikomponententheorie für die Struktur der Gedächtnisspur. Seine Grundannahmen sind, daß die Gedächtnisspur die Attribute und Merkmale der Reizsituation repräsentiert und daß diese formal als Komponenten eines Gedächtnisvektors abgebildet werden. Das Wissen, das abgebildet wird, ist durchaus unterschiedlich (s. oben, Abschnitt 3.1.1). Nach Schmidt (1996, s. auch Engelkamp, 1995; 1997) handelt es sich sowohl um Itemwissen (Items werden als Elemente ihrer vorexperimentell repräsentierten Reizmenge erkannt) als auch um Relationswissen (die zum Abruf benutz-

[19] Eine weitere Variante der eben beschriebenen Netzwerke von Anderson (1983a, b) und Rumelhart et al. (1972) ist das Konzept von Dörner (1974). Dörner bezeichnet die Wissensstruktur des Menschen als epistemische Struktur. Er wählt im Gegensatz zu der im Modell von Rumelhart et al. (1972) eher linguistischen Konzeption von Handlungen eine eher problemlöseorientierte Beschreibung (s. auch Kluwe, 1980).

ten Stimuli bilden den Kontext für die folgende Reaktion), um Attributs- und Positionswissen (Attribute, die mit dem Erscheinen des Items einhergehen wie Farbe, Größe, räumliche und zeitliche Stellung usf.) und um Meta- oder Strukturwissen (die subjektive Einsicht des Lerners in die tatsächliche Schwierigkeit des Lernens). Relations-, Attributs- und Positionswissen sowie Meta- und Strukturwissen können dabei als Information über Attribute und Merkmale der Reizsituation angesehen werden, d.h. als das Wissen, das in raum-zeitlicher Kontiguität mit dem eigentlichen Item auftritt und das für die Enkodierung episodischer Strukturen wesentlich ist (s. oben, Abschnitt 3.1.1). Für die Bildung der Gedächtnisspur ist es somit ausschlaggebend, wie Items präsentiert werden.

Ein Beispiel hierfür ist die vornehmlich in den 70er und 80er Jahren erfolgte Erforschung der Positionsinformation. Viele Autoren nehmen an, daß die Enkodierung des oben genannten Attributs- und Positionswissen automatisiert verläuft (z.B. Park & Mason, 1982; Salthouse, 1974; Schulman, 1973). Eine getrennte experimentelle Darbietung von verbalen und figuralen Stimuli erbrachte jedoch, daß Positionsinformationen besser mit figuralen als mit verbalen Stimuli erinnert werden (s. auch Schweizer, 1997). Auch die Unterbrechung einer gleichförmigen Folge von Items durch kurze Pausen hat große Auswirkungen auf die Form und auf das Ausmaß des Behaltens. In den zugehörigen Experimenten erscheinen dann die Paare und nicht die Einzelstimuli als die Elemente der Liste. Dabei kann das Itempaar keineswegs als ein einziges zusammengesetztes Item angesehen werden. Bereits verschiedene Ergebnisse aus den 60er Jahren hatten gezeigt, daß die Zuordnung von Reizen zu Reaktionen in vielen Fällen nicht durch das Alles-oder-Nichts-Modell des Paarlernens (Bower, 1961; Estes, 1961) beschrieben werden kann, in der zwei Stimuli eines Paares *AB* durch einen einzige Assoziation von *A* nach *B* verbunden sind. Statt dessen postulierte Wolford (1971), neben weiteren prozessualen Annahmen, eine zusätzliche Rückwärtsassoziation von *B* nach *A*, die es ermöglicht, die Antwort *A* auf den Hinweisreiz *B* mit einer anderen Wahrscheinlichkeit zu reproduzieren als in Vorwärtsrichtung. (Zu Vorwärts- und Rückwärtsassoziationen zwischen einzelnen Elementen einer Liste vgl. auch Ebbinghaus, 1985; s. oben Abschnitt 3.1.1)

Exkurs: Aufmerksamkeit und die Automatisiertheit von Wissen

Nicht alles Wissen, das enkodiert wird, wird mit der gleichen Aufmerksamkeit beachtet. Schon früh in der Gedächtnisforschung begann man, die Aufnahmekapazität des menschlichen Systems zu untersuchen (s. oben), doch hat die modernen Aufmerksamkeitsforschung wenig Anstrengungen gemacht, die ganze Breite der empirischen Befunde in eine Theorie zu integrieren. Nach Neumann (1996) gibt es vier zeitlich zum Teil überlappende Phasen der Aufmerksamkeitsforschung:

- die Auffassung Broadbents (1958), begrenzte Kapazität sei vor allem eine Begrenzung der Übertragungskapazität,

- die Phase der unspezifischen Kapazität nach Kahneman (1973), die zur hier angesprochenen Unterscheidung zwischen anstrengender, kapazitätsabhängiger und automatischer, kapazitätsunabhängiger Verarbeitung führt,
- die Idee multipler spezifischer Ressourcen (z.B. Sanders, 1979)
- und die Aufgabe der Idee der begrenzten Kapazität zugunsten der erneuten Betrachtung von Selektions- und Integrationsprozessen (z.B. Allport, 1989; Neumann, 1990; Treisman, 1988).

Eine Implikation des Konzeptes der begrenzten Kapazität war die Entdeckung, daß manche Prozesse offensichtlich keine oder nur wenige kognitive Ressourcen nutzen (s. dazu auch die oben beschriebenen Doppelaufgaben von Brooks, 1967; vgl. auch Rummer, 1996). Die Menge der Information, die verarbeitet werden kann, ist danach nicht nur eine Frage der zur Verfügung stehenden Ressourcen, sondern auch des Automatisiertheitsgrades der zu verarbeitenden Prozesse (Anderson, 1996). Es ist daher üblich Prozesse in zwei Kategorien zu unterteilen, in automatische und kontrollierte Prozesse.

Während bei kontrollierten Prozessen angenommen wird, daß sie der bewußten Kontrolle unterliegen, können automatisierte Prozesse entweder nie bewußt gewesen sein oder aber durch Übung in automatisiertes Wissen übergehen (s. dazu auch Exkurs: Einfluß von Übung und Verarbeitungstiefe). Die Automatische Verarbeitung von Reizen ist folglich auch ein Thema der präattentiven Wahrnehmungsforschung. Danach erfolgt bei der visuellen und auditiven Wahrnehmung vor der fokalen Aufmerksamkeitslenkung eine frühe automatische Verarbeitung, die z.B. das Ergebnis liefert, was als Figur (Item) und was als Grund (Kontext) zu betrachten ist (Wickens, 1992). Hasher und Zacks (1979) sind z.B. der Ansicht, daß automatische Verarbeitung mit bestimmten Reizqualitäten verknüpft ist. Sie geben folgende Kriterien für eine automatische Verarbeitung an:

- Unbeeinflußbarkeit vom Alter einer Person,
- Unbeeinflußbarkeit von der Intention, diese Informationen zu speichern,
- keine Verbesserung durch Übung,
- minimaler Ressourcenverbrauch und
- Unbeeinflußbarkeit durch Streß.

Ein Beispiel für Information, die automatisch, Im Sinne von präattentiv, verarbeitet wird, scheint die oben erwähnte Positionsinformation zu sein. Aber auch Farbe und die zeitliche und räumliche Aufeinanderfolge sind Qualitäten, mit denen oft die Annahme einer automatischen Verarbeitung verbunden wird (Wickens, 1992). Vertreter multipler Gedächtnistheorien postulieren daher ein separates Gedächtnissystem, das implizite Gedächtnis (Squire & Kandel, 1999), in dem die frühe sensorische Verarbeitung stattfindet (s. auch unten, Abschnitt 3.2.2).

Multikomponentenmodelle können durchaus unterschiedliche Abstraktionsstufen aufweisen (Schmidt, 1996). So stehen Modelle, die Mengen von Reizmerkmalen postulieren (Estes, 1955), Modellen gegenüber, die Mengen von Items, von Item-zu-Item-Relationen und Item-zu-Kontext-Relationen annehmen (z.B. Raaijmakers & Shiffrin, 1981). Eine nächst höhere Stufe der Abstraktion sind Modelle, die die Komponenten eines Reizes in Vektoren anordnen, wie das erwähnte Modell von Bower (1967). Dadurch können Paare von Reizen komponentenweise miteinander verglichen und verrechnet werden. An Stelle von Mengenoperationen der ersten Stufe können Vektorprodukte und Faltungen durchgeführt werden. Viele konnektionistische Theorien, die verteilte Repräsentationen annehmen, arbeiten z.B. mit solchen Merkmalsvektoren (s. unten). Zentral ist, daß nach dieser Auffassung Gedächtnisspuren nicht nur begriffliche Strukturen, sondern auch den Lernkontext beinhalten und daß zwischen itemspezifischer und relationaler Information unterschieden wird, die nach Schmidt (1996, S. 193 ff.) zu unterschiedlichen (Zeit-)Charakteristiken beim Informationsabruf führen.[20]

Ein Ansatz, der diese Annahmen bejaht, ist der von Gillund und Shiffrin (1984; s. auch Raaijmakers & Shiffrin, 1981). Die Autoren nehmen in ihrer Theorie (SAM: Search of Associative Memory) eine Matrix von Assoziationen zwischen Information und Gedächtnisspuren an, die sie Bilder nennen. Diese Bilder können aus sehr unterschiedlicher itemspezifischer und relationaler Information bestehen. So können sie etwa Information über den Kontext eines Reizes (Zeit und Ort der Informationsaufnahme), die Identität des Reizes, seine Benennung oder auch über Verknüpfungen mit anderen Reizen enthalten. Aktiviert werden diese Bilder durch einen Hinweisreiz und alle diesen Reiz betreffenden Gedächtnisspuren. Diese Merkmalsmenge aktiviert alle assoziierten Bilder im LZG. In Abhängigkeit von der Information, die den Hinweisreiz selbst betrifft und von der Information über den Kontext (ähnliche Umstände beim Erwerb) können Bilder mehr oder weniger stark assoziiert und daher mehr oder weniger aktiviert sein. Theoretisch werden alle Hinweisreize mit jedem Bild im Langzeitgedächtnis verknüpft, da die Autoren keine Aktivation oder negative Aktivation ausschließen. In der Praxis soll beim Abruf von Information jedoch nur diejenige relevant sein, deren Abrufstärke nicht vernachlässigbar ist (Gillund & Shiffrin, 1984, S. 7).

Aktivation und Situationsmodelle

Die Entstehung eines ganzen Spurenensembles aufgrund verschiedener Verarbeitungsebenen bzw. -prozesse nimmt auch Kintsch (1988; 1996) an. Er arbeitet im Kontext des Textverstehens bzw. des Lernens aus Texten und stellt dabei das Generieren von Situationsmodellen in den Vordergrund. Situationsmodelle sind im oben dargestellten Sinne eine tiefere Verarbeitung eines Textes, die resultiert, wenn die durch das Lesen erhaltenen Information in das Wissen des Lesers integriert werden muß. Dagegen erzeugt ein oberflächliches Lesen eine sog. Textbasis, der dieses Integration von Information und vorhandenem Wissen noch fehlt (s. z.B. Perrig & Kintsch, 1985; Rinck & Bower, 1995; van Dijk & Kintsch, 1983).

Die Hauptidee der Situationsmodelle besteht darin, daß die Teilnehmer einer Diskurssituation ihre Situationsmodelle mit dem Fortschreiten des Diskurses immer wieder aktuali-

[20] In diesem Zusammenhang sind vor allem Untersuchungen zum Paar-Assoziationslernen (PAL) zu nennen. So haben z.B. Norman und Wickelgren (1965) unterschiedliche ROC-Funktionen (Receiver-Operating-Characteristic-Functions aus der Signal-Entdeckungs-Theorie) für Einzelitems und Itempaare nachweisen können (s. auch Schmidt, 1996).

sieren, indem sie Information hinzufügen, wieder löschen, oder einzelne Elemente vertauschen (etwa in ihrer zeitlichen oder räumlichen Organisation). Umstritten ist, was genau in Situationsmodellen repräsentiert ist und ob die Integration schon während des Lesens erfolgt. Kintsch (1996) beschreibt Textrepräsentationen als eine Mischung aus semantischen, situationsabhängigen, syntaktischen und anderen Relationen. Er nimmt an, daß durch Konstruktion aus sprachlichem Input (Textinformation) und Weltwissen eine Basis erzeugt wird, aus der ein Situationsmodell integriert wird. Sein Konstruktions-Integrationsmodell kann als Hybrid-Modell angesehen werden, das sowohl Bestandteile konnektionistischer Netze (s. unten) als auch ein Produktionensystem enthält. Im Verlauf der Konstruktion wird eine Netz mit Propositionen erzeugt, dessen Verbindungen zwischen einzelnen Propositionen eines Satzes zunächst nach den Beziehungen des aktuellen Satzes und später nach assoziierten Propositionen der Textbasis gewichtet werden. Hierdurch können spezifische Aktivationsmuster erzeugt werden. Wichtig ist jedoch, daß Text und Weltwissen oder Vorwissen des Lesers genügend Überlappungspunkte haben, die es ihm ermöglichen, Verbindungen zwischen seiner Wissensbasis und dem neuen Text herzustellen.

Bower und Rinck (1999) postulieren drei Hauptbestandteile solcher aus Texten entstandener mentalen Repräsentationen: die Charaktere, die Umgebung und die Episode, die in dieser Umgebung stattfindet. Das Situationsmodell kann beispielsweise eine Beschreibung der Charaktere, ihrer Beziehungen zueinander, ihres Berufs und ihrer Persönlichkeitseigenschaften enthalten. Aus diesen Attributen ergeben sich mögliche Ziele und Handlungsweisen der Charaktere in der Geschichte. Die Umgebung wird nach den Autoren in einer Art mentalen Karte repräsentiert, die zum Teil recht unbestimmt bleibt, die es aber ermöglicht, Handlungen der Charaktere plausibel oder unplausibel erscheinen zu lassen. Daneben enthält das Modell die temporal-kausale Abfolge einzelner Episoden, die die Handlung der Geschichte wiedergeben.

Zu ähnlichen Ergebnissen kommen auch Clark und Bly (1995). Sie postulieren fünf verschiedene Arten von Information: Information über die Hauptfiguren, die Gegenstände, die Ziele der Personen, die Kausalitätsbeziehungen zwischen Ereignissen, sowie über den zeitlichen und räumlichen Rahmen der Geschichte. Letztere Informationsart wurde seit Mitte der 80er Jahre vermehrt untersucht. So wird postuliert, daß Situationsmodelle Information darüber enthalten, wo der Protagonist der Geschichte sich gerade befindet, wie er sich fortbewegt, wie die Räumlichkeiten aussehen, die er gerade passiert hat usf. Hinweise darauf, daß solche Information eine Rolle spielt, liefern Experimente von Glenberg, Meyer und Lindem (1987) sowie von Rinck und Bower (1995; s. auch Rinck, Hähnel, Glowalla & Bower, 1997; Rinck, Williams, Bower & Becker, 1996). So konnte gezeigt werden, daß Sätze dann schneller verstanden werden, wenn die Bezugnahme auf zuvor erwähnte Gegenstände oder Räume in geringerer räumlicher Entfernung erfolgt. Die Autoren interpretieren diese Befunde als eine Erleichterung der Antwortzeiten in Abhängigkeit von der aktuellen räumlichen Distanz des Protagonisten zu anderen Gegenständen, die im Satz oder im betreffenden Textabschnitt erwähnt werden. Eine solche Annahme macht aber nur dann Sinn, wenn das Situationsmodell ständig aktualisiert wird. In der Tat nehmen z.B. Morrow, Bower und Greenspan (1989) an, daß der Fokus der Aufmerksamkeit einer Versuchsperson während des Lesens einer Geschichte mit dem Protagonisten der Geschichte wandert.

Exkurs: Einfluß von Übung und Verarbeitungstiefe

Ein wesentlicher Punkt bei der Repräsentation von Wissen ist, wieviel Übung dem entsprechenden Material bereits zugekommen ist. Die alltägliche Selbstbeobachtung zeigt, daß ein Sachverhalt um so besser erinnert wird, je mehr Zeit und je mehr Gelegenheiten für seine Aneignung zur Verfügung standen (Ulrich, Stapf & Giray, 1996), S.101). Nach Kluwe (1990) kann man Übung grob wie folgt klassifizieren: (i) mechanisches Wiederholen, das der kurzen Aufrechterhaltung des Aktivationszustandes von Gedächtnisinhalten dient und (ii) Elaborieren, das primär eine langfristige Speicherung zum Ziel hat. Dabei unterscheidet man durchaus verschiedene Arten des Wiederholens. So findet beim stillen oder lauten Aufsagen von Telefonnummern das sog. „Maintenance Rehearsal“ statt. Dagegen wird mit dem Begriff „Coding“ ein Prozeß bezeichnet, der Information gleichzeitig klassifiziert, ihn mit andern Inhalten vergleicht usf.

Unklar ist bisher, inwiefern verschiedene Wiederholungsprozesse primär unterschiedlichem Informationsmaterial zuzuordnen sind. Eine wesentliche Konsequenz solcher Wiederholungsprozesse ist aber, daß die Gedächtnisspur stärker wird. Nach Anderson (1996) wird ein Engramm jedes Mal, wenn es benutzt wird, stärker. So konnten Pirolli und Anderson (1985) zeigen, daß auch die Wiedererkennungszeit für Sätze, wie „The doctor hated the lawyer“ von der Anzahl der Übungen bestimmt wird. Es läßt sich aber auch feststellen, daß der Übungseffekt mit der Anzahl der Wiederholungen immer geringer wird. Trägt man den Lernzuwachs über Versuchspersonen und über Items einer Liste gemittelt auf, wobei die einzelnen Zeitpunkte oder Übungsdurchgänge die Abszisse und die Anzahl der richtigen Antworten die Ordinate darstellen, so erhält man eine negativ beschleunigte Kurve. Der Lernzuwachs folgt einer Potenzfunktion. Dies wird allgemein als das Potenzgesetz des Lernens bezeichnet (s. auch Anderson, 1996; Ebbinghaus, 1985; Ulrich et al., 1996).

Eine weitere Möglichkeit, Information langfristig zu behalten, ist die Elaboration des Materials. Unter Elaboration versteht man eine Anreicherung des zu behaltenden Materials um zusätzliche Information. Eine klassische Studie dazu stammt von Bobrow und Bower (1969, Exp. Ia). Versuchsmaterial waren einfache Sätze mit der Struktur Nomen – Verb – Nomen, wie etwa der Satz „Otto liebt Anna“. Die Autoren ließen ihre Versuchspersonen jedoch unter zwei verschiedenen, hier interessierenden Bedingungen arbeiten. Unter der ersten Bedingung schrieben die Versuchsleiter die Sätze auf und gaben sie ihren Versuchspersonen, unter der zweiten Bedingung sollten die Versuchspersonen selbst Sätze erfinden. Vorgegeben waren nur Subjekt und Objekt. Der Prozentsatz der erinnerten Sätze bei einer anschließenden Abfrage stieg von 29% unter der ersten auf 58% unter der zweiten Bedingung.

Eine Erklärung des soeben geschilderten Befundes wäre, daß Versuchspersonen sich beim Erfinden von Sätzen intensiver mit dem Material auseinandersetzen mußten als beim Auswendiglernen der Sätze, die von den Versuchsleitern vorgegeben wurden. Diesen Gesichtspunkt haben vor allem Craik und Lockhart (1972) mit ihrem Levels-of-Processing-

Ansatz herausgearbeitet. Im Kern besagt dieser Ansatz, daß bei der Darbietung von Information verschiedene Stufen der Informationsverarbeitung durchlaufen werden. Im wesentlichen werden drei hierarchisch organisierte Dimensionen bzw. Analyseebenen, die jeweils einem kognitiven System zugeordnet werden, unterschieden: eine physikalisch-strukturelle, eine phonemische und eine semantische Ebene. Zunächst soll der sensorische Input beim Lesen eines Wortes nur oberflächlich (physikalisch-strukturell) verarbeitet werden. Ergebnis ist beispielsweise eine graphemische Analyse, die dann auf der nächsten Verarbeitungsstufe zunehmend mit anderer Information verknüpft wird und schließlich semantisch (nach dem Bedeutungsgehalt) analysiert wird. Jeder der Verarbeitungsprozesse hinterläßt eine Gedächtnisspur, die beim Erinnern als Datenbasis zur Rekonstruktion eines bestimmten Inhaltes dient. Insofern kann Erinnern als Wiederverarbeitung von Information aufgefaßt werden.

War man zu Anfang noch der Ansicht, daß die Abfolge von zunehmend tieferen Verarbeitungsstufen linear sein müsse, so wurde diese Annahme bald korrigiert (s. auch Cermak & Craik, 1979). So nimmt z.B. Kintsch (1979) an, daß es sich um interaktive Verarbeitungsebenen handelt, wobei oberflächliche Prozesse tiefere auslösen können und umgekehrt. Weitere Kritikpunkte des Ansatzes betreffen die Bedeutungshaltigkeit des Materials und die Enkodierspezifität. Im Grunde postuliert der Levels-of-Processing-Ansatz, daß eine Beschäftigung mit der Bedeutung des Materials zu besseren Gedächtnisleistungen führt als eine oberflächliche Analyse und zwar unabhängig von der Art der Information. Es ist jedoch nicht klar, ob bessere Behaltensleistungen tatsächlich durch die Verarbeitungstiefe oder nicht doch durch eine Elaboration des Materials, einer sog. Verarbeitungsbreite bedingt sind (s. auch Schnotz, 1994; S. 79). In diesem Zusammenhang konnte Kolers (1979) zeigen, daß Versuchspersonen Sätze besser erinnern, die schwieriger zu verarbeiten sind. In der entsprechenden Untersuchung mußten Versuchspersonen Sätze lesen, die wie üblich oder aber auf dem Kopf stehend dargeboten wurden. Es zeigte sich, daß das Lesen von auf dem Kopf stehenden Sätzen offensichtlich zu einer umfangreicheren, nicht aber zu einer verstärkt bedeutungshaltigen Verarbeitung führt (s. auch Anderson, 1996, S.187 ff.; Schnotz, 1994, S. 78 ff.).

Aktivation in konnektionistischen Netzen

In konnektionistischen Netzen werden kognitive Vorgänge auf der Grundlage von Prozessen beschrieben, die in einfachen, zumeist einheitlichen, parallel miteinander kommunizierenden Rechnereinheiten ablaufen. Der Schwerpunkt liegt hierbei auf der Verbindungsstruktur, weshalb Feldman (1981) für diese Modelle den Begriff „konnektionistisch" geprägt hat (s. auch Waloszek, 1996). Konnektionistische Netze bestehen aus einer Vielzahl von einzelnen Elementen (Knoten, Units oder Neuronen), die i.d.R. recht einfach und daher sehr robust sind. Man trägt damit dem scheinbaren Gegensatz zwischen Güte und Schnelligkeit (s. auch Exkurs: Reaktionszeiten und die Erfassung von Abrufprozessen) der menschlichen Informationsverarbeitung Rechnung (s. Schnotz, 1994, S. 119).

Konnektionistische Netze sind zunächst nichts anderes als eine alternative Formulierung der Berechenbarkeit (Rojas, 1993). Die Berechnung einer Funktion setzt drei Elemente voraus: Die Speicherung von Daten, ihre Übertragung auf die funktionalen Einheiten des Berechnungsmechanismus sowie die Verarbeitung der Daten dort. Bei konnektionistischen Netzen befinden sich die Funktionen an den Knoten des Netzes, die Verarbeitungsregeln werden durch die Vernetzung sowie durch die Synchronität oder Asynchronität der Informationsverarbeitung ausgedrückt. Das Netz selbst kann i.d.R. als eine Art Funktion interpretiert werden, die für eine bestimmte Eingabe evaluiert wird (s. auch Mangold, 1996; Rojas, 1993; Schade, 1999).

Konnektionistische Netze sind Modelle eines aktiven Gedächtnisses, das nichtsymbolische Information durch das Zusammenwirken vieler Einheiten verarbeitet. Dabei folgt die Informationsverarbeitung nicht formal-logischen, sondern mathematisch-statistischen Prinzipien. Es werden keine Verarbeitungsregeln angenommen (wie etwa Produktionen), sondern Berechnungsvorschriften für Aktivationswerte. Die Idee, solche Netze zu konzipieren, ergab sich durch die Beobachtung der Arbeitsweise biologischer Gehirne. Gehirne arbeiten parallel und assoziativ, d.h. Daten werden auf der Basis von Kontiguität, Ähnlichkeit oder Kontrast gespeichert. Dies hat zur Folge, daß der Abruf von Information (z.B. der Vergleich verschiedener Muster) sehr schnell gehen kann. Biologische Gehirne sind fehlertolerant, was unter Umständen auf Kosten der Findung einer exakten Lösung gehen kann, und sie sind lern- und anpassungsfähig.

Die erwähnten Berechnungsvorschriften für die Aktivationswerte befinden sich in konnektionistischen Netzen an den Knoten. Hinzu kommen jedoch Verarbeitungsregeln, die durch die Vernetzung sowie durch die Synchronität oder Asynchronität der Informationsverarbeitung ausgedrückt werden. Für das Verhalten des Netzes sind drei Elemente wichtig: die Struktur der einzelnen Knoten, das Vernetzungsmuster und die Lernalgorithmen, die die Gewichte und andere Parameter bestimmen (s. auch Mangold-Allwin, 1993; Mangold, 1996). Abbildung 3.5 gibt zunächst einen Überblick über einzelne Funktionen an den Knoten selbst.

Ein Knoten j besteht aus einer Propagierungsfunktion, einer Aktivierungfunktion und einer Ausgabefunktion. Die Propagierungsfunktion gibt Auskunft über den Nettoinput (net_{ij}). Darunter versteht man die Gesamtheit der Aktivation, die über andere Knoten an einen bestimmten Knoten weitergegeben wird. Die Weitergabe der Aktivierung über andere Knoten ist dabei jeweils durch ein spezifisches Verbindungsgewicht (w_{ij}) festgelegt. Dieses Gewicht kann positiv oder negativ sein und variiert zwischen verschiedenen Grenzen, je nachdem, welches Problem mit Hilfe des Netzes gelöst werden soll. Der Nettoinput ist also die Summation der gewichteten Aktivierungen aller anderen Knoten, die mit diesem Knoten verbunden sind.

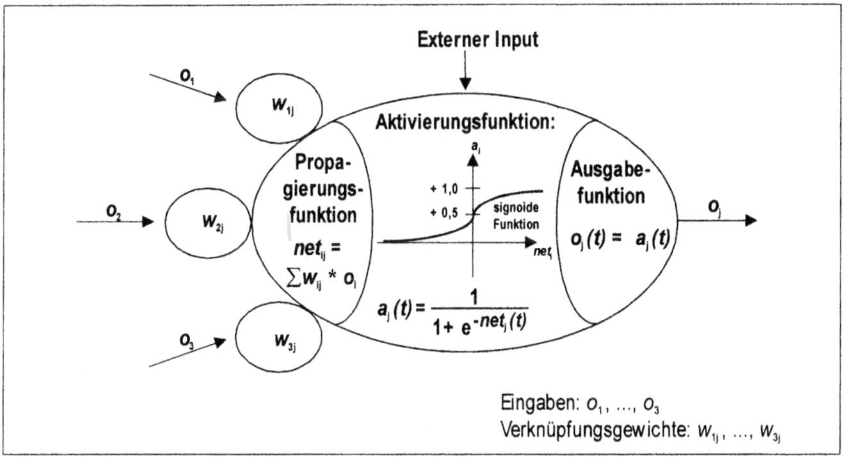

Abb. 3.5 Skizze eines einfachen Knotens mit eingezeichneter Propagierungs-, Aktivierungs- und Ausgabefunktion (Erläuterungen s. Text).

Die Aktivierungsfunktion berechnet sich aus der zum Zeitpunkt *t* vorliegenden Propagierungsfunktion, eventuell aus dem zuvor vorliegenden Aktivierungszustand und gegebenenfalls aus einem externen Input. Dabei können lineare Funktionen, Schwellenwertfunktionen, sigmoide Funktionen u.a. verwendet werden. Welche Funktion eingesetzt wird, hängt wiederum davon ab, welches Problem gelöst werden soll. Die Aktivierungsfunktion für die Lösung eines XOR-Problems wäre z.B. eine sigmoide Funktion, die den Vorteil hat, daß die Aktivationswerte auf das Intervall 0,1 beschränkt werden und der Verlauf dieser Funktion asymptotisch ist. Der asymptotische Verlauf bewirkt, daß ein extremes Verhalten einzelner Knoten sich nicht auf das gesamte Netzwerk fortpflanzen kann.

Der aus der Aktivierungsfunktion resultierende innere Aktivationszustand wird in eine Ausgabefunktion überführt. Hierfür können ebenfalls unterschiedliche Funktionen gewählt werden. Üblicherweise werden wie im vorliegenden Fall Identitätsfunktionen oder Wahrscheinlichkeitsfunktionen bevorzugt (s. Abb. 3.5). Das Resultat der Ausgabefunktion wird dann wiederum an alle Knoten, zu denen Verbindungen bestehen, multipliziert mit dem jeweiligen Verbindungsgewicht, weitergegeben.

Die Struktur konnektionistischer Netze, aus der sich weitere Verabreitungsregeln ergeben, kann grob vereinfachend wie folgt skizziert werden (s. auch Abb. 3.6): Es gibt verschiedene Schichten von Knoten – die Eingabeschicht, die der Aufnahme von externen Eingabewerten dient, die innere Schicht oder verdeckte Schicht, die der internen Repräsentation der Eingabewerte dient, und die Ausgabeschicht zur Wiedergabe von Ausgabewerten. Zwischen den einzelnen Knoten bestehen Verbindungen, die aktuell anliegende Aktivierungen der Knoten weitergeben. Jede Verbindung ist dabei mit einem spezifischen Gewicht versehen. Eine Besonderheit des in Abbildung 3.6 dargestellten Netzes ist, daß die einzelnen Werte zwischen den Knoten nur in Vorwärts-Richtung (d.h. von Eingabe- zu Ausgabeschicht) weitergegeben werden. Es handelt sich daher um ein Feedforward-Netz. Andere Möglichkeiten sind, daß die Ausgabewerte von Knoten einer Schicht als erneute Eingabewerte verarbeitet werden. Solche Schleifen stellen z.B. eine Möglichkeit dar, einen bestimmten Wert für eine bestimmte Zeitdauer aufrecht zu erhalten. Werden solche Schleifen genutzt, so handelt es sich um rekurrente Netze.

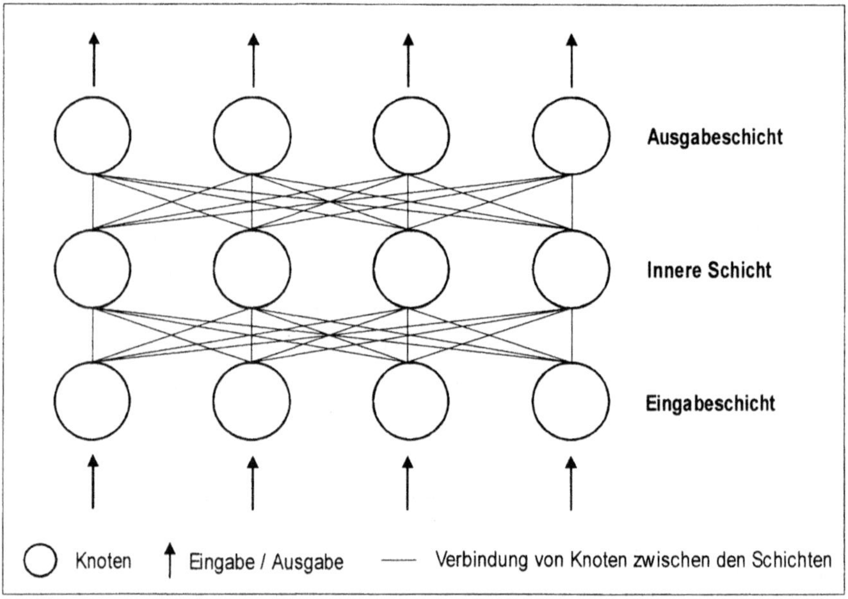

Abb. 3.6 Beispiel für ein Feedforward-Netz.

Netzwerke bestehen also aus einer bestimmten Anzahl von Knoten, die miteinander verbunden sind und die unterschiedlich hoch aktiviert sind. Die Aktivation, die durch Zahlenwerte ausgedrückt wird, wird über die Verbindungen und die oben dargestellten Funktionen an andere Knoten weitergegeben. Die Stärke der Verbindungen wird – wie bereits dargestellt – durch die Gewichte ausgedrückt. Solche Gewichte können von Anfang an festgelegt werden, oder aber man trainiert Netze mit bestimmten Lernverfahren, um eine spezifische Verteilung von Gewichten zu erhalten. Das Verhalten eines Netzes bei der Aktivation hängt somit nicht nur von der Architektur und den Funktionen der Knoten, sondern auch von den Lernverfahren ab, mit denen ein Netz trainiert wird. Dies kann am sog. Backpropagation-Lernen verdeutlicht werden. Dieser Lernalgorithmus, der es ermöglicht, im Prinzip beliebige und äußerst komplexe Beziehungen zwischen Eingaben und Ausgaben lernen zu lassen, funktioniert dadurch, daß die Fehlerausgaben der Ausgabeschicht zurück durch die Schichten des Netzwerkes fortgepflanzt werden (Backpropagation). Dazu muß die Funktion der einzelnen Knoten differenzierbar sein, d.h. die partielle Ableitung der Fehlerfunktion nach einzelnen Gewichten muß überall definiert sein. Das kann z.B. dadurch erreicht werden, daß in den einzelnen Knoten eine sigmoide Funktion gewählt wird. Eine weitere Bedingung, die das Funktionieren des Backpropagation-Lernalgorithmus garantiert, ist, daß es sich um ein Feedforward-Netz handelt. (Andere Lernprinzipien finden sich z.B. in Levine, 1990; Rojas, 1993; Spies, 1993; zum selbstorganisierten Lernen vgl. etwa Durstewitz, 1995; Grossberg, 1987; Kohonen, 1989).

Was konnektionistische Netze nun aber als Modelle der menschlichen Informationsverarbeitung so interessant werden läßt, ist, daß sie parallele Verarbeitungsvorgänge simulieren können. Waloszek (1996, S. 262) faßt dies wie folgt zusammen: Die beteiligten Prozesse der Informationsverarbeitung sind ineinander verwoben, damit oft auch schwer zu validieren. Die Trennung zwischen passiven Speicheranteilen und exekutiven Mechanismen ist hier nicht mehr sinnvoll. Vielmehr stellen konnektionistische Netze ein aktives Gedächtnis dar, das nichtsymbolische Information durch autonomes Zusammenwirken vieler Einheiten verarbeitet. Konnektionistische Netze sind insofern auch als selbstorganisierende Systeme aufzufassen (s. auch oben, Abschnitt 2.2.2).

Ein Forschungsfeld der Psychologie, in dem konnektionistische Modelle recht erfolgreich eingesetzt werden, ist der Bereich der Sprachproduktion und -rezeption. Nach Schade (1999) sind dort vor allem lokale konnektionistische Modelle erfolgreich, d.h. Modelle, in denen ein Knoten genau eine zu repräsentierende Einheit (z.B. ein Phonem, ein Morphem oder ein Wort) darstellt. Im Gegensatz dazu wird bei verteilten Repräsentationen angenommen, daß mehrere Knoten, die eine zu repräsentierende Einheit darstellen über das Netz verteilt und nicht direkt benachbart sind (z.B. Graf, Herrmann, Grabowski & Schweizer, 1996). Eines der wohl bedeutendsten Modelle in diesem Bereich stammt von McClelland und Rummelhart (1981; Rummelhart & McClelland, 1982). Es ist ein Modell zur Worterkennung, also zum Abruf von Information, das weitreichende Konsequenzen für das Verständnis von Abrufprozessen hatte. Eine Darstellung des Modells erfolgt in Abschnitt 3.2.1.

3.1.3 Zusammenfassung

Das Ziel der vorangegangenen Abschnitte war es, die Repräsentation von Wissen im menschlichen Gedächtnis in bezug auf Enkodierung und Speicherung darzustellen. Dabei sollte neben dem Postulat verschiedener Arten mentaler Repräsentation, wie der wahrnehmungsbezogenen und der bedeutungsbezogenen Wissensrepräsentation, hervorgehoben werden, daß Wissen auch nach raum-zeitlicher Kontiguität enkodiert und in Form von episodischen Erinnerungen behalten werden kann. Neben der Kontiguität spielen natürlich auch andere Assoziationsprinzipien bei der Enkodierung von Information eine Rolle. Information kann nach ganz unterschiedlichen Gesichtspunkten organisiert werden. Oft scheint die Aufnahme der mit dem spezifischen Itemwissen in Relation stehenden Information – der Kontext – nicht der bewußten Kontrolle zu unterliegen. Entscheidend ist aber auch, welche Rolle der Übung zukommt. Während die Elaboration von Material z.B. phonologische oder semantische Ähnlichkeiten unterstützt, scheint die Kontiguität vor allem dann eine Rolle zu spielen, wenn Information zunächst sequentiell dargeboten wird und später auch als Folge oder Reihe von Stimuli geübt und behalten wird. Ein bei der Enkodierung von Informationsfolgen entstehendes zentrales Phänomen ist der serielle Positionseffekt, der im Zusammenhang mit dem Abruf von Information noch aufgegriffen wird (s. unten, Abschnitt 3.2.2).

Ein weiterer zentraler Punkt war die Hervorhebung der Konzepte, die Wissen und Denken zusammenfassend in einer Gedächtnistheorie darstellen. Man bezeichnet sie oft als dynamische Anteile von Gedächtnismodellen. Beispiele hierfür sind prozedurale Strukturen in Produktionensystemen, aber auch die Aktivierung rekursiver Strukturen und Handlungsabfolgen in Schemata. Ebenso können Prozesse der Veränderung und Anpassung von Information und Schemastrukturen, aber auch Situationsmodelle und konnektionistische Netze genannt werden. Gemeinsam ist allen diesen Modellen, daß sie keine separaten Speicher für Kurzzeit- und Langzeitwissen mehr annehmen, sondern daß die gerade genutzte Information als aktivierte Information angesehen wird. Dieser aktive Teil im Langzeitwissen stellt das Arbeitsgedächtnis dar. Die Modelle unterscheiden sich jedoch darin, wieweit sie Prozeduren, die mit diesem aktiven Teil des Wissens arbeiten, formulieren. So geben Multikomponentenmodelle Berechnungsvorschriften für Abrufprozesse an, die mit Familiaritätsindizes operieren (s. auch unten, Abschnitt 3.2.2). Im ACT*-Modell von Anderson (1983a, b) und den nachfolgenden Modellen werden eigens Produktionen formuliert. Im Konstruktions-Integrations-Modell, einem Beispiel für Situationsmodelle, die oft einen hybriden Charakter haben, werden ebenfalls Produktionen genutzt, es kommen jedoch auch konnektionistische Prinzipien zum Einsatz. Letztere haben nach Waloszek (1996) die Eigenschaft, die Trennung zwischen passivem Speicher und exekutiven Prozessen überflüssig zu machen.

3.2 Abruf von Information

Neben der Enkodierung und der Speicherung von Information ist der Abruf von Gedächtnisinhalten von Interesse. So bedeutet die Tatsache, daß ein Sachverhalt im Gedächtnis gespeichert ist, noch nicht per se, daß man sich auch daran erinnert. Abrufprozesse im Gedächtnis können zwar so schnell ablaufen, daß wir sie überhaupt nicht bewußt wahrnehmen, etwa beim Lesen eines Textes und dem damit verbundenen Abruf der Bedeutung von Propositionen, auf der anderen Seite können Suchprozesse jedoch auch erschwert sein. Um solche Prozesse besser kategorisieren und untersuchen zu können, kann man sie in einzelne Phasen einteilen. Eine einfache Unterteilung sieht eine Phase der Spezifikation der Abrufbedingung, eine Suche im engeren Sinne, eine Bewertung des Ergebnisses und eine Mißerfolgsdiagnose vor (s. z.B. Norman & Bobrow, 1979; Shiffrin, 1970). Vor allem die theoretische Konzeption des Suchprozesses im engeren Sinne ist eng mit Theorien zur Struktur des Gedächtnisses verknüpft. So werden in Netzwerkkonzeptionen Spreading-Activation-Theorien formuliert, während andere Modelle mit vektor- oder mengentheoretischen Repräsentationen (z.B. Multikomponenten-Modelle) Vergleichsprozesse aufgrund von Familiaritätsindizes annehmen. Vor der Schilderung dieser Abrufprozesse, sollen jedoch die Annahmen, die mit Antwortzeiten von Versuchspersonen in Zusammenhang stehen, dargestellt werden.

3.2.1 Serielle vs. parallele Informationsverarbeitung

Die Idee, daß die kognitive Anstrengung mit Hilfe von Reaktionslatenzen gemessen werden kann, geht bereits auf Frans C. Donders zurück. Er legte schon im Jahre 1868 eine Arbeit vor, in der er postulierte, daß die Zeit zwischen der Darbietung eines Stimulus und der Reaktion auf diesen durch unterschiedliche Prozesse, die aufeinanderfolgen, in Anspruch genommen wird. Er nahm an, daß ein neuer Prozeß erst beginnen könne, wenn der vorhergehende beendet ist und weiter, daß bei solchen Prozessen verschiedene mentale Stufen durchlaufen werden. Um die Zeit, die das Durchlaufen einer solchen Stufe in Anspruch nimmt, zu messen, wurden Versuchspersonen mit zwei unterschiedlichen Aufgaben konfrontiert, von denen eine Aufgabe gerade einen Prozeß mehr als die erste enthalten sollte. Die Subtraktion der benötigten Reaktionszeiten ergab dann die Zeit für den zusätzlich enthaltenen Prozeß (s. auch Lachman, Lachman & Butterfield, 1979; Sternberg, 1969).

Donders unterschied drei Reaktionszeitaufgaben, die er als Aufgabe *A*, *B* und *C* bezeichnete (s. dazu auch Luce, 1986, S. 212 ff.). Aufgabe *A* war eine einfache Reaktionsaufgabe, bei der die Versuchsperson aufgefordert wurde, bei Erscheinen eines Reizes eine Antwort zu geben (z.B. sollte ein Tastendruck produziert werden). Bei Aufgabe *C*, einer Kategorisierungsaufgabe, wurden der Versuchsperson zwei Reize dargeboten. Auf einen der Reize sollte die Versuchsperson antworten, auf den anderen nicht. Aufgabe *B* schließlich bestand darin, daß der Versuchsperson ebenfalls zwei Reize gegeben wurden, auf die nun aber jedes Mal unterschiedlich geantwortet werden sollte (Wahl-Reaktionsaufgabe, s. unten). Die Zeiten, die benötigt wurden, um die jeweiligen Aufgaben zu erfüllen, konnten nun voneinander subtrahiert werden. So sollte die Zeit für Aufgabe *C* minus der Zeit für Aufgabe *A* die Zeit zur Kategorisierung eines Reizes angeben. Die Zeit für Aufgabe *B* minus der Zeit für die Aufgabe *C* wurde als Zeit für die Wahl der richtigen Taste angesehen.

Die Anwendung dieser Methode setzt voraus, daß (a) die einzelnen Stufen seriell ablaufen und (b) alle Teilprozesse außer dem gesuchten bei beiden Aufgaben genau identisch sind. Diese Annahmen können jedoch nicht direkt geprüft werden. Sie können nur mehr oder weniger plausibel gemacht werden (Wender et al., 1980, S. 78 ff.). Ein weiterer Kritikpunkt, der die Anwendung der Methode in Frage stellt, war schon Donders bekannt. Er selbst äußerte Zweifel darüber, ob die Reaktion der Versuchspersonen auch wirklich erst dann erfolge, wenn der Prozeß der Stimulusdiskrimination abgeschlossen war. Diese Einwände und andere Kritikpunkte (s. auch Luce, 1986; S. 212 ff.) führten nach und nach zu der Ansicht, daß aus den Reaktionszeiten nicht zwingend ableitbar sei, ob Prozesse streng seriell verlaufen oder nicht. Viele Autoren nehmen statt dessen an, daß eine parallele Verarbeitung stattfindet.

Zunächst erfolgte jedoch eine Weiterentwicklung der Subtraktionsmethode durch Sternberg (1966). Sternberg kritisierte, daß die oben genannten Annahmen ungeprüft blieben. Er stellte daher folgende prüfbare Additivitätshypothese auf: Gemessen werden kann nur die Antwortzeit und nicht die Verarbeitungszeit für verschiedene Stufen der Informationsverarbeitung. Wenn aber Stufen der Informationsverarbeitung seriell aufeinander folgen und mehrere experimentell unabhängige Variablen, die jeweils eine andere Stufe der Informationsverarbeitung beeinflussen, systematisch variiert werden, dann muß ihr Beitrag auch additiv sein.

Um dies zu prüfen, konfrontierte er seine Versuchspersonen mit folgender Aufgabe: Probanden werden verschieden große Mengen von Stimuli (meist Ziffern oder Buchstaben) dargeboten. Jeder Stimulus wird für eine gleich lange Zeitspanne (etwa eine halbe bis 21 Sekunden) gezeigt. Danach wird den Probanden ein Testreiz präsentiert, der daraufhin beurteilt werden soll, ob es im gezeigten Material enthalten war oder nicht. Die Latenz von der Darbietung des Testreizes bis zur Reaktion (z.B. Auswahl und Drücken einer entsprechenden Taste) wird gemessen (Reaktionslatenz, oder kurz: Latenz).

Den schematischen Ablauf einer solchen Aufgabe hat Sternberg (1966) selbst wie folgt angegeben (s. Abb. 3.7). Das Stimulusmaterial besteht aus einer positiven (x_1 bis x_s) und einer negativen Menge (y_1 bis y_s) von Reizen. Die positive Menge, umfaßt die Stimuli, die gelernt werden sollten, die negative Menge die Stimuli, die in der zuvor gelernten Menge nicht enthalten waren. Auf den entsprechenden Testreiz (x_i oder y_i) ist nun zu entscheiden, ob positiv oder negativ zu reagieren ist.

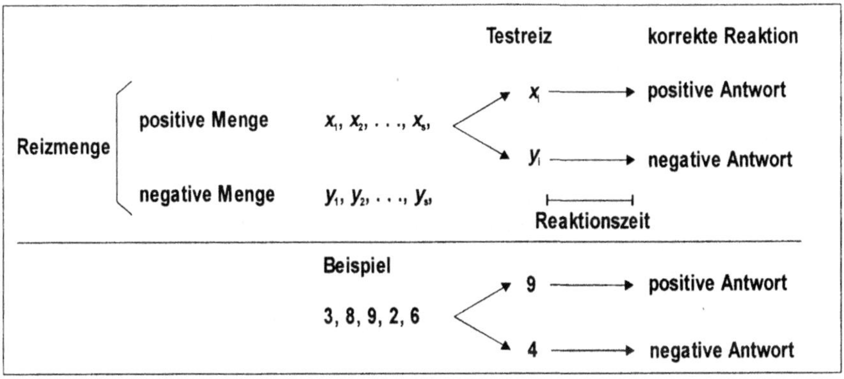

Abb. 3.7 Beispiel für eine Sternberg-Aufgabe (nach Sternberg, 1966).

Analysiert werden kann bei dieser Aufgabe, inwiefern sich die Größe der Stimulusmenge (UV 1) und die Tatsache, daß es sich um einen Testreiz aus der positiven oder aus der negativen Stimulusmenge handelt (UV 2), auf die Antwortzeiten auswirken. Dabei ergeben sich folgende typische Befunde:

(a) Die Reaktionszeit ist abhängig von der Größe der Stimulusmenge. Pro Stimulus steigt die Reaktionszeit um ca. 38 Millisekunden an.

(b) Die Reaktionszeit für positive und negative Proben ist gleich, d.h. es handelt sich um eine erschöpfende Suche.

Das zweite Ergebnis macht deutlich, daß beide Faktoren additiv sind, d.h. sich nicht gegenseitig beeinflussen. Dieser Umstand ermöglichte es Sternberg, zu zeigen, daß bei diesem Modell mindestens zwei serielle Stufen der Informationsverarbeitung angenommen werden können.

Exkurs: Reaktionszeiten und die Erfassung von Abrufprozessen

Wie werden Abrufprozesse eigentlich gemessen? Dazu gibt es eine Reihe von Methoden, die man danach unterscheiden kann, welche Aufgabe gestellt wird und welche Variable erhoben wird. Der Kern besteht jedoch darin, daß Stimuli (UVs) vorgegeben werden, auf die eine Reaktion (AV) erfolgen soll (meist ein Tastendruck oder eine sprachliche Äußerung). In Abhängigkeit davon, was gemessen werden soll, werden die Reizgaben (z.B. akustische Reize einer bestimmten Frequenz, optische, taktile oder odale Reize) variiert. Erhoben werden kann dann, was geäußert wurde und welche Fehler gemacht wurden (qualitative Daten), aber auch wie lange die Versuchsperson für die einzelnen Antworten benötigten (Antwortzeiten, Reaktionszeiten oder Reaktionslatenzen) und wieviel Fehler vorkamen (s. auch Abschnitt 3.2.2).

Im Rahmen des Reaktionszeitparadigmas geht man üblicherweise davon aus, daß die Reaktionslatenz, die Zeit von Beginn der Reizgabe bis zur Reaktion, direkt als Maß für die Schwierigkeit der zugrundeliegenden Aufgabe gewertet werden kann. So z.B. bei der Sternberg-Aufgabe (Sternberg, 1966), die bereits beschrieben wurde. Die Sternberg-Aufgabe ist eine Wiedererkennungsaufgabe, bei der das Gedächtnis zu Rate gezogen und entschieden werden muß, ob der Stimulus zuvor dargeboten wurde oder nicht. Einfache Reaktionszeitaufgaben können aber auch nur darin bestehen, daß bei Erscheinen eines Signals reagiert werden muß. Eine weitere Variante ist die Wahl-Reaktionsaufgabe, bei der die Versuchsperson mindestens zwei unterschiedlichen Reizen unterschiedliche Tasten zuordnen muß. (Ein Beispiel für eine Wahl-Reaktionsaufgabe wäre, daß bei Erscheinen eines Stimulus auf der rechten Hälfte des Bildschirms eine Taste mit der Aufschrift „rechts" gedrückt werden soll, bei Erscheinen in der linken Hälfte eine Taste mit der Aufschrift „links", bei Erscheinen in der oberen Hälfte, eine Taste mit Aufschrift „oben" und in der unteren Hälfte eine Taste mit der Aufschrift „unten".)

Alle hier genannten Varianten evozieren unterschiedliche Reaktionszeiten. So ist z.B. allein die Tatsache, daß eine Auswahl getroffen werden muß, dafür verantwortlich, daß ca. 100 bis 150 Millisekunden längere Reaktionslatenzen als bei der einfachen Reaktionszeitaufgabe gemessen werden (Luce, 1986, S. 208). Auch die Verteilung der Reaktionszeiten folgt diesem Muster. So erwartet man bei einfachen Reaktionszeitaufgaben geringere Verteilungen als bei Wahl-Reaktionsaufgaben. Müssen jedoch Reize, die zuvor gelernt wurden, wiedererkannt werden, so sind diese Reaktionszeiten i.d.R. etwas kürzer als bei Wahl-Reaktionsaufgaben. Dies ist jedoch nicht immer der Fall. So konnte z.B. Smith (1980) zeigen, daß bei der Reaktion auf taktile Stimuli, Wahl-Reaktionsaufgaben um etwa 30 Millisekunden kürzer sein können als die Wiedererkennung solcher Reize.[21] Möglicherweise steht dieses Ergebnis mit der Modalität der Stimuli in Zusammenhang.

Reaktionszeiten sind aber nur dann wirklich aufschlußreich, wenn zugleich die Fehlerrate beachtet wird. Es besteht eine wechselseitige Abhängigkeit von Genauigkeit und Antwortzeit. So ist z.B. denkbar, daß unterschiedliche Antwortzeiten bei zwei miteinander zu vergleichenden Aufgaben alleine deshalb zustande kommen, weil sich die Sorgfaltskriterien für beide Aufgaben verschoben haben (s. auch unten, Abschnitt 3.2.2.). Die Bedeutung der Fehlerrate auf die Antwortzeiten wird von verschiedenen Forschern unterschiedlich eingeschätzt (Bredenkamp & Erdfelder, 1996; Lachman et al., 1979; Luce, 1986; Ratcliff, 1978; Swanson & Briggs, 1969; Wender et al., 1980). Oft nimmt man pragmatischerweise an, daß eine kontrollierte Fehlerrate von unter 10% dann vernachlässigt werden kann, wenn sich die Fehlerrate zwischen zu vergleichenden Bedingungen oder Experimenten nicht verändert. Sind diese Voraussetzungen nicht erfüllt, müssen nach Bredenkamp und Erdfelder (1996) Vorbehalte gegen reine Antwortzeitanalysen erhoben werden. Es können dann Geschwindigkeits-Genauigkeitsanalysen vorgenommen werden. Dabei versucht man einerseits, die Fehlerraten durch die Exposition von Antwortsignalen oder durch die Festlegung bestimmter Antwortzeitintervalle zu reduzieren. Eine weitere Möglichkeit ist die Bestimmung der in den Intervallen auftretenden Antwortdichtefunktionen bis hin zur Berechnung von Geschwindigkeits-Genauigkeitsfunktionen (SAT-Funktionen) und Diskriminationsindizes (*d'*) der Signal-Entdeckung (s. unten).

---

[21] Dieser Befund kann nach der Theorie der additiven Faktoren eigentlich nicht vorkommen. (Zur Kritik der seriellen Verarbeitung vgl. auch Luce, 1986; Wender et al., 1980.)

Im Geiste der Methode der additiven Faktoren wurde eine Reihe von Reaktionszeitexperimenten zu Subprozessen bei Informationsverarbeitungsaufgaben durchgeführt. Es entstand ein Modell der Informationsverarbeitung, in dem Subprozesse als sukzessive Stufenabfolge identifiziert wurden, das diskrete Stufenmodell (DSM). Um solche diskreten Stufen mit der Methode der additiven Faktoren zu prüfen, sind folgende Anwendungsvoraussetzungen nach Bredenkamp und Erdfelder (1996, S. 46) zu beachten:

(1) Die Methode der additiven Faktoren kann nur angewendet werden, wenn sich nicht schon aus der Theorie ergibt, daß zwei Verarbeitungsstufen mit einer Wahrscheinlichkeit aufeinander folgen, die kleiner als Eins ist.

(2) Die Methode der additiven Faktoren erlaubt nur die Untersuchung verschiedener Verarbeitungsschritte, nicht verschiedener Verarbeitungsarten.

(3) Die Methode verlangt eine Prüfung, ob die Faktoren additiv sind, d.h. die Wechselwirkungen Null sind.[22]

Beispielhaft sollen einige Untersuchungen genannt werden, die Ausgangspunkt für weitreichende Annahmen bzgl. mentaler Prozesse waren (s. dazu auch McClelland, 1979). So zeigten z.B. Duncan und McFarland (1980) folgendes: Bei der Darbietung von Ziffern würde man normalerweise erwarten, daß je kleiner der Unterschied zwischen zwei Ziffern ist, Versuchspersonen (bei unterstellter gleicher Genauigkeit) um so länger brauchen, um diese beiden Ziffern miteinander zu vergleichen. Man bezeichnet diesen Effekt als symbolischen Distanzeffekt. Die Autoren fanden diesen Effekt. Sie stellten aber auch fest, daß eine gleichzeitige Variation der Deutlichkeit der Darbietung nicht mit dem symbolischen Distanzeffekt (den steigenden Antwortzeiten bei kleiner werdenden Unterschieden zwischen den Zahlen) interagiert. Man muß demnach annehmen, daß es sich hier um zwei getrennte Stufen der Informationsverarbeitung handelt.

Eine andere Vorgehensweise wählte Hunt (1978). In diesem Experiment waren zwei Aufgaben zu erfüllen, von denen eine den Abruf von Gedächtnisinhalten erforderte, die andere nicht. Sonst unterschieden sich die Aufgaben nicht. Die zeitliche Differenz zwischen beiden Aufgaben war um so kleiner, je höher die verbalen Fähigkeiten der Versuchspersonen waren. Das läßt den Schluß zu, daß die Geschwindigkeit beim Gedächtnisabruf ein Indikator für die verbalen Fähigkeiten von Versuchspersonen ist.

Ein weiteres wichtiges Experiment stammt von Meyer, Schvaneveldt und Ruddy (1975). Diese Autoren forschten vornehmlich unter dem Paradigma der Worterkennung. So fanden sie z.B. heraus, daß der semantische Kontext eines Wortes dazu führt, daß schneller

[22] Dieser Punkt ist vor allem deshalb von Bedeutung, weil Reaktionszeiten i.d.R. nicht normalverteilt sind. Nicht-lineare Transformationen bedeuten in diesem Falle, daß der Bezug zur Additivitätshypothese verloren geht (Bredenkamp & Erdfelder, 1996).

entschieden werden kann, ob eine Stimulusdarbietung als Wort kategorisiert werden kann oder nicht. Es kommt dabei zu einem sog. Erleichterungs- oder Priming-Effekt (s. unten). Im Zusammenhang mit der Methode der additiven Faktoren zeigte sich aber, daß dieser Effekt um so größer ausfällt, je schlechter die Qualität der dargebotenen Stimuli ist. Es ließ sich also in diesem Fall eine Interaktion zwischen semantischem Kontext und Stimulusqualität feststellen, was darauf schließen läßt, daß beide Prozesse eine gemeinsame Stufe der Informationsverarbeitung darstellen.

Wie bereits erwähnt, ist es jedoch nicht zwingend notwendig, daß Teilprozesse seriell stattfinden. Dieser Ansicht ist beispielsweise auch McClelland (1979). Für den Bereich der Worterkennung entwickelte er daher ein kaskadisches Modell der Informationsverarbeitung, bei dem die einzelnen Prozesse (z.B. Hell-dunkel-Analyse, Merkmalsanalyse, Buchstabenerkennung, Worterkennung, Entscheidungsprozeß, Antwortwahl und Ausführung bei der lexikalischen Entscheidungsaufgabe) nicht streng sequentiell aufeinander folgen müssen. Vielmehr können Ausgaben der vorherigen Prozesse schon genutzt werden, bevor der Prozeß vollständig beendet ist. – Vorläufer dieses Modells sind übrigens das schon 1959 postulierte Pandämonium-Modell (Selfridge, 1970) oder aber auch die in Abschnitt 3.1.2 dargestellten Theorien von Collins und Loftus (1975).

Eine Fortführung in konnektionistischer Hinsicht ist das in Abschnitt 3.1.2 bereits erwähnte interaktive Aktivationsmodell zur Worterkennung (McClelland & Rummelhart, 1981; Rummelhart & McClelland, 1982). Abbildung 3.8 zeigt ein vereinfachtes Schema des Modells.

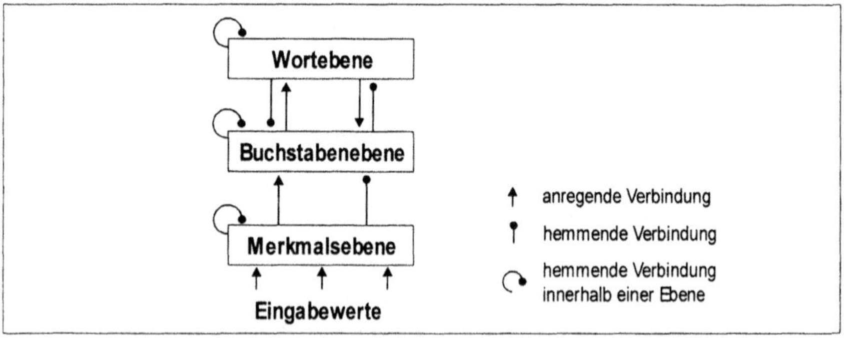

Abb. 3.8 Das interaktive Worterkennungsmodell (nach McClelland & Rumelhart, 1981).

Es handelt sich hierbei um ein lokales Modell, d.h. jedem Knoten ist eine zu repräsentierende Einheit zugeordnet. Diese Einheiten sind jedoch nicht in jeder Schicht gleich. Vielmehr stellen die Einheiten der einzelnen Schichten Konzepte unterschiedlicher Komplexität dar: positionsabhängige Segment-Detektoren, positionsspezifischen Buchstabendetektoren und Wörter. Zwischen den einzelnen Ebenen sind anregende und hemmende Verbindungen (d.h. Verbindungen mit positiven und negativen Gewichten), innerhalb einer Ebene nur hemmende Verbindungen möglich. Das hier gezeigte Modell besteht aus drei Ebenen, einer Merkmals-, einer Buchstaben- und einer Wortebene. Die Merkmalsebene besteht aus positionsabhängigen Segment-Detektoren, die Buchstabeneben aus 4*26 positionsspezifischen Buchstabendetektoren und die Wortebene aus über 1000 Wörtern mit vier Buchstaben. Das Netz wird nicht trainiert, sondern hat von vornherein festgelegte Gewichte.

Durch die gewählte Architektur und spezifische Funktionen – wie eine relative geringe Zerfallsrate der Aktivierung – zeigt das Modell folgendes Verhalten: Die in einem Wort enthaltenen figuralen Merkmale aktivieren die Buchstaben der nächst höheren Ebene. Die Merkmale, die in dem Wort nicht enthalten sind, hemmen die Buchstaben der nächst höheren Ebenen, in denen sie selbst vorkommen. Gleichzeitig senken stärker aktivierte Buchstaben den Aktivationsbetrag der weniger aktivierten Buchstaben. Das gleiche vollzieht sich auf der nächsten Ebene. Schließlich aktivieren Wörter diejenigen Buchstaben zusätzlich, die in ihnen enthalten sind und hemmen andere Buchstaben. Der Prozeß endet, wenn ein Wort so stark aktiviert ist, daß es den Schwellenwert überschreitet. Dieses Wort gilt dann als identifiziert.

Das interaktive Wortmodell ist ersichtlich ein Modell paralleler Verarbeitung: Viele parallel verlaufende Teilprozesse arbeiten gleichzeitig. Der Zustand jedes Teilelements hängt entscheidend von den Zuständen anderer Elemente ab. Der vielfältige simultane Aktivierungs- und Hemmungsaustausch bedingt das Prozeßergebnis. Es gibt keine zentrale Instanz, die steuert, wann ein Prozeß abgeschlossen ist und wann der nächste Teilprozeß stattfinden kann.

Wie kann nun entschieden werden, ob Informationsverarbeitungsprozesse tatsächlich seriell oder parallel verlaufen? Eine ähnliche Frage hatte Townsend schon 1971 gestellt (Townsend, 1971). Er kam zwar zu der Ansicht, daß serielle Modelle allgemeiner seien als parallele, doch diese Ansicht beruhte nach Wender et al. (1980, S. 80) auf einer unzulässigen Einschränkung für parallele Systeme. Sie meinen, parallele und serielle Modelle könnten nicht voneinander unterschieden werden. Jeder Suchprozeß eines seriellen Systems kann in einem parallelen Prozeß konstruiert werden und umgekehrt.

3.2.2 Generelle Prinzipien beim Informationsabruf: Wiedererkennung, Positions- und Priming-Effekte

Theorien zum Informationsabruf im menschlichen Gedächtnis können nicht nur danach gegliedert werden, ob sie serielle oder parallele Prozesse postulieren oder inwiefern sie Reaktionszeiten als Schwierigkeitsgrad für die zugrundeliegenden Prozesse ansehen. Ein wesentlicher Gesichtspunkt ist auch, welcher Mechanismus für den Abruf und das Wiedererkennen von Information verantwortlich gemacht wird. Was geschieht, wenn wir einen Reiz wiedererkennen? Es muß wohl irgendeine Art von Vergleichsprozeß stattfinden, aufgrund dessen wir entscheiden können, ob der dargebotene Reiz bekannt ist oder nicht.

Informationsabruf: a) Wiedererkennung

Zur Theorie des Wiederkennens von Signalen gibt es im wesentlichen zwei unterschiedliche Ansätze, die Entscheidung aufgrund der Aktivationshöhe und die Entscheidung aufgrund der Familiarität. Beide Ansätze sind, wie bereits dargestellt, mit unterschiedlichen Annahmen zur Repräsentation von Wissen verbunden (s. Abschnitt 3.1.2). Dennoch wird in beiden vermutet, daß Versuchspersonen nicht direkt entscheiden können, ob ein Stimulus bekannt ist oder nicht. Es steht ihnen lediglich ein Maß zur Verfügung, daß interpretiert werden muß. Ein solches Maß kann die Familiarität zwischen einem dargebotenen Reiz und seiner Umgebung (s. Gillund & Shiffrin, 1984) oder die Aktivationshöhe sein. Diese Aktivationshöhe könnte man auch als neuronale Aktivität im Gehirn interpretieren. Wird nun ein Reiz oder ein Signal dargeboten, so erzeugt dieses ein bestimmtes Maß an Aktivität oder einen spezifischen Familiaritätsindex. Gemäß der Signal-Entdeckungstheorie (s. z.B. Gillund & Shiffrin, 1984; Green & Swets, 1966; Snodgrass & Corwin, 1988; Tack, 1983) kann ein Signal dabei sowohl ein einzelner Reiz als auch der Unterschied zwischen zwei Reizen sein, ein bestimmter Wert einer festgelegten Reizqualität oder sonst irgend etwas, was bei einer Darbietung entweder vorliegt oder fehlt und für dessen Erkennen eine bestimmte Reaktion vereinbart ist. Im Paradigma der einfachen Wahl-Reaktionsaufgabe wird einer Versuchsperson z.B. eine Reihe von Stimuli präsentiert, die sie sich einprägen soll. In einem zweiten Schritt wird diese Reihe von bekannten Reizen mit Distraktoren (unbekannten Reizen) aufgefüllt. Die Aufgabe besteht nun darin, zu entscheiden, ob die Stimuli bekannt sind oder nicht (s. auch Sternberg-Aufgabe, Abb. 3.7).

Bei jedem Einzelversuch der Versuchsperson liegt das fragliche Signal (der bekannte Stimulus) entweder vor (+) oder nicht (-). Die experimentelle Darbietung erfordert eine einfache Wahl-Reaktionsaufgabe, bei der bekannte Stimuli von neuen Stimuli unterschieden werden müssen. Die Versuchsperson kann also mit „ja" oder mit „nein" antworten. Man erhält somit vier mögliche Kombinationen:

- das richtige Erkennen des Signals (Treffer: Ja|+),
- das Nichterkennen des Signals (Fehler: Nein|+),
- das falsche Erkennen eines neuen Stimulus (falscher Alarm: Ja|-) und
- das richtige Zurückweisen eines neuen Stimulus (korrekte Zurückweisung: Nein|-).

Im Gegensatz zu den oben im Zusammenhang mit der Sternberg-Aufgabe beschriebenen Annahmen wird nun zusätzlich postuliert, daß eine richtige oder eine falsche Reaktion auch davon abhängt, wie gut erkennbar ein Signal ist. Man hatte nämlich festgestellt, daß schon geringfügige Veränderungen des Experiments, wie z.B. die Wahrscheinlichkeit des Auftretens der einzelnen Elemente in der Ausgangsmenge auch die Ergebnisse beeinflußten. Insofern schien Sternbergs (1966) Methode nicht die erwartete Darstellung von Grundoperationen des menschlichen Gedächtnisses zu sein, sondern einfach eine elegante Beschreibung eines bestimmten Experiments (s. auch Gardner, 1992).

Die Entscheidung für eine richtige oder falsche Reaktion kann besser verstanden werden, wenn man Signal und Nicht-Signal als Zufallsvariable auffaßt und die motivationalen Zustände der Versuchsperson berücksichtigt. Man nimmt an, daß eine Versuchsperson, wenn sie entscheiden muß, ob innerhalb eines bestimmten Zeitintervalls ein Signal (Reiz) dargeboten wurde, eine Signalintensität wahrnimmt, deren Stärke jedoch zufällig schwankt (Irtel, 1996). Obwohl vorausgesetzt wird, daß bei einem Signal mehr neuronale Aktivität bzw. eine höhere Familiarität vorliegt als bei einem Nicht-Signal, die Signal-Verteilung somit einen höheren Mittelwert bzw. Erwartungswert besitzt als die Nicht-Signal-Verteilung, überlappen sich deren Wahrscheinlichkeits- und Wahrscheinlichkeitsdichtefunktionen (Wickens, 1992, S. 27 f.). Dadurch kann es zu Fehlern wie dem Nichterkennen des Signals und dem falschen Alarm kommen (s. auch Abb. 3.9). Die Wahrscheinlichkeiten für Treffer und Fehler sowie für korrekte Zurückweisung und falschen Alarm addieren sich dabei jeweils zu 1.

Wie entscheidet jedoch die Versuchsperson, ob der gesehene Stimulus ein Signal war oder nicht? Sie muß sich ein Kriterium setzen, das ihrer Meinung nach die beste Abschätzung dafür ermöglicht, daß ein vorliegender Wert eindeutig der Signal-Verteilung oder der Nicht-Signal-Verteilung zugeordnet werden kann. Ein solches Kriterium kann mit Hilfe einer Likelihood-Quotienten-Regel angegeben werden, die zu einem Trennwert c_x führt (s. Tack, 1983, S. 375 ff.). Wird dieser Trennwert in Abbildung 3.9 weiter nach links verschoben, so steigt die Anzahl der Treffer, aber auch die Rate für falschen Alarm. Eine Verschiebung des kritischen Wertes nach rechts, läßt dagegen die Trefferrate sowie die Rate für falschen Alarm sinken. Die Lage des Trennwertes zwischen den Verteilungen ist jedoch auch abhängig vom Entscheidungsprinzip, von der subjektiven Bewertung der verschiedenen Möglichkeiten richtiger und falscher Antworten und von den Wahrscheinlichkeiten für Signal und Nicht-Signal.

So können die Wahrscheinlichkeits- und Wahrscheinlichkeitsdichtefunktionen für Signal und für Nicht-Signal auch sehr viel näher zusammen liegen als es in Abbildung 3.9 der Fall ist. Dann ist die Diskriminationsmöglichkeit (*d'*), die sich aus der Differenz der Mittelwerte beider Verteilungen geteilt durch die Varianz ergibt, gegenüber der in der Abbildung vermindert. Ebenso ist es möglich, daß beim gleichen Signal und bei gleicher Erkennbarkeit verschiedene Reaktionswahrscheinlichkeiten resultieren (s. auch Green & Swets, 1966; Ratcliff, 1978; Snodgrass & Corwin, 1988; Tack, 1983).

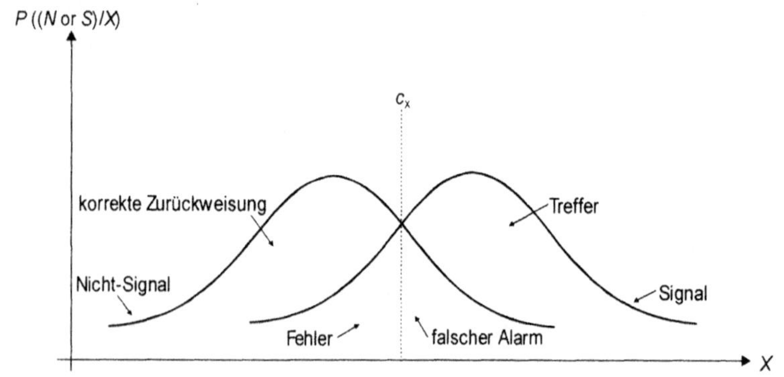

Abb. 3.9 Hypothetische Verteilungen für Signal und Nicht-Signal (nach Wickens, 1992, S. 28).

Nimmt man alle möglichen Trennwerte für eine Signal-Nicht-Signal-Verteilung zusammen, so erhält man eine Receiver-Operating-Characteristic-Function (ROC). Diese ROC ist ein Maß für die gestellte Aufgabe zum Informationsabruf, mit der auch die Vergleichbarkeit von Aufgaben kontrolliert werden kann. Insofern kann sie wie die Trefferraten und die Raten für falschen Alarm im Sinne von Bredenkamp und Erdfelder (1996) auch als Kontrolle der Reaktionszeiten eingesetzt werden (s. auch Abschnitt 3.2.1, s. auch Exkurs: Reaktionszeiten und die Erfassung von Abrufprozessen).

Informationsabruf: b) Positionseffekte

Regelmäßige Sequenzen von Ereignissen zu erkennen, zu speichern und zu produzieren ist ein Grundmerkmal menschlicher Fähigkeiten (s. auch Abschnitt 3.1.1). So illustriert das verbale System des Menschen vielleicht am anschaulichsten die Fähigkeit des Nervensystems, Sequenzen zu verarbeiten. Schon auf der Phonem- und Wortebenen wird linearisiert, d.h. der sprachliche Input wird in eine geordnete Reihenfolge gebracht (Dell, Burger & Svec, 1997; Herrmann & Grabowski, 1994). Doch auch bei der Übermittlung von Information über Objekte, Ereignisse oder Sachverhalte müssen die zur Verbalisierung anstehenden Wissenskomponenten in eine Reihenfolge gebracht werden. Einige Beispiele dafür sind: Fußballreportagen, Zeugenaussagen, Wegauskünfte, Märchen und Kochrezepte (Hermann & Grabowski, 1994; Herrmann & Schweizer, 1998, S. 155). Serielle Ordnungen finden sich in vielen Bereichen des menschlichen Wissens. Ein Phänomen, das im Zusammenhang mit dem Lernen von Sequenzen auftritt, ist der serielle Positionseffekt.

Als seriellen Positionseffekt bezeichnet man folgendes: Präsentiert man Versuchspersonen eine Liste mit vorzugsweise verbalem Material und bittet sie, dieses Material genau in der Reihenfolge wiederzugeben, wie es dargeboten wurde, so werden zu Beginn und am Ende der Liste weniger Fehler gemacht als in der Mitte der Liste. Der Effekt wurde schon in Abschnitt 3.1.1 geschildert. Er soll nun unter spezifischen Abrufbedingungen erläutert werden (s. auch Abb. 3.10).

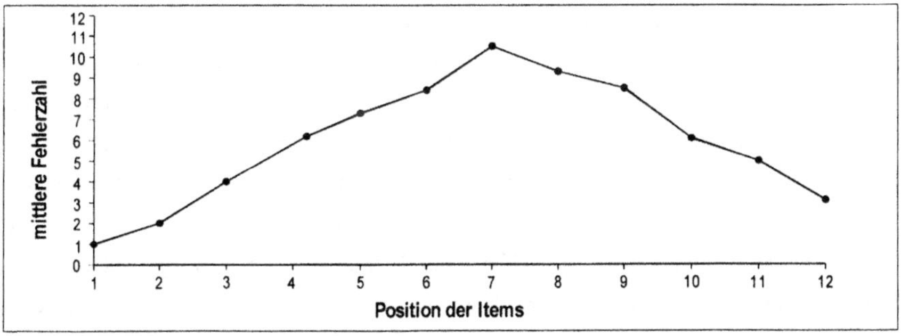

Abb. 3.10 Mittlere Fehlerzahl in Relation zur Position eines Items beim seriellen Lernen (nach Kluwe, 1990, S. 119).

Die in Abbildung 3.10 dargestellte serielle Positionskurve ist nach Kluwe (1990, S. 118 ff.) relativ invariant gegenüber verschiedenen Bedingungsvariationen. Eine Erklärung des Phänomens ist möglicherweise, daß die Versuchspersonen die Items einer Liste von beiden Enden her lernen. Als Folge einer immer schwieriger werdenden Diskrimination von Reizen zur Mitte hin, kommen die beobachteten Fehler zustande. Versuchspersonen lernen also nicht nur die Sequenz der Items, sondern auch ihre Position auf der Liste. (Diese Ansicht unterstützen im übrigen auch die in Abschnitt 3.1.2 geschilderten Experimente zur automatischen Enkodierung von Positionswissen und Farbe von Schulman, 1973, Salthouse, 1974 oder Park & Mason, 1982.)

Dafür sprechen auch Untersuchungen, die im Zusammenhang mit der Systematik von Nachbarschaftsbeziehungen durchgeführt wurden. Schon früh stellten Miller und Selfridge (1950) fest, daß die Behaltensleistung für nacheinander dargebotene Wörter in dem Maße stieg, in dem sich die Vorhersagbarkeit dieser Wörter erhöhte. Dazu stellten sie eine Reihe von Wörtern zusammen, die entsprechend ihrer Auftretenshäufigkeit gewählt wurden. Hoffmann (1996, S. 237) gibt ein ins Deutsche übersetztes Beispiel: „bei selbst befohlen fremd kleiner drei halbes die in musikalische die und rasch." Eine weitere Reihe wurde gebildet, indem statt Einzelwörter Wortpaare verwendet wurden, d.h. es wurden Wortpaare entsprechend ihrer Auftretenshäufigkeit gewählt. Dadurch entstehen Folgen wie: „jahrhundert aufgestellt wir über alle nur den Begriff in beliebiger form der menschlichen hand". Weitere Variationen des Materials entstanden durch das Verwenden von am häufigsten auftretenden Dreier-, Vierer- und Fünfergruppen. Diese Veränderung der Wortfolgen bewirkt, daß sie sich allmählich der natürlichen Sprache annähern. Bei der Darbietung der Wortpaare ist die Übergangswahrscheinlichkeit vom ersten zum zweiten Wort mehr als zufällig. Bei der Darbietung von Dreier-, Vierer- und Fünfergruppen innerhalb der Wortfolgen, lassen sich für mehr als das folgende Wort überzufällig hohe Übergangswahrscheinlichkeiten bestimmen. Die Leistung der Versuchspersonen entsprach diesen Überlegungen: Sie merkten sich um so mehr der dargebotenen Wörter, je genauer die Wahrscheinlichkeiten ihrer Aufeinanderfolge der natürlichen Sprache entsprechen (Hoffmann, 1996). Es wirken also nicht nur Nachbarschaftsbeziehungen (Übergangswahrscheinlichkeiten erster Ordnung) auf den Abruf von Information. Offensichtlich werden auch Relationen zwischen anderen als benachbarten Elementen berücksichtigt (s. dazu auch Ebbinghaus, 1985). Hoffmann (1996) nimmt an, daß zunächst lokale Nachbarn zusammengefaßt werden, bevor entferntere Teile einer Folge durch globale Beziehungen integriert werden. Eine solche hierarchische Organisation von zu lernendem Material scheint jedoch vor allem bei langen Listen zu erfolgen (Anderson, 1996).

Daß Elemente einer Liste besser behalten werden, wenn sie am Anfang oder am Ende stehen, ist hinlänglich bekannt. Oft behält man jedoch den Endpunkt einer Liste, besonders wenn es sich um kurze Behaltensintervalle handelt, deutlicher in Erinnerung als den Anfangspunkt. Der Anfangspunkt muß bis zum Beginn des Informationsabrufs viel länger behalten werden als der Endpunkt. Die Gedächtnisspur ist in stärkerem Maße verblaßt – oder sogar durch nachfolgende Informationen gehemmt. So wird der besser verfügbare Endpunkt einer Liste zum Ausgangspunkt. Dieser Effekt kann so auch in Experimenten beobachtet werden. Es handelt sich dabei um den Recency-Effekt (Deese & Kaufman, 1957; Kluwe, 1990).

Bereits 1960 konnte Murdock zeigen, daß Versuchspersonen, Wörter am Anfang und am Ende einer Liste besser reproduzieren als in der Mitte der Liste (Murdock, 1960). Er zeigte jedoch auch, daß Unterschiede zwischen dem Anfang und dem Ende der Liste bestehen. Die Wahrscheinlichkeit, daß Items von Ende der Liste erinnert werden (Recency-Effekt) ist ausgeprägter als die Wahrscheinlichkeit, daß Items vom Anfang der Liste erinnert werden (Primacy-Effekt). Der Recency-Effekt ist zudem unabhängig von der Listenlänge und der Dauer der Reizdarbietung, während bei extrem langen Listen und kürzeren Reizdarbietungen der Primacy-Effekt abnimmt.

Diese Überlegenheit des Recency- gegenüber dem Primacy-Effekt tritt jedoch nur auf, wenn es Versuchspersonen freigestellt wird, in welcher Reihenfolge sie das gelernte Material wiedergeben (freies Reproduzieren). Dagegen findet man eine starke Überlegenheit der Anfangsverankerung in sog. Cued-Recall-Aufgaben, d.h. wenn Versuchspersonen auf einen Reiz hin den nachfolgenden oder vorhergehenden Reiz einer Reihe von Ziffern, Buchstaben oder Wörtern nennen sollen (z.B. Murdock, 1968; Sternberg, 1969; vgl. auch Anderson, 1996, S. 125 ff.).

Nach den bisher dargestellten Ergebnissen zum Abruf von sequentiell strukturierter Information ist die von der Versuchsperson geforderte Aufgabe mit verantwortlich dafür, welche Leistung erbracht wird. Engelkamp (1995; 1997) nimmt in diesem Zusammenhang an, daß in Abhängigkeit von der Art des Abruftests unterschiedliche Information zum Einsatz kommt. Obwohl beim Lernen sowohl itemspezifische als auch relationale Information (z.B. Positionswissen oder Farbe) enkodiert wird, werden dem Autor zufolge beim freien Reproduzieren zwar beide Informationsarten genutzt, beim Wiedererkennen dagegen wird nur itemspezifische Information abgerufen (s. auch Katz, 2000).

Informationsabruf: c) Priming-Effekte

Sowohl bei der Wiedererkennung von Items als auch beim Abruf verwandter Reize zu einem gegebenen Reiz gibt es einen sehr generellen Mechanismus. Seit den frühen 70er Jahren stellte man fest, daß es in vielen verschiedenen Kontexten zu Erleichterungseffekten beim Abruf von Gedächtnisinhalten kommt. Es findet das sog. Priming statt. Damit bezeichnet man das Vorwärmen einer Gedächtnisspur bzw. das zur Verfügungstellen eines Gedächtnisinhaltes aufgrund einer Voraktivierung. McNamara (1992a) nennt beispielhaft lexikalische Entscheidungsaufgaben (Meyer & Schvaneveldt, 1971), Kategorisierungsaufgaben (Rips, Shoben & Smith, 1973), einfache Benennungs- oder Wiedererkennungsaufgaben (De Groot, 1985; Ratcliff & McKoon, 1978) oder aber Aufgaben im Zusammenhang mit räumlichem Wissen (McNamara, Altarriba, Bendele, Johnson & Clayton, 1989). Diese Ubiquität von Priming-

Effekten deutet darauf hin, daß es sich um einen weit verbreiteten Mechanismus des Informationsabrufs handelt.

Exkurs: Das Messen von Priming-Effekten

Wie bereits dargestellt, werden Untersuchungen zum Abruf von Gedächtnisinhalten und somit auch im sog. Priming-Paradigma i.d.R. mit zwei unterschiedlichen abhängigen Variablen durchgeführt: Fehlern und Reaktionslatenzen. Die geschilderten Probleme bei der Erfassung von Reaktionszeiten gelten folglich auch für Priming-Untersuchungen. Bei Priming-Untersuchungen betrachtet man die Reaktionslatenz auf Stimuluspaare, die in einer spezifischen Relation zueinander stehen. Dabei wird der erste Stimulus, der Vorwärmreiz – oder kurz das Prime – meist nur sehr kurzfristig dargeboten. Es folgt eine kurze Pause, das Interstimulusintervall (ISI), danach die Darbietung des zweiten Stimulus, des Zielreizes (Targets). Die Zeit von der Darbietung des Primes bis zur Darbietung des Targets wird SOA genannt (Stimulus-Onset-Asynchrony). Die Entscheidung der Versuchsperson bezieht sich auf das Target. In diesem Zusammenhang kann z.B. gefragt werden, ob es sich um ein Wort der deutschen Sprache handelt (Worterkennungs- bzw. Lexical-Decision-Priming), ob der Stimulus in einer zuvor gelernten Liste enthalten war (Wiedererkennungs- bzw. Recognition-Priming) o.ä. Oft dient das Target nach der Entscheidung der Versuchsperson wiederum als Prime für ein darauffolgendes weiteres Target-Item (listenweises Priming). Es können jedoch auch Abfolgen von Prime-Target-Paaren (paarweises Priming) dargeboten werden, die dann noch einmal durch eine weitere Pause, das Interitem-Intervall voneinander getrennt sind.

Eine weitere Variante ist das sog. Wiederholungs-Priming (Repetition-Priming). Bei dieser Methode werden der Versuchsperson während einer Lernphase gleichzeitig Paare von Stimuli gezeigt, die auf einer bestimmten Dimension zu beurteilen sind. Während einer Testphase werden die Paare dann in der gleichen oder in einer veränderten Zusammensetzung dargeboten. Das Priming besteht nun darin, daß die Beurteilung der Paare in der Testphase schneller erfolgt als in der Lernphase (z.B. Bost, 1998; Dean & Young, 1996).

Die Relation zwischen Prime und Target kann unterschiedlich sein. Prime und Target können eine semantische oder figurale Ähnlichkeit aufweisen, oder sie können auf einer Strecke nah oder weit entfernt gewesen sein. Solcherart relatierte Prime-Target-Paare werden mit nicht relatierten Paaren bzw. mit Reaktionslatenzen auf einzelne nicht in das experimentelle Setting gehörende Stimuli (Distraktoren) verglichen. Die bei Prime-Target-Paaren evozierte verkürzte Reaktionszeit gibt dann Auskunft darüber, ob eine Aktivation stattgefunden hat. Dabei lassen sich unterschiedliche Maße berechnen: der Priming-Effekt (die Zeitersparnis bei relatierten gegenüber unrelatierten Targets), auch Erleichterungseffekt genannt bzw. im entgegengesetzten Fall als Hemmungseffekt bezeichnet (z.B. Neely, 1991) oder der Gesamt-Priming-Effekt (Differenz zwischen auf verschiedenen Dimensionen relatierten Prime-Target-Paaren).

Die erste Bezugnahme auf das Wort „Priming“ erfolgte durch Lashley (1951). In seinem Vortrag „Das Problem der seriellen Ordnung im Verhalten“, erörterte er, daß einfache Assoziationsketten zwischen Reiz und Reaktion keinesfalls in der Lage seien, so komplexe Vorgänge wie das Sprechen zu erklären. Als ein Argument dafür nannte er Versprecher, die sich häufig bereits auf Worte beziehen, die in der Sequenz erst viel später erscheinen. Er war der Ansicht, daß zumindest Teile des später benötigten Wortes bereits aktiviert sein müßten und sah Priming in diesem Zusammenhang als intentionalen Prozeß an. Die ersten Untersuchungen, die die Erleichterung des Abrufs bestimmter Stimuli nach vorheriger Darbietung relatierter Stimuli variierten, wurden von Beller (1971), Meyer und Schvaneveldt (1971) sowie Posner und Mitchell (1967) durchgeführt.

Um Vorhersagen über die Wirkung von Primes und das Geschehen bei Priming-Prozessen treffen zu können, werden seit Mitte der 80er Jahre hauptsächlich drei unterschiedliche Theorienansätze, die am Verarbeitungsprozeß ansetzen, diskutiert: die Spreading-Activation-Theorie, das erwartungsbasierte Priming und die damit in Zusammenhang stehenden Compound-Cue-Theorien sowie die post-lexikalische Bedeutungsintegration – kurz: semantischer Vergleich (s. auch Chwilla, Hagoort & Brown, 1998; Neely, 1991; Neely & Keefe, 1989). Sie gehen auf unterschiedliche Auffassungen der Modellierung von Wissen zurück, die in Abschnitt 3.1.2 bereits geschildert wurden, nehmen jedoch ein einheitliches Gedächtnissystem an. So werden in Spreading-Activation-Theorien i.d.R. netzbasierte Repräsentationen (ursprünglich lokale Netze) postuliert, während Priming-Mechanismen, die sich auf Compound-Cue-Theorien stützen (z.B. Ratcliff & McKoon, 1988), z.B. oft das SAM-Modell (Gillund & Shiffrin, 1984) zugrunde legen.[23]

Weitere Theorien zum Zustandekommen von Priming-Effekten entstanden im Zusammenhang mit dem oben geschilderten Wiederholungs-Priming. (Da das in dieser Arbeit gewählte Vorgehen nicht dem Vorgehen beim Wiederholungs-Priming entspricht, erfolgt hier nur eine kurze Darstellung der Methode.) Wiederholungs-Priming wird als ein Nebenprodukt der frühen visuellen und auditiven Informationsverarbeitung angesehen. Daher vermutet man, daß es einen Anteil des Gedächtnisses widerspiegelt, der unabhängig vom deklarativen oder expliziten Gedächtnis ist, und postuliert ein separates Gedächtnissystem, das implizite Gedächtnis (z.B. Marsolek, Kosslyn & Squire, 1992; Squire & Kandel, 1999; Tulving & Schacter, 1990; s. auch Exkurs: Aufmerksamkeit und die Automatisiertheit von Wissen). Eine andere Annahme zum Wiederholungs-Priming ist, daß es eine Konsequenz der Verarbeitung ähnlicher Aufgaben – z.B. im Sinne einer Voreinstellung – ist (s. z.B. Neely, 1989; Rouder et al., 2000). Eine Modellierung dieses Prozesses gelang mit Hilfe eines Netzwerkes zur Objekterkennung, indem über einen Entscheidungsknoten die jeweilige Voreinstellung hinzugefügt wurde (Rouder et al., 2000).

Spreading-Activation-Theorien

Wie bereits dargestellt, nehmen seit Mitte der 70er Jahre viele Forscher an, daß die Repräsentation von Informationen in Form von Netzen oder Netzwerken konzeptualisiert werden kann (s. Collins & Loftus, 1975; Rumelhart et al., 1972). In einem solchen Netz werden einzelne

[23] Dies bedeutet aber nicht, daß Compound-Cue-Theorien nicht auch mit Aktivationsausbreitung im Gedächtnis kombiniert werden könnten (McNamara, 1994a).

Informationseinheiten als Knoten abgebildet, die Relationen zwischen den Informationseinheiten als Kanten (Verbindungen). Information wird abgerufen, indem der entsprechende Knoten aktiviert wird. So lange, wie diese Informationseinheit, die durch den Knoten repräsentiert ist, bearbeitet wird, so lange dient der Knoten auch als Quelle der Aktivation. Priming wird in solchen Fällen oft als Folge einer allgemeinen Aktivierung aufgefaßt, die entsteht, wenn Gedächtnisinhalte abgerufen werden. Durch die Verbindungen zwischen den Knoten wird diese Aktivation zu anderen miteinander verbundenen Knoten weitergeleitet. Dieser Prozeß der Aktivationsausbreitung hat alle Charakteristiken eines automatisierten Prozesses. Er ist schnell, dauert nur kurz an, er erfordert keine Aufmerksamkeit und nur minimale Ressourcen (Posner & Snyder, 1975; Shiffrin & Schneider, 1977). Er unterliegt aber auch Einschränkungen: Mit der Distanz zwischen den Knoten und der Dauer des Prozesses nimmt die Aktivation, die weitergegeben werden kann, ab.

Eine weitere Einschränkung der Informationsverarbeitung ist, daß nur ein Konzept zu einem Zeitpunkt aktiv verarbeitet werden kann. Nimmt man an, daß solche Netze vorliegen, bedeutet das, daß die Aktivation eines Elements, das als Prime dargeboten wird, über solche Kanten eine (je nach Distanz und Dauer variierende) Aktivation anderer Elemente bewirkt. Die Aktivation in anderen Knoten summiert sich auf und führt somit dazu, daß ein nachfolgender Abruf genau dieser Informationseinheit, in der sich schon Aktivation angesammelt hat, erleichtert wird.

McNamara (1992a) weist darauf hin, daß diese Theorie zumindest in zwei Punkten relativiert werden muß: Erstens findet die Aktivationsausbreitung so schnell statt, daß sie nach Experimenten von Ratcliff und McKoon (1981) nur schwer als Aktivation, die sich von einem Knoten zum anderen ausbreitet erklärt werden kann. Zweitens findet auch der Zerfall von Aktivation sehr schnell statt, zum Teil schon innerhalb einer Zeitspanne von 500 Millisekunden (Ratcliff & McKoon, 1988). Er sieht daher die Aktivationsausbreitungstheorie nach Andersons (1983a, b) ACT*-Modell als die vielversprechendere an. Die Architektur des Netzes unterscheidet sich in den hier relevanten Punkten nicht wesentlich von der eben beschriebenen (s. auch Abschnitt 3.1.2). Es gibt Knoten und Verbindungen zwischen ihnen, das Abrufen von Informationen bewirkt, daß ein Knoten aktiviert wird und die Aktivation sich ausbreitet. Allerdings breitet sie sich hier extrem schnell aus, und sie ist abhängig davon, ob der Information, die repräsentiert wird, Aufmerksamkeit gewidmet wird oder nicht. Wird die Aufmerksamkeit verlagert, so zerfällt die Aktivation des Knotens relativ schnell. Die Aktivation nimmt aber auch mit der Distanz ab und zwar in exponentieller Weise. Im Unterschied zu dem oben beschriebenen Modell können mehrere Informationseinheiten simultan bearbeitet werden, also auch aktiviert sein und der Priming-Effekt resultiert daraus, daß das Prime noch immer aktiviert ist, wenn das Target erscheint. Die Formel für die Berechnung der Aktivationsstärke nach dem ACT* Modell lautet: (Anderson, 1983b, S. 264 f.):

$$a_y = \sum_x f_{xy} a_x + c_y, \qquad \text{(Gl. 3.1)}$$

mit a_y als die Aktivationshöhe, die sich aus der Summe der gewichteten Aktivation aller Knoten x bis y plus der Stärke c von Knoten y (z.B. bei Selbstexzitation) ergibt. Die Gewichtungsfunktion (f_{xy}) stellt die Aktivationsabnahme (l) durch die Stärke der Verbindungen zwischen den einzelnen Knoten dar. Anderson (1983b) schlägt auch vor, wie die mittlere Reaktionszeit für erfolgreiche Abrufprozesse aussehen sollte:

$$RT = I + \frac{1}{A} - Ke^{-\frac{KA}{(1-e^{-KA})}}. \qquad \text{(Gl. 3.2)}$$

Hierbei bezeichnet der Parameter I eine Art allgemeine Reaktionslatenz, die um einen Betrag erhöht wird, der sich direkt aus der Aktivationsstärke (A) berechnet, wobei sowohl obere Grenzen für die Reaktionszeit (K) als auch die Wahrscheinlichkeit für einen erfolgreichen Abruf diesen Betrag relativieren.

Die Modelle machen unterschiedliche Vorhersagen bzgl. der Priming-Prozesse: Während das Target im ersten Modell Aktivation angesammelt haben kann, und das Prime nicht mehr aktiv bearbeitet werden muß, um einen Erleichterungseffekt zu erzeugen, müssen im ACT*-Modell beide, Prime und Target, bearbeitet werden.[24] Genaue Vorhersagen nach Spreading-Activation-Theorien hängen jedoch auch eng damit zusammen wie die Aktivierungsfunktion selbst konzipiert wird. Dies soll in Abschnitt 3.2.3 dargelegt werden.

Post-lexikalische Bedeutungsintegration und Compound-Cue-Theorien

Schon 1991 schloß Neely aus, daß das ganze Spektrum von Priming-Effekten durch einen einzelnen Mechanismus erklärt werden könne (Neely, 1991). Dies gilt insbesondere für eine Reihe von Effekten, die im Zusammenhang mit Benennungs- und lexikalischen Entscheidungsaufgaben auftreten. Er nimmt mindestens zwei weitere Mechanismen an: das schon erwähnte erwartungsbasierte Priming und die post-lexikalische Bedeutungsintegration (s. auch De Groot, 1985). Letztere beruht auf der Annahme, daß Prime und Target in lexikalischen Entscheidungsaufgaben bzgl. ihrer semantischen Ähnlichkeit post-lexikalisch miteinander verglichen werden (Semantic Matching). Das Vorhanden- oder Nicht-Vorhandensein einer semantischen Ähnlichkeit ermöglicht es, den lexikalischen Status eines Zielwortes (des Targets) zu beurteilen. Da semantische Ähnlichkeit nur bei Wörtern auftreten kann, führt das

---

[24] Weitere Varianten entstehen, wen man annimmt, daß es eine begrenzte Menge an Aktivation gibt oder daß Aktivierungszustände an Einzelelemente eines Vektors gekoppelt sind (s. dazu auch Masson 1995; Rothermund & Wentura, 1998).

Vorhandensein einer solchen Relation zwischen Prime und Target zur Antworttendenz „Wort“. Die Abwesenheit einer solchen Relation führt demgemäß zur Antworttendenz „Nicht-Wort“. Dieser Mechanismus ist besonders dann von Vorteil, wenn Wort- und Nicht-Wort-Items nicht gleichverteilt sind (s. auch oben, die Ausführungen zur Signal-Entdeckung). Strittig ist allerdings, ob dieser semantische Vergleichsprozeß relativ schnell und automatisiert verläuft oder ob er extrem viel Zeit in Anspruch nimmt, so daß die Zeitspanne ab der Darbietung des Primes bis zur Darbietung des Targets (SOA) sehr groß ausfallen muß (s. dazu Neely, 1991; De Groot, 1985).

Compound-Cue-basierte Priming-Theorien zählen im weitesten Sinne zu den Mechanismen, die Neely (1991) erwartungsbasiertes Priming nennt. Dabei wird angenommen, daß das Target zusammen mit dem Kontext (zu dem auch das Prime zählt), in dem es dargeboten und mit dem es sich im KZG verbindet, analysiert wird (s. auch Ratcliff & McKoon, 1994). Es wird eine sog. Erwartungsmenge für relatierte Targets gebildet. Um diese Ansicht nachvollziehbar zu machen, soll zunächst geschildert werden, wie man sich bei diesen Theorien den Abruf von Information im Gedächtnis generell vorstellt (s. auch Abschnitt 3.1.2).

Dazu können zwei leicht voneinander abweichende Theorievarianten angeführt werden (s. auch McNamara, 1992a): In der SAM-Theorie von Gillund und Shiffrin (1984) wird das Gedächtnis als eine Matrix von Assoziationen zwischen Reizen und Gedächtnisspuren konzipiert. Beim Abruf von Information werden Reize in eine Art aktivierte Untersuchungsmenge zusammengenommen, die dann über globale, passive Prozesse mit allen im LZG gespeicherten Reizen verglichen wird. Durch die multiplikative Anwendung von Kombinationsregeln resultiert ein Wert, der die Assoziation dieser Einheit mit allen Einheiten des LZG widerspiegelt. Dies ist der sog. Familiaritätsindex. Reaktionszeiten werden mit Hilfe folgender Annahmen vorhergesagt: Ist die Assoziation stark, kann eine schnelle positive Antwort gegeben werden; ist sie schwach, resultiert eine schnelle negative Antwort; im mittleren Bereich dauern die Antworten länger, und es werden mehr Fehler gemacht (s. auch Ratcliff & McKoon, 1988). Der Priming-Effekt, bei dem die Einheit, die aus Target und Kontext gebildet wird, mit den Reizen im LZG verglichen wird, ist dann stärker, wenn Prime und Target assoziiert sind, als wenn sie es nicht sind, denn dann ist auch der Familiaritätsindex höher. Exakt ausgedrückt wird der Wert der Familiarität (*F*) beim Priming durch folgende Formel:

$$F(i,j) = \sum_k S_{ck} S_{ik}{}^{w_p} S_{jk}{}^{1-w_p}, \qquad \text{(GL. 3.3)}$$

dabei steht *S* für die Assoziationsstärke, *i* für das Prime, *j* für das Target, *k* für alle Information im Gedächtnis, *c* ist der Kontext-Cue und w_p ist das Gewicht für das Target, das zwischen Null und Eins variiert (Ratcliff & McKoon, 1988, S. 388).

Um die aus dem Familiaritätsindex resultierende Reaktionszeit einer Entscheidung zu berechnen, legen die Autoren einen Diffusionsprozeß zugrunde, der im Grunde als kontinuierliche Version eines zeitabhängigen Zufallsprozesses aufgefaßt werden kann. Die Variable ist dabei der kontinuierlich variierende Familiaritätsindex. Die Funktion variiert jedoch nicht zwischen Null und Eins, sondern zwischen zwei Grenzwerten, dem Grenzwert für Treffer und dem Grenzwert für korrekte Zurückweisungen. Die Reaktionszeit ergibt sich nun aus der Tendenz dieses Diffusionsprozesses (Drift), der den mittleren Abstand zwischen Grenzwert und Startwert pro Zeiteinheit darstellt (Ratcliff, 1978, S. 63 ff.). Wie in der Signal-Entdeckungstheorie werden die Wahrscheinlichkeitsdichtefunktionen für Signal und Nicht-Signal als überlappend angesehen, so daß ein Kriterium festgelegt werden muß, das bestimmt, wann ein Signal als Treffer angesehen wird und wann nicht. Sowohl dieses Kriterium als auch die Grenzwerte werden von der Versuchsperson bestimmt.

Um die Familiarität eines Targets mit dem Kontext (zu dem auch das Prime gehört) auf die Tendenz des Diffusionsprozesses abzubilden, muß diese abschließend transformiert werden. Welche Art von Transformation dabei angewendet werden muß, lassen Ratcliff und McKoon (1981) offen.

Eine weitere, leicht abweichende Theorie des Abrufes von Gedächtnisinhalten beschreibt z.B. Murdock (1982). Er nimmt in seiner Theorie des verteilten assoziativen Gedächtnisses (TODAM: Theory of Distributed Associatve Memory) an, daß Information, die abgerufen wird, als Merkmalsvektor repräsentiert wird. Das Gedächtnis ist dann einfach die gesamte Menge dieser Merkmalsvektoren. Assoziationen werden durch Faltungsoperationen dargestellt, die Familiarität ist dann das innere Produkt der Untersuchungsmenge und des Merkmalsvektors aus dem Gedächtnis. Der resultierende Skalar spiegelt einerseits die Familiarität wieder und andererseits Reaktionszeiten und Fehler der Antworten. Assoziationen zwischen Items eines Compound-Cues erhöhen die Familiarität und führen somit zu Priming-Effekten.

3.2.3 Widersprüchliche Befunde: Zeitverläufe von Priming-Prozessen und andere Einflußfaktoren

Unabhängig davon, ob nun eine Spreading-Activation-Theorie oder eine Compound-Cue-Theorie zur Erklärung des Priming-Mechanismus herangezogen wird, kann die Reaktionszeit und somit auch die Größe eines Priming-Effekts nicht direkt angegeben werden. Die Ansätze operationalisieren die Zeit über die Aktivationshöhe bzw. die Familiarität. Im Falle der Spreading-Activation-Theorien muß eine Transformationsregel für Gleichung 3.1 angegeben werden, die mitteilt, in welchen Zeitschritten die Aktivation weitergegeben oder aufsummiert wird und wieviel Aktivation ausreicht, um eine Reaktion (z.B. das Wiedererkennen von Bildern oder das Erkennen, daß es sich um ein Wort der deutschen Sprache handelt) auszulösen. Obwohl Anderson (1983b) mit Gleichung 3.2 bereits angeführt hat, wie die Reaktionszeit und die Aktivationshöhe zusammenhängen könnten, ist in dieser Gleichung die Zeit (t) nicht explizit enthalten. Es ist nicht klar, wie aus Gleichung 3.1, aus der eine Aktivationsbetrag (a) resultiert, eine zeitabhängige Aktivation (A) entstehen soll.

Für Erklärungen des Compound-Cue-basierten Primings wurde Gleichung 3.3 angeführt (s. oben). Wie bereits dargestellt, muß auch diese Gleichung transformiert werden, denn sie läßt ebenfalls offen, in welchen Zeitschritten eine Entscheidung erfolgt. In zugehörigen Untersuchungen werden i.d.R. nur Werte für die Familiarität bei unterschiedlichen Relationen zwischen Prime und Target angegeben. Ein Grund dafür ist, daß Zeitverläufe in Compound-Cue-basierten Priming-Theorien nur eine untergeordnete Rolle spielen. Vertreter dieser Theorien argumentieren vielmehr, daß die Vorhersage unterschiedlicher Zeitverläufe beim Priming, die sich aus den Spreading-Activation-Theorien ableiten läßt, empirisch nicht haltbar ist (Ratcliff & McKoon, 1981). Um dies zu zeigen, geben Ratcliff und McKoon (1981, S. 456 ff.) einige Beispiele dafür, wie der Zeitverlauf eines Aktivierungsprozesses in Spreading-Activation-Theorien aussehen kann. Sie formulieren z.B. diskrete Funktionen mit exponentieller Verteilungsfunktion sowie eine kontinuierliche Lösung, wie sie etwa in einem Strömungsmodell vorkommen könnte.

Verwendet man eine diskrete Aktivierungsfunktion mit exponentieller Verteilung, so ist die Aktivation eines Knotens davon abhängig, daß der benachbarte Knoten aktiviert wurde und daß diese Aktivation über eine Verbindung zwischen diesen weitergegeben wurde. Die Funktionsgleichung der Verteilungsfunktion der Aktivation lautet dann:

$$F(t) = 1 - \sum_{i=0}^{n-1} \frac{(t/\tau)^i e^{-(t/\tau)}}{i!} . \qquad \text{(Gl. 3.4)}$$

Dabei gibt i die Zahl der Verbindungen an, die zwischen Prime und Target (also zwischen den entsprechenden Knoten) liegen, τ bezeichnet eine konstante Zeit für die Ausbreitung der Aktivation von einem Knoten zum anderen (s. oben). Ratcliff und McKoon (1981, S. 456) veranschlagen dafür 50 Millisekunden. Da die Verteilungsfunktion exponentiell[25] ist, nähert sie sich mit der Zeit der Asymptote 1 an. Die Funktion erlaubt es, Unterschiede für den Betrag der Aktivation bei Verbindungen mit wenigen und mit vielen dazwischenliegenden Knoten ebenso wie für verschiedene Zeitverläufe zu berechnen (s. unten). Eine solche Verteilung nimmt z.B. Anderson (1976) an.

[25] Aktivierungsfunktionen werden meist als exponentielle Funktionen formuliert. Somit entsprechen sie, wenn die Parameter günstig gewählt werden, der Gaußfunktion. Dadurch können bestimmte Verteilungsannahmen, die auch auf bekannte Verteilungen zutreffen, formuliert und geprüft werden.

Im Gegensatz dazu beschreiben z.B. McClelland (1979) oder auch McClelland und Rumelhart (1981) den Betrag der Aktivation in einem Knoten eher als eine kontinuierliche Variable, die von der Aktivation der sie umgebenden Nachbarn abhängt. Um dieser Tatsache Rechnung zu tragen, formulieren Ratcliff und McKoon (1981, S. 456) die zeitabhängige Aktivierungsfunktion als Differentialgleichung. Sie lautet dann:

$$\frac{da_i(t)}{dt} = \frac{1}{\tau}(a_{i-1}(t) - a_i(t)). \qquad \text{(Gl. 3.5a)}$$

Dabei stellt τ wiederum die Zeitkonstante für die Aktivationsausbreitung dar, und $a_i(t)$ ist die Aktivation des Knotens i zur Zeit t. Die Autoren zeigen, daß diese Gleichung nach einigen Umformungen auf folgende Form gebracht werden kann:

$$a_i(t) = 1 - \sum_{i=0}^{n-1} \frac{(t/\tau)^i e^{-t/\tau}}{i!}. \qquad \text{(Gl. 3.5b)}$$

Diese Formel hat nun erkennbar die gleiche Form wie Gleichung 3.4, was bedeutet, daß sowohl das diskrete als auch das kontinuierliche Modell bzgl. der Anzahl der benachbarten Knoten und bzgl. des Zeitverlaufs zu denselben Vorhersagen führt.

Ein Beispiel: Ein zentrales Merkmal von Spreading-Activation-Theorien ist, daß der Betrag an Aktivation, die sich über mehrere Knoten hinweg ausbreitet, abnimmt. Dieses Prinzip, so wurde postuliert, führe dazu, daß Priming-Effekte mit zunehmender (assoziativer) Distanz schwächer würden. Unter assoziativer Distanz versteht man in semantischen Kontexten die angenommene Anzahl von Knoten oder Verbindungen zwischen zwei Konzepten. Liest man z.B. einen kurzen Text aus einer Folge von einfachen Sätzen der Struktur Subjekt-Verb-Objekt, so weisen die einzelnen Wörter eine bestimmte assoziative Distanz auf. Dazu betrachte man folgende Satzfolge (Ratcliff & McKoon, 1981):

The scientist nudged the sheriff. (N_1 V N_2)
The sheriff stared at the spacecraft. (N_2 V N_3)
The spacecraft transported an alien. (N_3 V N_4)
The alien drew a weapon. (N_4 V N_5)
The weapon vaporized a mountain. (N_5 V N_6)

Die Bezeichnung N_i gibt dabei jeweils die Folge der vorkommenden Nomen an. V steht für Verb. Eine Repräsentation nach Andersons (1976) ACT-Modell zeigt Abbildung 3.11. Kurze assoziative Distanzen sind im Beispiel von Ratcliff und McKoon (1981) dadurch gekennzeichnet, daß sich drei Verbindungen zwischen den fraglichen Nomina befinden dürfen, in Abbildung 3.11 wären das z.B. N_5 und N_6. Bei langen Distanzen liegen neun Verbindungen zwischen den Knoten, was z.B. bei dem Paar N_2 und N_6 der Fall ist.

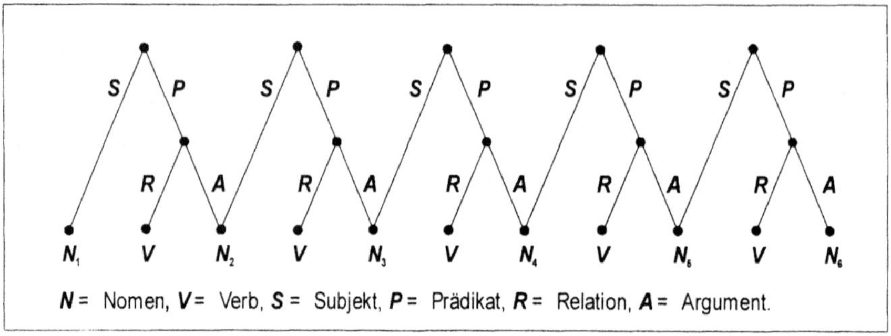

Abb. 3.11 Struktur des Textes nach der Nomenklatur im ACT-Modell von Anderson (1976).

Eine weitere Annahme zu diesem Zeitpunkt war, daß die Aktivation von Knoten auch eine bestimmte Zeit benötigt (s. aber unten, McNamara, 1992a). Dabei waren die Vorstellungen über die Zeitdauer sehr unterschiedlich: So nahm Anderson (1976) z.B. 50 bis 100 Millisekunden pro Knoten an, während Wickelgren (1976) von ca. einer Millisekunde pro Knoten spricht.

Nimmt man nun Beispielrechungen für nahe und weite assoziative Distanzen und unterschiedliche SOAs nach den oben dargestellten Formeln vor, so ergibt sich folgendes: Der Betrag der Aktivation für nahe Items (Paare von Knoten mit geringer assoziativer Distanz) beginnt bei ca. 50 Millisekunden stark anzusteigen (Onset). Bei etwa 150 Millisekunden ist schon ein Aktivationsbetrag von 0,5 erreicht. Ein etwa gleich starker Anstieg des Aktivationsbetrags für weite Items beginnt erst bei etwa 250 Millisekunden. Ein Betrag von 0,5 ist erst nach ca. 450 Millisekunden erreicht.

In zugehörigen experimentellen Untersuchungen konnten diese Vorhersagen jedoch nicht bestätigt werden. Unabhängig davon, ob mit einer SOA von 50, 100, 150, 200 250, 300 oder 350 Millisekunden getestet wurde, fand Priming (operationalisiert über die Wiedererkennung des Targets) sowohl bei nahen als auch bei weiten assoziativen Distanzen statt. Jedoch zeigte sich eine Abschwächung des Priming-Effekts mit der Distanz. Diese Befunde werden durch Untersuchungen von Carr, McCauley, Sperber und Parmelee (1982) sowie Dagenbach et al. (1989) unterstützt. Die Autoren variierten ebenfalls die SOA, fanden jedoch daß diese Variation auch mit der Art der Relation interagiert. Werden Prime und Target jeweils als Wort dargeboten, so beträgt der Priming-Effekt bei einer SOA von ca. 650 Millisekunden im Mittel 52 Millisekunden, während er bei einer SOA von ca. 200 Millisekunden nur etwa 23 Millisekunden beträgt. Werden die Stimuli dagegen als Bilder dargeboten, führt schon eine SOA von ca. 160 Millisekunden zu einem Priming-Effekt von ca. 55 Millisekunden, während eine SOA von 590 Millisekunden auch nur einen Priming-Effekt von 69 Millisekunden evozieren kann. Die Größe des Priming-Effekts variiert folglich mit der SOA.

Diese Ergebnisse waren Anlaß dafür, daß die Ansichten bzgl. der Aktivationsausbreitung revidiert wurden (s. oben). Man nahm nun an, daß die Aktivationsausbreitung so schnell stattfindet, daß sie nur schwer als Aktivation, die sich von einem Knoten zum anderen ausbreitet, aufgefaßt werden kann. Eine alternative Interpretation schlagen Ratcliff und McKoon (1981) vor. Sie meinen daß Aktivation sich in zu vernachlässigender Zeit ausbreitet (mit einer Geschwindigkeit von weniger als fünf Millisekunden pro Knoten), daß es jedoch Zeit kostet, Aktivation an einem Knoten aufzubauen. Im ACT*-Modell wurde eine andere Richtung eingeschlagen: Priming-Effekte kommen dann zustande, wenn beide, Prime und Target, aktiviert sind, d.h. es wird eine Mechanismus ähnlich wie in den Compound-Cue-Modellen genutzt (McNamara, 1992a).

Erklärt man Priming-Mechanismen aufgrund von Vergleichsprozessen über Familiaritätsindizes, muß nicht angenommen werden, daß unterschiedliche Zeitverläufe des Priming-Prozesses für unterschiedliche Distanzen resultieren. Nach solchen Modellen würde der Priming-Effekt dadurch entstehen, daß Target und Prime, unabhängig davon, ob sie nahe oder weite Items darstellen, zu einer Einheit werden, für die ein Familiaritätsindex berechnet wird. Dieser fällt in Abhängigkeit von der Distanz unterschiedlich hoch aus, so daß die Reaktionszeiten und damit auch die Priming-Effekte in Abhängigkeit von der Distanz variieren. Diese Unterschiede sollten jedoch über verschiedene SOAs hinweg stabil sein. Somit wären solche Modelle besser geeignet die von Ratcliff und McKoon (1981) gefundenen Effekte zu erklären.

Weitere Ergebnisse von Dagenbach et al. (1989) zeigen jedoch auch, daß eine Kürzung der SOA zu einer nicht-monotonen Abnahme des Priming-Effekts führt. Wird die SOA so weit vermindert, daß sie noch unter der Wahrnehmungsschwelle liegt, steigt der Priming-Effekt wieder an. Lüer et al. (1993) sprechen von einem Zeitfenster, in dem Priming durchführbar ist. Auf dieses Zeitfenster wirkt sich auch aus, ob Versuchspersonen generell eher schnell oder langsam reagieren und wie die Zeiten durch die Aufgabe beeinflußt werden.

Ähnlich wie das eben ausführlich geschilderte Problem führten auch in der Folge eine Reihe weiterer Effekte zu heftigen Debatten zwischen den Vertretern der jeweiligen Theorien (z.B. Dosher & Rosedale, 1989; McKoon & Ratcliff, 1992; McNamara, 1992a, b; 1994a, b; Ratcliff und McKoon, 1988; 1994). Eine Übersicht über einen Vergleich der beiden Erklärungen für Priming-Mechanismen auf dem Stand von 1988 geben z.B. Ratcliff und McKoon (1988, S. 391). Die für diese Arbeit wichtigen Aussagen sind in nachfolgender Tabelle (Tab. 3.1) zusammengefaßt und ergänzt.

Tab. 3.1 Vergleich von Spreading-Activation- und Compound-Cue-Theorien in Bezug auf verschiedene Phänomene, die beim Priming auftauchen.

Art des zu erklärenden Phänomens	Spreading-Activation-Theorien	Compound-Cue-Theorien
Start des Priming-Vorgangs (Onset) Befunde: z.B. Carr et al. (1982); Dagenbach et al. (1989), Ratcliff und McKoon (1981)	In älteren Versionen: eine Funktion der dazwischenliegenden Verbindungen In neueren Versionen: konstante Anfangszeit	Eine Funktion der Zeit, die gebraucht wird, um Prime und Target in ein Compound-Cue einzubinden
Vorwärts- vs. Rückwärts-Priming Befunde: z.B. Chwilla et al. (1998); Koriat (1981)	Aktivationsausbreitung findet nur in Vorwärtsrichtung statt	Das Compound-Cue-Modell hat sowohl Komponenten in Vorwärts- als auch in Rückwärtsrichtung
Priming und die Struktur des Gedächtnisses	Mehr Aktivation bedeutet mehr Verbindungen und höhere Priming-Effekte	Höhere Familiarität bedeutet größere Überlappung und höhere Priming-Effekte

Die in Tabelle 3.1 dargestellten widersprüchlichen Ergebnisse zwischen Start des Priming-Vorgangs und experimentell variierter SOA wurden bereits besprochen. Ein weiteres Problem ist, daß Spreading-Activation-Theorien nur vorwärtsgerichtete Priming-Prozesse erklären können, nicht jedoch rückwärtsgerichtetes Priming. Bietet man Versuchspersonen in einer freien Assoziationsaufgabe beispielsweise das Wort „Storch" dar, so nennen sie fast immer das Wort „Baby". Sie nennen aber im umgekehrten Fall fast nie das Wort „Storch". Man kann also annehmen, daß „Storch" ein Prime für „Baby" darstellt. Obwohl „Baby" danach nicht als Prime für „Storch" funktioniert, gibt es jedoch Befunde, daß die Darbietung des Wortes „Baby" in einer nachfolgenden Worterkennungsaufgabe die Entscheidung, ob „Storch" ein Wort der deutschen Sprache ist, erleichtert. Koriat (1981) nennt dies Rückwärts-Priming. Nach Ratcliff und McKoon (1988) haben Spreading-Activation-Theorien Schwierigkeiten, solche Prozesse zu erklären, während Abrufprozesse in Compound-Cue-Modellen oder nach der postlexikalischen Bedeutungsintegration (s. oben) mit Einheiten arbeiten, die Komponenten in beide Richtungen haben (s. auch Chwilla et al., 1998).

Die hier dargestellte Debatte über verschiedene Mechanismen beim Priming zeigt ganz unterschiedliche Forschungslücken auf. Neuere Entwicklungen führen mehr und mehr zu einer Angleichung der Positionen (z.B. Anderson, 1993; Rouder et al., 2000). Die Befunde hierzu konzentrieren sich meist auf die Methode des Wiederholungs-Priming (s. oben). In solchen Untersuchungen wird Versuchspersonen i.d.R. in einer ersten Phase Material präsentiert, das Relationen enthält, auf die nicht explizit hingewiesen wird. So boten z.B. Castelli und Zogmaister (2000) ihren Versuchspersonen eine Liste mit Vor- und Nachnamen von Personen dar. In einer zweiten Phase wurden die Vornamen als Primes für eine nachfolgende

Aufgabe benutzt, bei der andere Vornamen vervollständigt werden sollten. Die Vornamen konnten nun mit dem Geschlecht der Vornamen der ersten Liste, auf das nicht explizit hingewiesen wurde, kongruent sein oder nicht. Die Autoren konnten zeigen, daß das Geschlecht der zuvor gelernten Listen, unter bestimmten Bedingungen, einen Einfluß auf die Vervollständigung der Namen hat: Kongruente Vervollständigungen wurden signifikant häufiger vorgenommen als inkongruente.

In einer weiteren Untersuchung, die im Schnittfeld zwischen Wiederholungs-Priming und paarweisem Priming eingeordnet werden könnte, konnte Stolz (1999) zeigen, daß die Präsentation von semantisch relatierten Primes einen Einfluß auf die Nennung der Position des zugehörigen Targets hat: Wenn Prime und Target eine gemeinsame semantische Beziehung aufweisen (z.B. Coast-Beach) und nach dem Prime zwei Targets sukzessive präsentiert werden, so wird das semantisch relatierte Target signifikant häufiger als das nicht-relatierte Target, unabhängig davon, ob es tatsächlich zuerst dargeboten wurde, als das zeitlich zuerst erschienene beurteilt. Die Interpretation der Autorin ist, daß die semantische Relation als eine Art „Aufmerksamkeitslenker“ dient, der die visuelle Suche in Richtung zum relatierten Target hin beeinflußt.

Die Modellierung dieses Wiederholungs-Priming erfolgt, wie oben bereits angeführt, über konnektionistische Modelle (z.B. Rouder et al., 2000; Stark & McClelland, 2000). Dabei wird die Zeit, die benötigt wird, um eine Reaktion zu erzeugen, als Zeitschritt pro Aktivationszyklus definiert. Rouder et al. (1998) legen zusätzlich einen bestimmten Betrag fest, um die Bereitstellung der motorischen Reaktion und andere, nicht direkt auf die Entscheidung bezogenen Prozesse, abzubilden. Diesen Betrag geben sie mit etwa 380 Millisekunden an (s. aber Abschnitt 3.2.1).

Weitere Befunde, die auf Lücken in den Priming-Theorien hinweisen, sind im Zusammenhang mit einer Methode aufgetaucht, die affektives Priming genannt wird. Wentura (2000; s. auch Rothermund & Wentura, 1998) zeigen beispielsweise, daß ein affektiver Priming-Effekt nicht mit den Annahmen der Spreading-Activation-Theorien konform ist. Als affektiver Priming-Effekt wird eine Reaktionszeitverkürzung bei kongruenten affektiven Prime-Target-Paaren (z.B. „Krieg – ekelhaft“ oder „Der Tod ist weise.“) bezeichnet, die dann auftritt, wenn Versuchspersonen diese Paarungen oder Aussagen bewerten sollen. Spreading-Activation-Theorien sagen vorher, daß sich Aktivation nach Darbietung eines Primes ausbreitet, und zwar unabhängig davon, ob das nachfolgende Target erscheint oder nicht. Solche affektiven Effekte können jedoch nur bei Aufgaben evoziert werden, die etwas mit der Bewertung des Satzes oder des Wortes zu tun haben. Daher haben z.B. Klauer und Stern (1992) einen dreistufigen Mechanismus vorgeschlagen, der auf Entscheidungstendenzen beruht: Zunächst werden beide Komponenten, Prime und Target aktiviert, dann wird die Kompatibilität beider beurteilt, woraus eine a priori Hypothese über die korrekte Antwort resultiert und abschließend wird weitere Information zu dieser Hypothese gesammelt, um eine Entscheidung treffen zu können. Die Befundlage hierzu ist jedoch widersprüchlich (z.B. Hermans, Crombez & Eelen, 2000).

3.2.4 Zusammenfassung

Die letzten drei Abschnitte dieses Kapitels dienten dazu, generellen Mechanismen zum Informationsabruf zu erläutern. Im nächsten Kapitel soll geprüft werden, ob die geschilderten Prinzipien mit dem zu modellierenden Informationsabruf in mentalen Karten übereinstimmen. Die in Kapitel 5 und 6 dargestellten Daten sind Reaktionszeiten, die bei der Wiedererkennung von geprimten Objekten entstanden. In Abschnitt 3.2.1 wurde daher zunächst dargelegt, was bei der Messung von Reaktionszeiten und den damit in Zusammenhang stehenden Schlußfolgerungen über die Art der stattfindenden Prozesse zu beachten ist. Annahmen zur seriellen vs. parallelen Informationsverarbeitung wurden einander gegenübergestellt. So löste die frühe zentrale Annahme, daß Informationsverarbeitung in Stufen stattfindet, eine Vielfalt von Reaktionszeitexperimenten aus, die zeigen wollten, daß gewisse Prozesse auf einer Stufe stattfinden, andere aber voneinander unabhängig sind. Diese Experimente warfen eine Reihe von Fragen bzgl. der Erhebung und der statistischen Behandlung von Reaktionszeiten auf, die in einem Exkurs gesondert dargestellt wurden.

Weitere zentrale Prinzipien bei der in dieser Arbeit gewählten Aufgabe sind Thema des Abschnittes 3.2.2. Die Signal-Entdeckungstheorie liefert Aussagen zur Wiedererkennung von Reizen. Sie kann auf jede Situation angewendet werden, in der zwei diskrete Zustände auftauchen. Bei der Wiedererkennungsaufgabe ist das der Zustand „bekannt" und „nicht-bekannt". Eine Möglichkeit, die Entscheidung einer Versuchsperson zu beschreiben, erfolgt über den aus der Signal-Entdeckung bekannten Diskriminationsindex d' und das Entscheidungskriterium c_x, das sich die Versuchsperson selbst setzt. Ein Vergleich der Raten für Treffer und falschen Alarm zwischen Aufgaben ermöglicht die Abschätzung der Entsprechung des Schwierigkeitsgrades. So kann auch bewertet werden, ob Reaktionszeiten aus verschiedenen Aufgaben kompatibel sind.

Ein zweites wichtiges Prinzip beim Abruf von Information ist der serielle Positionseffekt. Als seriellen Positionseffekt bezeichnet man ein besseres Behalten der Reize zu Beginn und am Ende einer Liste gegenüber den Reizen in der Mitte, das vorzugsweise bei verbalem Material auftritt, wenn Versuchspersonen das Material in der Reihenfolge wiedergeben sollen, wie es dargeboten wurde. Eine Erklärung des Phänomens ist möglicherweise, daß die Versuchspersonen die Items einer Liste von den Enden her lernen. Als Folge einer immer schwieriger werdenden Diskrimination von Reizen zur Mitte hin, kommen die beobachteten Fehler zustande. Eine wichtige Schlußfolgerung daraus ist, daß Versuchspersonen danach nicht nur die Sequenz der Items, sondern auch ihre Position auf der Liste lernen. Positionseffekte können weiter unterschieden werden in Primacy- und Recency-Effekte, die je nach Aufgabe unterschiedlich ausgeprägt sind. So läßt sich beim freien Reproduzieren eine Überlegenheit der Items am Listenende (Recency-Effekt) gegenüber den Items am Listenanfang feststellen, bei Cued-Recall-Aufgaben findet sich hingegen eher eine Überlegenheit der Anfangsverankerung (Primacy-Effekt).

Untersuchungen im Priming-Paradigma erfolgen etwa seit den 70er Jahren. Sie werden häufig als reine Laborexperimente eingesetzt und gelten daher als sehr artifiziell. Dieser Vorwurf besteht jedoch zu Unrecht: Priming-Untersuchungen erhellen allgemeine Bedingungen des Informationsabrufs. Erklärungen zur Wirkung von Primes und zum Geschehen bei Priming-Prozessen liefern drei unterschiedliche Theorienansätze: die Spreading-Activation-Theorie, das erwartungsbasierte Priming und die damit diskutierten Compound-Cue-Theorien sowie die post-lexikalische Bedeutungsintegration (auch semantischer Vergleich genannt). Um zu erläutern, warum i.d.R. alle drei Mechanismen zur Erklärung von Priming-Befunden herangezogen werden, wurde neben der ausführlichen Schilderung der Annahmen zu den beiden in dieser Arbeit zentralen Mechanismen (Spreading-Activation- und Compound-Cue-Theorien) eine Reihe von Untersuchungen zu den unterschiedlichsten Befunden und Bereichen angeführt. Zentral sind folgende Aussagen:

(1) Die Erklärungen gehen von unterschiedlichen Modellierungen von Wissen aus (im wesentlichen Netzwerke und Multikomponentenmodelle). Es resultieren Aktivationswerte oder Familiaritätsindizes, die die theoretische Nähe zwischen Prime und Target ausdrükken.
(2) Zeitverläufe der Priming-Prozesse können nur mit Zusatzannahmen (zusätzlichen Transformationsprozessen) über aufsummierte Aktivationswerte oder Familiaritätsindizes erklärt werden.
(3) Befunde aus einem Bereich können nicht ohne weiteres auf andere Bereiche übertragen werden. Für bildhaftes Material gelten andere Zeitbereiche, in denen Priming möglich ist, als für verbales Material. Priming-Effekte fallen je nach Aufgabe unterschiedlich aus und können im affektiven Bereich bisher nur mit bewertenden Aufgaben erzeugt werden.
(4) Zeitfenster und Zeitverläufe scheinen eine wesentliche Rolle zu spielen. Man muß annehmen, daß der Priming-Prozeß in einem bestimmten Zeitfenster maximal ausgeprägt ist.

Dieses Zeitfenster hängt, wie bereits erwähnt, vom Material, von der Aufgabe und von der Reaktionsgeschwindigkeit der Versuchspersonen ab.

In Abschnitt 3.2.3 wurde zu den hier geschilderten Aussagen auch dargelegt, welche Anteile durch die jeweilige Theorievariante nicht erklärt werden können. Dabei sollte jedoch nicht vergessen werden, daß beide Modelle ursprünglich als Ergänzungen zur Erklärung der so unterschiedlichen Befunde gedacht waren. Im Zusammenhang mit dem hier geschilderten Vorhaben bleiben folgende Fragen offen: Gelten die hier dargestellten Prinzipien auch in Kontexten, in denen die raum-zeitliche Kontiguität eine größere Rolle spielt als es bisher der Fall war oder nimmt der in dieser Arbeit gewählte Gegenstandsbereich ähnlich wie die oben geschilderten affektiven Wissensinhalte eher eine Sonderstellung ein? Wie werden vornehmlich Priming-Befunde in mentalen Karten erklärt? Welche Relationen spielen beim Abruf in mentalen Karten eine Rolle? Die Beantwortung dieser Fragen erfolgt in Kapitel 4 zusammen mit der Darstellung der Informationsverarbeitung in mentalen Karten.

4 Informationsverarbeitung in mentalen Karten

Mentale Karten sind interne Repräsentationen räumlichen Wissens. Sie sind Ausdruck einer psychologisch zu untersuchenden Raumauffassung und somit von relationalen oder absoluten Raumkonzepten in Physik oder Mathematik zu unterscheiden. Dennoch prägen physikalisch objektive und philosophische Raumauffassungen (die in Abschnitt 4.1.1 kurz geschildert werden) auch unsere Vorstellungen über den psychologisch zu konzipierenden Raum, der aus der Wahrnehmung der räumlichen Umgebung resultiert. Das mag daran liegen, daß das räumliche Wissen des Menschen aus den unterschiedlichsten Quellen resultiert. So nimmt z.B. May (2000, S. 16 ff.) an, daß sensomotorische Systeme auf einer basalen und evolutionär früh entwickelten Ebene die Kodierung von Rauminformation beim Wahrnehmen und Handeln im Raum übernehmen. Daran knüpfen in vielfältiger Weise kognitive Systeme an, die dann etwa dazu führen, daß man Entfernungen zwischen Orten in Deutschland weiß oder daß angemessene Bewegungsabläufe für den Heimweg nicht nur zur Verfügung gestellt werden, sondern daß auch zwischen verschiedenen Alternativen gewählt werden kann.

Der Gegenstandsbereich der hier vorliegenden Arbeit umfaßt vor allem visuell-räumliche Information. Dieses Wissen betrifft nur einen bestimmten Ausschnitt der Raumrepräsentation des Menschen und ist abzugrenzen von anderer sensorischer und sensomotorischer Verarbeitung von Rauminformation (s. dazu May, 2000; Paillard, 1991; Wippich, 1985). Man nimmt an, daß visuell-räumliche Information, wie jede andere Art von Rauminformation, zunächst unter einer bestimmten Perspektive aufgenommen und wahrscheinlich auch enkodiert wird, der egozentrischen Perspektive. Was darunter zu verstehen ist und welche weiteren Möglichkeiten es gibt, Beziehungen zwischen Objekten der Umwelt (und der eigenen Person) herzustellen, wird Thema des Abschnittes 4.1.2 sein.

Beziehungen zwischen Objekten oder Orten, die im Raum vorkommen, unter einer spezifischen Perspektive zu repräsentieren, wurde als eines der Kriterien für Raumspezifität genannt (s. Kapitel 1). Wichtig ist jedoch auch, zwischen welchen Entitäten Beziehungen geknüpft werden, welche Information in mentalen Karten repräsentiert ist. Methoden und Befunde hierzu werden in Abschnitt 4.2.1 referiert. Zentrale Begriffe sind dabei die von Menschen besonders rasch und gleichartig wahrgenommenen Orientierungspunkte wie Wegmarken und Landmarken. Doch auch Distanz- und Richtungsinformation ist für das Handeln im Raum wesentlich. Diese Informationsbestandteile lassen Schlußfolgerungen darüber zu, wie Information in mentalen Karten repräsentiert ist, ob symbolisch oder nicht-symbolisch, hierarchisch oder nicht-hierarchisch.

Information kann aber nicht nur unterschiedlich konzipiert werden, sie kann tatsächlich unterschiedlich ausfallen, je nachdem mit welcher Zielsetzung bzw. unter welcher Aufgabenstellung man dem Raum begegnet ist (s. z.B. Krieg-Brückner, Röfer, Carmesin & Müller, 1998; Mecklenbräuker, Wippich, Wagener & Saathoff, 1998). Ziele, Aufgaben und Anforderungen, unter denen Raumwissen erworben wird, sind nicht nur wesentliche Varianzquellen für die Güte und für besondere Merkmale des erworbenen Wissens. Ein dem Menschen vertrauter Umweltausschnitt setzt sich auch aus einer Reihe zeitlich nacheinander gesammelter Erfahrungen zusammen, die zu einer Gesamtrepräsentation konstruiert werden müssen (Wippich, 1985). Verschiedene Formen der Aneignung räumlichen Wissens und die damit verknüpften unterschiedlichen Vorstellungen zur Repräsentation von Distanzen und Orientierung werden unter Abschnitt 4.2.2 behandelt.

Zentral für die vorliegende Arbeit sind Befunde aus Priming-Untersuchungen. Hierbei kann man unterscheiden zwischen Befunden zu Distanzen und Befunden zu der bereits angedeuteten unterschiedlichen Orientierung in mentalen Karten. Bisherige Modelle zu räumlichem Priming erklären diese Befunde mit Hilfe eines generellen Abrufmechanismus, der Aktivationsausbreitung. Die Annahmen hierzu werden in Abschnitt 4.3.1 und 4.3.2 ausführlich dargelegt. Abschnitt 4.4 enthält eine Zusammenfassung und gibt einen kritischen Überblick über die im Bereich des Informationsabrufs in mentalen Karten bestehenden Forschungslücken.

4.1 Der Raumbegriff in unterschiedlichen Wissenschaften

Wie kein anderer hat wohl Immanuel Kant (1724 – 1804) unsere Vorstellung von Raum geprägt. Ihm zufolge sind Raum und Zeit Anschauungsqualitäten a priori, d.h. sie sind Bedingungen für die Sinneswahrnehmung und keine empirischen Begriffe (Gosztonyi, 1976; Jaspers, 1981, S. 418 ff.). Sie sind notwendige Vorstellungen. Er meinte, man könne sich niemals eine Vorstellung davon machen, daß kein Raum sei, wohl aber könne man sich alle Gegenstände daraus wegdenken. Es werden also alle Gegenstände als in Raum und Zeit befindlich gedacht. All unser Verhalten findet in Raum und Zeit statt. Die Auffassung Kants unterliegt heute der Kritik, denn anders als Kant unterscheiden wir heute psychologisch zu untersuchende Raumvorstellungen von physikalischen objektiven Räumen und den mathematischen Räumen (Jaspers, 1981, S. 421). Klein (1994, S. 166) drückt dies so aus: „Der Raum der Philosophen ist nicht der Raum der Psychologen, der Raum der Physiker nicht der Raum der Anthropologen, und die Vorstellung selbst, daß es den Raum der Physiker gäbe, ist schon eine radikale Vereinfachung.“

Von Beginn an schien es sehr schwierig zu sein, eindeutige Antworten auf die Frage zu finden, was Raum denn sei: ein Neben-, Hinter- und Übereinander von Dingen oder ein Behälter für Dinge (Einstein, 1960). Diese beiden Konzepte, der relationale und der absolute/substantialistische Raum, können bis in die Antike zurückverfolgt werden und stehen noch heute gleichwertig nebeneinander (z.B. Klein, 1994; O'Keefe & Nadel, 1978; Werlen, 1999). Auch bei der Frage, ob Raum oder Zeit das grundlegendere Anschauungsprinzip sei, herrscht keine Einigkeit. Zwar hält Jammer (1969) es für wahrscheinlich, daß den Menschen die Kategorie des Raumes früher bewußt wurde als die der Zeit (u.a. spricht dafür auch, daß wir von Zeiträumen sprechen),[26] doch wird seit Leibniz der Begriff der Zeit häufig als vorgängig für Raum angesehen (Vater, 1991; vgl. aber Wunderlich, 1985).

4.1.1 Raumauffassungen in Physik und Philosophie

Das Denken von Philosophen über den Raum hat viele Impulse von naturwissenschaftlicher und mathematischer Seite erhalten, wobei die spannendste Begegnung zwischen Philosophie und Naturwissenschaft wohl zu Anfang des letzten Jahrhunderts durch die Relativitätstheorie ausgelöst wurde (Ströker, 1965). So ist Kants Auffassung von Raum von Newton beeinflußt, wie auch der philosophische Raumbegriff der Antike zweifelsohne das mathematische Denken geprägt hat.

Nach Vater (1991) erscheint der Raum als Gegenstand philosophischen Denkens im griechischen Kulturraum bereits bei den Pythagoräern (6. – 4. Jahrhundert v. Chr.). Zwar war ihr Raumbegriff noch eng mit dem der Materie verbunden, doch nahmen sie schon die Existenz eines „Leeren" an, das aus dem unendlichen Pneuma in den Himmel einströmt, der das Leere einatmet (s. Jammer, 1969; Vater, 1991). Er nennt dies eine primitiv-mystische Vorwegnahme des bereits erwähnten zweiten Raumbegriffs, nach dem Raum über die Körperwelt gestellt wird und somit auch als leer gedacht werden kann. Dagegen ist Raum nach der relationalen Auffassung nicht ohne körperliche Objekte denkbar.

Demokrit führt diese Auffassung weiter, indem er die Unendlichkeit des Raumes aus der Unendlichkeit der Zahl der Atome ableitet. Der Raum wird in dieser ersten atomistischen Deutung als bloße Ausdehnung verstanden, ohne Einfluß auf die Bewegung des Stoffes (Jammer, 1969). Erst mit der Raumtheorie von Aristoteles (384 – 322 v. Chr.), die vor allem in seinen Kategorien und seiner Physik zu finden ist, ändert sich dieses Bild. Er faßt Raum als Totalsumme aller von Körpern eingenommener Orte auf. Dieser Begriff des Ortes (Topos) ist

[26] Nach Vater (1991, S. 17) läßt sich die Priorität des Raumes schon bei den Sumerern belegen, deren Bezeichnung „danna" ursprünglich ein Längenmaß war, später aber zu einer Bezeichnung für einen bestimmten Teil des Tages wurde.

zentral. Ein Ort ist ein Akzidens, d.h. etwas Zufälliges. Er hat reale, doch nicht unabhängige Existenz. Aristoteles nimmt an, daß jeder Körper von Natur aus an seinem ihm eigentümlichen Ort bewegt wird und dort bleibt. Vater (1991, S.23) drückt dies so aus: „Ort ist die anliegende Begrenzung des einschließenden Körpers.“ Da der umschließende Körper den anderen berühren muß, denn es gibt für Aristoteles kein Vakuum, ist Raum ein recht begrenztes Bezugssystem. Er ist endlich, da Materie endlich ist.

Aristoteles scheint somit eine relationale Auffassung von Raum zu haben. Dennoch hat er wohl auch eine absolute/substantialistische Raumkonzeption entwickelt. Dies ergibt sich aus der Diskussion der Frage nach dem Wesen des Raumes und der Behandlung des Problems der Unendlichkeit. Für Aristoteles (1979) ergibt sich die Existenz des Raumes schon aus der Tatsache, daß es Ortswechsel gibt. Er führt aus:

> Wo nämlich jetzt etwa Wasser ist, da ist hernach wieder, wenn es weggelaufen ist, wie (Wasser) aus einem Gefäß (wegläuft), Luft; ein drittes Mal kann den nämlichen Ort wiederum ein anderer Körper einnehmen. Dieser (Ort) scheint also von dem allen, was da kommt und wechselt, unterschieden zu sein: Worin jetzt Luft ist, darin war zuerst Wasser, so daß kein Zweifel bestehen kann, daß der Ort und der Raum, in welchem sie kamen und gingen, von ihnen beiden unterschieden war. – Ein zweites Argument: Die Ortsbewegungen der natürlichen Grundkörper, wie des Feuers, Erde usw., beweisen nicht nur, daß der Ort seine Realität besitzt, sondern auch, daß er eine wohlbestimmte Funktion ausübt. Denn jeder Grundkörper bewegt sich, sofern er nicht daran gehindert wird, an seinen angestammten Ort hin, der eine nach oben, der andere nach unten. Das aber sind die Teile und Arten des Ortes: das Oben und das Unten und die restlichen der sechs Erstreckungsrichtungen. (...) Die Realität des Ortes, unabhängig von den Körpern, und die Ortsbestimmtheit jeglichen sinnlichen Körpers dürfte man also aus den angegebenen Argumenten annehmen können. (Aristoteles, 1979, S. 82 f.)

Aristoteles faßt Raum demnach auch als Gegenstand auf: Es gibt einen Raum außer und neben den wahrnehmbaren Körpern. Er wird als Ding an sich gedacht, obwohl er sinnlich nicht wahrnehmbar ist. Allerdings ist nach seiner Auffassung kein homogener Raum möglich. Die zuletzt geschilderte Konzeption bezieht er nur auf die physische Welt bzw. die vier Elemente Feuer, Luft, Wasser und Erde. Den Artefakten weist Aristoteles einen anderen Status zu, auf die die Raumkonzeption der physischen Welt nicht unbedacht angewendet werden kann (Werlen, 1999, S. 151).

Im Mittelalter wurde Aristoteles relationale Auffassung von Raum z.B. von Philoponos (um 575 n. Chr.) kritisiert. Er führte aus, daß die sich ständig ändernde Umhüllung eines von Wasser umflossenen Steines nicht der Ort dieses Steines sein könne, da sich sonst der Ort des Steines, wenn er ruhen würde, ständig ändern würde (Jammer, 1969; Vater, 1991). Generell lassen sich im Mittelalter nach Jammer (1969) drei Gruppen von Raumtheorien unterscheiden. Während im frühen Mittelalter eine starke Neigung zum platonischen Denken mit der ihr eigenen Betonung der Mathematik besteht, versucht man in der späteren durch Aristoteles beeinflußten Epoche, spezifische Probleme dieser Theorie, wie z.B. die „Bewegung per accidens“[27], zu lösen. Die dritte Gruppe war die schon beschriebene atomistische Ansicht. Dabei wird der leere Raum als Voraussetzung für Bewegung und Eigenständigkeit der Atome angesehen, denn die unausgedehnte Natur der Atome galt als unvereinbar mit der Erstreckung der räumlichen Körper.

Ganz anders dachte jedoch René Descartes (1596 – 1650). Nach der von Descartes 1644 vorgelegten „Principia Philosphiae“ bleibt kein anderes Mittel, um die Wahrheit zu erkennen, als an allem zu zweifeln. Die Wahrheitssuche setzt den Zweifel an der Wahrnehmung voraus, da die Sinne gelegentlich irren. Descartes unterscheidet zwischen körperlichen Dingen, die eine Ausdehnung besitzen und der denkenden Substanz, was zu drei Folgerungen führt (Werlen, 1999, S. 153 f.):

(1) Die Gestalt kann nur an einer ausgedehnten Sache vorgestellt werden.

(2) Bewegung ist nur für ausgedehnte Substanzen in einem ausgedehnten Raum möglich.

(3) Das Wahrnehmen ist nur einem denkenden Körper möglich.

Für Descartes ist somit die Ausdehnung des Raumes genau die der materiellen Körper, deren besondere Eigenschaft eben die Ausdehnung in Länge, Breite und Tiefe ist und nicht wahrnehmbare Eigenschaften wie etwa Gewicht, Härte und Farbe. Insofern hält er den Raum für einen materiellen Gegenstand.

Isaac Newton (1642 – 1727) dagegen führte in seinen „Philosphiae naturalis principia mathematica“ im Jahre 1687 neben Raum und Zeit die Begriffe Kraft und Masse ein. Der Raum ist für Newton homogen und undifferenziert, seine Teile für unsere Sinne nicht wahrnehmbar und nicht unterscheidbar, so daß man an ihre Stelle sichtbare Maße bzw. Koordinatensysteme setzen muß, den relativen Raum. Jeder Körper verharrt nach Newton in einem Zustand der Ruhe oder der gleichförmigen Bewegung, wenn er nicht durch einwirkende Kräfte gezwungen wird, seinen Zustand zu ändern. Der Zustand der Ruhe setzt aber den absoluten Raum voraus, den er als Mittelpunkt des Weltsystems konzipierte.

Newtons größte Leistung stellte dabei nach Einstein (1960) die Einführung des Raumes als selbständige Ursache des Trägheitsverhaltens der Körper dar. Nach Jammer (1969) resultiert diese Erkenntnis einerseits daraus, daß der Raumbegriff seit der italienischen Re-

---

[27] Raum ist nach Aristoteles die konkave Oberfläche des umfassenden Körpers. Bewegung ist Raumveränderung. Wie läßt sich aber dann die Bewegung eines Nagels in der Schiffswand erklären, der sich ja nicht durch sich selbst bewegt, sondern durch einen zweiten Körper?

naissance von dem klassischen Substanz-Accidens-Schema bereits losgelöst war und andererseits aus seinen Vorstellungen, die den Raum als Attribut Gottes fassen. Newton schließt aus der Allgegenwart Gottes, daß er den Raum ausmacht. Keiner der materiellen Körper ist allgegenwärtig. Diese Eigenschaft kann alleine dem absoluten Raum zukommen. Der Raum ist das Sensorium Gottes (Werlen, 1999, S. 159 ff.).

Newtons Raumauffassung war bis in die Moderne vorherrschend, obwohl sie auch scharf angegriffen wurde. Sein heftigster Kritiker war wohl Gottfried Wilhelm Leibniz (1646 – 1716). Im Mittelpunkt von Leibniz' Philosophie steht die sog. Monadenlehre. Monaden (Einheiten) sind die Ursubstanzen alles Geschaffenen, unendlich viele kleinste seelenhafte Einheiten, die man nicht weiter teilen kann. Es sind einfache Substanzen, die nur von Lebewesen verkörpert werden, die aber nicht als körperliche Dinge begriffen werden können. Im Gegenteil, Monaden sind immaterielle, metaphysische Punkte, die als Substanzen auf natürliche Weise weder herstellbar noch zerstörbar sind. Sie sind unvergänglich und weisen aufgrund ihrer Unteilbarkeit auch keine eigentliche Räumlichkeit auf, sie sind eigenständig und ganz auf sich bezogen, denn Monaden haben keine Fenster. Aber sie spiegeln die Welt ab und unterscheiden sich durch innere Zustände: Auf der höchsten Stufe haben Monaden ein Selbstbewußtsein, eine reflexive Erkenntnis (Apperzeption). Unterhalb der bewußten Ebene befindliche Monaden sind schlummernde Monaden. Außerdem unterscheidet Leibniz die monas monadem, die nur Gott zusteht und die Tier- und Pflanzenmonaden (Poser, 1981; Werlen, 1999).

Weiterhin ist für Leibniz nicht die Ausdehnung das einzige spezifische Charakteristikum von Materie. Er sieht in jedem Körper schon von Anfang an eine bewegende Kraft, nämlich die Monaden. Insofern ist Raum für ihn auch kein materielles Ding wie bei Descartes.[28] Descartes' Schluß von der Ausdehnung der Körper auf die Körperlichkeit des Raumes ist für ihn unhaltbar. Ausbreitung bezeichnet nach Leibniz die stetige Setzung einer diskreten Wesenheit, die in zwei Unterarten zerfällt: Sie ist entweder sukzessiv, wie Zeit und Bewegung, oder simultan, d.h. sie besteht aus gleichzeitig existierenden Teilen wie Raum und Körper (Leibniz, 1904, S. 330 ff.). Da er den Raum aber als Ausdehnung von Körpern begreift, kann Raum nicht substantialistisch und absolut sein. Leibniz schreibt: „Ich habe mehrfach betont, daß ich den Raum ebenso wie die Zeit für etwas rein Relatives halte; für eine Ordnung der Existenzen im Beisammen, wie die Zeit eine Ordnung des Nacheinander ist." (Leibniz, 1904; S. 134).

[28] Doch weist auch Leibniz darauf hin, daß der große Unterschied zwischen allem, was aus Stoff und allem, was aus Geist gemacht ist, eben darin besteht, daß das Stoffliche in immer kleinere Teile zerlegt werden kann. Aber die Seele läßt sich nicht in Stücke schneiden... (Gaarder, 1991, S. 274)

Gegen Ende des 19. Jahrhunderts traten weitere Kritiker von Newtons absolutem Raumkonzept auf. So läßt Mach (1921) nur relative Räume gelten. Den „absoluten Raum“ sowie die „absolute Zeit“ bezeichnet er als Begriffsungetüme. Man wurde sich darüber klar, daß der absolute Raum sich der experimentellen Forschung entzog (Vater, 1991, S. 28). Diese Diskussion wurde durch die Entdeckung der unanschaulichen Räume der nicht-euklidischen[29] Geometrie vorangetrieben. Großräumige Experimente, z.B. die Messung eines aus drei deutschen Bergen gebildeten Dreiecks, sollten nun beweisen, daß der wirkliche Raum nicht-euklidisch war. Doch genau das ließ sich auf experimentellem Wege nicht feststellen (s. auch Marr, 1982). Aber es entwickelte sich das Verständnis, daß eine rein axiomatische Geometrie hypothetischer Natur ist und daß die Raumstruktur der Physik in letzter Analyse nicht etwas Naturgegebenes und vom menschlichen Denken Unabhängiges ist.

4.1.2 Psychologische Raumkonzepte

Bisher wurde vom Menschen, der den Raum wahrnimmt und erlebt, abstrahiert. Doch bereits mit dem Prozeß der Raumwahrnehmung organisiert der Mensch seine räumliche Umgebung. Dieser Organisationsprozeß entspringt seinem grundlegenden Bedürfnis und seiner universellen Fähigkeit, seine Umgebung zu strukturieren. Dabei spielt die vertikale und die horizontale Auszeichnung des Raumes eine wesentliche Rolle.

Im Gegensatz zu den unter Abschnitt 4.1.1 geschilderten Konzeptionen und auch zu Kants erkenntnistheoretischer Position haben wir hier die Auffassung, daß das handelnde Subjekt im Mittelpunkt steht. Das Erleben des Menschen ist von Bedeutung. Damit wird die Welt aber auch zu einer Ansammlung unbeabsichtigter Handlungsfolgen. In diesem Sinne ist Raum nun nicht mehr als eine substantiell-materielle Entität, sondern als der mentalen Welt zugehörig anzusehen, d.h. als mentale Repräsentation. Und mentale Repräsentationen der gleichen Realität können, wie bereits erwähnt, recht unterschiedlich ausfallen. Was aber sind die Merkmale von Raumrepräsentationen?

Oft wird betont, daß die überragende Fähigkeit des Menschen, aus einem zweidimensionalen Abbild der Umgebung auf der Netzhaut die Dreidimensionalität des Raumes zu rekonstruieren, dazu führe, daß der Mensch sich selbst als Mittelpunkt des ihn umgebenden Raumes verstehe, sozusagen als Nullpunkt eines von seinen Achsen aufgespannten Koordinatensystems, von dem aus er handelt. Dieser Ansicht war schon William Stern (1930). Er nahm an, daß wir unsere personale Identität wesentlich dadurch finden, daß wir uns durch die Grundkategorien des „Ich, Jetzt, Hier“ definieren (Stern, 1930; vgl. auch Neisser, 1987). Die-

[29] Der Begriff „euklidisch“ verweist auf die von Euklid festgelegten Axiome, die in einem euklidischen Raum gültig sein müssen, wie z. B. dem Parallelenaxiom.

se drei Orientierungspunkte stellen den Ursprung unserer subjektiven Selbst- und Weltauffassung dar. Wir tragen sie unlöslich mit uns herum. Stern zufolge besetzt der Mensch in seiner Leiblichkeit den Ursprung oder Nullpunkt seines eigenen „personalen Raums" (s. auch Abb. 4.1). Von dort aus werden im egozentrischen Bezugssystem zunächst drei Achsen konstituiert, die Vertikale, die Erste Horizontale oder Sagittale und die Zweite Horizontale, die uns Informationen über das „Oben" und das „Unten", das „Vorn" und das „Hinten" und das „Rechts" und das „Links" in bezug zu uns selbst liefern.30 (Zur „akteurzentrierten Kodierung räumlicher Information", vgl. u.a. Loomis, daSilva, Fujita & Fukusima, 1992; May, 2000; Paillard, 1991; Rieser, Guth & Hill, 1986; zur Grundlage raumbezogener Handlungen s. v. Allesch 1931; Bryant, Tversky & Franklin, 1992; Franklin & Tversky 1990; Talmy 1983.)

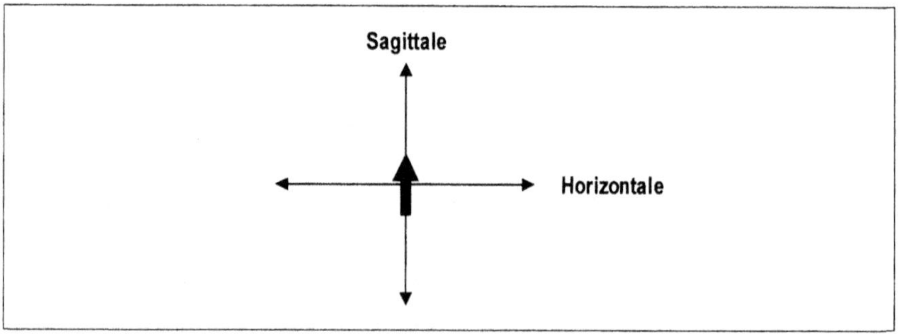

Abb. 4.1 Verortung des Menschen als Nullpunkt der von ihm aufgespannten Ersten und Zweiten Horizontalen (nach Herrmann & Schweizer, 1998, S. 30).

Neben diesem egozentrischen, dimensionalen Raum scheinen beim Menschen jedoch auch absolute, euklidische Repräsentationen zu existieren bzw. zur Lösung von bestimmten Aufgaben herangezogen werden zu können. (Diese werden oft exo- oder allozentrisch genannt und weisen damit auf die vom Menschen als Betrachter unabhängige Dimensionierung des Raumes hin, vgl. auch Schweizer, 1997.) O'Keefe und Nadel (1978 S. 6 ff.) nehmen daher an, daß Raum auch in zweierlei Hinsicht repräsentiert wird: als absoluter Raum und als relativer Raum. Ganz in der Tradition Kants sehen sie den absoluten Raum dabei als euklidisch an.

Unklar ist jedoch, wie eigentlich die Objekte oder Entitäten gewählt werden, zwischen denen Raumrelationen, sei es in ego- oder exozentrischer Perspektive hergestellt werden. Auch hier konkurrieren die unterschiedlichen Auffassungen von absolutem und relationalem Raum miteinander. So kann man annehmen, daß Raumrelationen zwischen Objekten, die sich

[30] Herrmann (1996) nennt diesen Vorgang auch „eine Rekonstruktion unter egozentrischem Blickpunkt". Dabei definiert er den Blickpunkt als den Ort, von dem aus eine Raumkonstellation anvisiert wird, und die Visierrichtung (s. auch Herrmann & Schweizer, 1998).

an bestimmten Orten im Raum befinden, gebildet werden (s. dazu Wunderlich & Herweg, 1991; vgl. aber auch Habel, 1989). Man kann dagegen auch die Orte, an denen sich Objekte befinden, als kleinste Einheiten auffassen, indem man wie folgt definiert (Klein, 1994, S. 166 ff.): Der Raum besteht aus kleineren Einheiten (Orten), die wiederum mit einer zweifachen Struktur ausgezeichnet sind, einer topologischen und einer dimensionalen Struktur. Während die topologische Struktur nur Beziehungen wie Inklusion, Kontakt, Nachbarschaft, Reihenfolge usf. erfaßt, wird in dimensionalen Beschreibungen auf Richtungen und Perspektiven, auf die Vertikalität oder die Horizontalität und damit auf Form und Größe von Objekten bezug genommen.

Zusammenfassend kann etwa formuliert werden: Das Resultat einer Dimensionierung oder Topologisierung des Raumes sind in jedem Fall räumliche Beziehungen zwischen Entitäten. Entitäten können dabei sowohl Objekte als auch Orte oder Regionen sein. Räumliche Beziehungen können kontinuierlich oder diskret, topologischer oder dimensionaler Natur sein. Für alle Relationen gilt jedoch, daß sie der Strukturierung des Raumes dienen.

Manche Objekte, die zur Strukturierung des Raumes herangezogen werden, scheinen eine ausgezeichnete Stellung einzunehmen: Sie sind offensichtlich mehr als andere Objekte oder Orte dazu geeignet, als Ausgangspunkt für solche Relationen zu dienen. Im Sinne Gibsons (1982) besitzen sie einen Aufforderungscharakter, der wohl darin besteht, den umgebenden Raum einzuteilen. Solche ausgezeichneten Punkte sind z.B. Entscheidungspunkte, Landmarken oder Kreuzungen. Eine nähere Beschreibung dieser Sachverhalte erfolgt im nächsten Abschnitt, wenn im Zusammenhang mit dem Konstrukt der mentalen Karte die Frage, wie die wahrgenommene räumliche Umgebung repräsentiert wird, behandelt wird.

4.2 Kognitives Kartieren und mentale Karten

Die Beschreibung räumlichen Wissens geschieht fast immer unter Rückgriff auf den von Tolman (1948) geprägten Begriff der kognitiven (oder mentalen) Karte, der intervenierende Variablen in den Vordergrund stellte und so dem behavioristischen Forschungsparadigma widersprach. Mentale Karten[31], interne Repräsentationen räumlicher Konfigurationen, werden dafür verantwortlich gemacht, daß systematische Orientierung und Fortbewegung im Raum sowie die Planung von Handlungen gelingen kann (s. z.B. Downs & Stea, 1982; Kitchin, 1994; Kitchin & Freundschuh, 2000; Liben, 1981; Lynch, 1960). Downs und Stea (1973) bezeichnen mentale Karten als schematisierte, symbolische, unvollständige und verzerrte Abbildungen unserer Umgebung (s. auch Golledge, Klatzky & Loomis, 1996). Kognitives Kartie-

[31] Die Bezeichnung „mentale Karte“ ist dabei auch als Sammelbegriff für verschiedene Arten mentaler Repräsentationen von räumlichen Gegebenheiten zu verstehen.

ren bezeichnet jene kognitiven und geistigen Fähigkeiten, die es uns ermöglichen, Information über unsere räumliche Umwelt zu sammeln, zu ordnen, zu speichern und abzurufen (Golledge, 1992). Engelkamp (1990) führt aus, die Grundidee des Konstrukts bestehe darin, daß wir die räumlichen Verhältnisse unserer Umgebung auf einer „Landkarte" quasi als Raumpunkte repräsentieren. Downs und Stea (1982) nennen einige alltägliche Situationen, in denen kognitives Kartieren stattfindet: Als Kind erlernen wir den Weg zur Schule und wieder nach Hause. Oder wir planen eine Urlaubsreise und werden mit einer neuen Stadt vertraut. Eine daraus entstandene mentale Karte ist somit eine strukturierte Abbildung eines Teils der Umwelt des Menschen zu einem bestimmten Zeitpunkt. Zentrale Komponenten von mentalen Karten sind die Information über Standorte von Objekten und damit auch über Beziehungen zwischen Orten (Evans, 1980).

4.2.1 Form, Struktur und Inhalt mentaler Karten

Zentrale Fragen der Raumkognition betreffen die Form, die Funktion, die Struktur und den Inhalt kognitiver oder mentaler Karten (McNamara, 1986; s. auch Exkurs: Information in externen Karten). Es erscheint zunächst intuitiv einleuchtend, was unter einer mentalen Karte zu verstehen ist: Wissen über eine räumliche Umgebung, das in einem verkleinerten Maßstab abgebildet ist, so daß diese Karte sozusagen ein verkleinertes Modell der Umgebung darstellt. Die Information, die enthalten ist, sollte daher vor allem räumliche Information sein, etwa, wie weit bestimmte Objekte voneinander entfernt sind, welche Lage sie zueinander haben usf. Von Interesse ist dann, welche Art von Relation vorhanden ist (ego- oder exozentrische Relationen) und welche Art von Objekten oder Orten enkodiert wurde.

Kontroverse Diskussionen bestehen dennoch darüber, wie überhaupt der Begriff der „mentalen Karte" zu verstehen ist (z.B. Engelkamp, 1990; Kitchin, 1994; O'Keefe & Nadel, 1978; Newcombe, 1982; Schmitz, 1999). So können mentale Karten als explizite Wiedergabe der topographischen Relationen des natürlichen Raumes angesehen werden. Nach dieser Ansicht werden genaue zentralnervöse Repräsentationen der Positionen und räumlichen Bezüge von Umweltmerkmalen genutzt, um räumliche Aufgaben zu lösen. Mentale Karten können aber auch als Modell der Umwelt angesehen werden, das räumliche Relationen nur unvollständig und verzerrt, meist unter egozentrischer Perspektive, enthält (s. oben). Man kann den Begriff „mentale Karte" aber auch als Metapher nutzen oder als hypothetisches Konstrukt ansehen. Auch wenn wir uns so verhalten, als hätten wir eine Karte im Kopf, kann das nicht als Beleg für die Existenz einer solchen angesehen werden.

Ein Versuch, mentale Karten extern zugänglich zu machen, besteht darin, Menschen ihre Umgebung zeichnen zu lassen (z.B. Katz, Janzen, Schweizer & Herrmann, 1999; Lynch,

1960; Taylor & Tversky, 1992a, b). Oft nimmt man dann an, daß die gezeichneten Karten einer gleich organisierten mentalen Karte entsprechen (zur Kritik dieses Ansatzes s. unten). Die so entstandenen Karten oder Kartenskizzen sind eine der effizientesten Formen, um räumliche Umwelten darzustellen. Karten kommunizieren Rauminformation. Aus ihnen läßt sich oft ein Zugewinn an Information erzielen, der sprachlich nur mühsam vermittelbar wäre. Ein Nachteil ist aber, daß es offensichtlich eine Asymmetrie des Informationsgehaltes in mentalen Karten und anderen externen Repräsentationen gibt. So kann man anhand von Karten sofort sowohl die räumliche Lage als auch die Distanz aller eingezeichneten Objekte zueinander ermitteln. Schon Kinder beginnen intuitiv damit, Karten ihrer Umgebung zu zeichnen. Doch das Verstehen von Karten bereitet in anderer Hinsicht mehr Schwierigkeiten als das Verstehen einer Wegauskunft (s. auch Frank, 2000; Hake, 1982). Ähnlich wie beim Verstehen von Sprache, aber auch von Diagrammen und Visualisierungen (Weidenmann, 1993; Pettersson, 1993), fehlt dem Rezipienten oft so etwas wie die Fertigkeit, sprachliche oder visuelle Botschaften zutreffend zu interpretieren, sie zu verwenden und mit anderen zu kommunizieren. Will man eine Karte richtig verstehen, so muß man beispielsweise erkennen können, zu welchem Zweck eine Karte angefertigt wurde. Erst dann kann entschieden werden, welche Information ungefiltert übernommen werden kann und welche Information verzerrt ist (s. z.B. Freksa, Moratz & Barkowski, 2000). Dabei ist es nach Freksa et al. (2000, S. 104 ff.) oft notwendig, in maßstäblich verkleinerten Karten räumliche Relationen bis zu einem bestimmten Grad verzerrt darzustellen, um Randbedingungen für die Darstellung anderer Sachverhalte einhalten zu können.

Exkurs: Information in externen Karten

Der Name „Karte" kommt vom lateinischen „Charta" (Brief, Urkunde) und bürgerte sich im 15. Jahrhundert ein. Bis dahin war die Bezeichnung „Mappa" üblich, die im englischen Sprachgebiet noch als „Map" für Landkarten geblieben ist (s. auch Hake, 1982, S.25 ff.). Zum Begriff der Karte gibt es eine Vielzahl von Definitionen, deren Kern besagt, daß die Karte eine maßstäblich verkleinerte, generalisierte und erläuterte Grundrißdarstellung von Erscheinungen und Sachverhalten natürlicher und gesellschaftlicher Art der Erde, der anderen Weltkörper und des Weltraums in einer Ebene sei (International Cartographic Association, 1973, S. 7). Ein wichtiger Gesichtspunkt bei der Anfertigung von Karten ist die Verwendung konventioneller Zeichen, was wiederum den Aspekt der Informationsübermittlung betont. In der Kartographie, der Wissenschaft und Technik von der Herstellung und dem Gebrauch kartographischer Darstellungen, wird die Informationsübertragung nachrichtentechnisch vor allem als Übertragung zwischen Sender und Empfänger auf einer Nachrichtenstrecke beschrieben (vgl. Shannon, 1938; s. auch Abschnitt 3.1.1 und Exkurs: Information und Informationsverarbeitung). Sowohl Sender als auch Empfänger verfügen in diesem Modell über einen gemeinsamen Vorrat an Zeichen, an Bedeutungen und Zuordnungsregeln (Code) zwischen Zeichen und Bedeutungen. Will der Sender eine Botschaft (Sequenz von Bedeutungselementen) übermitteln, so enkodiert er diese Sequenz mit Hilfe der Zuordnungsregeln in eine Sequenz von Zeichen. Die Botschaft wird über eine Kanalstrecke gesendet und vom Empfänger dekodiert. Dabei wird die erhaltene Zeichensequenz gemäß den Zuordnungsregeln des Empfängers in eine Bedeutungssequenz umgesetzt. Nach diesem Modell gelingt die Übermittlung von Information genau dann, wenn der Bedeutungsvorrat, der Zeichenvorrat und die Zuordnungsregeln sich genügend entsprechen und wenn das Signal annähernd störungsfrei übertragen wird. Welche Eigenschaften hat nun eine Karte? Karten sind Konfigurationen, d.h. Darstellungen räumlicher (im Gegensatz zu zeitlichen) Folgen physikalischer Signale und dadurch Informationsmittel und zugleich Informationsspeicher räumlicher Signale. Sie sind Modelle der Realität und somit Reduktionen, die nur manche Relationen zwischen Realität und Modell aufgreifen und wahrheitsgetreu wiedergeben (s. auch Hake & Grünreich, 1994, S.24 ff.).

Inhalte von Karten können sehr vielfältig sein, i.d.R. unterscheidet man grob zwischen topographischen und thematischen Karten. Nach Hake und Grünreich (1994, S. 17) zählt zu den topographischen Karten jede Karte, in der Situation, Gewässer, Geländeform, Bodenbewachsung und sonstige zur allgemeinen Orientierung notwendigen Erscheinungen dargestellt und durch Kartenbeschriftung erläutert werden. Thematische Karten basieren auf einer inhaltlich entsprechend reduzierten topographischen Grundlage und bringen bestimmte Sachverhalte und Erscheinungen zum Ausdruck. Es werden die räumlichen Verhältnisse eines Themas, z.B. die klimatischen Bedingungen Europas, die Sozialstruktur der Bundesrepublik, das Absatzgebiet eines Unternehmens oder die Standorte der Industrie, zweidimensional dargestellt (s. auch Arnberger, 1993, S. 13).

Das Zeichnen von Karten und Anfertigen von Skizzen wurde schon früh bei der Erforschung der räumlichen Umwelten des Menschen eingesetzt. So ließ Lynch (1960) seine Versuchspersonen, Bewohner verschiedener amerikanischer Städte, Skizzen ihrer Stadt anfertigen, um diese dann neben ausführlichen Interviews zu analysieren. Er konnte plausibel machen, daß Grundelemente der physikalischen Form einer Stadt auch Bestandteil der mentalen Repräsentation sind. Dabei unterschied er hauptsächlich fünf Komponenten: Wege, Wegunterteilungen (z.B. Kreuzungen), Abgrenzungen, Distrikte (Stadtteile) und Landmarken. Diese Begriffe und ihre Definitionen sind bis heute zentral.

Unter einer Landmarke versteht man einen Orientierungspunkt, der eine Richtungsentscheidung unterstützt (Blades, 1991). Repräsentiert werden können als Landmarken sowohl Orte als auch Objekte (wie z.B. eine Telefonzelle, ein Briefkasten, eine Bäckerei o.ä.), die an einer solchen Stelle vorkommen (s. oben). Landmarken dienen als Ankerpunkt (Golledge, 1992) und somit gleichzeitig als Referenzpunkt zur eigenen Positionsbestimmung.

Weiter unterteilt werden kann der Begriff danach, ob Landmarken weithin sichtbar sind, wie etwa ein Fernsehturm oder aber am Wege liegen (Wegmarken) und ob mit diesen ein Richtungswechsel verbunden ist oder nicht (s. dazu Siegel & White, 1975; Herrmann & Schweizer, 1998; Herrmann, Schweizer, Janzen und Katz, 1998; May, 1992). (Zu einem anderen Wortgebrauch vgl. u.a. Blades, 1991; Gillner & Mallot, 1998; Steck & Mallot, 2000.)

Eine weitere Komponente sind Wege. Sie sind Verbindungen zwischen den Landmarken und stellen reale oder gedachte Linien mit einer Abfolge von Richtungswechseln dar. Pick, Montello und Somerville (1988) unterscheiden verschiedene Typen solcher Information, die sie als sequentielle Richtungsinformation betrachten. Dazu zählen Richtungsdefinitionen durch eine Landmarke, Richtungsvektoren zwischen Landmarken (s. aber Byrne, 1979) und Richtungsbestimmungen anhand eigener Körperbewegungen (s. unten, Abschnitt 4.2.2; s. auch Exkurs: Distanzen in mentalen Karten).

Wege sind außerdem durch Kreuzungen (Unterteilungen) gekennzeichnet, die Lynch (1960) als den Punkt einer Entscheidung darüber definiert, ob ein Weg, der als kontinuierlich angesehen wird, trotz Kurven und Abzweigungen weiterverfolgt werden soll oder nicht. Aber auch die Form der Kreuzung scheint einen Einfluß auf die Repräsentation oder zumindest die Leistung bei räumlichen Aufgaben zu haben. Lynch (1960) zeigte, daß rechtwinklige Kreuzungen am einfachsten wiederzugeben sind, während Kreuzungen, deren Abzweigungen in schiefen Winkeln aufeinander treffen, und Kreuzungen mit mehr als vier Abzweigungen erhebliche Schwierigkeiten machen. Das Zeichnen solcher „Entscheidungspunkte" war besonders schwierig, wenn die Kreuzungen sich in kleinen Winkeln verzweigten. Ähnliche Schwierigkeiten beim Zeichnen von schiefwinkligen Kreuzungskonfigurationen fanden u.a. auch Moar und Bower (1983), Tversky (1981) sowie Gillner und Mallot (1998). Auch Thorndyke und Hayes-Roth (1982) nehmen an, daß mentale Karten in regelmäßigen Umgebungen (rechte Winkel) schneller und genauer erworben werden können als in unregelmäßigen räumlichen Anordnungen (schiefe Winkel). Dennoch scheint die Schwierigkeit von Kreuzungen auch von der zu bewältigenden Aufgabe abzuhängen. Obwohl viele Versuchspersonen aus den genannten Untersuchungen schiefwinklige Kreuzungen nur schwer richtig einzeichnen konnten, hatten sie als langjährige Bewohner der Stadt jedoch keine Probleme, trotz der schwierigen Kreuzungen, den richtigen Weg zu finden (s. auch Katz et al., 1999).

Die von Lynch (1960) unterschiedenen Komponenten oder Orientierungsmerkmale werden auch genutzt, um von Versuchspersonen angefertigte Karten zu klassifizieren. So unterscheidet Appleyard (1970) z.B. acht verschiedene Kartentypen voneinander, die entweder Folgen von Elementen (Verknüpfungen von Landmarken durch Weg- und Straßenzüge) oder aber räumlich positionierte Elemente (Landmarken, Distrikte) enthalten können.[32] Eine Übersicht über die von Appleyard (1970) postulierten Raumkarten-Typen gibt Abbildung 4.2. Das zweite Ordnungskriterium für die Kategorisierung der Karten ist die Genauigkeit, mit der die Karten angefertigt werden. Diese reicht von einer topologischen bis zu einer positionsgenauen Abbildung.

Moore (1973, 1975) klassifiziert solche angefertigten Skizzen in drei Kategorien, die von unorganisierten Objekt-Clustern bis zu kohärenten Karten mit guter Organisation reichen. So bezeichnen Level-I-Karten unverbundene Cluster von ausgezeichneten Orientierungspunk-

---

[32] Nach ähnlichen Kriterien untersuchten Nebe, Kröpel & Pütz (1998) die von Bewohnern der Stadt Trier angefertigten Karten.

ten wie etwa Weg- oder Landmarken. Level-II-Karten enthalten beispielsweise einzelne Wegstrecken mit Abzweigungen oder auch Wege, deren Abzweigungen untereinander verbunden sind. Als Level-III-Karten schließlich bezeichnet er kohärente Karten und komplexe Skizzen (s. auch Hardwick, Woolridge & Rinalducci, 1983). Ungeklärt ist jedoch, ob von den gezeichneten Karten, tatsächlich auch auf die Form und Struktur von mentalen Karten geschlossen werden kann.

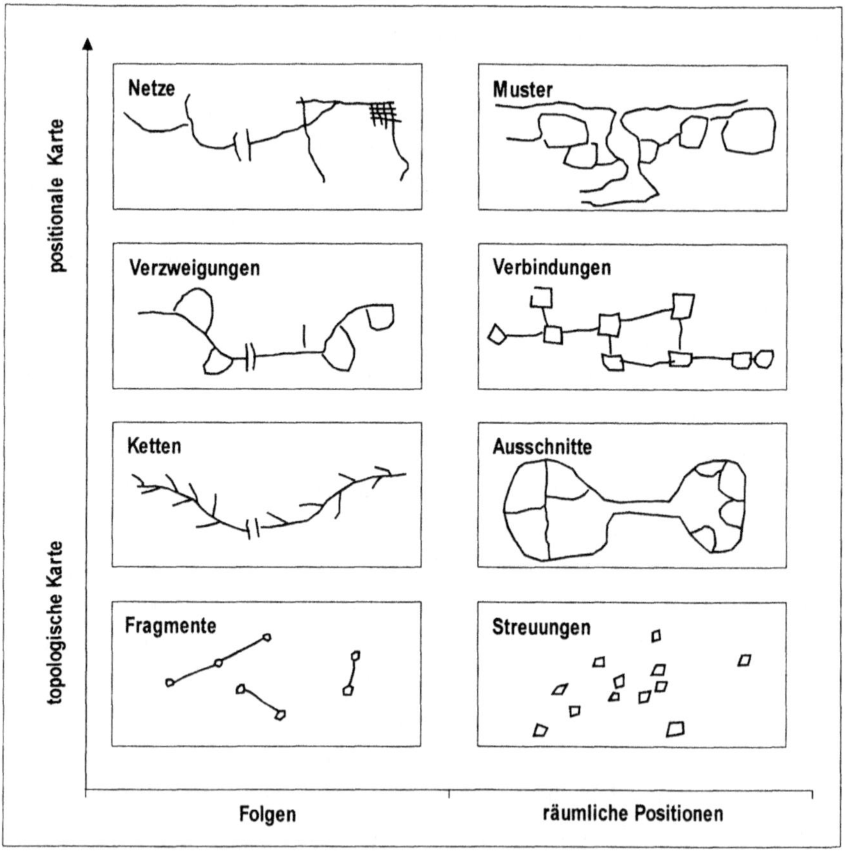

Abb. 4.2 Raumkarten-Typen (nach Appleyard, 1970).

Byrne (1979) weist z.B. darauf hin, daß der Einsatz dieser Technik immer auch von den technischen und zeichnerischen Fähigkeiten des Zeichners abhängt (s. auch Evans, 1980; Golledge, 1976). Allerdings fand Rothwell (1976) nur eine relativ geringe Korrelation zwischen den zeichnerischen Fähigkeiten Erwachsener (gemessen durch den Lucrat-Test für graphische Fähigkeiten) und der Genauigkeit gezeichneter Karten der eigenen Wohnung ($r = 0,14$). Diese Fehlerquelle ist für Kinder jedoch höher einzuschätzen ($r = 0,62$). Auf der anderen Seite kann jedoch vermutet werden, daß die zeichnerischen Fähigkeiten auch eine Rolle spielen, wenn es um die Aufteilung der Skizze, die angefertigt werden soll, geht. So legt sich der Zeichner mit dem ersten Element, das eingezeichnet wird, auf eine bestimmte Skalierung der Karte fest. Mit jedem weiteren Objekt sinken dann die Freiheitsgrade für eine exakte Positionierung der Objekte. Wurden die Objekte z.B. zu Beginn zu groß gezeichnet, kann es sein, daß das Blatt, auf dem die Skizze angefertigt wird, nicht mehr ausreicht, um die letzten Objekte richtig zu positionieren (Byrne, 1979; Evans, 1980).

Eine weitere Fehlerquelle ist, daß Menschen i.d.R. ein bestimmtes geometrisches Wissen nutzen. Das führt einerseits dazu, daß sie beim Anfertigen von Skizzen weniger Schwierigkeiten haben, wenn Kreuzungen rechtwinklig statt schiefwinklig sind (s. oben). Andererseits besteht auch die Gefahr, daß vorhandene schiefwinklige Konstellationen begradigt werden. So nennt Evans (1980) das Begradigen langgestreckter Kurven, das Erschaffen von rechten Winkeln, wo zuvor keine waren, und das Ausrichten nicht parallel verlaufender Straßen als Beispiele für weit verbreitete kognitive Verzerrungen, die auch Auswirkungen auf das Zeichnen von Karten haben. Empirische Evidenz hierfür stammt von Byrne (1979). Er untersuchte, wie zuverlässig die Schätzung von Winkeln ist, in denen Kreuzungen aufeinander treffen. Dazu ließ er seine Versuchspersonen bestimmte Kreuzungen in Cambridge zeichnen. Die Kreuzzungen schlossen Winkel ein, die entweder zwischen 60° und 70° lagen oder zwischen 110° und 120°. Die Häufigkeit der Winkelschätzungen in bezug auf die beiden Kreuzungsformen zeigt Abbildung 4.3.

Da sich die Verteilungen für Winkel zwischen 60° und 70° sowie für Winkel zwischen 110° und 120° kaum unterscheiden, vermutet Byrne (1979), daß Winkel von 60° bis 120° überzufällig häufig als 90°-Winkel eingezeichnet werden. Zu ähnlichen Ergebnissen kam auch Tversky (1981), die ihre Studenten eine Karte ihres Campus zeichnen ließ. Auch in diesem Fall zeichneten die Versuchspersonen überzufällig häufig 90°-Winkel statt der tatsächlich vorkommenden 60°-Winkel (s. auch Gillner & Mallot, 1998; Katz et al., 1999).

Für den Einfluß sog. orthogonaler Referenzachsen spricht die bereits genannte Tendenz des Menschen, seine Umgebung an sich selbst und an seinen vom menschlichen Körper aufgemachten Achsen zu verorten. Außerdem, meinen Sadalla and Montello (1989), ist es auch einfacher, rechtwinklige Richtungsänderungen beim Navigieren zu verbalisieren als schiefwinklige. Schließlich spielt es nach der sog. Carpentered-World-Hypothese (Allport & Pettigrew, 1957; Segall, Campbell & Herskovits, 1966) auch eine Rolle, daß wir in einer Welt leben, in der rechtwinklige Gegenstände so zahlreich vorkommen. Man nimmt an, daß dadurch eine Voreinstellung für rechte Winkel begünstigt wird.

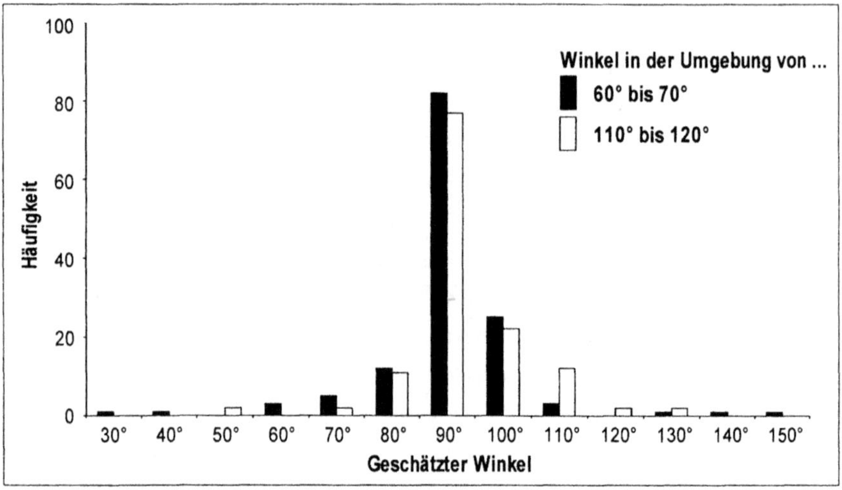

Abb. 4.3 Häufigkeitsverteilung der Winkelschätzungen für nicht rechtwinklige Kreuzungen (nach Byrne, 1979).

Weitere kognitive Einflüsse finden sich auch im Zusammenhang mit der Untersuchung von Landmarken. So konnten Sadalla, Burroughs und Staplin (1980) zeigen, daß Distanzen von Landmarken zu Nicht-Landmarken und von Nicht-Landmarken zu Landmarken nicht gleich lange geschätzt werden. Sie sind offensichtlich nicht symmetrisch repräsentiert. Die Distanz von Landmarken zu Nicht-Landmarken scheint kürzer repräsentiert zu sein als von Nicht-Landmarken zu Landmarken (s. auch McNamara, 1991; McNamara & Diwadkar, 1997).

Solche kognitiven Einflüsse sind vor allem dann interessant, wenn es um die Frage geht, welches Format die angenommene interne Repräsentation – die mentale Karte – hat. Zumeist wird vermutet, daß räumliche Information wahrnehmungsbasiert, also analog (nichtsymbolisch) repräsentiert wird. Wie bereits in Kapitel 3.1.1 geschildert, ging die Annahme eines analogen Formats vor allem mit Untersuchungen zur mentalen Rotation[33] und frühen Scanning-Experimenten einher. In solchen Scanning-Experimenten wird die Versuchsperson aufgefordert, sich einen bestimmten Ort in einer räumlichen Anordnung (die meist zuvor aus

[33] Mit dem Begriff „mentale Rotation" bezeichnet man gedanklich vorgenommene Drehungen von Objekten, die i.d.R. mit einem charakteristischen Muster verlängerter Antwortzeiten einhergeht (s. dazu Graf, 1994; May, 2000; Schweizer, 1993; Shepard, 1975; Werner, Saade & Lüer, 1998; vgl. aber auch Attneave & Olson, 1967). Lange Zeit galten diese charakteristischen Antwortzeiten als Indiz dafür, daß räumliche Information analog verarbeitet wird.

einer Karte gelernt wurde) vorzustellen (s. auch Abschnitt 3.1.1). Der Versuchsperson wird dann ein zweiter Ort genannt, nach dem sie die mentale Vorstellung der gelernten räumlichen Anordnung absuchen (scannen) soll. „Erreicht" die Versuchsperson in ihrer Vorstellung diesen Ort, so gibt sie ein Zeichen (drückt z.B. eine Taste). Die resultierende Reaktionszeit wird gemessen. Evans und Pezdek (1980) ließen eine Gruppe von Versuchspersonen die Lage von Gebäuden eines Campus schätzen, mit dem sie vertraut waren, während eine andere Gruppe die Lage von US-Bundesstaaten zueinander schätzte. Die Lageschätzung sollte unter der vertrauten (bei den Bundesstaaten aus der Landkarte bekannten und bei den Gebäuden des Campus aus der ortsüblichen) Perspektive oder unter einer um einen gewissen Winkelbetrag rotierten Perspektive erfolgen. Die Reaktionslatenz für die Abgabe solcher Lageschätzungen von Bundesstaaten stieg mit zunehmendem Rotationswinkel linear an. Für Latenzen bei der Rotation der Gebäude des Campusgeländes konnte ein solch linearer Anstieg jedoch nicht beobachtet werden. Dennoch zeigt sich auch hier ein deutlicher Anstieg der mentalen Kosten (s. auch Graf, 1994; May, 2000). Bei allen Vorbehalten sprechen die Befunde zunächst für die Repräsentation räumlicher Information in einem analogen Format. Das läßt sich auch aus den bereits erwähnten Befunden von Kosslyn et al. (1978) oder von Pinker (1980) schließen.

Exkurs: Experimentelle Messung raumbezogener Leistungen

Experimentelle Arbeiten zur Erforschung raumbezogener Leistungen gibt es schon seit Beginn des 20. Jahrhunderts (s. z.B. Angyal, 1930; Asch & Witkin, 1948; Ryan & Ryan, 1940; Trowbridge, 1913; Warren 1908). Seither sind die Untersuchungsmethoden vielfältig: Sie reichen von der Befragung der Untersuchungsteilnehmer zu Strategien des Erwerbs von Raumwissen und der Aufgabe, Skizzen der Konfiguration anzufertigen (z.B. Appleyard, 1970; Lynch, 1960; Piaget, Inhelder & Szeminska, 1960), Fotos in der entsprechenden Reihenfolge zu sortieren (Kato, 1982; Siegel, 1981) oder die Anordnung zu beschreiben (z.B. Buhl, Katz, Schweizer & Herrmann, 2000; Taylor & Tversky, 1992a, b) über Distanz- und Lagemeßverfahren (Evans & Pezdek, 1980; Hanley & Levine, 1983; Kosslyn et al., 1978; May, 1992; May & Wartenberg, 1995; May, Wartenberg & Péruch, 1997; Montello, 1991; Stevens & Coupe, 1978; Thorndyke & Hayes-Roth, 1982) bis zum vielfältigen Einsatz von Priming-Untersuchungen (z.B. Herrmann, Buhl & Schweizer, 1995; McNamara, Ratcliff & McKoon, 1984; Wagener-Wender, 1993; u.v.a.).

Eine der Hauptunterteilungen dieser Verfahren besteht darin, zwischen direkten und indirekten Meßverfahren zu differenzieren. Direkte Methoden sind solche, bei denen die Versuchspersonen wissen, daß Distanz- oder Lageinformationen gemessen werden. Dazu zählen die bereits erwähnten Scanning-Untersuchungen, das Beurteilen von Distanzen zwischen zwei oder mehreren Objekten, die Beurteilung der Orientierung von Objekten z.B. in sog. Pointing- oder Richtungszeige-Aufgaben, die Pfadintegration und Heimfindeaufgaben (Homing). Indirekte Methoden sind dagegen solche, bei denen eine hypothetische räumliche Distanz oder Orientierungsinformation Auswirkungen auf Aufgaben hat, die zunächst nichts mit der Lösung räumlicher Probleme zu tun haben. Solche Untersuchungen sind z.B. Untersuchungen zur Messung symbolischer Distanzeffekte oder Priming-Untersuchungen (s. auch Kapitel 3). Typischerweise wird dabei ein Stimuluspaar auf einer anderen als der räumlichen Dimension beurteilt. So wird in räumlichen Priming-Untersuchungen oft gefragt, ob ein bestimmtes Objekt, das Target-Objekt, in der gerade eben gelernten Anordnung vorhanden war oder nicht. Ein zuvor präsentiertes Prime, das in einer räumlichen Beziehung zum Target steht, soll die Antwortzeit beeinflussen (s. dazu auch Exkurs: Das Messen von Priming-Effekten). Diese Relation wird jedoch in der Aufgabe (d.h. gegenüber der Versuchsperson) nicht thematisiert.

In den letzten Jahren hat vor allem der Einsatz virtueller Realitäts-Systeme (VR-Systeme) zu einer erheblichen Erweiterung der Untersuchungsmethoden geführt. Unter dem Begriff Virtuelle Realität (VR) werden Techniken verstanden, die es erlauben, einen Menschen unmittelbar in computer-generierte Welten zu integrieren. Dabei sprechen VR-Techniken i.d.R. mehrere Sinne des Menschen zugleich an, beispielsweise Gesichts-, Hör- und Tastsinn (Astheimer, Böhm, Felger, Göbel & Müller, 1994a, b). Durch den Einsatz von VR-Techniken ist es möglich, auch im Labor Navigationsverhalten systematisch in größeren räumlichen Anordnungen zu erforschen. Dazu werden sog. Large-Scale-Anordnungen wie eine Stadt (Mallot, Gillner & Steck, 1999), ländliche, zum Teil bewaldete Streckenabschnitte (Distler, Van Veen, Braun, Heinz, Franz & Bülthoff, 1998) oder ein Universitätscampus (Péruch, 1999; Popp, 1999) auf dem Computer generiert und Versuchspersonen über den Computerbildschirm als sog. Desktop-VR oder über Datenhelm (*H*ead *M*ounted *D*isplay) dargeboten bzw. über Projektoren auf eine halbrunde Leinwand projiziert. Die Versuchspersonen können sich dann z.B. per Joystick in dieser Umwelt bewegen, es können aber auch Fahrräder oder Laufbänder mit den VR-Darbietungen gekoppelt werden, um die Versuchspersonen die Anstrengung eigener Bewegung im Raum spüren zu lassen (z.B. Darken & Carmein, 1997; Distler et al., 1998).

Zu der Frage, ob Raumwissen analog oder propositional repräsentiert wird, treten Annahmen darüber, ob die Repräsentation, wenn sie propositional ist, auch hierarchisch sein muß. (Analoge Repräsentationen müssen nach dem Stand der gegenwärtigen Literatur nicht-hierarchisch sein.) Um diese Frage zu klären, führte Byrne (1979) neben dem oben beschriebenen Experiment zur Schätzung von Winkeln in Kreuzungen, ein weiteres Experiment zu Distanzschätzungen durch. Hierbei wurden Versuchspersonen aufgefordert, den kürzesten Weg zwischen einem Ziel- und einem Startpunkt als Linie in bezug zu einer vorgegeben Distanz einzuzeichnen. Die Wege, die eingeschätzt werden sollten, variierten bzgl. der Anzahl der Richtungswechsel, die vorgenommen werden mußten, um den Zielort zu erreichen (zwischen keinem und vier Richtungswechseln), und in bezug auf ihre tatsächliche Länge (zwischen 300 und 500 Metern). Neben anderen Effekten zeigte sich vor allem, daß sowohl die Anzahl der Richtungswechsel als auch die Länge der Strecke einen Einfluß auf die Distanzschätzungen hat: Je mehr Richtungswechsel vorkamen, um so länger wurden die Strecken geschätzt. Außerdem werden kurze Strecken, obwohl sie generell überschätzt wurden, insgesamt kürzer als längere Strecken geschätzt.

Die Ergebnisse beider Experimente führten Byrne (1979) zu der Ansicht, daß Menschen nicht auf Vektorinformationen zurückgreifen, wenn sie Rauminformation mental repräsentieren. Seiner Ansicht nach wird in mentalen Karten keine zweidimensionale Distanzinformation repräsentiert. Wahrscheinlicher ist, daß Rauminformation in einer Art Netzwerk mit topologischen (einstelligen) Relationen, wie die Reihenfolge der Orte und der

Richtungswechsel, abgebildet sind (s. auch Moar & Carleton, 1982). So wird eine Stadt etwa als ein Netzwerk von Verbindungen repräsentiert, deren Knoten die spezifischen Orte sind. Jede Abzweigung bildet einen neuen Ast. Alle Knoten sind auf der gleichen Ebene der Repräsentation angesiedelt. Diese Architektur kann erklären, daß Distanzen dann größer geschätzt werden, wenn man, um von einem Ort zum anderen zu kommen, öfter abbiegen muß oder wenn sie tatsächlich länger sind. Daß längere Distanzen ohne eine explizite Distanzinformation nach diesem Modell auch tatsächlich länger geschätzt werden können, wird wie folgt erklärt: In natürlichen Umgebungen, wie der untersuchten, liegen i.d.R. in längeren Streckenabschnitten mehr Objekte (z.B. Häuser, Briefkästen etc.) am Wege oder es kommen mehr Abzweigungen (Kreuzungen) vor als in kürzeren Streckenabschnitten. In Byrnes (1979) Modell entspricht dies mehr Knoten für längere als für kürzere Strecken. Diese Merkmale werden sozusagen aufaddiert (Feature Accumulation) und das führt zu einem höheren Wert für längere Strek-ken, der dann auch zu einem Anstieg der geschätzten Distanz führt. Dieses Phänomen wurde vor allem von Montello (z.B. Montello, 1995; Sadalla & Magel, 1980; Sadalla & Staplin, 1980) untersucht. Sadalla et al. (1980) konnten in diesem Zusammenhang zeigen, daß Kinder wie Erwachsene dazu tendieren, Distanzen zwischen Orten zu überschätzen, wenn Hindernisse oder Kreuzungen auf der Strecke liegen. In diesem Sinne „gefüllte" Strecken werden gegenüber „leeren" Strecken überschätzt (s. auch Kosslyn, Pick & Fariello, 1974; Thorndyke, 1981). Dies spricht für die Hypothese von Byrne (1979). (Zur kritischen Betrachtung dieser Feature-Accumulations-Hypothese vs. der Segmentierung von Strecken vgl. Berendt & Jansen-Osmann, 1997; Jansen-Osmann, 1999; s. auch Exkurs: Distanzen in mentalen Karten.).

Eine analoge Erklärung zum Modell von Byrne (1979) bietet jedoch Thorndyke (1981) an. Auch er erhielt in Untersuchungen zur Distanzschätzung Ergebnisse, die auf eine solche Merkmals-Anhäufung hindeuten. Er vermutet jedoch, daß ein analoger Prozeß zugrunde liegt: Ähnlich wie bei einer tatsächlich dargebotenen Karte wird bei der Schätzung von Distanzen ein inneres Bild durchsucht. Während dieses Prozesses könnte sozusagen ein innerer Zeitmesser[34] aktiviert werden, der die für die Abtastung nötige Zeit mitzählt. Gelangt man an einen Ort, so wird dieser Prozeß gestoppt und der Name (oder andere Eigenschaften) des Ortes werden mit dem Zielort verglichen. Stimmen Zielort und erreichter Ort überein, so ist der Prozeß beendet. Die Zeitinformation kann in eine geschätzte Distanz transformiert werden, die jedoch um die Zeit erhöht ist, die benötigt wird, um den Zeitgeber anzuhalten und wieder zu aktivieren. Dies führt zu einer systematischen Überschätzung sog. „gefüllter" Distanzen. Die geschätzte Distanz läßt sich dem Autor zufolge nach folgender Formel schätzen:

[34] Alternativen zu der Annahme eines internen Zeitmessers bietet Wippich (1985).

$$L' = b_0 + b_1 L + b_2 C. \quad \text{(Gl. 4.1)}$$

In dieser Formel stehen L für die metrische Distanz in der physikalischen Umgebung, L' für die geschätzte Distanz und C für die Anzahl der Orte, an denen das Verfahren gestoppt wird. Sowohl L als auch C können mit Gewichten versehen werden (b_1 und b_2).

Gegen nicht-hierarchische Modelle wie die eben beschriebenen sprechen z.B. die Untersuchungen von Stevens und Coupe (1978). Die Autoren untersuchten die Auswirkungen von Hierarchien (ein Anzeichen für nicht-analoge Repräsentation) auf die Einschätzung der Lage einzelner Städte in Nordamerika. Sie konnten zeigen, daß die Zugehörigkeit einzelner Städte zu Ländern einen Einfluß auf die Lageschätzung der Städte hatte und führten dies darauf zurück, daß sich die untersuchten Personen von Informationen höherer Ordnung (Schemata) leiten ließen. Die Ergebnisse wurden von Wilton (1979) für Städte in England und Schottland repliziert.

Allmählich entwickelten sich aus einer ganzen Reihe von Befunden, die für hierarchische Strukturen sprechen, folgende Annahmen (Curiel & Radvansky, 1998; McNamara, 1986; 1991). Räumliche Relationen werden in vier Merkmalsklassen kodiert:
(1) nach Art der Gegenstände,
(2) nach den Grenzen zwischen Regionen,
(3) nach den Regionen selbst und
(4) die Anordnung als Ganzes.

Regionen können dabei sowohl durch physikalische Grenzen bestimmt werden, wie etwa Linien auf einer Landkarte, als auch subjektiv vom Betrachter auf die Umwelt projiziert werden. Zunächst wird eine räumliche Anordnung in Hauptregionen zerlegt. Dabei wird jede dieser Regionen durch einen anderen Ast repräsentiert, was dazu führt, daß räumliche Relationen innerhalb einer Region direkt erschließbar sind, während räumliche Relationen zwischen Regionen inferiert werden müssen. Die Äste entsprechen sog. „Image Units“ oder „Chunks“ und enthalten räumliche Basisinformation, etwa Distanzen zwischen zwei Städten oder zwischen einer Stadt und einer Grenze. Zusätzlich wird jedes Objekt einer solchen imaginalen Einheit einer Region zugeordnet und schließlich der gesamten Anordnung (s. auch Abb. 4.4).

In dem in Abbildung 4.4 angegebenen Beispiel würde das bedeuten, daß jeder Bundesstaat als Teil der Vereinigten Staaten insgesamt und jede Stadt als Teil des betreffenden Bundesstaates repräsentiert ist: die USA als Ganzes, Kalifornien und Nevada, sowie San Diego und Reno in je einer Region. Zwischen Kalifornien und Nevada existiert außerdem eine Relation, die besagt, daß Nevada „östlich von“ Kalifornien liegt, aber zwischen den Städten San Diego und Reno ist eine solche Information nicht explizit vorhanden. Sie muß erschlossen werden. Wenn dies geschieht, so die Befunde des oben erwähnten Experiments von Stevens und Coupe (1978), dann wird die Lage von Reno meist nordöstlich von San Diego geschätzt. Tatsächlich liegt es aber im Nordwesten von San Diego.

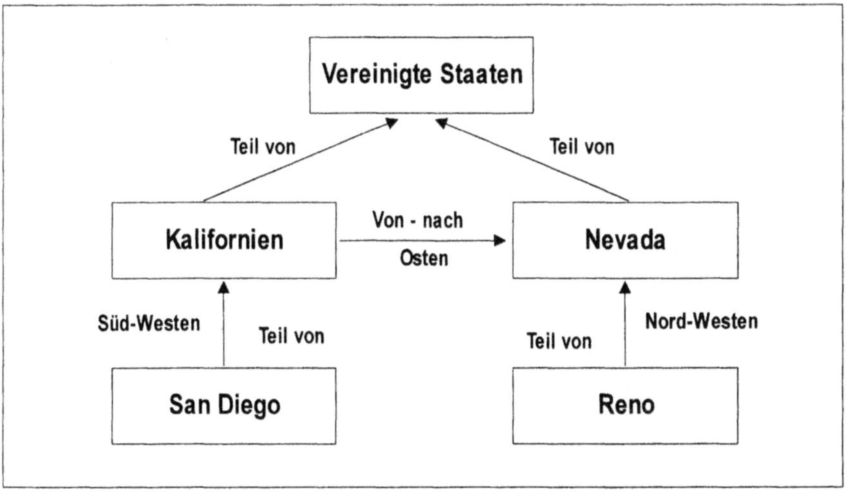

Abb. 4.4 Beispiel für eine hierarchische Repräsentation der Relationen zwischen San Diego, Reno, Kalifornien und Nevada (nach McNamara, 1986; 1991).

4.2.2 Funktion mentaler Karten: Arten der Aneignung räumlichen Wissens

Neben den Fragen nach Form, Struktur und Inhalt von mentalen Karten, stellt sich, wie bereits erwähnt, die Frage nach der Funktion. Will man beispielsweise ein Hotel in einer fremden Stadt finden, so kann man unterschiedliche Strategien anwenden, um sein Ziel zu erreichen (Schweizer, Katz, Janzen, 2000). Eine Möglichkeit, dieses Problem zu lösen, besteht darin, einen Stadtplan zu Rate zu ziehen. Durch den Stadtplan erfährt man die Lage des gesuchten Hotels zum eigenen Standort, z.B. dem Bahnhof. Man schätzt ungefähr ab, in welcher Entfernung sich das Hotel zum Bahnhof befindet. Dabei muß man in der Lage sein, Entfernungen anhand des angegebenen Maßstabs richtig zu skalieren. Um den Weg anhand des neu erworbenen „Kartenwissens“ (s. unten) zu finden, muß man jedoch u.U. weitere Wissensressourcen zu Rate ziehen. Man kann etwa sein allgemeines Wissen über die Welt aktivieren bzw. seine kognitiven Schemata (s. Brewer & Treyens 1981; Schank & Abelson 1977; s. auch Exkurs: Schematheorie), um Landmarken oder Wegmarken zu bestimmen. Dies kann manchen dazu veranlassen, die Straße, die vom Bahnhof aus geradewegs in Richtung Hotel führt, zu wählen und in dieser Situation keinen Umweg zu machen. Man kann sich an Kreuzungen orientieren und zählen, wie viele Kreuzungen man passieren muß, um eine bestimmte Straße zu erreichen, die in etwa auf der Höhe des Hotels liegt usf.

Eine andere Strategie könnte jedoch so aussehen, daß man bei der Ankunft am Bahnhof in ein Taxi steigt und dem Fahrer die Adresse seines Hotels nennt. Dabei prägen sich wahrscheinlich nur wenige Wegmarken und Landmarken ein, auffällige, am Wege befindliche Objekte (Häuser, Mauern, Bäume usf.) oder weit sichtbare Orientierungspunkte (z.B. ein Fernsehturm oder ein Wolkenkratzer). Im Besitz dieses Wissens könnte man jetzt über einige Details des Weges berichten, doch könnte man denselben Weg wahrscheinlich nicht noch einmal alleine gehen.

Räumliches Wissen kann auf verschiedene Weise gelernt werden. Der bisher verwendete Begriff der mentalen Karte generalisiert in diesem Punkt und umschließt weiter aufschlüsselbare Wissensarten wie Kartenwissen und Straßenwissen nach Engelkamp (1990) oder Knotenpunkt-, Routen- und Überblickswissen nach Siegel und White (1975), Sutton und Barto (1981) oder Herrmann et al. (1998).

Wissen aus Karten

Karten werden häufig beim Zurechtfinden in räumlichen Umgebungen eingesetzt (s. oben). Damit eine Karte hilfreich sein kann, muß der Betrachter wissen, welche Punkte in der Realität den Punkten auf der Karte entsprechen. Oft ist in Karten, die man an strategischen Punkten in einer Stadt findet, daher ein Betrachterstandort eingezeichnet. Ein weiteres Merkmal, das der Orientierung dient, ist der sog. Nordpfeil. Zieht man Karten zu Rate, entsteht eine gesonderte Form von räumlichem Wissen, das Kartenwissen.

Engelkamp (1990, S. 224 ff.) beschreibt Kartenwissen wie folgt: Kartenwissen wird simultan erworben. Es wird aus einer bestimmten Perspektive heraus wahrgenommen, nämlich aus der Perspektive, die man üblicherweise beim Betrachten einer Karte einnimmt, eine Perspektive, bei der der Betrachter die Objekte von schräg oben wahrnimmt (Vogelperspektive). Herrmann et al. (1998) nennen diese Perspektive in Anlehnung an Nigro und Neisser (1983) „Beobachterperspektive“. Engelkamp (1990) nimmt an, daß Kartenwissen in einem zweidimensionalen Bildmarkensystem gespeichert wird, ähnlich wie die Form von Objekten. Die Situation bei der Aneignung von Kartenwissen bestimmt dem Autor zufolge auch die Leistung, die in Bezug auf verschiedene räumliche Aufgaben erbracht werden kann. Lageschätzungen und Richtungsangaben beispielsweise sollen orientierungsspezifisch erfolgen, d.h. die Lage der Objekte zueinander wird aus der ehemals eingenommenen Perspektive geschätzt. Muß diese Orientierung aufgegeben werden, so ist dies mit mentalen Operationen wie Rotationen oder Translationen verbunden. Die Einschätzung von Distanzen zwischen einzelnen Objekten aufgrund von Kartenwissen ist unabhängig von der Perspektive des Betrachters und unabhängig von existierenden Wegen zwischen Objekten. Distanzen sind somit symmetrisch und euklidisch.

Exkurs: Distanzen in mentalen Karten

Unterschieden werden i.d.R. folgende Arten von Distanzen, die zum Teil mit den bereits definierten Möglichkeiten, Wege zu enkodieren, in Einklang stehen (z.B. Briggs, 1973; Montello, 1991; Rothkegel, Wender & Schumacher, 1998; s. oben, Abschnitt 4.2.1):

(1) Egozentrische (auch relative) Distanzen werden als Entfernungen von der eigenen Person zu einem Punkt in der räumlichen Umgebung enkodiert. Diese Relationen nennen Pick und Lockman (1981) Körper-Objekt-Relationen. Egozentrische Distanzen spielen vor allem im Bereich von 1,5 bis 1,2 Metern eine Rolle. In diesem Bereich können sie auch relativ gut eingeschätzt werden (Loomis, DaSilva, Philbeck & Fukusima, 1996).

(2) Exozentrische (auch absolute) Distanzen werden als Entfernungen zwischen zwei Punkten der Umgebung enkodiert. Pick und Lockman (1981) nennen diese Objekt-Objekt-Relationen.

(3) Perzeptuelle Distanzen können z.B. nach Baird (1970) ohne Positionswechsel oder Augenbewegung der betrachtenden Person wahrgenommen werden.

(4) Umweltdistanzen (auch kognitive Distanzen) bezeichnen Relationen zwischen Objekten, die nicht auf einmal wahrgenommen werden können. Solche Distanzen treten in sog. Large-Scale-Anordnungen auf. Hierbei spielt vor allem die bereits erwähnte Feature-Akkumulation eine Rolle (s. oben, Abschnitt 4.2.2)

Zwischen diesen Kategorien gibt es jedoch auch Überschneidungen. Die oben erwähnte Bezeichnung euklidische Distanz bezieht sich auf die direkte und kürzeste Entfernung zwischen zwei Raumpunkten (Person-Objekt oder Objekt-Objekt). Dabei kann es sich sowohl um eine ego- als auch exozentrische euklidische Distanz handeln. Das Konstrukt der Routendistanz kann ebenfalls ego- oder exozentrisch aufgefaßt werden. Eine egozentrische Routendistanz bezeichnet die Entfernung, die durch Eigenbewegung (im realen oder virtuellen Raum) bewältigt wird, also meist eine kognitive Distanz. Exozentrische Routendistanzen liegen aber z.B. vor, wenn man beim Studium einer Karte die Entfernung zwischen zwei Objekten auf einer Straße bzw. einem Weg beurteilt. Dies ist in jedem Fall eine perzeptuelle Distanz.

Ein weiteres Problem ist das Messen von Distanzen. Distanzschätzverfahren werden mit unterschiedlichen Methoden durchgeführt. Nach Montello (1991) können folgende Methoden unterschieden werden, die er als psychophysische Rationalskalierung bezeichnet:

- Auf die Frage, wie weit ist A von B entfernt, kann einfach eine Maßzahl verlangt werden. In diesem Fall ist es der Versuchsperson überlassen, welche Maßeinheit sie wählt.
- Der Versuchsperson kann eine Referenzstrecke vorgegeben werden, zu der die Länge der fraglichen Distanz genannt werden soll.
- Die Versuchsperson kann die Aufgabe erhalten, eine Teststrecke so lange zu justieren, bis diese der Distanz, die geschätzt werden soll, entspricht.
- Schließlich kann die Distanz als Verhältnis zwischen einer vorgegebenen Referenzstrecke und einer dazu zu justierenden Teststrecke angegeben werden.

Vor allem die zuletzt genannte Methode wird häufig eingesetzt, um Distanzen zu schätzen. I.d.R. ist die Referenzstrecke dabei eine den Versuchspersonen gut bekannte Strecke, die auf einem Blatt Papier oder am Computer vorgegeben wird. Hierzu sollen dann die Distanzen, die zu schätzen sind, eingezeichnet werden. So präsentierte z.B. Lowrey (1973) seinen Versuchspersonen eine Linie mit einer Länge von 10 cm. Diese Linie sollte die Distanz von der Wohnung der Versuchspersonen zum nächstgelegenen Park bezeichnen. Die Versuchspersonen hatten die Aufgabe, die Teststrecke auf einer zweiten Linie, die ebenfalls abgebildet war, zu markieren.

Eine sehr bekannte Studie zur Schätzung von Distanzen in Kartenwissen stammt von Thorndyke und Hayes-Roth (1982). Sie untersuchten verschiedene Gruppen von Versuchspersonen, die sich Wissen über einen Gebäudekomplex anhand eines Lageplans (Kartenwissen) oder durch das tägliche Arbeiten darin aneigneten (s. unten). Sie konnten zeigen, daß die Gruppe mit Kartenwissen euklidische Distanzen unmittelbarer und besser einschätzen konnte als die zweite Gruppe. Insofern können die oben dargestellten Annahmen bzgl. der Distanzen bestätigt werden.

Levine, Jankovich und Palij (1982) untersuchten die Orientierungsspezifität von Kartenwissen. Sie zeigten ihren Versuchspersonen Karten, auf denen eine bestimmte Wegstrecke eingezeichnet war, die sie sich einprägen sollten. Anschließend erhielten sie eine Orientierungsaufgabe, die der Perspektive, die sie beim Lernen der Karte eingenommen hatten, entsprechen konnte (aligned) oder nicht (contra-aligned). Wie erwartet, resultierten weniger Fehler bei der Richtungsschätzung (die Versuchspersonen sollten an die Position gehen, an der sie einen Zielpunkt vermuteten), wenn die Orientierung in der Aufgabe der Orientierung beim Lernen entsprach als wenn dies nicht der Fall war. (Dabei wird angenommen, daß die Übertragung der vertikalen Richtung der Karte in die Sagittale des Betrachters keine aufwendigen Transformationen erforderlich macht.) Die Autoren sprechen von einem sog. Alignment-Effekt[35], der die Annahme orientierunsgspezifischen Kartenwissens unterstützt (s. auch Presson, DeLange & Hazelrigg, 1987; Roskos-Ewoldson, McNamara, Shelton & Carr, 1998).

Offensichtlich wird Kartenwissen perspektivisch erworben. Die enkodierte Orientierung scheint Menschen dann Schwierigkeiten zu bereiten, wenn sie das Wissen auf reale Navigationsprobleme oder auf Richtungs- und Lageschätzungen anwenden sollen (Levine, 1982). Dafür sprechen auch die Untersuchungen von Darken (1999), der Versuchspersonen in virtuellen Umgebungen und anhand von Karten trainierte und ihre Fähigkeiten dann in realen Landschaften überprüfte (s. auch Darken & Sibert, 1996). Auch May, Péruch und Savoyant (1995) untersuchten diese Frage. Sie präsentierten ihren Versuchspersonen Karten einer räumlichen Anordnung, in denen ein Weg von einem Startpunkt zu einem Zielpunkt eingezeichnet war. Nach etwa einer Minute sollten die Versuchspersonen diesen Weg entweder nachzeichnen oder verbal beschreiben. (Damit sollte eine eher imaginale und eine eher prozedurale Enkodierung der Anordnungen erreicht werden.) In einer nachfolgenden Navigationsaufgabe wurden die in der Karte topographisch dargestellten Raumausschnitte vorgegeben. Den Versuchspersonen wurde nun der Eindruck vermittelt, als befänden sie sich tatsächlich im gezeig-

[35] Das Alignment-Prinzip bezeichnet eig. ein Prinzip, das z.B. Pfadfindern in einschlägigen Handbüchern empfohlen wird. Dabei soll eine Karte so ausgerichtet werden, daß sie parallel zur Anordnung ist.

ten Gelände. Der Startpunkt, an dem die Navigationsaufgabe begann, konnte der Orientierung der Karte entsprechen (aligned) oder um 90°, 180° oder 270° gedreht sein (misaligned). Die Aufgabe bestand darin, den Zielpunkt des zuvor gelernten Weges in der virtuellen Umgebung nachzuvollziehen. Dazu instruierten die Versuchspersonen einen Versuchsleiter („vorwärts", „links", „rechts"), der die Anweisungen in der VR-Umgebung ausführte. Abbildung 4.5 gibt ein Beispiel der für die in der Lernphase verwendeten Karten mit Wegen.

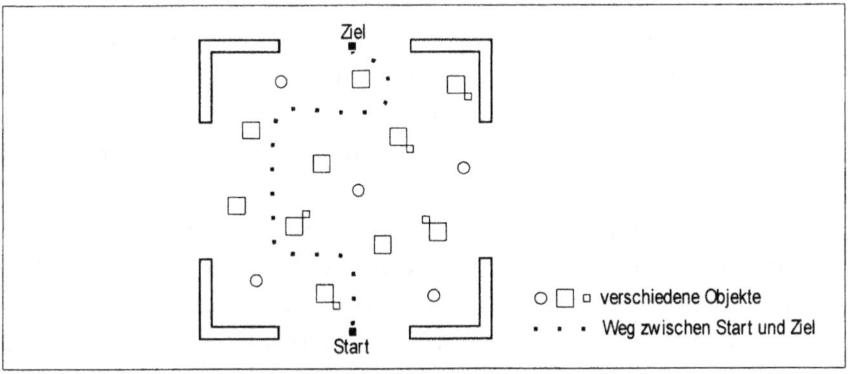

Abb. 4.5 Beispiel eines zu lernenden Weges (nach May et al., 1995).

Gemessen wurde die Genauigkeit, mit der die Versuchspersonen navigierten, sowie die Zeit, die sie dazu benötigten. In beiden Bedingungen (imaginale vs. prozedurale Enkodierung) zeigte sich ein Effekt, der auf die Ausrichtung der Karte mit dem Startpunkt zurückzuführen ist. Die Versuchpersonen benötigten mehr Zeit und verfolgten den gelernten Weg weniger genau, je mehr die Orientierung von der exakten Übereinstimmung (0°) abwich. Auch diese Befunde stützen die Annahme von orientierungsspezifischem Kartenwissen.

Eine weitere Variante von Raumwissen, die oft mit Kartenwissen synonym gebraucht wird, ist das sog. Überblickswissen (Survey Knowledge). Man kann sich mit dem Blick auf eine Karte natürlich auch einen Überblick über das betreffende Areal verschaffen. In diesem Fall entspricht das Überblickswissen dem eben geschilderten Kartenwissen (s. auch Herrmann et al., 1998). Überblickswissen kann jedoch auch entstehen, indem durch Navigation erworbene Wissensbestandteile rekodiert und integriert werden (s. unten).

Beim Navigieren entstehendes Raumwissen[36]

Bereits Tolman (1948) unterscheidet zwischen streckenbezogenem Wissen und übergeordnetem Wissen. Er benutzt die Bezeichnung „Strip Maps", um das Wissen der Ratten zu kennzeichnen, das sich auf Wege im Labyrinth bezieht, während die Bezeichnung „Comprehensive Maps" für Wissen über das Wegesystem als Ganzes steht (s. auch May, 1992).

Nach Siegel und White (1975) können die Stufen beim Erwerb von kognitiven Karten wie folgt gekennzeichnet werden:

(1) Zunächst werden die beim Navigieren entstehenden Eindrücke als „Snapshots", die integriert werden müssen, aufgenommen. Diese Eindrücke sind die schon vielfach erwähnten Knotenpunkte oder Landmarken. Hier werden Richtungsänderungen getroffen oder auch die Bestätigung bisheriger Entscheidungen erfahren (z.B. an weithin sichtbaren Orientierungspunkten).

(2) Nach erfolgter Integration der von Siegel und White (1975) beschriebenen Schnappschüsse entsteht Routenwissen oder Streckenwissen. Streckenwissen besitzt eine handlungssteuernde Funktion und ist als Abfolge von Schnappschüssen und Entscheidungspunkten auf bestimmten Strecken (Verbindungen zwischen Knotenpunkten) zu verstehen.

(3) Überblickswissen wird als Kombination bzw. Integration von Streckenwissen betrachtet. Überblickswissen entsteht entweder durch Bewegung im Raum oder aber durch das zu Rate Ziehen von Karten oder Lageplänen. Die zweite Art des Erwerbs von Überblickswissen wird dabei als direkter Erwerb bezeichnet. Dieses Wissen geht über das eindimensionale Streckenwissen hinaus.

Eine ähnliche Abfolge unterstellen auch Herrmann und Schweizer (1998; Herrmann et al., 1998). Zunächst entsteht eine Art Markenwissen aus entscheidungsbezogenen und nicht-entscheidungsbezogenen Weg- und Landmarken. Diese stellen die kognitiven Stützpfeiler dar, auf denen sich das Routenwissen aufbaut. Oft wird dabei angenommen, daß diese Marken ansichtsspezifisch (blickpunktspezifisch) sind (s. auch Buhl, 1996; Chown, Kaplan & Kortenkamp, 1995; Herrmann, 1995; 1996; Herrmann & Schweizer, 1998; Janzen, 2000; Klein, 1982; Kuipers, 1978; 1983; May, 1992; Schölkopf & Mallot, 1995; Schweizer, 1997). In einem nächsten Schritt erhält das zuvor relativ ungeordnete Markenwissen eine zeitliche Sequenz. Es entstehen Routen (intern repräsentierte Wege, s. oben). Herrmann und Schweizer (1998) schreiben dazu:

---

[36] Bisher nicht erwähnt wurde Wissen, das aus verbalen Beschreibungen resultiert. In den Abschnitten 4.3.1 und 4.3.2 werden einige Befunde zu Wissen aus verbalen Beschreibungen referiert. Da die hier zu modellierenden Daten sich jedoch nicht auf Repräsentationen von Wissen aus verbalen Beschreibungen beziehen, wird hier von einer systematischen Darstellung des Gebiets abgesehen.

> Auch Routen sind interne Repräsentationen. Sie haben eine sequentielle Struktur. Man kann Routen als Sequenzen von vor allem visuell repräsentierten Wegmarken bestimmen. Es kann sich dabei sowohl um entscheidungsbezogene als auch um andere Wegmarken handeln (s. oben). Routen sind interne Repräsentate, die man als schwache Ordnungen von (diskreten) „inneren Bildern" verstehen oder gegebenenfalls mit einer inneren Fotosequenz vergleichen kann. (S. 144)

Das entstandene Wissen über Routen ist deutlich zu unterscheiden vom oben beschriebenen Kartenwissen. Routen sind wie Strecken eindimensional. Sie haben eine schwache Ordnung, die aus der Erwerbsreihenfolge resultiert. Allerdings können Entscheidungspunkte in einer solchen Route schon ausgezeichnet sein, da diese Wissensaufnahme wahrscheinlich schon bei der Enkodierung der Land- und Wegmarken erfolgt. Nach Herrmann und Schweizer (1998; Herrmann et al., 1998) muß eine solche Route entweder invertiert oder in eine andere als die ansichtsspezifische Orientierungen rekodiert werden, damit Überblickswissen entstehen kann. Herrmann und Schweizer (1998, S. 145; Herrmann et al., 1998) führen dazu den Begriff der „Beobachter-" vs. „Feldperspektive" ein (vgl. dazu auch Strohecker, 2000):

(1) Die Route kann in der Erinnerung als quasi dreidimensionale Abbildung einer Raumanordnung vorliegen, wobei sich die Person mitten in der Szene, im „Feld" befindet. Man stellt sich dann z.B. eine Straße so vor, wie man sie als Spaziergänger, der sie entlang gegangen ist, gesehen hat. Wir nennen dies in Anlehnung an Nigro und Neisser (1983) die Feldperspektive der internen Repräsentation.

(2) Man kann eine Route und das, was man vom Weg aus von der räumlichen Umgebung erkennen kann, als annähernd zweidimensionales, langgestrecktes, flächenartiges Gebilde repräsentieren, auf das man aus der Vogelperspektive (oder auch schräg von oben, wie von einem Hügel herab) schaut. Dieses langgestreckte, flächenartige Gebilde kann gleichwohl Information über Höhenunterschiede (über Steigungen, Senken u. dgl.) enthalten. Die Route ist jedoch eher mit einer Wegskizze auf einem Blatt Papier zu vergleichen. Wir nennen diese Repräsentationsform, die auch eine besondere Bedeutung für das Überblickswissen besitzt (s. unten), die Beobachterperspektive.

Routen können somit aus einer Feldperspektive, in der sie wohl meist vorliegen, auch in eine Beobachterperspektive transformiert werden. Das Resultat dieser Transformation ist, daß Routen nicht mehr eindimensional vorliegen. Es werden Verbindungen zwischen Routen deutlich, und Entscheidungspunkte wie Kreuzungen können überblickt werden. Verbleibt das Wissen um die Route in der Feldperspektive, so erfolgt eine Inversionsoperation. Abbildung 4.6 veranschaulicht die Unterscheidung von Feld- und Beobachterperspektive.

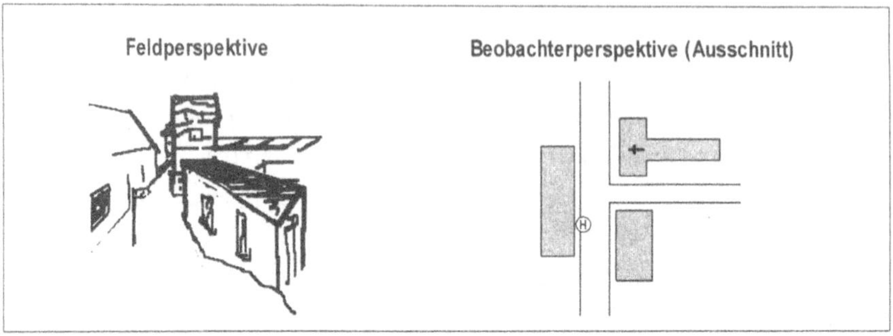

Abb. 4.6 Ein Wegabschnitt in Feld- und Beobachterperspektive (nach Herrmann & Schweizer, 1998, S. 146).

In dieser Art und Weise kann nicht nur eine Route aus dem betreffenden Markenwissen entstehen, es werden vielmehr mehrere solcher Wegabschnitte repräsentiert. Diese Abschnitte werden in einem nächsten Schritt integriert, entweder als Integration an den einzelnen Entscheidungspunkten – das kann unter der Feldperspektive erfolgen – oder aber als Teilflächenintegration unter der Beobachterperspektive. Unter dem letzten Fall kann auch die Variante, daß Kontextwissen integriert wird, subsumiert werden (vgl. Herrmann et al., 1998; Herrmann & Schweizer, 1998, S. 148 ff.).

Zentral ist an dieser Konzeption, daß beim Übergang von Routen- zu Überblickswissen eine Vielzahl von unterschiedlichen Wissenskomponenten entstehen kann, die unterschiedliche Leistungen ermöglichen. (s. Abb. 4.7).

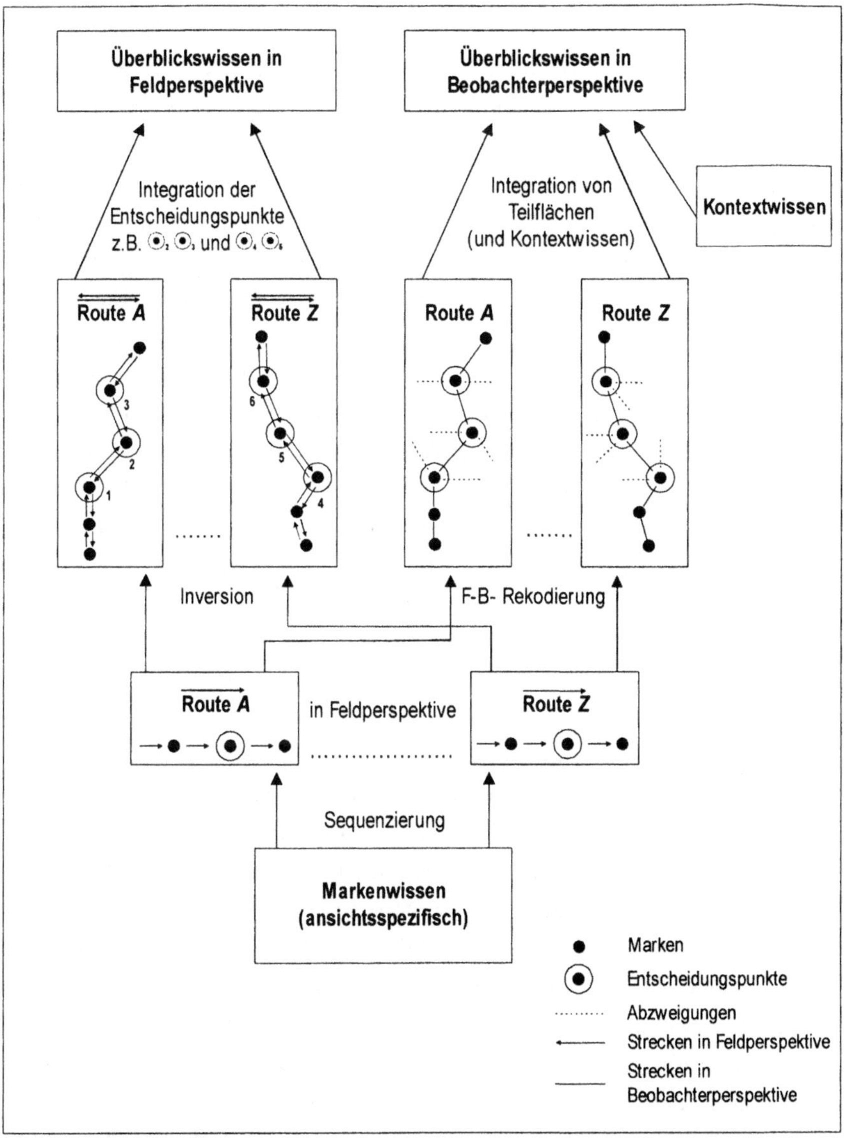

Abb. 4.7 Übersicht über mögliche Entstehungsarten von Überblickswissen (in Anlehnung an Herrmann et al., 1998).

Auch das von Engelkamp (1990) beschriebene Straßenwissen zeigt diesen Übergang von Routen- zu Überblickswissen auf. Kennzeichen von Straßenwissen ist, daß es sukzessive erworben wird. Es besteht daher zunächst aus Teilräumen, die integriert werden müssen. Straßenwissen ist objektzentriert (Betrachter können quasi um Objekte herumlaufen) und damit nach erfolgter Integration nicht mehr orientierungsspezifisch. Der Erwerb von Straßenwissen ist mühsamer, aber es kann flexibler benutzt werden. Eine Folge der Repräsentation von räumlichen Anordnungen in Form von Straßenwissen ist, daß Distanzen zwischen Objekten routenabhängig und nicht symmetrisch sind, aber die Einschätzung der Lage von Objekten zueinander ohne zusätzliche mentale Operationen erfolgen kann. Für die Speicherung von Straßenwissen soll ein dreidimensionales Gedächtnissystem zur Verfügung stehen. Straßenwissen nach Engelkamp würden somit dem Überblickswissen in der Feldperspektive aus Abbildung 4.7 entsprechen.

Formale Modelle zum Erwerb von mentalen Karten durch Navigation stammen z.B. von Chown et al. (1995), Kuipers (1978; 1983; 1998), Schölkopf und Mallot (1995), Werner, Krieg-Brückner und Herrmann (2000) oder Yeap (1988). I.d.R. nimmt man in solchen Modellierungen an, daß verschiedene Navigationsstrategien zusammenwirken. Schon Kuipers (1978) postulierte in seinem TOUR-Modell verschiedene Ebenen der Repräsentation: (a) eine topologische Struktur des Straßennetzes, die in eindimensionaler Form vorliegt (quasi als Abfolge von Teilstrecken, die eine Gesamtstrecke ergeben), (b) relative Positionen zwischen zwei Objekten in Form von Vektoren in einem Koordinatensystem, (c) qualitative positionale Informationen (etwa das Wissen über Grenzen) und (d) Regionen (die sich durch ihr Abstraktionsniveau voneinander unterscheiden). Diese Repräsentationen ergeben zusammen mit der oben beschriebenen Routenrepräsentation (Sequenz der erlebten Raumkomponenten) das Wissen über spezifische räumliche Anordnungen, das sozusagen die Datenbasis seines Modells darstellt. Das Modell entspricht einem Produktionensystem, das zusätzlich über Informationen verfügt, wo sich der Betrachter gerade befindet, und über Regeln (Inferenzen) zur Anwendung des Wissens. Kuipers' 1998 entwickeltes SSH-Modell (Spatial Semantic Hierarchy) arbeitet auf der untersten Ebene mit Informationen über den Zustand des Systems. Für spezifische Abschnitte der Umgebung, die durch Navigation erfahren wird, resultieren letztlich verschiedene distinkte Zustände. Auf einer übergeordneten Ebene werden diese Zustände als Orte klassifiziert, die zusammen mit Pfaden (Wegen) und Regionen die topologische Repräsentation des Raumes ergeben.

Die Untersuchungen zu Raumwissen, das beim Navigieren durch eine Anordnung entsteht, sind zahlreich. Oft sind sie eine dem Kartenwissen gegenübergestellte Bedingung bei der Untersuchung von Distanzen oder der Orientierungsspezifität (s. auch Engelkamp, 1990). Beispiele dafür sind die bereits erwähnten Untersuchungen von Thorndyke und Hayes-Roth (1982), von Evans und Pezdek (1980), Presson et al. (1987) oder Roskos-Ewoldson et al. (1998). Letztere fanden z.B., daß die oben beschriebenen Alignment-Effekte nicht nur im

Zusammenhang mit Karten auftauchen. Auch wenn größere Anordnungen unter einer spezifischen Ausrichtung (von einem Blickpunkt aus) kennengelernt werden, macht sich diese Orientierungsspezifität bemerkbar.

Eine etwas andere Untersuchungsrichtung wird verfolgt, wenn die Navigationsleistung selbst betrachtet wird. In einer Studie von Katz et al. (1999; s. auch Katz, 2000; Schweizer et al., 2000) wurden Versuchspersonen durch ein virtuelles Gangsystem geführt. Sie sollten den kennengelernten Weg anschließend selbst wiederfinden und danach auch zurückfinden. Einige Kreuzungen des Gangsystems hatten eine spezifische „Pfeil-Gabel-Konfiguration", wie sie in Abb. 4.8 zu sehen ist.

Solche Kreuzungen sind interessant, weil von der Pfeil-Seite aus (Strecke *CA* oder *DA*) selten registriert wird, daß noch andere Wegalternativen vorhanden sind. Wird die Kreuzung dagegen von der Gabel-Seite aus (Strecke *AC* oder *AD*) angesteuert, so wird die Kreuzung mit mehr Alternativen repräsentiert.

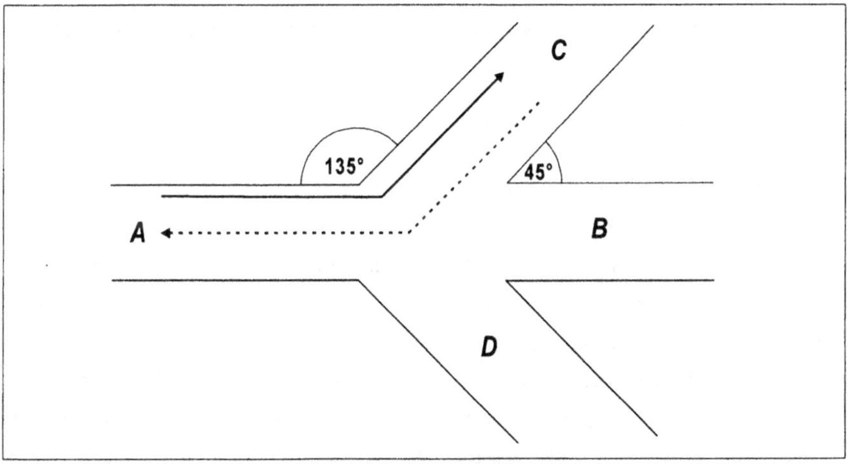

Abb. 4.8 Eine Pfeil-Gabel-Kreuzung (nach Katz et al., 1999).

Eine Analyse der Entscheidungszeiten der Versuchspersonen an den jeweiligen Kreuzungen bestätigte diese Vermutung: Die Versuchspersonen benötigten auf dem Hin- sowie auf dem Rückweg deutlich weniger Zeit, um sich für den weiteren Weg zu entscheiden, wenn „Pfeil-Gabel-Kreuzungen" von der Pfeil-Seite aus und nicht von der Gabel-Seite aus betreten wurden. An Kreuzungen, die von der Pfeil-Seite aus betreten wurden, wurden auch wesentlich weniger Fehler, d.h. Entscheidungen für eine falsche Wegalternative, gemacht. Auch dieser

Befund unterstreicht die Orientierungsspezifität von Raumwissen (s. auch Herrmann & Janzen, i. Dr.; Schade, 2000).

4.3 Priming-Befunde in mentalen Karten

Aus der Vielzahl von Methoden zum Informationsabruf in mentalen Karten interessiert hier vor allem die Methode des räumlichen Primings. Erste Arbeiten zum Einsatz dieser Methode im Zusammenhang mit Rauminformation stammen von McNamara et al. (1984) sowie von Wagener und Wender (1985). Die häufigste Priming-Methode, die dabei eingesetzt wird, ist das Wiedererkennen von Objekten (zu einer anderen Methode vgl. auch Clayton & Chattin, 1989; Merrill & Baird, 1987). Mit dieser Methode werden i.d.R. stabilere Effekte erzeugt als etwa mit lexikalischen Entscheidungs- oder Kategorisierungsaufgaben. Man nimmt daher an, daß der Priming-Mechanismus, der beim Wiedererkennen von Objekten wirksam wird und auch Effekte in bezug auf räumliche Relationen erzeugt, weitgehend automatisiert verläuft (McNamara, 1986; 1991). Nach den Ausführungen in Abschnitt 3.2.2 (s. auch Neely, 1991) ist daher anzunehmen, daß dieser Prozeß am besten durch Spreading-Activation-Theorien erklärt wird.

4.3.1 Widersprüchliche Befunde zu Distanzen

Die ersten einflußreichen Ergebnisse zu unterschiedlichen Priming-Effekten bei verschiedenen Distanzen stammen aus einer Untersuchung von McNamara et al. (1984). Die Autoren boten ihren Versuchspersonen künstlich hergestellte Straßenkarten mit Städten und Straßen dar, die diese lernen sollten (s. auch Abb. 4.9a). In der nachfolgenden Priming-Phase wurden nacheinander Städtenamen dieser Karten dargeboten, die entweder mit den gelernten Namen identisch waren oder nicht. Die Städtenamen wurden listenweise dargeboten, d.h. jedes Target war gleichzeitig Prime für das nachfolgende Wort. Die so entstandenen Prime-Target-Paare variierten im Hinblick auf die Distanz. Paare von Städtenamen konnten auf der sie verbindenden Straße nah oder weit entfernt sein (exozentrische Routendistanz), und sie konnten eine nahe oder weite euklidische Distanz aufweisen (s. oben, Exkurs: Distanzen in mentalen Karten). Es entstanden somit drei Arten von Prime-Target-Paaren: euklidisch nah und routennah, euklidisch nah und routenweit sowie euklidisch weit und routenweit. (Die Kombination euklidisch weit und routennah ist logisch nicht möglich.) Die Versuchspersonen hatten die Aufgabe, zu entscheiden, ob das Target auf der Karte vorkam oder nicht (Wiedererkennungsaufgabe).

Die Autoren fanden einen deutlichen Effekt der (exozentrischen) Routendistanz (der Distanz zwischen zwei Städten auf einer eingezeichneten Straße): Bei routennahen Items

(Prime-Target-Paaren) konnte schneller reagiert werden als bei routenweiten Items, auch wenn die euklidische Distanz kontrolliert wurde (s. auch McNamara, Hardy & Hirtle, 1989; McNamara & LeSuer, 1989).

Strittig war bei dieser Untersuchung von Anfang an, wie sich diese Befunde erklären lassen. Gemäß den oben dargestellten Annahmen in bezug auf die hierarchische Repräsentation von mentalen Karten (s. auch Abschnitt 3.2.1) und im Zusammenhang mit der Annahme, daß Wissen aus Karten zu einer eher euklidischen Repräsentation von Distanzen führen sollte, können die Straßen, die eingezeichnet sind auch als hierarchische Elemente interpretiert werden (vgl. auch Abbildung 4.9). Um solche Einflüsse zu überprüfen, führte die Forschergruppe um McNamara (z.B. McNamara, 1986; 1991; McNamara, Halpin & Hardy, 1992; McNamara, Hardy & Hirtle, 1989) eine Reihe von Experimenten durch, in denen die zuvor beschriebenen Anordnungen und die Zusammensetzung der Items systematisch variiert wurden (vgl. Abb. 4.9). Ausgangspunkt der Überlegungen waren die schon geschilderten Annahmen zu hierarchischen Repräsentationen (s. auch Abb. 4.4).

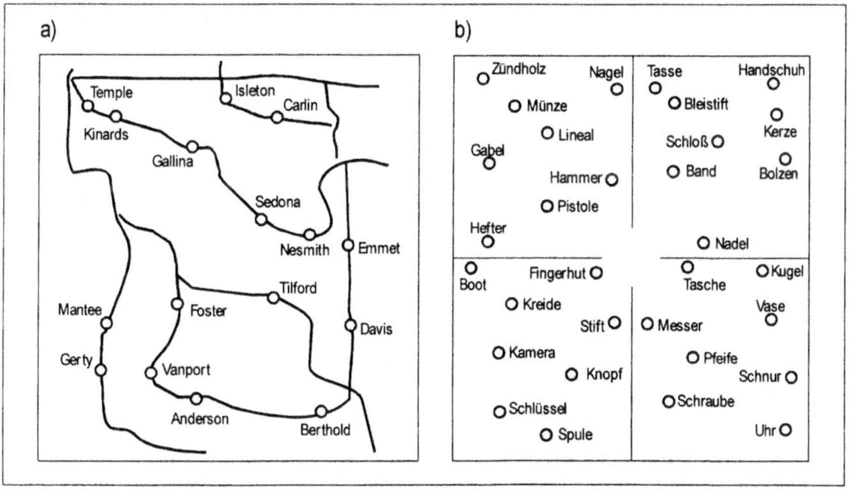

Abb. 4.9 a) Versuchsmaterial der Experimente von McNamara et al. (1984); b) Skizze der Anordnungen aus McNamara (1986).

Dabei differenzierte man neben streng hierarchischen und nicht hierarchischen Repräsentationen zusätzlich nach teilweise hierarchischen Repräsentationen (McNamara, 1986; 1991). Der Unterschied besteht darin, daß bei streng hierarchischen Modellen die Relation zwischen den Teilregionen der ersten Ebene fehlt. (In Abb. 4.4 wäre das die Relation zwischen den Bundesstaaten Kalifornien und Nevada.) Ein solches Modell liefert folgende Annahmen bzgl. zu erwartender Priming-Effekte (McNamara, 1986):

(1) Nicht-hierarchischen Theorien zufolge müßten vor allem Effekte zwischen nahen und weiten Entfernungen zu finden sein. Diese Effekte sollten unabhängig von Regionen bzw. über Regionen hinweg zu finden sein.

(2) Streng hierarchische Theorien postulieren vor allem, daß Regionen wirksam werden. Demgemäß müßten über Regionen hinweg keine Unterschiede zwischen nahen und weiten Entfernungen festzustellen sein.

(3) Teilweise hierarchische Theorien dagegen würden vorhersagen, daß beide Arten von Effekten auftreten müßten, sowohl Effekte über Regionen hinweg als auch stärkere Effekte zwischen Objekten in einer Region als zwischen Objekten in verschiedenen Regionen.

Eine entsprechende empirische Prüfung führte McNamara (1986) durch. Er bot seinen Versuchspersonen Karten wie in Abbildung 4.9b dar. (Eine Variation der Darbietung bestand darin, daß weitere Gruppen von Versuchspersonengruppen auch Navigationen in einer der Karte entsprechenden räumlichen Umgebung unternahmen.) Die Versuchspersonen wurden instruiert, sich die Namen der Objekte einzuprägen. In der nachfolgenden Priming-Phase wurden wiederum Listen von Objektnamen dargeboten, die folgende Beziehung aufweisen konnten: nah und aus einer Region, weit und aus einer Region, nah und aus verschiedenen Regionen sowie weit und aus verschiedenen Regionen. Die Ergebnisse (für alle experimentellen Gruppen) sind in Tabelle 4.1 dargestellt.

Tab. 4.1: Ergebnisse der Untersuchungen von McNamara (1986).

	Aus einer Region		Aus verschiedenen Regionen	
	Nah	Weit	Nah	Weit
RT	705	786	763	790
Fehler	2,8	2,4	2,6	3,3
Aktivation	13,33	11,01	10,91	10,08

RT: Reaktionszeit in Millisekunden; Aktivation: erreichte Ebenen der Aktivation bei einer durchgeführten Simulation nach den im Text angegebenen Formeln (McNamara, 1986).

Die Analyse der Reaktionszeiten lieferte zwei statistisch signifikante Haupteffekte: Die Versuchspersonen erkannten Objekte dann schneller, wenn Prime und Target aus der gleichen Region sind ($F(1,69) = 15{,}06$, $p < 0{,}001$), aber auch wenn Prime und Target eine kürzere Entfernung zueinander hatten, als wenn sie weiter voneinander entfernt waren ($F(1,69) = 13{,}22$, $p < 0{,}001$).

Um die Leistungen der Versuchspersonen zu erklären, wurden die Annahmen mit den schon in Abschnitt 3.2.2 ausgeführten Spreading-Activation-Theorien zu einem Priming-Modell in mentalen Karten verknüpft und eine Simulation durchgeführt (s. auch Tab. 4.1):

Wird eine Gedächtnisspur aktiviert, so breitet sich die Aktivation in einem Netzwerk aus, das der eben beschriebenen hierarchischen Struktur entspricht. Ein Knoten *i* kann dabei entweder von einem anderen Knoten *j* aktiviert werden, mit dem er verbunden ist, oder aber er kann sich selbst aktivieren. Die Stärke der Aktivation eines Knotens *i* ist eine Funktion der Stärke der Verbindung zwischen *i* und *j*, der Wahrscheinlichkeit, daß überhaupt eine Verbindung zwischen *i* und *j* existiert, und der Aktivationshöhe von *j*. Die Stärke der Verbindung hängt dabei natürlich von der eben beschriebenen Struktur ab.

McNamara (1986; 1991) faßt seine Annahmen in folgender Formel zusammen:

$$a_i = c_i + m\sum_j (r_{ij} p_{ij} a_j), \qquad \text{(Gl. 4.2)}$$

mit a_i als Aktivationshöhe des Knotens *i*, c_i als Stärke von Knoten *i* (bei Selbstexzitation), *m* als Erhaltungsfaktor, r_{ij} als Stärke der Verbindung, p_{ij} als Wahrscheinlichkeit der Verbindung und a_j als Aktivationshöhe des Knotens *j*. Die Wahrscheinlichkeit dafür, daß überhaupt eine Verbindung zwischen zwei Orten *i* und *j* enkodiert wird, berechnet sich nach der Formel:

$$p_{ij} = \exp\left[-(d_{ij} / l)^a\right], \qquad \text{(Gl. 4.3)}$$

mit d_{ij} als euklidischer Distanz, *l* als Skalierungsfaktor und *a* als Zerfallsrate. Der Skalierungsfaktor wird eingesetzt, um Unterschiede in der Repräsentation von Distanzen modellieren zu können. So können z.B. Distanzen, die durch das Studium von Karten erfahren werden, anders skaliert werden als Distanzen aus Navigationsexperimenten. Außerdem kann hiermit ein weiterer Faktor abgebildet werden, der im Zusammenhang mit dem eben geschilderten Experiment jedoch kaum eine Rolle spielt, der in Abschnitt 4.2.2 bereits geschilderte Alignment-Effekt. Auch bei den Untersuchungen von McNamara (1986) konnten Distanzen der Ausrichtung der dargebotenen Karte entsprechen oder nicht. Der Skalierungsfaktor erlaubt es, diese der Ausrichtung entsprechenden (aligned) vs. nicht-entsprechenden (misaligned) Distanzen unterschiedlich zu skalieren. Allerdings bedeutet dies, daß die Distanzen von einem Element zum anderen zweimal repräsentiert sein müssen (s. unten). Empirisch signifikante Unterschiede zwischen diesen beiden Kategorien gab es übrigens nicht (McNamara, 1986).

Die Ergebnisse der dazu durchgeführten Simulation sind ebenfalls in Tabelle 4.1 dargestellt. Eine Korrelation mit den empirisch erhaltenen Werten ergibt einen fast perfekten Zusammenhang ($r = -0{,}996$). Bei getrennter Modellierung der unterschiedlichen Ausrichtung der Distanzen fällt dieser Zusammenhang leicht schwächer aus ($r = -0{,}952$).

Dieses Modell hielt der Kritik jedoch nicht stand. Verantwortlich dafür waren hauptsächlich Experimente von Clayton und Habibi (1991). Versuchte man wie die Autoren, das Lernen der Objekte (meist Städtenamen) einzelner Regionen zeitlich zu kontrollieren, so zeigten sich die in Tabelle 4.1 angegebenen Priming-Effekte nicht mehr. Die Autoren zeigten ihren Versuchspersonen im Gegensatz zu der Forschergruppe um McNamara (1986; 1991; McNamara, Hardy & Hirtle, 1989) nicht gleich die Karte mit den Städtenamen (z.B. Abb. 4.9a), sondern zunächst eine Karte, die kleine Kreise enthielt, womit angedeutet wurde, daß sich hier ein Ort befindet. In einer Lernphase wurde sukzessiv zu jedem Ort der entsprechende Name präsentiert. Es wurden zwei Bedingungen realisiert: (a) Die Lernphase folgte einem Weg von oben nach unten und von links nach rechts (Bedingung 1) und (b) die Reihenfolge der Präsentationen in der Lernphase erfolgte solcherart, daß, ausgehend von einem Anfangspunkt, der Name zu einem weit entfernten Ort gezeigt wurde, dann der Name zum zweiten Ort vom Anfangspunkt aus usf. (Bedingung 2). Daraus ergibt sich unter Bedingung 2, daß räumlich nahe und weite Abfolgen von Ortsbezeichnungen gebildet werden können, die eine zeitlich große Distanz besitzen (bzw. zeitlich kurz aufeinanderfolgende Items eine große euklidische Distanz haben). Die Ergebnisse bestätigen die Vermutungen der Autoren: Während bei Konfundierung der zeitlichen und räumlichen Darbietung (Bedingung 1) ein räumlicher Priming-Effekt gefunden wurde, war dies bei der Kontrolle der zeitlichen Reihenfolge nicht der Fall.

Schließlich gelangte man zu der Ansicht, daß Rauminformation zweifach repräsentiert sein könnte, in einem nicht-metrischen Code, der z.B. die Nähe zweier Elemente propositional (symbolisch) repräsentiert und einem metrischen Code, der euklidische Distanz und zeitliche Information in analogem Format enthält. Dabei wird angenommen, daß die Art des Erwerbs die Art der Repräsentation mitbestimmt: Lernt man räumliche nahe Objekte auch zeitlich eng nacheinander kennen, so erfolgt die Repräsentation vermutlich nicht-metrisch. Denn dann ist die Wahrscheinlichkeit groß, daß beide gleichzeitig im Arbeitsgedächtnis sind und eine räumliche Assoziation gebildet werden kann (McNamara, Halpin & Hardy, 1992).

Diese Sichtweise wird vor allem durch Ergebnisse von Curiel und Radvansky (1998) unterstützt. Die Autorinnen zeigten auch, daß unterschiedliche räumliche Aufgaben einen Einfluß auf die Art der Repräsentation haben. So ließen sie beispielsweise eine Gruppe von Versuchspersonen Objekte auf einer Karte lernen, indem sie jedes Mal fragten, wie das betreffende Objekt heißt (Benennungsaufgabe). Eine andere Gruppe wurde dagegen gefragt, wo das betreffende Objekt sei (Richtungszeige-Aufgabe). In einer nachfolgenden Priming-Aufgabe ergaben sich tatsächlich Unterschiede: Die Versuchspersonen mit der Benennungsaufgabe zeigten nur Priming-Effekte, wenn nahe Distanzen auch zeitlich nacheinander präsentiert wurden (s. auch Clayton & Habibi, 1991). Für Versuchspersonen aus der anderen Gruppe (Richtungszeige-Aufgabe) gilt dieser Befund allerdings nicht. Hier zeigte sich kein zeitlicher, dafür aber ein räumlicher Priming-Effekt.

Die bisher berichteten Befunde zu Distanzen bei räumlichem Priming werden durch eine ganze Reihe von Untersuchungen ergänzt, die hier nur ausschnittsweise genannt werden können. Wagener-Wender (1993; s. auch Wender & Wagener, 1990) untersuchte Unterschiede zwischen der Darbietung von Wörtern in ein- und zweidimensionalen Anordnungen und der listen- und paarweisen Darbietung von Prime und Target. Sie konnte übrigens im Gegensatz zu McNamara (1986) einen Einfluß der Ausrichtung der Anordnungen (Alignment) feststellen (s. unten, Abschnitt 4.3.2). Distanzeffekte im Zusammenhang mit den räumlichen Faktoren bei der Repräsentation von Texten erforschten z.B. Rinck und Bower (1995; s. auch Rinck et al., 1997 und Abschnitt 3.1.2). Hierbei zeigt sich, daß Sätze dann schneller verifiziert werden, wenn die in den Sätzen erfolgende Bezugnahme auf zuvor erwähnte Gegenstände oder Räume mit einer geringeren räumlichen Entfernung erfolgt (kognitive Distanz).

Die Repräsentation eines Situationsmodells aus Texten läßt sich jedoch nicht direkt mit den bisher geschilderten Ergebnissen vergleichen, da die Distanzen, auf die hier Bezug genommen wird, keine perzeptuellen, sondern kognitive Distanzen sind (s. oben). Weitere Priming-Untersuchungen zu kognitiven Distanzen stammen z.B. von McNamara, Altarriba, Bendele, Johnson und Clayton (1989) sowie von Schweizer (1997; s. auch Schweizer & Janzen, 1996; Schweizer et al., 1998) oder Wagener, Mecklenbräuker, Wippich, Saathoff und Melzer (2000).

Zusammenfassend muß konstatiert werden, daß Priming-Effekte bzgl. räumlicher Distanzen sehr stark davon abhängen, wie das Wissen erworben wurde: Sowohl die Aufgabe bei der Enkodierung als auch beim Abruf sind Größen, die Distanzeffekte beeinflussen. In den Abschnitten 3.1.2 und 3.2.2 wurde darauf hingewiesen, daß Positionsinformation (relationale Information) zusammen mit Itemwissen enkodiert wird. Diese Art der Informationsaufnahme haben Clayton und Habibi (1991) sowie Curiel und Radvansky (1998) unterbunden. Sie haben vielmehr das Lernen aus den Karten dem Lernen aus Listen angenähert. Folglich wird eher die Position auf der Liste, d.h. die Reihenfolge, als die räumliche Position als relationale Information enkodiert. Es ist daher nicht erstaunlich, daß Distanzeffekte, die über metrische Distanzen gemessen werden, hier nicht auftreten. Wird die Enkodierung der Positionsinformation nicht gestört, so scheinen Distanzeffekte zumindest für perzeptuelle Distanzen evozierbar zu sein. Befunde, die auf kognitiven Distanzen im Sinne von Montello (1991; 1995) zurückzuführen sind, bleiben rar.

4.3.2 Widersprüchliche Befunde zur Orientierungsspezifität und zum Richtungseffekt

Erste Hinweise darauf, daß auch die Orientierungsspezifiät in mentalen Karten zu Priming-Effekten führen kann, ergeben sich aus dem Alignment-Effekt. Danach kann die Relation zwischen zwei Elementen der Ausrichtung des Betrachters entweder entsprechen oder nicht. Implizit wird dabei angenommen, daß die Ausrichtung des Betrachters ebenfalls mental repräsentiert ist, daß also beim Betrachten einer räumlichen Anordnung ein spezifischer Blickpunkt (Herrmann, 1995; 1996) eingenommen wird. Obwohl die Untersuchungen von McNamara (1986) keinen Hinweis darauf erbrachten, daß die Orientierung eine Rolle spielt, wird sie bei der Modellierung implizit berücksichtigt (s. oben). Spätere Untersuchungen (z.B. Clayton & Habibi, 1991) berücksichtigten diese Ausrichtung nicht mehr: Items setzten sich sowohl aus Paaren zusammen, die der Orientierung der Karte entsprechen, als auch aus Paaren, bei denen das nicht der Fall ist.

Auch Wagener-Wender (1993) berichtet über einen Befund, der im Zusammenhang mit der Ausrichtung von mentalen Karten entstand. Das Versuchsmaterial bestand aus Texten, die eine räumliche Anordnung beschreiben. Die Versuchspersonen mußten also ein Situationsmodell im Sinne von Kintsch (1992) erzeugen. Der Raum, in dem die Geschichte stattfand, wurde nicht direkt beschrieben. Er wurde aber von den Versuchspersonen von einem festgelegten Betrachterstandpunkt aus inspiziert. Außerdem wurden verschiedene Orte im Raum und Gegenstände, die sich dort befanden, genannt. Es hieß beispielweise: „Auf der Blumenbank liegt ein Teddy. Auf dem Schreibtisch liegt links ein Auto. Auf dem kleinen Tisch liegt links eine Puppe.“, usf. (Wagener-Wender, 1993, S. 59). Für die Priming-Phase wurden Paare von Objekten gebildet, die nah oder weit entfernt sein konnten. Die beschriebene Anordnung variierte dabei jedoch in zwei Dimensionen, der Sagittalen und der Horizontalen. Eine Analyse der Wiedererkennungszeiten der Versuchspersonen erbrachte folgendes: Die Prime-Target-Paare in sagittaler Richtung wurden langsamer wiedererkannt als in horizontaler Richtung. Die Autorin führt dies darauf zurück, daß in sagittalen Paarungen immer Primes aus der linken hinteren Ecke des Zimmers mit Targets in Richtung zum Beobachtungsstandpunkt bei der Besichtigung des Raumes kombiniert wurden. Die Abfolge der Primes und Targets entspricht in der Sagittalen also einer vollständigen Miß-Alignierung.

In einem weiteren Experiment zeigte sie, daß auch die Variation der Darbietung und der SOA einen Einfluß auf Priming-Effekte haben. So bot sie Versuchspersonen eindimensionale Anordnungen (Abfolgen) von Objekten dar (z.B. Exp. IX). In diesen Listen waren fünf Objekte linear von links nach rechts geordnet. Abbildung 4.10 zeigt eine solche Anordnung.

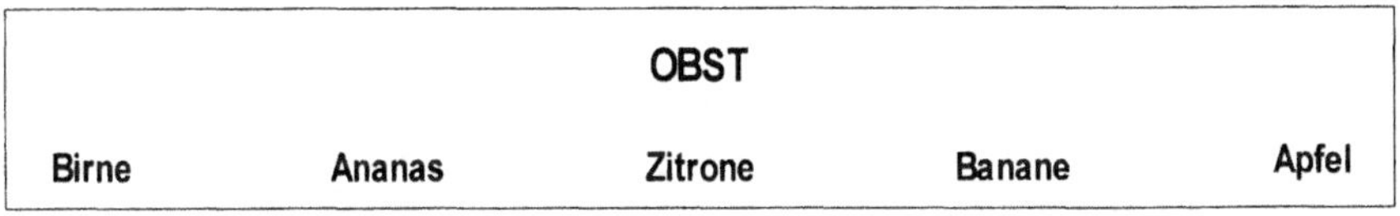

Abb. 4.10 Versuchsmaterial der im Text beschriebenen Experimente von Wagener-Wender (1993).

Es wurden nahe und weite Prime-Target-Paare und mit der Reihenfolge der Liste kompatible (von links nach rechts) und inkompatible (von rechts nach links) Paare gebildet. (Diese Klassifizierung beruht auf der Annahme, daß die Anordnung wie eine Liste von links nach rechts gelesen wird.) Die Darbietung der Primes und Targets erfolgte mit zwei verschiedenen SOAs, 500 und 1200 Millisekunden. Ein Distanzeffekt zeigte sich nur unter der kurzen SOA ($F(1,19) = 5{,}83,\ p < 0{,}03$). Außerdem wurden kompatible Paare schneller wiedererkannt als inkompatible Paare ($F(1,19) = 18{,}02,\ p < 0{,}001$). Wagener-Wender (1993, S. 98) nimmt daher an, daß räumliche Priming-Effekte nicht auf strategischen Prozessen beruhen.

Es finden sich also sowohl Effekte der Orientierungsspezifität als auch einer Inkompatibilität der Abfolge. Herrmann, Buhl und Schweizer (1995) untersuchten diesen Zusammenhang systematisch. In einem ersten Experiment wurden Versuchspersonen auf einem Rechnerbildschirm nacheinander einzelne Ellipsen mit Bezeichnungen von Gebäuden und Objekten, die in Large-Scale-Anordnungen üblicherweise vorkommen (Sägewerk, Haltestelle, Rohbau, Museum, Metzgerei, Schule, Tankstelle, Wirtshaus, Kirche, Wohnhaus, Friedhof, Bauernhof), präsentiert. Abbildung 4.11 gibt einen Überblick über die gesamte Anordnung, die den Versuchspersonen so jedoch nie dargeboten wurde.

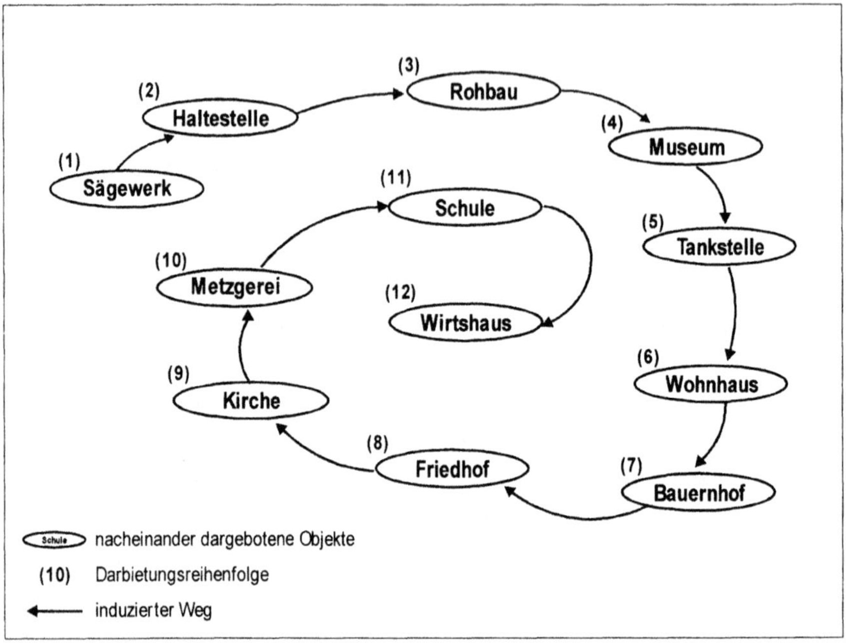

Abb. 4.11 Reizvorlage der Kognitionsphase (nach Herrmann, Buhl & Schweizer, 1995).

Entsprechend der sukzessiven Darbietung ergab sich eine Reihenfolge, die einem Weg durch die zweidimensionale Raumanordnung entsprach (in Abb. 4.11 durch die eingezeichneten Pfeile gekennzeichnet). Es lassen sich somit Prime-Target-Paare in bezug auf drei Faktoren gegeneinander variieren: nahe und weite euklidische Distanzen, nahe und weite Distanzen auf der hypothetischen, mental repräsentierten Route (Routendistanzen) und Items in vs. entgegen der Richtung dieser Route (entsprechend oder entgegen der eingezeichneten Pfeile in Abb. 4.11).

Primes und Targets wurden paarweise (unter Nicht-Beachtung der Primes)[37] dargeboten. Die SOA betrug 250 Millisekunden, das Inter-Item-Intervall 1000 Millisekunden (s. auch Abschnitt 3.2.2). Die Versuchspersonen hatten, nachdem sie die Anordnung gelernt hatten, zu entscheiden, ob das Target unter den gelernten Bezeichnungen war oder nicht (Wiederkennungsaufgabe).

Herrmann, Buhl und Schweizer (1995) fanden einen deutlichen Effekt der Richtung der Darbietungsreihenfolge ($F(1,29) = 24{,}62,\ p < 0{,}001$). Stimmt die Abfolge von Prime und Target mit der Richtung der Darbietungsreihenfolge überein, so sind die Objekte ein-

[37] S. dazu auch die Ergebnisse von Wagener-Wender (1993).

deutig schneller als der gelernten räumlichen Anordnung zugehörig zuzuordnen als in umgekehrter, gegen die Lernrichtung dargebotener Reihenfolge. Zwischen euklidisch nahen und euklidisch weiten Items und bzgl. der Routendistanz konnte kein signifikanter Unterschied zwischen den Reaktionszeiten festgestellt werden (vgl. dazu auch Herrmann, Buhl, Schweizer & Janzen, 1993).

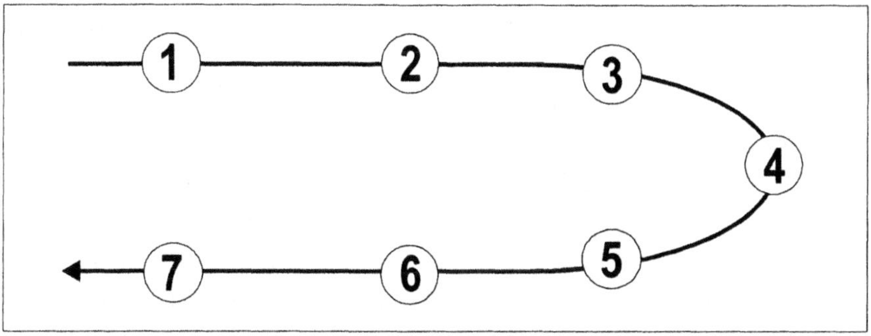

Abb. 4.12 Beispiel eines Weges mit sieben Objekten.

Die Befunde konnten mit anderen Lernverfahren (Erwerbssituation) und weiteren räumlichen Anordnungen repliziert werden (s. Herrmann, Schweizer, Buhl & Janzen, 1995). Herrmann, Buhl und Schweizer (1995) interpretieren die Befundlage als Stützung folgender Annahmen: Gegeben sind die Objekte 1 bis 7 einer räumlichen Anordnung, die in der durch den Pfeil symbolisierten Wegrichtung exponiert wurden (s. auch Abb. 4.12). Werden die Objekte in der Reihenfolge 1 bis 7 (symbolisiert durch den eingezeichneten Pfeil) dargeboten, so müßten Prime-Target-Darbietungen in der dargebotenen Richtung schneller wiedererkannt werden als gegen die Darbietungsrichtung (Richtungshypothese). Die den Versuchspersonen dargebotene Darbietungsreihenfolge entspricht einer intern repräsentierten Routenrichtung.

In der geschilderten Untersuchung ist jedoch strittig, wie Routendistanzen operationalisiert wurden. Kann man annehmen, daß es sich hier um egozentrische Relationen handelt oder wird exozentrisch von Bezeichnung zu Bezeichnung enkodiert? Schweizer (1997) versuchte, diesen Punkt dadurch zu klären, daß sie Large-Scale-Anordnungen verwendete. Die Autorin präsentierte ihren Versuchspersonen Filme einer Anordnung, die aus drei in U-Form angeordneten Straßen bestand. An den drei Straßen waren Fahnen mit verschiedenen Symbolen aufgereiht. Durch die Filme erhielt der Betrachter den Eindruck, als gehe er an den einzelnen Fahnen entlang, verweile jeweils davor, um diese genauer zu betrachten, und gehe dann zur nächsten weiter. Die realisierte Perspektive war die Feldperspektive (s. oben). Durch die im Film festgelegte Abfolge der Objekte wurde die Route des Betrachters durch die Anordnung festgelegt. Somit konnten Routendistanzen als kognitive Distanzen im Sinne von Montello (1991; 1995) realisiert werden. Kurze und lange Strecken waren Strecken mit weniger und mit mehr Objekten (s. auch Byrne, 1979). Lange Strecken konnten nicht direkt eingesehen werden. Weitere Faktoren der Untersuchung waren die durch die Abfolge festgelegte Routenrichtung und die meßbare euklidische Distanz. Die Prüfung der Faktoren „Routenrichtung" und „Routendistanz" für euklidisch nahe Items ergab einen signifikanten Einfluß des Faktors „Routenrichtung" ($F(1,22) = 8,03$, $p < 0,01$). Weder einer der anderen Faktoren noch eine Interaktion konnten einen signifikanten Beitrag zur Aufklärung der Varianz leisten. Allerdings erbrachte eine Testung euklidisch naher gegen weite Distanzen einen tendenziellen Unterschied ($t = 1,40$, $df = 23$, $p < 0,100$).

Auch bei der Umsetzung kognitiver Distanzen und der Untersuchung von Large-Scale-Anordnungen zeigt sich also ein deutlicher Priming-Effekt bzgl. der Routenrichtung. Distanzeffekte können jedoch nicht festgestellt werden, was zum Teil den Ergebnissen von Clayton und Habibi (1991) sowie Curiel und Radvansky (1998) bei der Darbietung von Karten entspricht.

Neueste Erkenntnisse zum Richtungseffekt stammen von Janzen (2000). Die Autorin untersuchte die Enkodierung der Richtung genauer. Sie zeigte, daß die Richtungsinformation vor allem mit Entscheidungspunkten enkodiert wird. Entscheidungspunkte sind mentale Repräsentationen von Orten, die dadurch ausgezeichnet sind, daß sie eine Entscheidung bei der Verfolgung eines Weges markieren (s. oben). Es wurde bereits geschildert, daß dies Weg- oder Landmarken sein können, die wahrscheinlich ansichtsspezifisch enkodiert werden.

Janzen (2000) präsentierte ihren Versuchspersonen nun unterschiedliche räumliche Anordnungen, die sie in einem VR-Programm erstellte. In diesen komplexen Labyrinthen variiert sie die Darbietung von Objekten an Entscheidungspunkten systematisch. Die Objekte konnten direkt von einem Mittelgang eingesehen werden oder lediglich, indem man einen Seitengang betrat. Außerdem wurde die simultane Betrachtung der Objekte einer sukzessiven Betrachtung gegenübergestellt. Durch die Gegenüberstellung von Wahrnehmungsreihenfolge und Richtungsentscheidung auf der Route konnte Janzen (2000) die besondere Rolle, die Entscheidungspunkte beim Erwerb von mentalen Karten einzunehmen scheinen, nun auch beim räumlichen Priming (bzw. einer Verifikationsaufgabe) deutlich machen: (a) Das Erkennen von Entscheidungspunkten ruft generell kürzere Reaktionszeiten hervor als das Erkennen von Nicht-Entscheidungspunkten. (b) Der von der Gruppe um Herrmann (z.B. Herrmann, Buhl & Schweizer, 1995; Schweizer, 1997; Schweizer & Janzen, 1996) untersuchte Richtungseffekt läßt sich nur bei Entscheidungspunkten evozieren. c) Die Wahrnehmungsreihenfolge alleine (die Abfolge von Bildern auf der Netzhaut) kann nicht dafür verantwortlich gemacht werden, daß Richtungsinformation enkodiert wird (s. dazu auch Janzen, 1996; Schweizer et al, 1998). Die Autorin interpretiert ihre Befunde als Stützung eines Vektormodells zur Richtungsenkodierung, das Richtungen jedoch nur bei Entscheidungspunkten repräsentiert.

Eine alternative Erklärung für das Zustandekommen des beschriebenen Richtungseffekts, die in dieser Arbeit vertreten wird, ist, daß nicht die Richtung selbst kodiert wird, sondern daß die „Distanzinformation" in Vorwärts- und Rückwärtsrichtung unterschiedlich enkodiert wird.[38] Der Unterschied liegt in der Annahme, daß es sich um Information handelt, die sich aus der Kontiguität der einzelnen Elemente ergeben kann. Richtung muß danach nicht als Vektor repräsentiert werden, sondern das Aufeinanderfolgen von Objekten in einer Reihenfolge (die relationale Information) kann zur Erklärung von Distanz- und von Richtungseffekten herangezogen werden. So wie die kognitive Distanz aus der Anzahl der Elemente auf dem Weg inferiert werden kann, kann dann auch angenommen werden, daß die Distanz in Rückwärtsrichtung aufgrund schwächerer Assoziationen überschätzt wird. In zugehörigen Modellen müßte die Distanz dann einmal in Vorwärts- und einmal in Rückwärtsrichtung abgetragen werden, wobei die Distanz in Rückwärtsrichtung anders gewichtet ist als in Vorwärtsrichtung. Eine ausführliche Schilderung dieser Auffassung erfolgt – zusammen mit der Darlegung der hier postulierten Repräsentation von Distanzen – in Abschnitt 5.1.1.

4.4 Zusammenfassung und Kritik an den bisherigen Modellen zum Informationsabruf in mentalen Karten

Die Ausführungen in diesem Kapitel bezogen sich – nachdem eine kurze Übersicht über die Raumkonzepte in Physik und Philosophie gegeben wurde – auf psychologische Auffassungen von Raum. Im Mittelpunkt der psychologischen Raumkonzepte steht das Konstrukt der mentalen Karte. Mentale Karten werden i.d.R. als interne Repräsentationen (Modelle) der Umwelt angesehen. Sie enthalten räumliche Relationen, die jedoch unvollständig und verzerrt sind. Sie können unterschiedliche Perspektiven enthalten, je nachdem wie das Wissen, das sie enthalten, erworben wurde (s. dazu auch Abb. 4.7). Dazu wurden die Begriffe „Feld-" und „Beobachterperspektive" eingeführt (s. auch Abschnitt 4.2.2).

Wie die mentale Karte eines Menschen über seine Umgebung genau aussieht, ist unklar. Um dies festzustellen, gibt es eine Reihe von Methoden, die aber als unterschiedlich valide betrachtet werden (s. auch Exkurs: Experimentelle Messung raumbezogener Leistungen). Schon früh begann man damit, Versuchspersonen Karten ihrer Umgebung zeichnen zu lassen, und konnte so – bei allen Vorbehalten gegenüber dem Einfluß von kognitiven Verzerrungen

[38] Dafür sprechen auch die in Abschnitt 4.2.1 berichteten Befunde zur Asymmetrie bei Distanzschätzungen und Befunde von Trendler (1999; s. auch Schweizer, Herrmann, Katz, Janzen & Trendler, 1999), die zeigen, daß bei Cued-Recall-Aufgaben Objekte in Vorwärtsrichtung schneller genannt werden können als in Rückwärtsrichtung.

und zeichnerischen Fähigkeiten – relevante Orientierungsmerkmale identifizieren (Abschnitt 4.2.1). Wesentlich sind für den Menschen offensichtlich Punkte, an denen Entscheidungen über den weiteren Weg getroffen werden müssen oder die Alternativen für andere Wege bieten. Außerdem bieten weithin sichtbare Objekte die Möglichkeit, den eingeschlagenen Weg zu überprüfen. Solche Weg- und Landmarken bzw. Entscheidungspunkte nehmen eine ausgezeichnete Stellung ein, was auch in Modellen zur Repräsentation räumlichen Wissens zum Ausdruck kommt.

Neben Orientierungspunkten sind Distanz- und Richtungsurteile wichtige Informationsquellen, um die Form, die Struktur und die Funktion mentaler Karten zu beurteilen. An einer Reihe von Modellen in den Abschnitten 4.2.1 und 4.2.2 (z.B. Byrne, 1979; Kuipers, 1998; McNamara, 1991; Siegel & White, 1975) wurde gezeigt, welche Formen mentale Karten haben können. Ein wesentlicher Befund war, daß diese erheblich von der Art der Aneignung des räumlichen Wissens bestimmt werden (s. auch Abb. 4.7). So wird in mentalen Karten, die aufgrund der Inspektion von externen Karten entstehen, häufig eine Orientierungsspezifität (Alignment-Effekt) festgestellt, die sich in schon überlernten Formen von Routenwissen so nicht mehr findet. Dagegen scheinen Distanzen hier als perzeptuelle (meist euklidische) Distanzen repräsentiert zu sein (s. auch Exkurs: Das Messen von Distanzen). Entsteht Raumwissen dagegen bei der Navigation durch eine räumliche Anordnung, so können große Distanzen nicht auf einmal überblickt werden. Sie werden inferiert. Welche Art von Information dazu genutzt wird, ob vektorielle metrische Information oder Information über die Anzahl oder die Reihenfolge von Objekten, ist unklar. Denkbar ist beides, und beides ist – im Gegensatz zu den oben erwähnten Orientierungspunkten – nicht unbedingt raumspezifisch. So lassen sich Distanzeffekte beispielsweise auch „symbolisch" bei nicht räumlichem Material evozieren (s. Abschnitt 3.2.1).

Zentral für die hier vorliegende Arbeit sind Effekte bzgl. der Distanz und der Orientierungsspezifität, die mit Hilfe von Priming-Untersuchungen evoziert werden können (Abschnitte 4.3.1 und 4.3.2). Die Schilderung dieser Befunde erfolgt unter der kritischen Bewertung, der in Kapitel 3 gegenübergestellten Erklärungen zum Priming-Prozeß: der Spreading-Activation-Theorien und der Compund-Cue-Theorien. Bisher konnte mit Hilfe der Spreading-Activation-Theorie in hierarchischen Modellen erklärt werden, daß Gesamt-Priming-Effekte dann auftreten, wenn Prime und Target aus der gleichen Region stammen, aber auch wenn die Entfernung, die beide in einem zugrundeliegenden physikalischen Modell (z.B. einer externen Karte) haben, kurz ist. Vornehmlich der zweite Effekt tritt nicht mehr auf, wenn die Reihenfolge der Itemdarbietung zeitlich kontrolliert wird. Das beschriebene teilweise hierarchische Modell von McNamara (1986; 1991) wurde daher revidiert. Es wurde zusätzlich angenommen, daß Information nicht nur hierarchisch sondern auch unterschiedlich kodiert wird, je nachdem, welche Aufgabe die Versuchsperson auszuführen hat (s. auch Abschnitt 4.3.1). Der Abrufprozeß, der angenommen wird, ist jedoch nicht für Raum spezifisch.

Ein solches Modell erklärt die Befunde mit Hilfe eines zweifachen Enkodierprozesses. Die Art der enkodierten Information unterscheidet sich je nach Aufgabe: nicht-metrisch, wenn die Kontiguität der Information im Vordergrund steht, und metrisch, wenn Positionierungen abzusehen sind. Wollte man die Repräsentation der Information in einen möglichen Zustandraum – den Raum, in dem das System „Mensch" bezogen auf das zu schildernde Problem handelt (s. Abschnitt 2.2.2) – übertragen, so wäre dieser zumindest durch die Dimensionen „metrische Distanz", „nich-metrische Distanz" und „Hierarchieebene" bestimmt. Nachteile von solchen hierarchischen Modellen, die die mehrfache Repräsentation ganz unterschiedlicher Verbindungen zwischen zwei Objekten postulieren, ist, daß sie zwar mehr erklären, jedoch weniger sparsam und damit empirisch weniger gehaltvoll sind als einfachere Modelle.

Priming-Untersuchungen in Large-Scale-Anordnungen erfordern gegenüber den eben beschriebenen höchstwahrscheinlich die Enkodierung von kognitiven Distanzen. Diese lassen sich bisher mit Hilfe der verwendeten Wiedererkennungsaufgaben nur schwer nachweisen. Dagegen zeigt sich in diesen Untersuchungen häufig ein Richtungseffekt, d.h. eine unterschiedlich starke Ausprägung von Reaktionszeitverkürzungen in vs. entgegen der Navigations- oder Routenrichtung. Richtungseffekte in Routenwissen entsprechen wahrscheinlich den Alignment-Effekten in Raumwissen, das aus Karten entstanden ist. Eine Annahme zum Richtungseffekt ist, daß die Route – die mentale Repräsentation des Weges, die beim Navigieren entsteht – zunächst eine gerichtete Informationsabfolge ist. Es wurde weiter ausgeführt, daß diese Richtung in Form von Vektoren zwischen Entscheidungspunkten repräsentiert sein könnte. Die hier vertretene Auffassung ist, daß die Richtung nicht explizit enkodiert werden muß. Sie wird als relationale Information aufgrund der Kontiguität der einzelnen Elemente betrachtet. In diesem Sinne werden kognitive Distanzen in Vorwärts- und in Rückwärtsrichtung betrachtet. Diese Art der Enkodierung kann als raumspezifisch betrachtet werden.

Ein Alignment-Effekt in Wissen aus externen Karten kann mit Hilfe des beschriebenen Spreading-Activation-Modells (Gl. 4.2 und Gl. 4.3) durch den Skalierungsfaktor abgebildet werden. Prinzipiell bietet das Modell von McNamara (1986; 1991) diese Möglichkeit, Verbindungen unterschiedlich zu gewichten. Es gibt jedoch keine Aussagen dazu, ob eine besondere Art der Enkodierung angenommen wird, in der die Richtung berücksichtig wird, oder ob diese Zusatzinformation eine weitere Hierarchieebene darstellt. Diese Möglichkeit könnte theoretisch auch zur Erklärung des bei der Navigation gefundenen Richtungseffekts herangezogen werden. Dann entsteht jedoch entweder eine weitere Dimension im hypothetischen Zustandsraum oder es wird wie in dieser Arbeit eine zweifache Repräsentation von Distanzen angenommen. In jedem Fall bereitet die Modellierung des Richtungseffekts ähnliche Schwierigkeiten, wie das in semantischen Kontexten aufgetauchte Phänomen des Backward-Priming (Abschnitt 3.2.3). Auch hier muß eine Verknüpfung von Objekten in zweifacher Richtung angenommen werden.

Doch auch die im semantischen Kontext diskutierte Möglichkeit, daß bei Backward-Priming eher erwartungsbasierte Abrufprozesse (z.B. in Compound-Cue-Theorien) angenommen werden, ist keine befriedigende Lösung des Problems: Compound-Cue-Theorien haben Schwierigkeiten, unterschiedliche Zeitverläufe beim Priming zu erklären. Nach Compound-Cue-Modellen sollten keine unterschiedlichen Priming-Effekte in Abhängigkeit von der Länge der SOA resultieren. Dagegen sprechen jedoch die in Abschnitt 4.3.2 geschilderten Befunde: Priming-Effekte sind bei langen SOAs nicht mehr nachweisbar. Das Verschwinden von Priming-Effekten läßt sich zwar leicht über den Zerfall von Aktivation in Spreading-Activation-Theorien erklären, nicht jedoch als Folge eines Abrufprozesses gemäß eines Familiaritätsindex nach den Compound-Cue-Theorien.

Es wäre nun möglich, wie dies bereits in Abschnitt 3.2.2 generell für Priming-Prozesse beschrieben wurde, anzunehmen, daß mehrere Priming-Mechanismen wirken (vgl. z.B. Neely, 1991). Ziel dieser Arbeit ist es jedoch, die Effekte in einem Modell zu erklären, das nicht mit Aktivation oder Familiarität operiert, sondern die Reaktionsgeschwindigkeit direkt zu der Information, die aus der Kontiguität der Elemente einer Raumanordnung resultiert, in Beziehung setzt. Um dies zu erreichen, werden die relevanten Größen, die Dimensionen des hypothetischen Zustandsraumes, in einem Strömungsmodell formuliert (s. Kapitel 5).

5 Modellierung des Informationsabrufs in mentalen Karten

Mein Ziel ist es, den Priming-Prozeß, das Vorwärmen von Information, als Abruf assoziierter Rauminformation zu beschreiben und die dabei entstehenden Reaktionsgeschwindigkeiten als Geschwindigkeitsfeld einer Strömung aufzufassen. Für den allgemeinen Fall wurde Priming bereits in den Abschnitten 3.2.2 und 3.2.3 ausführlich diskutiert. Räumliche Priming-Befunde und Modelle wurden in den Abschnitten 4.3.1 und 4.3.2 vorgestellt. Ein Priming-Prozeß findet statt, wenn man sich an eine zuvor gesehene Anordnung erinnert bzw. sich diese vorstellt. Ausgelöst wird er z.B. dadurch, daß man einen Gegenstand wahrnimmt, der in der Anordnung, an die man sich dann erinnert, ebenfalls vorkam. Oder aber man blickt von einer Anhöhe auf eine räumliche Anordnung, die einer anderen recht ähnlich ist. Eine weitere Möglichkeit ist, daß man beispielsweise an eine außergewöhnliche Kreuzung gelangt, die man so schon einmal gesehen hat.[39]

Das Priming selbst besteht darin, daß Rauminformation, die mit dem zuerst wahrgenommenen Objekt (dem Prime) assoziiert ist, schneller abgerufen (verarbeitet oder erkannt) werden kann als nicht-assoziierte Information und daß der Abruf ohne Prime ebenfalls länger dauern würde. Die Assoziationen, die hier untersucht werden, betreffen die Kontiguität zwischen Prime und Target, was bedeutet, daß der untersuchte Informationsabruf bei gerade angeeignetem (d.h. nicht überlerntem) Wissen beschrieben wird.

Ein Maß für die Erleichterung des Abrufes ist die Differenz der Reaktionszeit für eine Aufgabe (z.B. die Wiedererkennung eines Objektes) auf geprimte Targets und der Reaktionszeit auf ungeprimte Targets für die gleiche Aufgabe. Die resultierende Zeit gibt den Priming-Effekt an.

Postuliert wird, daß das Wahrnehmen eines Primes einen Strömungsprozeß in Gang setzt, der zu unterschiedlichen Priming-Effekten in bezug auf die Gedächtnisspuren führt, die bei der Enkodierung von Information in mentalen Karten entstehen. Im Falle des Navigierens durch eine Anordnung oder einer vergleichbaren sukzessiven Erfahrung mit Raum sind das kognitive Distanzen in Vorwärts- und Rückwärtsrichtung. Der Strömungsvorgang wird ausgelöst, da das Prime eine Erinnerung an die Raumanordnung, aus der es stammt, bewirkt. Es strömt Information – die Information die in der entstandenen mentalen Karte enkodiert ist – mit einer bestimmten Strömungsgeschwindigkeit. Diese Strömungsgeschwindigkeit steht im mentalen Modell für die reziproke Reaktionszeit. Sie verteilt sich im Strömungskanal in Ab-

[39]Die Schilderung der hier genannten Alltagserfahrungen soll dabei nicht implizieren, daß es sich immer um einen Prozeß handelt, der eine dem Menschen bewußt werdende Informationsverarbeitung auslöst. Außerdem werden im hier dargestellten Fall nur Erleichterungseffekte modelliert. Das Ganze würde sich selbstverständlich anders darstellen, wenn vom Prime eine Hemmung ausgelöst würde.

hängigkeit von bestimmten Einflußgrößen, die Determinanten des Priming-Prozesses zuordenbar sind, auf charakteristische Weise.

Der Strömungsprozeß und der Einfluß der einzelnen Größen soll im folgenden ausführlich dargelegt werden. Zu diesem Zweck wird zunächst erläutert, wie die Repräsentation von kognitiven Distanzen und Richtungen in dieser Arbeit aufgefaßt wird (Abschnitt 5.1.1). Es folgt die Darstellung der Aufgabe, die spezifische Eigenschaften hat (Abschnitt 5.1.2), bevor erläutert werden kann, welcher Zustandsraum daraus resultiert und wie die zugehörige Strömung, sich unter dem Einfluß der relevanten Größen verhält (Abschnitt 5.1.3).

Die im Rahmen des Strömungsmodells postulierten Aussagen (A1 bis A12) führen zur Formulierung von Hypothesen (Abschnitt 5.1.4: H1 bis H5), die durch die in den Abschnitten 5.2.1 und 5.2.3 dargestellten Untersuchungen empirisch geprüft werden. Die aus den dargestellten Untersuchungen gewonnenen Daten und das Modell werden in den der statistischen Prüfung der Hypothesen folgenden Abschnitten (Abschnitte 5.2.2 und 5.2.4) auf Übereinstimmung geprüft. Eine zusammenfassende Bewertung des Vorgehens findet sich in Abschnitt 5.3.

5.1 Ein Strömungsmodell zu Priming-Prozessen in mentalen Karten

Der Gegenstandsbereich der vorliegenden Arbeit ist der Informationsabruf in mentalen Karten, die beim Navigieren durch eine weiträumige Umgebung (Large-Scale-Anordnung) entstanden sind. Es werden folglich mentale Karten untersucht, die aufgrund von sukzessiven Erfahrungen mit der räumlichen Umgebung entstanden sind. Eine solche Exposition soll, wie beschrieben, zu einer Repräsentation von Routen in der Feldperspektive führen, die zunächst lediglich Abfolgen (Sequenzen) von Orten, Weg- oder Landmarken darstellen (s. oben, Abschnitt 4.2.2, vgl. auch Abb. 4.7). Da diese Abfolgen aufgrund der raum-zeitlichen Nähe beim Navigieren durch den Raum entstehen, kann vermutet werden, daß die relationale Information aufgrund der Kontiguität der Elemente in der Abfolge enkodiert wird.

5.1.1 Repräsentation von Distanzen und Orientierung beim frühen Routenwissen

Die bisherigen Befunde zu Distanzen (Abschnitt 4.3.1) lassen folgenden Schluß zu: Es gibt offensichtlich unterschiedliche Arten von Priming-Effekten in bezug auf Distanzen. In Wissen aus Karten mag auch eine direkte Enkodierung von Distanzen angenommen werden. Evozieren läßt sich ein Effekt jedoch nur, wenn die dazugehörige Aufgabe bei der Enkodierung Versuchspersonen dazu veranlaßte, auf Distanzen zu achten.

Distanzen sind in Wissen, das beim Navigieren durch eine Anordnung entsteht, nicht metrisch repräsentiert. In dieser Arbeit wird die Hypothese vertreten, daß kognitive Distanzen auf die Kontiguität zwischen nacheinander wahrgenommenen Reizen zurückgeführt werden können. Wissen über Routen in der Feldperspektive kann wie jede andere sukzessiv erfahrene Information als Sequenz betrachtet werden, ohne daß zusätzliche räumliche Qualitäten angenommen werden müssen. Die Effekte der Hierarchie, die Distanzeffekte beim frühen Routenwissen und natürlich die zeitlichen Effekte lassen sich meines Erachtens auf die raum-zeitliche Nähe der Elemente einer Route zurückführen. Man kann nun annehmen, daß die raum-zeitliche Nähe direkt als starke unmittelbare und schwache mittelbare Verbindung in Vorwärts- und in Rückwärtsrichtung enkodiert wird (Ebbinghaus, 1985; s. auch Abschnitt 3.1.1). Doch auch die Position von Objekten in einer Reihe und daraus resultierende Behalteseffekte (Positionseffekte) können für die gefundenen Distanzeffekte verantwortlich gemacht werden. Zu dieser Annahme führen folgende Überlegungen:

(1) Wissen über Routen in der Feldperspektive sollte, wie andere Sequenzen auch, die in Kapitel 3 beschriebenen Eigenschaften beim Informationsabruf zeigen: Mittlere Elemente einer Sequenz sollten schlechter erinnert werden als Anfangs- oder Endelemente. Die verwendete Methode ist paarweises Priming in Wiedererkennungsaufgaben. Die zu erwartenden Effekte sollten somit ähnlich wie bei einer Cued-Recall-Aufgabe ausfallen (s. auch Abschnitt 3.2.2). Es sind höhere Anfangs- als Endeffekte zu erwarten.

(2) Eine besondere Rolle bei der Enkodierung räumlichen Wissens spielen Entscheidungspunkte (z.B. Kreuzungen, Weg- oder Landmarken). Entsprechendes läßt sich auch aus den in Abschnitt 4.3.2 berichteten Priming-Untersuchungen entnehmen. In dieser Arbeit wird angenommen, daß Entscheidungspunkte dazu dienen, einzelne Teilbereiche oder Regionen zu definieren. Insofern können Entscheidungspunkte als Unterteilungen der Sequenz aufgefaßt werden. Für jede Region gilt, daß das Anfangselement besser behalten wird als das Endelement und dieses besser als Elemente, die zur Mitte hin angeordnet sind.

(3) Operationalisierungen von Distanzen in Wissen, das durch die sukzessive Wahrnehmung einzelner Objekte der Anordnung entstanden ist, erfolgen jedoch meist über Routendistanzen. Das bedeutet, daß zwischen nahen Prime-Target-Paaren nur wenige Objekte bis kein Objekt, zwischen weiten Paaren jedoch viele Objekte liegen. In Abhängigkeit davon, wie viele Entscheidungspunkte eine Anordnung hat, stammen nun nahe Paare meist aus einer Region, weite Paare dagegen aus verschiedenen Regionen. Liegen nun wenige Objekte innerhalb der Regionen, sind nahe Paarungen zusätzlich im Vorteil, da die Chance, daß ein Objekt im Anfangs- oder Endbereich der Region ist, gegenüber den weiten Paaren zunimmt.

Die dargestellten Betrachtungen sprechen dafür, Positionseffekte – zumindest bei gerade angeeignetem Routenwissen – dafür verantwortlich zu machen, daß beim Wiedererkennen von Items in Priming-Aufgaben Distanzeffekte evozierbar sind, ohne daß eine Enkodierung metrischer Distanzen angenommen werden muß.

Der zweite Effekt, der modelliert werden soll, ist der Richtungseffekt (Abschnitt 4.3.2). Das Zustandekommen des Richtungseffekts wird bisher darauf zurückgeführt, daß zunächst auch bei der Navigation durch eine räumliche Anordnung eine Orientierungsspezifität entsteht. Die einzelnen Objekte oder Orte auf dem Weg folgen in der Navigationsrichtung aufeinander. Die Route ist eindimensional gerichtet. Möglicherweise wird diese Richtungsinformation in Form von Vektoren enkodiert. Die hier vertretene Auffassung ist, daß die Richtung nicht explizit enkodiert werden muß. Sie wird ebenfalls als relationale Information aufgrund der Kontiguität der einzelnen Elemente betrachtet. Es wird angenommen, daß – ähnlich wie Ebbinghaus (1985) dies formulierte (s. oben, Abschnitt 3.1.1) – zwischen den einzelnen Elementen einer Route schwächere Assoziationen in Rückwärtsrichtung als in Vorwärtsrichtung existieren. Eine Folge davon ist, daß man sich an Objekte entgegen der Navigationsrichtung schlechter erinnert als an Objekte gemäß dieser Richtung. Somit kann angenommen werden, daß der Einzugsbereich – gemessen an der Distanz zwischen zwei Objekten – geringer ist.

5.1.2 Eigenschaften der Aufgabe

Die Aufgabe, die den Versuchspersonen zur Gewinnung der zu modellierenden Daten gestellt wird, ist wie folgt charakterisiert: Objekte einer zuvor kennengelernten Anordnung werden paarweise als Primes und Targets dargeboten. Die Versuchspersonen haben die Aufgabe, so schnell und so genau wie möglich anzugeben, ob sie das Target-Objekt in der Anordnung gesehen haben oder nicht. Die dabei entstehenden Reaktionszeiten unterliegen folgenden Beschränkungen:

(1) Die Reaktionszeit ist ein Maß, das neben der Wiedererkennungszeit des Targets auch die Zeit für die Identifikation des Primes (ID_{PRIME}) und des Targets (ID_{TARGET}) sowie die Zeit für die Vorbereitung der motorischen Reaktion ($RZ_{MOTORISCH}$) enthält. Man könnte daher argumentieren, daß man die Reaktionszeit ($RZ_{GEMESSEN}$) in eine „Priming-Zeit“ (RZ') transformieren müßte, die etwa wie folgt zusammengesetzt sein könnte:

$$RZ' = SOA + RZ_{GEMESSEN} - ID_{PRIME} - ID_{TARGET} - RZ_{MOTORISCH}\,. \qquad \text{(Gl. 5.1)}$$

Eine solche Transformation der Reaktionszeit kann mit den zur Verfügung stehenden Mitteln jedoch lediglich als Subtraktion fester Größen aus Voruntersuchungen stattfinden. Da wir jedoch annehmen müssen, daß diese sowohl von Versuchsperson zu Versuchsperson als auch mit steigendem Schwierigkeitsgrad erheblich variieren, sehen wir hier aus den in 3.2.1 angegeben Gründen davon ab.

(2) Die experimentelle Darbietung erfordert eine einfache Wahl-Reaktions-Aufgabe, bei der bekannte Stimuli von neuen Stimuli unterschieden werden müssen (Wiedererkennung). Im Rahmen der Signal-Entdeckungstheorie können somit vier mögliche Antworten vorliegen:

das richtige Erkennen eines bekannten Stimulus (Treffer),
das falsche Zurückweisen eines bekannten Stimulus (Fehler),
das falsche Erkennen eines neuen Stimulus (falscher Alarm),
das korrekte Zurückweisen eines neuen Stimulus (korrekte Zurückweisung).

Wie bereits angeführt, wird angenommen, daß die Zeit, die benötigt wird, um eine vorliegende Aufgabe zu lösen, ein Maß für die Schwierigkeit der Aufgabe ist (s. Exkurs: Reaktionszeiten und die Erfassung von Abrufprozessen). Nach den in Kapitel 3 dargestellten Theorien wird entweder die Gedächtnisspur selbst oder die Familiarität zwischen zwei Ereignissen herangezogen, um das im Experiment dargebotene Signal zu beurteilen. Je stärker die Spur oder je höher die Familiarität ist, desto schneller kann auch entschieden werden. Ob korrekt oder falsch entschieden wird, ist nach der Signalentdeckungstheorie eine Folge der Signalintensität (aufgrund der Gedächtnisspur oder der Familiarität) und des Schwellenwertes, den die Versuchsperson zwischen Signal (bekannte Stimuli) und Rauschen (neue Stimuli) festlegt.

(3) Der bisher beschriebene Informationsabruf erfolgt unabhängig davon, ob zuvor ein Prime dargeboten wurde oder nicht. Kommt, wie im vorliegenden Fall, ein Prime hinzu, so wird die Reaktionszeit gegenüber der eben beschriebenen verkürzt. Dadurch verändert sich aber auch die zu modellierende Aufgabe, denn zwischen Prime und neuem Reiz (Distraktor) besteht keine im Modell relevante Relation. Es werden daher nur richtige, positive Antworten (Treffer) modelliert.

(4) Für die Aufgabe, die unter einer Geschwindigkeits-Genauigkeits-Instruktion gegeben wird, muß eine obere und eine untere Schranke der Reaktion angegeben werden: Nach einer maximalen Zeit wird die Reaktion abgebrochen. Es erfolgt eine negative Antwort. Der Minimalwert für die Reaktionszeit liegt bei etwa 350 bis 400 Millisekunden.[40]

---

[40] Für die Identifizierung von Prime und Target wird jeweils ein konstanter Betrag von etwa 50 Millisekunden angenommen (s. dazu Voruntersuchungen von Schweizer, 1997; sowie Janzen, 2000). Der Betrag für die motorische Reaktion muß nach Voruntersuchungen mit etwa mit 316 Millisekunden kalkuliert werden (s. dazu auch Rouder et al., 2000 und Abschnitt 3.2.3).

5.1.3 Zustandsraum und Entwicklung eines Strömungsmodells

Der Zustandsraum eines Systems ist eine Idealisierung, da versucht wird, möglichst wenige Parameter für die Beschreibung der beobachteten Zustände zu verwenden (Abschnitt 2.2). Die Dimensionen dieses Zustandsraumes werden durch die gewählten Parameter aufgespannt. Für das hier zu beschreibende Strömungsmodell ist das die Repräsentation der relevanten Information und die Aufgabe.

Es wurde schon erwähnt, daß die hier gewählte Modellierung des Priming-Prozesses versucht, die Reaktionsgeschwindigkeit (die Reaktionszeit bezogen auf eine zurückgelegte Distanz, s. unten) direkt mit der relevanten Information in Beziehung zu setzten. Es werden somit keine Aktivationswerte oder Familiaritätsindizes berechnet, die dann in Zeiten transformiert werden müßten. Die zu modellierenden Werte des Priming-Prozesses sind folglich die Reaktionsgeschwindigkeiten. Wenn im Experiment Objekte einer Anordnung, die zuvor gelernt wurde, paarweise als Primes und Targets dargeboten werden, lassen sich die entstehenden unterschiedlichen Geschwindigkeiten mit den unter 5.1.2 genannten Einschränkungen aus den Reaktionszeiten berechnen. Dazu benötigt man jedoch einen hypothetischen Weg. Der Weg ist in diesem Fall die kognitive Distanz zwischen Prime und Target, die auf den meßbaren Abstand in der physikalischen Anordnung bezogen wird. Um die in Abschnitt 5.1.1 postulierten Positionseffekte zu modellieren, werden Paare in dieser Dimension nach den oben angeführten Kriterien (Zuteilung zu Regionen) ausgewählt (s. auch Abschnitte 5.1.4 und 5.2.1).

Das Strömungsmodell (hydrodynamisches Modell), das gewählt wird, um den hier zu modellierenden Priming-Prozeß zu erläutern, ist eine Form der laminaren (nicht-turbulenten) Scherströmung (s. Abschnitt 2.2.3). Die Strömungsgeschwindigkeit soll bei der gewählten Lösung nur in eine Raumrichtung zeigen (z.B. in x-Richtung), soll aber in y-Richtung veränderlich sein (einfache Scherströmung). Im hydrodynamischen Modell (s. Abb. 2.8) ist die Dimension in Richtung y-Achse der Abstand zwischen zwei Platten (a). Im zu modellierenden Prozeß entspricht die y-Dimension der Relation zwischen Prime und Target. Da hier Effekte der kognitiven Distanz und der Richtung modelliert werden sollen, kann die fragliche Relation als Distanz[41] aufgefaßt werden. Der Abstand (a) wird definiert als die Distanz zwischen Prime und Target, die gerade noch erinnerbar ist (maximal erinnerbare Distanz). Wie bereits in 5.1.1 dargelegt, kann diese in Vorwärts- und Rückwärtsrichtung unterschiedlich ausfallen.

[41] Aus Gründen der Generalisierbarkeit wird die Distanz in einem metrischen Abstand zwischen Prime und Target angegeben. Da jedoch nur ausgewählte Prime-Target-Paare untersucht werden, die nach der Zugehörigkeit zu Regionen definiert sind, ist diese Dimension zugleich Ausdruck der kognitiven Distanz, in die unterschiedliche Behaltensleistungen aufgrund der Position (Positionseffekte) eingehen (s. oben und Abschnitt 5.2.1).

Es wird daher angenommen, daß a in Vorwärts- und Rückwärtsrichtung unterschiedliche Ausprägungen annehmen kann ($a_2 < a_1$).

Die Strömung im Modell verläuft in x-Richtung. Diese Dimension entspricht beim vorliegenden Problem dem Prozeß des Wiedererkennens. Es strömt Information von einem Zustand in einen anderen. Dahinter steckt die Analogie, daß Information einen Weg (eine Strecke) zurücklegen muß. In einer solchen Analogie, müßte irgendwo auf dem Weg ein Ort erreicht sein, an dem die Information erkannt ist. Manche Informationsbestandteile haben diesen Ort dann schneller erreicht als andere. Die Zeit, die sie dazu brauchen, hängt von den Größen ab, die den Einflußgrößen im hydrodynamischen Modell zugeordnet werden. In Abschnitt 2.2.3 wurde das Zusammenspiel der Einflußgrößen wie folgt angegeben:

$$P = -\frac{a^2}{2\eta U}\frac{dp}{dx}. \qquad \text{(Gl. 5.2a)}$$

Im beschriebenen hydrodynamischen Modell ist diese Formel (Gl. 5.2a) nicht relevant, wenn der Druckgradient in Strömungsrichtung (*dp/dx*) Null ist. Dann hängt die Bestimmung der Geschwindigkeit im Strömungskanal (v_y) ab von:

- U: der Geschwindigkeit mit der die obere Platte bewegt wird und
- y: der Position zwischen den Platten.

Ist der Druckgradient in Strömungsrichtung (*dp/dx*) jedoch von Null verschieden, aber konstant, so ist die Geschwindigkeit v_y zusätzlich abhängig von dem in Gleichung 5.2a angeführten dimensionslosen Druckgradienten P, in den folgende Größen eingehen:

- U: die Geschwindigkeit, mit der die Platte bewegt wird,
- a: dem Abstand der Platten zueinander,
- η: der Viskositität des Fluids und
- *dp/dx*, dem Druckgradienten in Strömungsrichtung.

Wie aus Gleichung 5.2a ersichtlich ist, verändert P das Geschwindigkeitsfeld einer laminaren Scherströmung genau dann, wenn der Druckgradient in Strömungsrichtung (*dp/dx*) zwar konstant, aber von Null verschieden ist.

Dieses hydrodynamische Modell wurde bereits in Abschnitt 2.2 angeführt (s. auch Abb. 2.8). Wie eben beschrieben, soll die Größe a im zu modellierenden Prozeß jedoch unterschiedlich in Vorwärts- und Rückwärtsrichtung ausfallen. Im Unterschied zu der in Abschnitt 2.2.3 angegebenen speziellen Lösung der Navier-Stokesschen Bewegungsgleichung wird daher angenommen, daß die Strömung nicht nur das Verhalten zeigt, als würde sie zwischen einer ruhenden und einer bewegten Platte verlaufen. Es wird vielmehr angenommen, daß zwischen zwei – in die gleiche Richtung bewegten Platten – eine Platte ruht. Wir erhalten somit zwei Strömungskanäle, die sich in ihren Abmessungen (Betrag von a) unterscheiden. Abbildung 5.1 verdeutlicht den Zusammenhang. (Die Abbildung wird im Zusammenhang mit den folgenden Aussagen erläutert.)

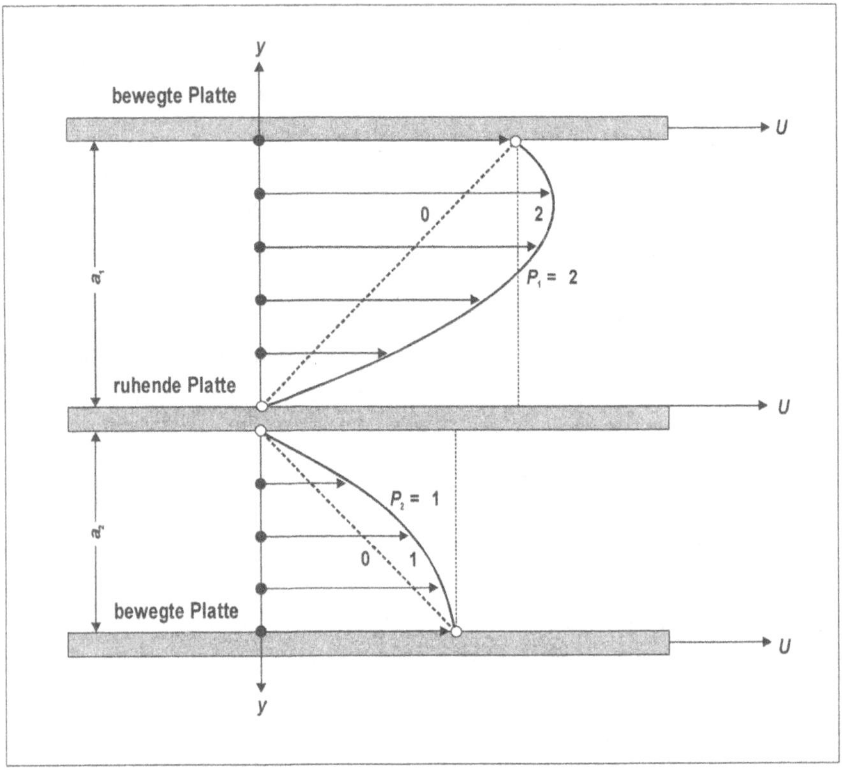

Abb. 5.1 Verlauf zweier laminarer Scherströmungen zwischen jeweils einer bewegten und einer ruhenden Platte ($P_1 = -\dfrac{a_1^2}{2\eta U}\dfrac{dp}{dx}$ und $P_2 = -\dfrac{a_2^2}{2\eta U}\dfrac{dp}{dx}$).

In dem in Abbildung 5.1 dargestellten Fall ergeben sich zwei laminare Strömungen, die aufgrund des Abstandes zwischen den Platten (a) und der damit in Zusammenhang stehenden Größen P_1 und P_2 unterschiedliche Geschwindigkeitsfelder aufweisen können. Die zugehörigen Geschwindigkeiten für Vorwärts- und Rückwärtspaarungen berechnen sich nach folgenden Gleichungen:

$$v_{yVOR} = \frac{y}{a_1}\left[U - \left(1 - \frac{y}{a_1}\right)\frac{a_1^2}{2\eta}\frac{dp}{dx}\right] \quad \text{und} \quad v_{yRÜCK} = \frac{y}{a_2}\left[U - \left(1 - \frac{y}{a_2}\right)\frac{a_2^2}{2\eta}\frac{dp}{dx}\right],$$

$$\text{für } \frac{dp}{dx} = \text{const und } a_2 < a_1. \qquad \text{(Gl. 5.2b, c)}$$

Mit Hilfe der so definierten Strömung ergeben sich nun folgende Zuordnungen zwischen hydrodynamischem Modell (Abb. 5.1) und Priming-Prozeß:

- Die Erinnerung an die Anordnung wird durch die Darbietung des Primes ausgelöst. Im hydrodynamischen Modell würde das bedeuten, daß das Prime-Objekt als Information in der Nähe der ruhenden Platte repräsentiert ist, während Target-Objekte dazu in einem variablen Abstand liegen können. Der Platte, die (gegen den Reibungswiderstand) in Bewegung gehalten wird, entspricht eine Kraft, die auf die mentale Karte wirkt. Die Geschwindigkeit, mit der das geschieht, entspricht der Geschwindigkeit mit der die Platte bewegt wird (*U*). *U* ist somit eine Grundgeschwindigkeit der Informationsverarbeitung, die von Mensch zu Mensch variieren kann. Diese Grundgeschwindigkeit wird als Grundeinstellung des Systems betrachtet.
- Dem Abstand zwischen den Platten (a_1 und a_2) wird die maximal erinnerbare Relation (*y*) zwischen Prime und Target in Vorwärts- und in Rückwärtsrichtung zugeordnet, hier gleichzusetzen mit der kognitiven Distanz. Dabei wird angenommen, daß diese in Vorwärtsrichtung größer ausfällt als in Rückwärtsrichtung.
- Die Viskositität des Fluids (η) entspricht beim Priming-Prozeß einer gewissen „Zähigkeit" der mentalen Repräsentation. Damit ist eine gewisse Stärke und Konsolidierung der Gedächtnisspuren gemeint, die durch Übung und Verarbeitungstiefe beeinflußt werden kann (Kapitel 3). Je mehr Übung aufgewendet wird, desto größer wird der Betrag von η.
- Ein letzter Einflußfaktor ist *dp/dx*, der Druckgradient in Strömungsrichtung. Nimmt dieser den Wert Null an, so bestimmt sich das Geschwindigkeitsfeld im hydrodynamischen Modell nach einer einfachen Scherströmung. Die Geschwindigkeit nimmt mit größer werdendem Abstand von der ruhenden Platte zu. Ist *dp/dx* jedoch von Null verschieden, aber konstant, so wird das Geschwindigkeitsfeld in Abhängigkeit von den eben beschriebenen Größen, wie in Abbildung 5.1 dargestellt, moduliert (d.h. sie weicht von dem in Abb. 5.1 gestrichelt gezeichneten linearen Verlauf ab). Diese Größe entsteht beim Priming-Prozeß durch die Erinnerung an die Anordnung. Da Objekte der unterschiedlichen Regionen nach und nach erinnert werden, entstehen Druckunterschiede und somit ein Druckgradient in Strömungsrichtung. Mit der Zeit sollten diese Druckunterschiede jedoch weniger stark

ausgeprägt sein, denn steht genügend Zeit zur Verfügung, so sind alle Objekte der Anordnung erinnert.[42]

Die Aussagen A1 bis A12 fassen das eben Gesagte noch einmal zusammen und stellen den Bezug zu den zu modellierenden Effekten her:

(A1) Die Wahrnehmung eines Primes führt dazu, daß ein zweifacher Strömungsprozeß in Gang gesetzt wird.

(A2) Das hypothetische Fluid (die gesamte Information bezogen auf die mentale Repräsentation der Anordnung) ist inkompressibel.

(A3) Die y-Dimension des Modells entspricht der Relation zwischen Prime und Target. Dabei gibt a die maximal erinnerbare Distanz zwischen Prime und Target an. Diese fällt in Rückwärtsrichtung (a2) geringer aus als in Vorwärtsrichtung (a1).

(A4) Die x-Dimension des Modells entspricht dem Verlauf des Wiederkennungsprozesses (der zugehörigen Wahl-Reaktions-Aufgabe).

(A5) Beide Strömungsprozesse verlaufen in x-Richtung. Ihre Geschwindigkeit ist von folgenden Größen abhängig: der Grundgeschwindigkeit der Informationsverarbeitung (U), der größten Distanz zwischen Prime und Target, die erinnerbar ist (a1 und a2), der „Zähigkeit" der mentalen Repräsentation (η) und dem Druckgradienten, der bei der Erinnerung an die Anordnung entsteht (dp/dx).

(A6) Die Geschwindigkeitsfelder können einer einfachen Scherströmung entsprechen. Dann ist die Geschwindigkeit in y-Richtung eine lineare Funktion der Relation zwischen Prime und Target und nur von der Grundgeschwindigkeit der Informationsverarbeitung (U) abhängig. Diese ist eine Grundeinstellung des Systems. Je höher die Grundgeschwindigkeit ist, desto geringer fallen die Reaktionszeiten aus. Die zugehörigen Reaktionszeiten sind bei der einfachen Scherströmung jedoch für alle Distanzen gleich. Somit sind keine Distanzeffekte zu erwarten. Auch die Unterschiede zwischen a1 und a2 machen sich dabei nicht bemerkbar. Es sollten keine Richtungseffekte auftreten.

(A7) Die Geschwindigkeitsfelder werden zudem durch einen dimensionslosen Druckgradienten P (dem Zusammenspiel der unter A5 genannten Größen) moduliert. P gewinnt an Einfluß, sobald die Darbietung eines Primes einen Erinnerungsprozeß auslöst. Aufgrund der Erinnerung entsteht ein Druckgradient in Strömungsrichtung (dp/dx), der zwar konstant, aber von Null verschieden ist. Der Einfluß von P kann für das Entstehen von Distanz- und Richtungseffekten verantwortlich gemacht werden.

---

[42] Damit wird jedoch keine Zeitabhängigkeit des Prozesses in Strömungsrichtung definiert.

(A8) Der Einfluß von P hängt im hydrodynamischen Modell davon ab, ob ein Druckgradient in Strömungsrichtung (dp/dx) vorhanden ist oder nicht. Im Priming-Prozeß entsteht er durch die Erinnerung an die Anordnung. Die Erinnerung ist jedoch auch abhängig von der Zeit. Je mehr Zeit verstreicht, desto mehr nähert sich dieser Gradient der Nullgrenze an. Die Strömung wird zu einer einfachen Scherströmung. Distanz und Richtung spielen keine Rolle (s. auch A6).

(A9) Ein zweiter Parameter, der über den dimensionslosen Druckgradienten P wirkt, ist die schon beschriebene Grundgeschwindigkeit des Systems (U). Für $P \neq 0$ gilt: Je höher die Grundgeschwindigkeit, desto geringer ist der modulierende Einfluß (die Abweichung vom linearen Verlauf). Distanz- und Richtungseffekte verschwinden.

(A10) Die größte Distanz, die zwischen Prime und Target erinnerbar ist (a), ist eine Größe, die quadratisch in die Berechnung des Einflusses von P eingeht. Sie fällt in Rückwärtsrichtung (a2) kürzer aus als in Vorwärtsrichtung (a1), da Distanzen in Rückwärtsrichtung als schlechter erinnerbar angesehen werden. Daraus folgt, daß der Betrag von P in Vorwärtsrichtung größer ist als in Rückwärtsrichtung, das Geschwindigkeitsfeld somit in Vorwärtsrichtung stärker moduliert wird als in Rückwärtsrichtung (Richtungseffekt). Man kann außerdem annehmen, daß a zwischen Personen variiert und zudem von der Abmessung der Anordnung abhängt.

(A11) Der letzte der Parameter, die den Einfluß von P im hydrodynamischen Modell bestimmen, ist η. Diese Größe wurde hier mit der „Zähigkeit" der mentalen Repräsentation gleichgesetzt. Im hydrodynamischen Modell ist sie eine Eigenschaft des Fluids. Hier bietet sie eine Möglichkeit, den Einfluß von Übung und Erfahrung bzgl. der Anordnung, die repräsentiert wird, zu modellieren. Je „zäher" die Repräsentation ist (d.h. je mehr sie überlernt ist), desto mehr verringert sich der Einfluß von P.

(A12) Nach den getroffenen Randbedingungen bleibt dieses Verhältnis an allen Stellen in x-Richtung gleich.

Was bedeuten diese Aussagen nun für den zu betrachtenden Priming-Prozeß?

(a) Der Strömungsprozeß wird durch die Darbietung eines Primes, das einen Erinnerungsprozeß in Gang setzt, ausgelöst. Es wirkt eine Kraft, die die gesamte Information, die zur mentalen Repräsentation der Anordnung gehört, mit einer Grundgeschwindigkeit *U* gleichermaßen für Vorwärts- und Rückwärtspaarungen in Richtung Entscheidung strömen läßt. Das Geschwindigkeitsfeld für diese beiden Strömungen kann einer einfachen Scherströmung entsprechen oder aber durch das Zusammenwirken mehrerer Größen moduliert werden. In jedem Fall wird durch das Prime ein Strömungsprozeß in Gang gesetzt, der zu einer Reaktionszeitverkürzung gegenüber einer Exposition des Targets ohne Prime führt.

(b) Handelt es sich um ein Geschwindigkeitsfeld, bei dem keine weiteren Größen wirken (gestrichelt gezeichnete Linie in Abb. 5.1), so nimmt die Geschwindigkeit der Strömung mit zunehmender kognitiver Distanz zwischen Prime und Target zu.[43] Die Erinnerung an die Anordnung, bewirkt jedoch, daß ein Druckgradient in Strömungsrichtung (*dp/dx*) entsteht, der zwar konstant, aber von Null verschieden ist. Dadurch verändert sich die Strömungsgeschwindigkeit in Abhängigkeit von der Lage des Targets auf der *y*-Dimension und sie verändert sich in Abhängigkeit von der größten Distanz, die zwischen Prime und Target erinnerbar ist (*a*). Es kommt somit unter Einfluß des Druckgradienten in Strömungsrichtung (*dp/dx*) zu einer Modulation der Geschwindigkeitsfelder. Die Folge davon sind Distanz- und Richtungseffekte.

(c) Die spezifischen Charakteristika des Lernprozesses haben in zweifacher Hinsicht Einfluß auf die Reaktionsgeschwindigkeit: Die postulierten Positionseffekte und die schwächeren Assoziationen in vs. entgegen der Navigationsrichtung sind in die Konzeption der *y*-Dimension eingegangen. So werden nur Paare berücksichtigt, deren Distanz sich über die Zugehörigkeit zu Regionen definieren läßt. (Diese haben natürlich auch einen meßbaren Abstand in bezug zum physikalischen Modell.) Der Lernprozeß geht zusätzlich in die Größe ein, die „Zähigkeit" der mentalen Repräsentation genannt wurde. Man kann annehmen, daß die Stärke von Gedächtnisspuren, die mit dem Einfluß von Übung zunimmt, in diesem Sinne als größere „Zähigkeit" interpretiert werden kann.

(d) Spezifische Eigenschaften der Umgebung, wie die Anzahl der möglichen Objekte, die Anzahl von Landmarken und Entscheidungspunkten einer räumlichen Anordnung sowie die maximalen Distanzen zwischen Objekten bestimmen die entstehenden Geschwindigkeitsverteilungen. Bei diesen Strömungsprozessen spielen Land- oder Wegmarken und Entscheidungspunkte, wie sie in Abschnitt 4.2.1 definiert wurden, eine zentrale Rolle. Land- oder Wegmarken und Entscheidungspunkte definieren den Beginn und/oder das Ende eines Teilabschnittes (einer Region). Sie dienen dazu, eine gesamte Anordnung in Regionen zu unterteilen, wodurch Klassen von Items gemäß der Konzeptualisierung der Dimension *y* ausgewählt werden können. Man kann darüber hinaus annehmen, daß Land- oder Wegmarken und Entscheidungspunkte interindividuell wenig Varianz aufweisen.

Anordnungen, in denen die Distanzen drastisch verringert sind, sollten nach dem Zusammenwirken der Größen in *P* auch dazu führen, daß Distanzen weniger Einfluß haben, da die Geschwindigkeiten weniger stark moduliert werden sollten, als in Anordnungen mit

[43] Empirisch bedeutet das, daß die Distanz zwischen Prime und Target für den Priming-Prozeß zunächst keine Rolle spielt. Die Reaktionszeit müßte aber kürzer sein als die Reaktionszeit ohne Prime, denn in diesem Fall wäre dieser Strömungsprozeß nicht in Gang gesetzt worden. Diesen „reinen" Priming-Prozeß erhalten wir im Experiment jedoch nur dann, wenn genügend viel Zeit zwischen der Darbietung der Objekte vergeht (s. unten).

größeren Abmessungen. Selbstverständlich gehen die Abmessungen der Anordnung nicht direkt in die Größe a ein. Dennoch kann man annehmen, daß bei kleineren Anordnungen auch die maximal erinnerbaren Distanzen geringer ausfallen als bei größeren Anordnungen.

Beeinflußt werden kann a auch dadurch, ob Distanzen in der Anordnung direkt wahrgenommen werden können (sich als perzeptive Distanzen erschließen) oder ob sie als kognitive Distanzen inferiert werden müssen. Im Sinne der Argumentation in den Abschnitten 4.3.1, 4.4 und 5.1.1 sollten perzeptive Distanzen dazu führen, daß größere Distanzen erinnert werden können. Gemäß den Ausprägungen der Geschwindigkeitsfelder im hydrodynamischen Modell sind dann größere Distanzeffekte zu erwarten, da der Wert von P ebenfalls zunimmt. Insofern könnte auch die Darbietung des Geländes als offenes Areal oder als geschlossener Raum einen Unterschied bzgl. der Effekte erzeugen.

Zusammenfassend kann Priming nach diesem Modell als ein zweifacher Strömungsvorgang für Vorwärts- und Rückwärtspaarungen beschrieben werden, dessen Geschwindigkeitsfelder in Abhängigkeit von der Grundverarbeitungsgeschwindigkeit des Individuums, seiner Lernerfahrung mit der repräsentierten Raumanordnung, der Zeit und von bestimmten anordnungsspezifischen Gesichtspunkten bestimmt werden. Die spezifischen Geschwindigkeiten, die dabei entstehen, können als Reaktionsgeschwindigkeiten bei einfachen Wahl-Reaktions-Aufgaben aufgefaßt werden. Sie geben Aufschluß über die Zeit, die man braucht, um ein geprimtes Target wiederzuerkennen.

5.1.4 Vorhersagen des Modells (Hypothesen H1 bis H5)

Zu modellieren sind kognitive Distanz- und Richtungseffekte. In dieser Arbeit wird – wie bereits dargelegt – die Auffassung vertreten, daß diese Effekte über die Kontiguität in Routen erklärt werden können. Das im vorigen Abschnitt formulierte Modell postuliert einen Strömungsprozeß, der je nach Grundverarbeitungsgeschwindigkeit des Individuums, seiner Lernerfahrung, der Zeit und bestimmten anordnungsspezifischen Gesichtspunkten das Zustandekommen von Distanz- und Richtungseffekten postuliert. Außerdem soll die Exposition eines Primes zu einer generellen Verkürzung der Wiedererkennungszeit gegenüber der Wiedererkennung eines Targets ohne Prime führen (s. auch Punkt (a) in Abschnitt 5.1.3).

Einige der Vorhersagen des Modells sollen nun anhand einer empirischen Datenbasis überprüft werden. Die Hypothesen hierzu werden zusammenfassend dargestellt und anhand von Abbildung 5.2 erläutert.

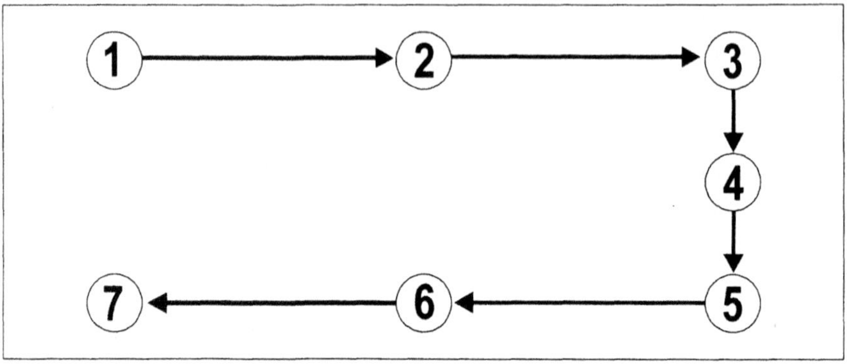

Abb. 5.2 Skizze einer räumlichen Anordnung.

Gegeben sind die Objekte 1 bis 7 einer räumlichen Anordnung, die in der durch den Pfeil symbolisierten Richtung exponiert wurden. Nach den Ausführungen in den Abschnitten 4.3.2 (s. auch oben) wird vermutet, daß in einem solchen Fall die Objekte 1, 2, 3 die Objekte 5, 6, 7 und die Objekte 3, 4, 5 jeweils eine Region konstituieren. Objekt 3 und 5 sind Entscheidungspunkte, da hier die zunächst eingeschlagene Richtung geändert wird. Es wurde postuliert, daß sowohl die Anzahl der Objekte als auch die Anzahl der Land- oder Wegmarken und Entscheidungspunkte einen Einfluß auf die Erinnerungsleistung haben. Danach müßten die Objekte 2 und 6 schlechter erinnert werden als die Objekte 1 und 7. Am schlechtesten sollte Objekt 4 erinnert werden. Gemäß der oben dargestellten Lerngesetze wird zudem angenommen, daß der Beginn der Route besser erinnert wird als das Ende der Route, dieses aber wiederum besser als der mittlere Teil.

Lernen Menschen eine solche Anordnung kennen, indem sie nach und nach den Objekten auf dem Wege begegnen (handelt es sich also um gerade angeeignetes Routenwissen), so führt die Exposition von nach diesen Kategorien ausgewählten Prime-Target-Paaren zu den in den Hypothesen H1 bis H3 formulierten Effekten:

(H1) Die Exposition eines der Objekte einer zuvor gelernten Anordnung als Prime führt zu einer Verkürzung der Wiedererkennungszeit der übrigen Objekte im Vergleich zur Wiedererkennung ohne Prime (Baseline).

Hypothese H1 bezieht sich auf das Postulat, daß die Exposition eines Primes einen Strömungsprozeß wie oben beschrieben auslöst. Wird lediglich ein Objekt ohne Prime präsentiert, fehlt eine der Grundvoraussetzungen für den Prozeß: die Relation zwischen Prime und Target und somit die Dimension in y-Richtung.

(H2) Die Priming-Effekte sind abhängig von der tatsächlichen Lage der Objekte: Prime-Target-Paare, die dem Anfang und dem Ende der Route zuzuordnen sind, erzeugen größere Effekte als Prime-Target-Paare, bei denen mindestens eine Komponente aus einem mittleren Bereich stammt.

Die Hypothese H2 ist die adäquate Formulierung des kognitiven Distanzeffekts im Strömungsmodell, da Items mit weiten Entfernungen i.d.R. immer aus Prime-Target-Kombinationen gebildet werden müssen, bei denen entweder Prime oder Target aus einem mittleren Bereich stammt. Dagegen können bei Items mit kurzen kognitiven Distanzen entweder beide aus Anfangs- und/oder Endbereich stammen oder aber beide aus dem mittleren Bereich sein (s. dazu auch Abschnitt 5.2.1). Die unterschiedlichen Erinnerungsleistungen führen zu Hypothese H2.

(H3) Die Höhe der Priming-Effekte ist abhängig davon, in welche Richtung geprimt wird.

Diese Aussage ist eine Folge der unterschiedlichen Ausprägung maximal erinnerbarer Distanzen in vs. entgegen der Navigationsrichtung. Die Aussagen gelten unabhängig von der individuellen Grundverarbeitungsgeschwindigkeit und für eine relativ kurze Zeit von der Darbietung des Primes bis zur Darbietung des Targets (SOA).

Das Modell macht weiterhin Aussagen darüber, daß die zunächst postulierten unterschiedlichen Geschwindigkeitsverteilungen mit der Zeit in eine Geschwindigkeitsverteilung übergehen, die linear mit der Relation zwischen Prime und Target steigt (gestrichelt gezeichnete Linien in Abb. 5.1). Daraus folgt, daß Priming-Effekte einerseits größer ausfallen müßten, wenn mehr Zeit zur Verfügung steht (höhere SOA), daß andererseits aber auch Unterschiede in Reaktionszeiten zwischen Distanzen und vermutlich auch zwischen Richtungen aufgehoben werden müßten. Dazu werden Hypothesen H4 und H5 formuliert:

(H4) Je mehr Zeit von der Darbietung des Primes bis zur Darbietung des Targets vergeht, um so größer fällt die Reaktionszeitverkürzung aufgrund der Darbietung des Primes aus.

(H5) Je mehr Zeit von der Darbietung des Primes bis zur Darbietung des Targets vergeht, um so geringer fallen die Reaktionszeitunterschiede aufgrund von kognitiver Distanz und Richtung aus.

Die Prüfung der Hypothesen H1 bis H3 wird in Abschnitt 5.2.1 dargestellt. Anschließend erfolgt in Abschnitt 5.2.2 die Bestimmung des zugehörigen Strömungsfeldes. Zur Prüfung der Hypothesen H4 und H5 werden Variationen der Zeit von der Darbietung des Primes bis zur Exposition des Targets (SOA) vorgenommen. Die Ergebnisse dieser Untersuchungen werden in Abschnitt 5.2.3 berichtet.

5.2 Empirisch-experimentelle Datengrundlage der Modellierung

Die experimentelle Vorgehensweise der nachfolgend geschilderten Experimente ist identisch oder zumindest vergleichbar mit den Experimenten von Schweizer (1997) und Janzen (2000), die bereits unter Abschnitt 4.3.2 beschrieben wurden.[44] Geprüft wurden der Einfluß von Richtung und kognitiver Distanz zwischen Objekten einer räumlichen Anordnung auf die Wiedererkennung dieser Objekte. Gemessen wurde die Reaktionszeit nach der paarweisen Darbietung von Primes und Targets. Die experimentelle Darbietung erforderte eine einfache Wahl-Reaktions-Aufgabe, bei der bekannte Stimuli von neuen Stimuli (Distraktoren) unterschieden werden mußten. Im Rahmen der Signal-Entdeckungstheorie können somit vier mögliche Antworten vorliegen: Treffer, Fehler, falscher Alarm und korrekte Zurückweisung (s. oben). Die Fehlerraten und die Raten für falschen Alarm werden im folgenden berechnet, um die Vergleichbarkeit der Experimente und das Befolgen der Instruktion abzuschätzen.

Von Item (Prime-Target-Paar) zu Item ändert sich die Relation zwischen Prime und Target in bezug auf die gegenseitige Lage in der Anordnung. Zur Operationalisierung der in Hypothese H2 und H3 postulierten kognitiven Distanz- und Richtungseffekte werden daher Klassen von Items gebildet, die aus Anfangs- und Endpaarungen („nahe" Items) sowie aus Paarungen mit Objekten aus mittleren Regionen („weite" Items) bestehen. Zwischen diesen Items können somit Gesamt-Priming-Effekte in bezug auf die Richtung und auf die kognitive Distanz berechnet werden (H2 und H3). Eine sog. Baseline, d.h. die Messung von Reaktionszeiten auf die im folgenden dargestellten Targets (s. auch Abb. 5.5) wurde bereits von Janzen (2000) erhoben. Diese liefert die Grundlage für die Berechnung einfacher Priming-Effekte (H1). Die eigentliche Anpassung des Modells erfolgt durch die Berechnung der Reaktionsgeschwindigkeiten und der zugehörigen Strömungsfelder.

5.2.1 Experiment I: Überprüfung der Hypothesen H1 bis H3

Die Überprüfung der Hypothesen erfolgte in folgendem experimentellen Rahmen.

Methode: Die Versuchspersonen lernten eine ihnen bis dahin unbekannte virtuelle räumliche Anordnung per Film in der Feldperspektive kennen. Sie „durchfuhren" die Anordnung, ein Museum mit Bürogegenständen berühmter Persönlichkeiten, auf einem festen Weg mehrere Male. Nach dieser Lernphase folgte eine Überprüfung des bisher gelernten Materials. Sobald die Versuchspersonen glaubten, die Anordnung gut genug zu kennen, wurden sie aufgefordert, die einzelnen Objekte, die am Weg vorkamen, so, wie sie im Film zu sehen waren, auf einem Blatt zu skizzieren. Die korrekte Wiedergabe der räumlichen Abfolge der Objekte,

[44] Die experimentelle Vorgehensweise wurde bereits in Schweizer et al. (1998) geschildert. Die Auswertung und Modellierung unter den hier geschilderten Hypothesen ist neu.

deren figurale Grundmerkmale auch hinreichend mit der Filmvorlage übereinstimmen mußten, diente als Lernkriterium. War das Kriterium nicht erreicht, konnte der Film noch einmal betrachtet werden.

Nach der beschriebenen Lernphase und der Überprüfung des Gelernten erfolgte im positiven Fall die Priming-Phase (s. dazu auch Abb. 5.3). Jede Versuchsperson sah nacheinander auf einem Computerbildschirm 56 Items. Die Darbietungszeit für die Primes betrug 100 Millisekunden. Es folgte ein Interstimulusintervall (ISI) von 250 Millisekunden, dann das Target. Die SOA betrug also 350 Millisekunden. Bei den als Prime oder Target verwendeten Bildern handelte es sich zum Teil um diejenigen, die während der Lernphase tatsächlich exponiert wurden; andere Bilder (Distraktoren) kamen in der Lernphase nicht vor. Die Aufgabe der Versuchspersonen bestand darin, zu entscheiden, ob das erschienene Target in der zuvor gelernten Anordnung vorkam oder nicht. Dazu hatte sie einen Tastenblock mit zwei Tasten vor sich, die mit „JA" und „NEIN" bezeichnet waren. Der Tastenblock war über den seriellen Port des Computers geschaltet und mit einem DOS-Programm zur Reaktionszeitmessung gekoppelt. Das Target verschwand unmittelbar nach der Reaktion. Zwischen Reaktion und neuem Prime lag ein Interitemintervall von 1000 Millisekunden. Registriert wurden die Reaktionszeiten jeder Versuchsperson für jedes Item sowie die jeweils gezeigten Reaktionsalternativen (Ja/Nein).

Vor der Meßphase wurden Übungsitems präsentiert, die den Items der Meßphase entsprachen. Den zeitlichen Verlauf der experimentellen Darbietung und der damit verbundenen Reaktionszeitmessung illustriert Abbildung 5.3.

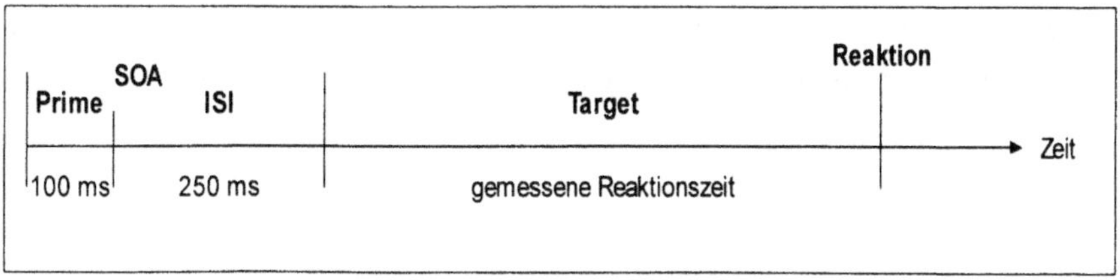

Abb. 5.3 Zeitlicher Verlauf der experimentellen Präsentation und der Reaktionszeitmessung.

Im Anschluß an die Priming-Phase wurde eine Treatment-Prüfung durchgeführt, bei der die Versuchspersonen die jeweils gesehene räumliche Anordnung mit Hilfe von Material, zu dem auch Distraktoren gehörten, nachlegen sollten (= Legetechnik). Mit Hilfe der Treatment-Prüfung wurden diejenigen Versuchspersonen ex post facto aus der Versuchspersonenstichprobe ausgeschlossen, deren Ergebnisse bei der Legetechnik nach einem festgesetzten Kriterium mit der objektiven räumlichen Anordnung der Stimuli nicht hinreichend übereinstimmten. Bei ihnen kann nämlich nicht sicher angenommen werden, daß sie auch während der Priming-Phase über ein ausreichendes Wissen über die vorgegebene Objektstruktur verfügten. Abschließend erfolgte eine ausführliche Nachbefragung, bei der die Versuchspersonen unter anderem ihre Lernstrategie beschreiben sollten.

Versuchsmaterial und unabhängige Variablen: Das Untersuchungsmaterial bestand – wie schon erwähnt – aus Filmen über das in Abbildung 5.4 dargestellte virtuelle Museum, das mit Hilfe des Programms Superscape VRT erzeugt wurde. Zu sehen war ein Museumsflur, dessen drei Teilstücke rechtwinklig aufeinander treffen. An den Seitenwänden waren insgesamt zwölf Podeste untergebracht, auf denen sich deutlich sichtbare Bürogegenstände befanden. Der Film begann in dem in Abbildung 5.4 links unten zu sehenden Teilstück und führte im Uhrzeigersinn der Reihe nach an folgenden Gegenständen vorbei: Topfpflanze, Koffer, Telefon, Kamera, Monitor, Rechner, Grammophon, Tesafilmabroller, Lampe, Block, Uhr, Flasche. Der Bewegungsablauf war so konstruiert, daß die Versuchspersonen jeweils nur einen Gegenstand sehen konnten. Der Film wurde folglich nicht unter der in Abbildung 5.4 vermittelten Beobachterperspektive gezeigt, sondern in Feldperspektive (s. auch Abschnitt 4.2.2). Der Film dauerte insgesamt ca. 2 Minuten und 15 Sekunden. Die Entfernung zwischen zwei Objekten betrug ca. 7 Sekunden. Jedes Objekt befand sich für ca. 5 Sekunden im Kamerafokus.

Die räumlichen Maße der Anordnung ergeben sich aus der Größe des virtuellen Betrachters, die mit der Konstruktion der Umgebung im Programm festgelegt wurde. Dazu wurde eine Augenhöhe von etwa 1,70 Metern gewählt. Die Anordnung erhielt damit eine Breite von 25 Metern und eine Länge von 65,17 Metern. Der Abstand zwischen beiden Längsfluren betrug 12 Meter, der maximale Abstand zwischen zwei Objekten 58,52 Meter.

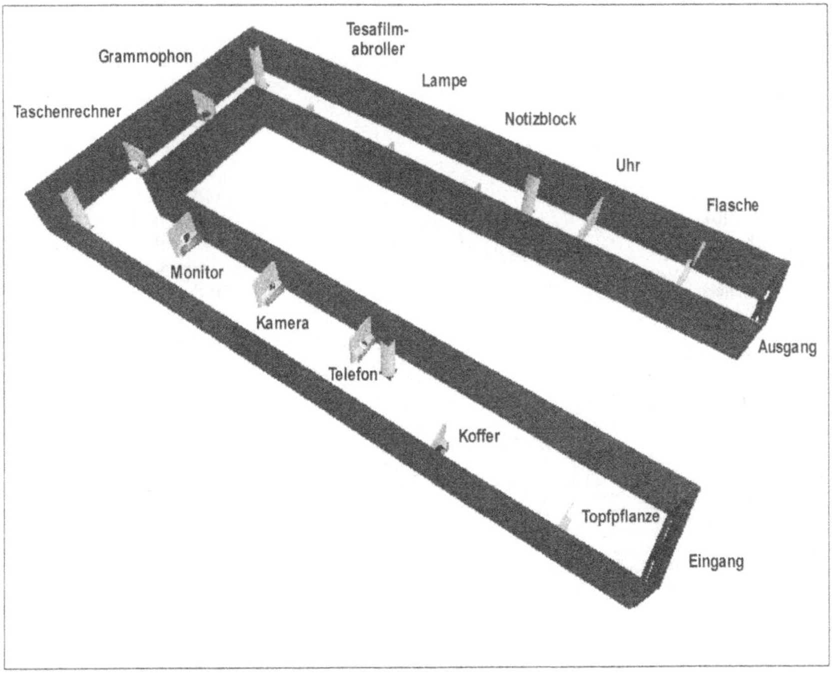

Abb. 5.4 Untersuchungsanordnung in der Beobachterperspektive, Experiment I (s. auch Schweizer et al., 1998).

Unabhängige Variable der Untersuchung war die Lage der einzelnen Prime-Target-Paare aus der sich die kognitive Distanz (s. unten) und die Richtung ergibt. Die Relationen der einzelnen Items wurden gemäß diesen UVs variiert. Die Zusammensetzung der Itemstichprobe kann im einzelnen Tabelle 5.1 entnommen werden. (Die Objekte am Eingang und am Ausgang des Museums wurden nicht in die Itembildung einbezogen.)

Tab. 5.1: Zusammensetzung der Itemstichprobe, Experiment I.

Item	*r*	*d*
Lampe – Notizblock	vorwärts	11,00
Notizblock – Lampe	rückwärts	11,00
Telefon – Kamera	vorwärts	11,36
Kamera – Telefon	rückwärts	11,36
Kamera – Monitor	vorwärts	11,52
Monitor – Kamera	rückwärts	11,52
Tesafilmabroller – Lampe	vorwärts	11,59
Lampe – Tesafilmabroller	rückwärts	11,59
Notizblock – Uhr	vorwärts	11,60
Uhr – Notizblock	rückwärts	11,60
Koffer – Telefon	vorwärts	11,86
Telefon – Koffer	rückwärts	11,86
Grammophon – Tesafilmabroller	vorwärts	12,07
Tesafilmabroller – Grammophon	rückwärts	12,07
Monitor – Taschenrechner	vorwärts	12,10
Taschenrechner – Monitor	rückwärts	12,10
Kamera – Notizblock	vorwärts	18,42
Notizblock – Kamera	rückwärts	18,42
Telefon – Lampe	vorwärts	18,64
Lampe – Telefon	rückwärts	18,64
Telefon – Uhr	vorwärts	20,89
Uhr – Telefon	rückwärts	20.89
Koffer – Notizblock	vorwärts	21,91
Notizblock – Koffer	rückwärts	21,91
Kamera – Grammophon	vorwärts	25,51
Grammophon – Kamera	rückwärts	25,51
Taschenrechner – Lampe	vorwärts	26,41
Lampe – Taschenrechner	rückwärts	26,41
Tesafilmabroller – Uhr	vorwärts	33,82
Uhr – Tesafilmabroller	rückwärts	33,82
Koffer – Monitor	vorwärts	34,11
Monitor – Koffer	rückwärts	34,11

Legende: *r* = Richtung nach gelernter Route; *d* = Distanz in Metern.

Zusätzlich zu den in Tabelle 5.1 dargestellten Items wurden 24 Distraktoritems dargeboten, deren Targets Abbildungen von Objekten sind, die nicht in der Anordnung vorkamen (Nein-Entscheidungen). In Abbildung 5.5 ist ein Beispiel für ein in der Anordnung vorkommendes Objekt (a) und ein Distraktorobjekt (b) angegeben. (Eine Abbildung aller dargebotenen Objekte findet sich in Anhang I. Die Darbietung der Items im Experiment erfolgte randomisiert.)

Versuchspersonen: Es nahmen 24 Versuchspersonen teil. 4 Versuchspersonen wurden aufgrund der oben angeführten Treatmentprüfung von der Analyse ausgeschlossen. Die Versuchspersonen waren Studenten unterschiedlicher Fachrichtungen der Universität Mannheim.

Ergebnisse: Insgesamt evozierten die Versuchspersonen eine sehr hohe Trefferrate (0,96) und eine sehr geringe Rate für falschen Alarm (0,02; s. oben). Es wurden 36 Fehler gemacht ($\bar{x} = 1{,}80$ und $s = 1{,}85$). Die Instruktion, die Aufgaben so schnell, aber auch so genau wie möglich zu lösen, hat offensichtlich gewirkt.

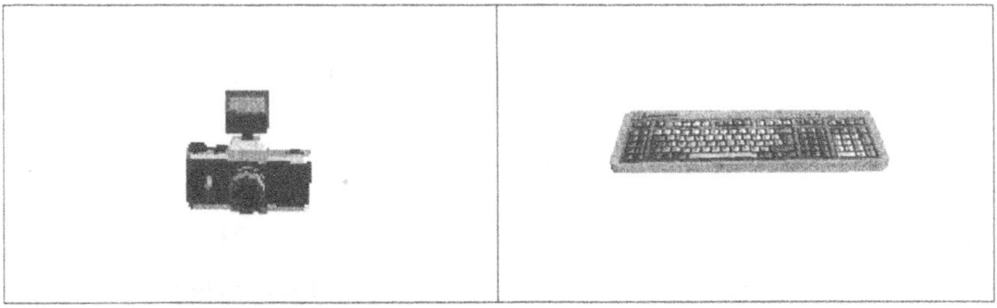

Abb. 5.5 Beispiele für Abbildungen von positiven (links) und negativen (rechts) Targets (Distraktoren), Experiment I.

In einem zweiten Schritt wurden die Reaktionszeiten der Versuchspersonen bereinigt (d.h. Fehler wurden durch Missings ersetzt).[45] Mit diesen bereinigten Reaktionszeiten und der Baseline (s. Janzen, 2000, S. 87 ff.) wurden für jede Versuchsperson und für jedes Item Priming-Effekte berechnet. Die Baseline lag bei durchschnittlich 768,65 Millisekunden ($s = 92{,}62$). Abbildung 5.6 gibt einen Überblick über die genaue Verteilung und Stärke der so erhaltenen Priming-Effekte – für jedes Prime-Target-Paar bezogen auf die Lage der Objekte.

Dargestellt ist in Abbildung 5.6 die zugrundeliegende räumliche Anordnung. Jedes Prime-Target-Paar ist als Verbindung zwischen Objekten dargestellt. (Zwischen „Topfpflanze“ und zwischen „Flasche“ und den übrigen Objekten gibt es keine Verbindungen.) Die Richtung der Priming-Effekte ist über die Pfeilspitze, die Stärke der Priming-Effekte über die Pfeilstärke kodiert. Aus Abbildung 5.6 läßt sich deutlich erkennen, daß Priming-Effekte im Anfangsbereich der Route stärker ausgeprägt sind als gegen Ende der Route. Auch im mittleren Bereich finden sich demgemäß weniger bzw. schwächere Effekte. Die Vermutung, daß die Größe der Effekte von der Lage abhängt, scheint somit plausibel. Es folgt die statistische Überprüfung der Hypothesen.

[45] Die Ersetzung von Reaktionszeiten und die Angemessenheit parametrischer Verfahren bei deren Analyse werden immer wieder diskutiert. Hier wurde der Weg gewählt, lediglich falsche Reaktionen der Versuchspersonen nicht in die Analyse mit aufzunehmen (d.h. durch fehlende Werte zu ersetzen). Eine weitere Einschränkung ergibt sich durch das in der Prozedur gesetzte Reaktionszeitlimit von 3000 Millisekunden. Bei der Analyse der Daten wurden i.d.R. parametrische Verfahren eingesetzt, was nicht unumstritten ist. Nach einer Prüfung der Normalverteilung, die in allen Experimenten (I bis VII) anzunehmen ist, wurden Varianzanalysen berechnet, da diese gegen eine eventuell vorliegende Verletzung der Voraussetzungen bei gleichgroßen Stichproben, deren Umfang nicht zu klein ist (n_i>10) relativ robust sind (Bortz, 1993; S. 261 ff. und 324 ff.).

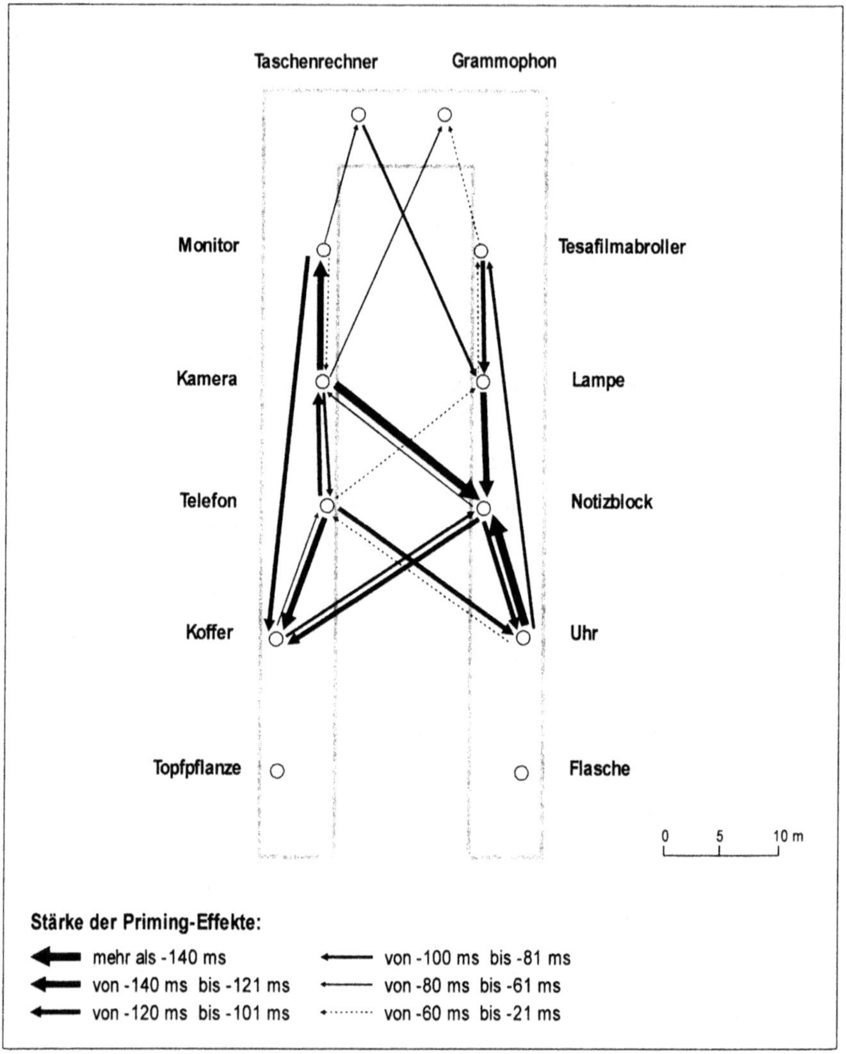

Abb. 5.6 Stärke und räumliche Verteilung der Priming-Effekte, Experiment I.

Zur Prüfung der Hypothese H1 wurde ein T-Test[46] für die durchschnittlichen Reaktionszeiten pro Versuchsperson auf alle Items mit der Baseline berechnet (s. Tabelle 5.2). Dieser zeigte, daß die generelle Verkürzung der Reaktionszeit von 67,69 Millisekunden hoch signifikant ist ($t = 3{,}26,\ df = 19,\ p < 0{,}005$).

[46] Vergleich zwischen einer Stichprobe und einer Konstanten.

Um die Hypothesen H2 und H3 zu prüfen, wurden die Items nach ihrer Lage bestimmt (s. oben). Zur Kategorienbildung „nahe" vs. „weite" Items wurde die Anordnung in Regionen eingeteilt. Da in der Anordnung 2 bis 4 Entscheidungspunkte (Koffer, Monitor, Grammophon, Notizblock) vorkommen, gliedert sich die Anordnung in drei bis fünf Regionen. (Die verfolgte Routenrichtung ändert sich beim Objekt „Monitor" und beim Objekt „Grammophon" jeweils um 90°. Die Versuchsperson hat den Eindruck hier rechts abzubiegen. Die Objekte „Koffer" und „Notizblock" haben demgegenüber kaum einen Einfluß auf den eingeschlagenen Weg. Eine mittlere Region besteht folglich aus den Objekten „Taschenrechner" und „Grammophon". Weite Items können nach der oben dargelegten Operationalisierung somit nur Items sein, bei denen als Prime oder Target eines der beiden Objekte verwendet wird. Nahe Items sind dagegen nur Objekte aus einer Region. Es ergeben sich folgende Kategorien:

- kognitiv nahe Items in Vorwärtsrichtung (11,00 bis 11,59 Meter im Modell),
- kognitiv nahe Items in Rückwärtsrichtung (11,00 bis 11,59 Meter im Modell),
- kognitiv weite Items in Vorwärtsrichtung (25,51 bis 33,00 Meter im Modell),
- kognitiv weite Items in Rückwärtsrichtung (25,51 bis 33,00 Meter im Modell).

Mit den so zusammengefaßten Reaktionszeiten der Versuchspersonen wurde eine zweifache Varianzanalyse[47] mit Meßwiederholung für die Faktoren Richtung und kognitive Distanz durchgeführt. Die Ergebnisse sind in Tabelle 5.2 dargestellt.

Neben einem signifikanten Richtungseffekt zeigen sich auch Unterschiede zwischen nahen Items (Prime und Target aus einer Region) und weiten Items (Prime oder Target aus mittlerer Region). Die dazu berechnete Varianzanalyse liefert folgende Werte: $F_{DISTANZ}(1{,}19) = 3{,}88$, $p = 0{,}06$ und $F_{RICHTUNG}(1{,}19) = 6{,}41$, $p < 0{,}05$.

Tab. 5.2: Stärke der berechneten Priming-Effekte, Experiment I.

Bedingung	x	s	Priming-Effekte
Alle	700,96	92,94	Priming-Effekt[1]:
Baseline	768,65	92,62	-67,69**
Nah	685,66	87,21	Gesamt-Priming-Effekt Distanz[2]:
Weit	746,74	173,22	-61,13[+]
Vorwärts	671,80	102,40	Gesamt-Priming-Effekt Richtung[2]:
Rückwärts	760,65	172,71	-88,86*

Legende: x = durchschnittliche Reaktionszeit in Millisekunden; s = Standardabweichung; [1]: Differenz zur Baseline; [2]: Differenz zwischen Items der gleichen Relation, [+]: als Tendenz zu werten (10%); *: auf dem 5%-Niveau signifikant; **: signifikant auf dem 1%-Niveau oder höher.

Diskussion: Hypothese H1 kann bestätigt werden. Versuchspersonen erkennen ein Objekt aus einer zuvor gesehenen Anordnung etwa 68 Millisekunden schneller, wenn ihnen zuvor ein

[47] Die Berechnung der Varianzanalyse erfolgt, obwohl die Hypothesen gerichtet formuliert sind, um so die mehrfache Testung der Reaktionszeiten in die Analyse mit einzubeziehen. Auf eine α-Adjustierung wird daher verzichtet.

Prime aus der gleichen Anordnung dargeboten wurde, als eine Vergleichsgruppe, denen ein solches Prime nicht dargeboten wurde. Dieser Priming-Effekt ist hoch signifikant. Die Hypothesen H2 und H3 betonen die Lage der Prime-Target-Kombinationen. Die Ergebnisse weisen darauf hin, daß die Lage der Objekte tatsächlich einen entscheidenden Einfluß auf die Reaktionszeiten der Versuchspersonen hat. Die hier durchgeführte Operationalisierung in nahe und weite Items aufgrund der Zugehörigkeit zu einer Anfangs- oder Endregion vs. zu einem mittleren Bereich erbringt in der Varianzanalyse einen tendenziellen Unterschied für den Faktor „Distanz". Einen signifikanten Beitrag zur Varianzaufklärung leistet aber der Faktor „Richtung". Sowohl Hypothese H2 als auch Hypothese H3 wird daher als bestätigt angesehen.

5.2.2 Übereinstimmung von Modell und Empirie

Der Priming-Prozeß wird als zweifacher Strömungsvorgang für Vorwärts- und Rückwärtspaarungen angesehen, dessen Geschwindigkeitsfelder einer einfachen Scherströmung entsprechen bzw. durch andere Einflußgrößen (s. oben) moduliert sein können. Um festzustellen, ob diese Einflußgrößen wie die Grundverarbeitungsgeschwindigkeit des Individuums, die Lernerfahrung, die Zeit und anordnungsspezifische Gesichtspunkte tatsächlich einen Einfluß haben, wird zunächst versucht, von diesen zu abstrahieren und den Prozeß als einfache Scherströmung aufzufassen. Dazu werden anhand der metrischen Distanzen der räumlichen Anordnung (s. Tab. 5.1) empirische Reaktionsgeschwindigkeiten für jedes Prime-Target-Paar berechnet, indem diese Distanz durch die berechnete Reaktionszeit dividiert wird. Für jede Vorwärts- und Rückwärts-Paarung resultiert so ein Geschwindigkeitswert (s. Tabelle 5.3).[48]

[48] Der kognitive Prozeß, der bis zum Tastendruck stattfindet und mit der Reaktionszeit gemessen wird, umfaßt, wie bereits geschildert, mehr als nur die Wiedererkennung des Targets. Das dargebotene Prime muß wie das wenig später dargebotene Target identifiziert, d.h. als Objekt erkannt werden. Darüber hinaus ist die Vorbereitung der motorischen Reaktion an der gemessenen Zeit zu berücksichtigen (s. oben).

Tab. 5.3: Durchschnittliche Reaktionsgeschwindigkeit für Prime-Target-Kombinationen, Experiment I.

Item	d	x	v
Lampe – Notizblock	11,00	643,80	17,08
Notizblock – Lampe	11,00	752,80	14,61
Telefon – Kamera	11,36	655,00	17,34
Kamera – Telefon	11,36	671,84	16,90
Kamera – Monitor	11,52	643,90	17,89
Monitor – Kamera	11,52	721,65	15,97
Tesafilmabroller – Lampe	11,59	666,05	17,40
Lampe – Tesafilmabroller	11,59	726,70	15,95
Notizblock – Uhr	11,60	653,00	17,76
Uhr – Notizblock	11,60	625,50	18,54
Koffer – Telefon	11,86	696,50	17,02
Telefon – Koffer	11,86	644,55	18,40
Grammophon – Tesafilmabroller	12,07	832,06	14,50
Tesafilmabroller – Grammophon	12,07	733,83	16,44
Monitor – Taschenrechner	12,10	704,58	17,17
Taschenrechner – Monitor	12,10	768,70	15,74
Kamera – Notizblock	18,42	620,89	29,67
Notizblock – Kamera	18,42	688,65	26,75
Telefon – Lampe	18,64	716,26	26,02
Lampe – Telefon	18,64	788,77	23,63
Telefon – Uhr	20,89	649,55	32,16
Uhr – Telefon	20,89	737,91	28,31
Koffer – Notizblock	21,91	684,40	32,02
Notizblock – Koffer	21,91	664,89	32,96
Kamera – Grammophon	25,51	706,20	36,12
Grammophon – Kamera	25,51	763,00	33,43
Taschenrechner – Lampe	26,41	679,42	38,87
Lampe – Taschenrechner	26,41	843,30	31,32
Tesafilmabroller – Uhr	33,82	716,40	47,21
Uhr – Tesafilmabroller	33,82	682,70	49,54
Koffer – Monitor	34,11	743,15	45,89
Monitor – Koffer	34,11	668,00	51,06

Legende: d = Distanz in Metern ; x = durchschnittliche Reaktionszeit in Millisekunden; v = durchschnittliche Reaktionsgeschwindigkeit in Metern pro Sekunde.

Die empirisch ermittelten Reaktionsgeschwindigkeiten werden nun unabhängig von der Lage in der Anordnung betrachtet, d.h. unter Abstraktion der bisher einbezogenen anordnungsspezifischen Gesichtspunkte. Sie werden lediglich auf einen zwischen Prime und Target aufgespannten Ortsvektor bezogen. Die Länge dieser Ortsvektoren entspricht genau der Distanz (*d*) zwischen Prime und Target. Jedes Prime stellt dabei sozusagen den Nullpunkt des Koordinatensystems dar. Das Target wird als Abstand auf der *y*-Achse abgetragen. Die dazu ermittelten Reaktionsgeschwindigkeiten sind Werte auf einer senkrecht dazu stehenden *z*-Achse, die jedoch auf die *x*-*y*-Ebene projiziert wird. Die Ergebnisse dieses Verfahrens sind in Abbildung 5.7 illustriert.

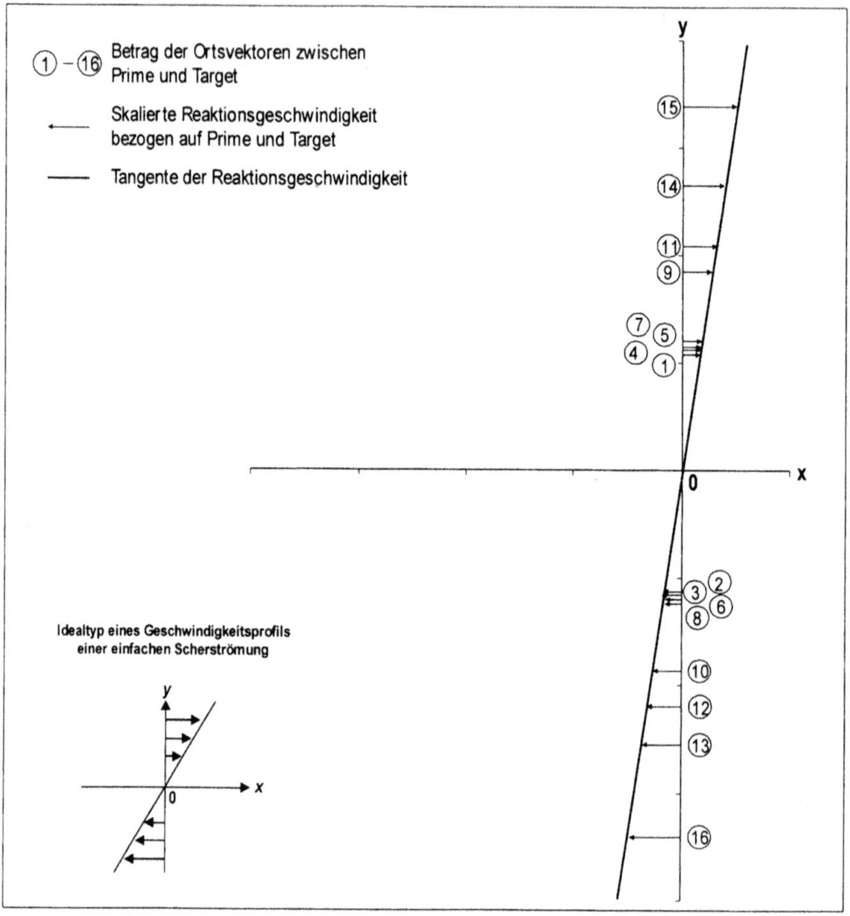

Abb. 5.7 Darstellung der empirisch ermittelten Reaktionsgeschwindigkeiten, bezogen auf die transformierten Ortsvektoren der Prime-Target-Paare, Experiment I.

Die in Abbildung 5.7 dargestellte Tangente der Reaktionsgeschwindigkeiten läßt sich statistisch über eine lineare Regression ermitteln. Dazu wird die physikalische Distanz (*d*) als Vorhersage für die Reaktionsgeschwindigkeiten genutzt. Es wurde folgende Regressionsgleichung berechnet:[49]

$$v = 1{,}42 \cdot d \ . \qquad \text{(Gl. 5.3)}$$

[49] Da weder die Repräsentation von kognitiven Distanzen noch die Repräsentation von maximal erinnerbaren Distanzen einen Einfluß haben sollen, wird hier nur eine Funktionsgleichung für beide Arten von Prime-Target-Paaren berechnet.

Die Anpassung der Geraden an die empirischen Werte ($F(1{,}31) = 6367{,}45,\ p < 0{,}0001$) zeigt Abbildung 5.8.

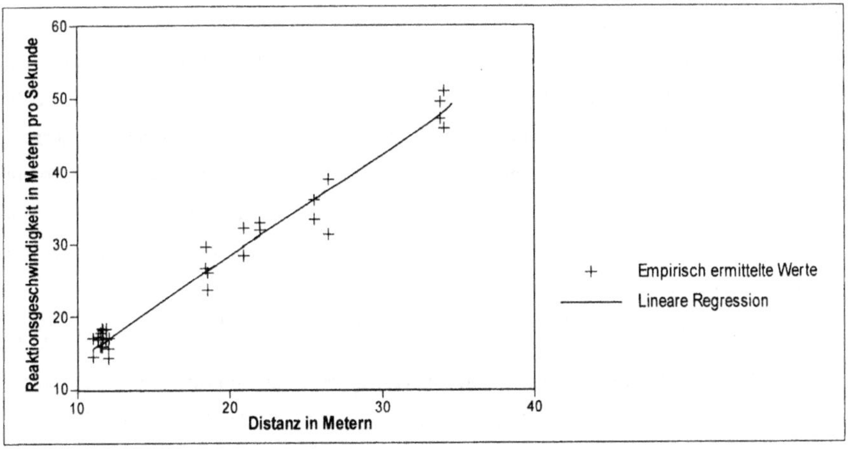

Abb. 5.8 Empirisch ermittelte Werte und Regressionsgerade der Reaktionsgeschwindigkeit, Experiment I.

Aus der empirisch ermittelten linearen Funktionsgleichung lassen sich nach Abschnitt 2.2.3 die Funktionsgleichungen der Geschwindigkeitsprofile bestimmen. Die Gleichungen Gl. 2.7a und Gl. 2.7b ergeben zusammen mit den empirisch erhobenen Werten:

$$v_x = \frac{\partial \Psi}{\partial y} = 0{,}0016d = 2by \text{ und } v_y = -\frac{\partial \Psi}{\partial x} = -0{,}0016d. \qquad \text{(Gl. 5.4a, b)}$$

Die zugehörigen Stromlinien der Stromfunktion sind konstant.

Zusammenfassend hat die Beschreibung des Priming-Prozesses im Strömungsmodell bisher folgendes erbracht: Betrachtet man Prime-Target-Paare unabhängig von ihrer Lage in der zugrundeliegenden räumlichen Anordnung und damit auch unabhängig von ihrer Position in einer repräsentierten Sequenz, so kann der Prozeß ohne den Einfluß modulierender Komponenten als einfache Scherströmung aufgefaßt werden. Der Prozeß erfolgt gleichmäßig für alle Prime-Target-Kombinationen. Die beobachtete Strömung führt zu einer generellen Reaktionszeitverkürzung von 64,4 Millisekunden (berechnet aus den Werten der linearen Regression). Insofern stimmen diese Ergebnisse mit den Zahlen der statistischen Prüfung von Hypothese H1 überein (s. oben, Tabelle 5.2).

Es werden nun die im Experiment festgestellten Distanz- und Richtungseffekte modelliert. Dazu werden die genannten Einflußgrößen, kognitive Distanz (bzw. Position) und maximal erinnerbare Distanz, berücksichtigt.

Der Einfluß der Größe P (dimensionsloser Druckgradient) bewirkt, daß die zu berechnende Geschwindigkeit nicht mehr linear mit der Distanz (y-Werte im hydrodynamischen Modell) ansteigt, sondern ein quadratischer Zusammenhang entsteht. Wie genau dieser Zusammenhang aussieht, wird durch die anderen Einflußgrößen bestimmt. Außer der maximal erinnerbaren Distanz, die sich in Vorwärts- und Rückwärtsrichtung unterscheidet ($a_2 < a_1$), werden die übrigen Einflußgrößen in diesem Experiment, das die empirische Datenbasis liefert, konstant gehalten. Zur Modellierung der Daten wird deshalb eine quadratische Regression gewählt, die getrennt für die ausgewählten Vorwärts- und Rückwärtspaare (s. Abschnitt 5.2.1) durchgeführt wird. Durch die Anpassung an die empirische Datenbasis können somit zwei neue Regressionskurven berechnet werden, die die Tangenten des Geschwindigkeitsprofils unter Einfluß von P darstellen:

$$v_{VOR} = 1{,}52d - 0{,}0033d^2 \text{ und } v_{RÜCK} = 1{,}45d - 0{,}0029d^2 \qquad \text{(Gl. 5.5a, b)}$$

Abbildung 5.9 zeigt wiederum die Anpassung der Regressionsgeraden an die empirischen Werte: ($F_{VOR}(1{,}14) = 58113{,}1,\ p < 0{,}0001$; $F_{RÜCK}(1{,}14) = 72262{,}5,\ p < 0{,}0001$).

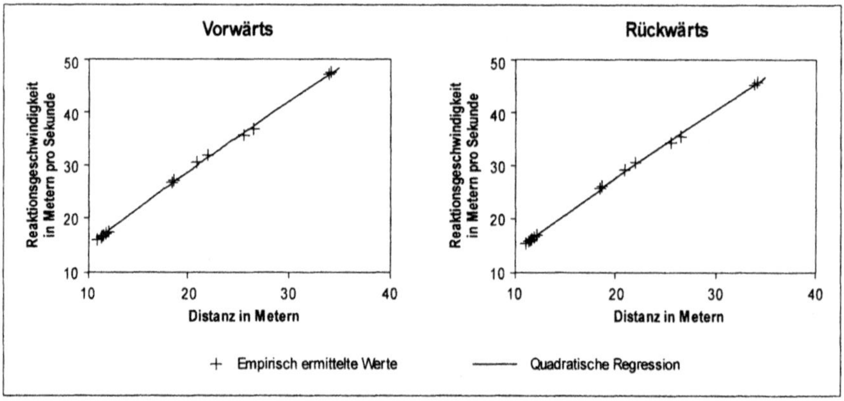

Abb. 5.9 Tangenten der Geschwindigkeitsprofile für Vorwärts- und Rückwärtsströmungen, Experiment I.

Mit Hilfe beider Regressionsgeraden läßt sich für jedes Prime-Target-Paar ein Priming-Effekt für unterschiedliche Distanzen und Richtungen errechnen, der mit den empirisch ermittelten Priming-Effekten verglichen werden kann (s. Tabelle 5.4).

Tab. 5.4: Empirische Priming-Effekte und Vorhersagen des Modells, Experiment I.

Item	*d*	PE-Empirie	PE-Modell
Lampe – Notizblock	11,00	-124,85	-92,98
Notizblock – Lampe	11,00	-15,85	-62,39
Telefon – Kamera	11,36	-113,65	-92,44
Kamera – Telefon	11,36	-96,80	-61,87
Kamera – Monitor	11,52	-124,75	-92,19
Monitor – Kamera	11,52	-47,00	-61,63
Tesafilmabroller – Lampe	11,59	-102,60	-92,08
Lampe – Tesafilmabroller	11,59	-41,95	-61,53
Notizblock – Uhr	11,60	-115,65	-92,08
Uhr – Notizblock	11,60	-143,15	-61,52
Koffer – Telefon	11,86	-72,15	-91,68
Telefon – Koffer	11,86	-124,10	-61,14
Grammophon – Tesafilmabroller	12,07	63,41	-91,37
Tesafilmabroller – Grammophon	12,07	-34,82	-60,84
Monitor – Taschenrechner	12,10	-64,07	-91,31
Taschenrechner – Monitor	12,10	0,05	-60,79
Kamera – Notizblock	18,42	-147,76	-81,61
Notizblock – Kamera	18,42	-80,00	-51,48
Telefon – Lampe	18,64	-52,39	-81,27
Lampe – Telefon	18,64	20,12	-51,16
Telefon – Uhr	20,89	-119,10	-77,74
Uhr – Telefon	20,89	-30,74	-47,79
Koffer – Notizblock	21,91	-84,25	-76,12
Notizblock – Koffer	21,91	-103,76	-46,24
Kamera – Grammophon	25,51	-62,45	-70,39
Grammophon – Kamera	25,51	-5,65	-40,76
Taschenrechner – Lampe	26,41	-89,23	-68,93
Lampe – Taschenrechner	26,41	74,65	-39,37
Tesafilmabroller – Uhr	33,82	-52,25	-56,75
Uhr – Tesafilmabroller	33,82	-85,95	-27,75
Koffer – Monitor	34,11	-25,50	-56,27
Monitor – Koffer	34,11	-100,65	-27,30

Legende: *d* = Distanz in Metern; PE = Priming-Effekt.

Berechnet man zwischen beiden Größen (empirischem und modelliertem Priming-Effekt) einen Rangkorrelationskoeffizienten (Spearman's ρ) für die unter Abschnitt 5.2.1 beschriebenen Itemklassen, so ist dieser signifikant von Null verschieden ($\rho = 0{,}909$, $p < 0{,}001$).[50] Dies bedeutet, daß die modellierten mit den empirisch ermittelten Effekten sehr gut übereinstimmen. Es werden ca. 83% der gemeinsamen Varianz beider Variablen aufgeklärt ($R^2 = 82{,}63$).

[50] Die Berechnung des Rangkorrelationskoeffizienten erfolgt, da die Erwartung bzgl. des Zusammenhangs zwischen empirischen Priming-Effekten und den Vorhersagen des Modells aufgrund der Regressionsgeraden nur ordinale Abstufungen zwischen Klassen von Items betrifft.

5.2.3 Experimente II und III: Überprüfung der Hypothesen H4 und H5

Mit dem in Abschnitt 5.1.2 dargestellten und in Abschnitt 5.2.2 präzisierten Strömungsmodell werden auch Aussagen darüber gemacht, daß die zu Beginn – aufgrund eines konstanten Druckgradienten in Strömungsrichtung *(dp/dx)* – vorliegenden Modulierungen der Geschwindigkeitsfelder mit der Zeit nachlassen. Es wurden die Hypothesen H4 und H5 formuliert, um diese Aussagen prüfbar zu machen.

Je mehr Zeit zwischen Darbietung von Prime und Target vergeht, um so größer fällt die Reaktionszeitverkürzung aufgrund der Darbietung des Primes aus.

Je mehr Zeit zwischen Darbietung von Prime und Target vergeht, um so geringer fallen die Reaktionszeitunterschiede aufgrund von kognitiver Distanz und Richtung aus.

Aufgrund der in Abschnitt 5.2.2 ermittelten Reaktionsgeschwindigkeiten läßt sich vermuten, daß das Erinnern an einzelne Objekte der Anordnung mit einer Geschwindigkeit von etwa 50 Metern pro Sekunde stattfindet (s. auch Tabelle 5.3). Da die größten metrischen Distanzen zwischen Prime-Target-Paaren, die in dieser Anordnung geprüft wurden, etwa 25 bis 34 Meter betragen, sollte eine Zeitspanne von 510 bis 680 Millisekunden ausreichen, um die Modulierungen der Geschwindigkeitsfelder deutlich zu reduzieren. Die Zeit zwischen Darbietung von Prime und Exposition des Targets (SOA) für Experiment II wurde daher um diese Zeitschranke herum gewählt. Experiment III sollte deutlich über dieser Zeitschranke liegen.

Untersuchungsmethode und -material: Die Versuchsmethode, das Versuchsmaterial und die UVs der dazu durchgeführten Untersuchungen sind weitgehend identisch mit dem in 5.2.1 geschilderten Experiment. Zusätzlich wurde jedoch eine weitere UV geprüft: die variierte SOA (s. oben).

Dazu wurden die gleichen Filme der Anordnung benutzt, wie oben beschrieben (s. auch Abb. 5.4). Der Versuchsablauf war identisch. Es wurden die gleichen Items präsentiert. Im Unterschied zu der Untersuchung aus Abschnitt 5.2.2 erfolgte nach der Exposition des Primes (100 Millisekunden) jedoch ein Interstimulusintervall von 500 (Exp. II) oder 750 Millisekunden (Exp. III). Damit betrug die SOA 600 und 850 Millisekunden, lag in Experiment II somit um die oben angegebene Zeitschranke, während sie in Experiment III deutlich darüber lag. Tabelle 5.5 gibt einen Überblick über das Untersuchungsdesign.

Tab. 5.5: Untersuchungsdesign der Experimente II und III mit Kontrollbedingung (Exp. I).

Experiment I*	Experiment II	Experiment III
SOA 350 ms	SOA 600 ms	SOA 850 ms
n = 20	n = 20	n = 20

Legende: * Experiment I aus Abschnitt 5.2.2 dient hier als Kontrollbedingung.

Versuchspersonen: In Experiment II und III nahmen insgesamt 48 Versuchspersonen teil. 8 Versuchspersonen wurden aufgrund der Treatmentprüfung von der Analyse ausgeschlossen. Auch hier waren die Versuchspersonen Studenten unterschiedlicher Fachrichtungen der Universität Mannheim.

Ergebnisse: Wie bereits dargestellt, wurden die Trefferrate und die Rate für falschen Alarm berechnet. Dadurch kann abgeschätzt werden, ob die Reaktionszeiten der einzelnen Experimente miteinander vergleichbar sind (s. oben, Abschnitt 5.2.1). Die Trefferrate in Experiment II lag bei 0,94 bei Experiment III betrug sie 0,96. Auch die Raten für falschen Alarm waren wiederum sehr gering (Exp. II: 0,04; Exp. III: 0,03). In Experiment II wurden zwar insgesamt etwas mehr Fehler gemacht ($\sum = 56$, $\bar{x} = 2{,}80$ und $s = 2{,}12$) als in Experiment III ($\sum = 36$, $\bar{x} = 1{,}80$ und $s = 1{,}47$). Die Trefferraten und die Raten für falschen Alarm legen jedoch eine Vergleichbarkeit der Reaktionszeiten nahe.

Es wurden nun wiederum für jede Versuchsperson und für jedes Item Priming-Effekte mit Hilfe der korrigierten Reaktionszeiten der Versuchspersonen (d.h. Fehler wurden durch Missings ersetzt) und der Baseline berechnet. Abbildung 5.10 gibt einen Überblick über die genaue Verteilung und Stärke der so erhaltenen Priming-Effekte für jedes Prime-Target-Paar, bezogen auf die Lage der Objekte und die jeweilige SOA.

Vergleicht man die hier dargestellten Effekte mit den Effekten in Abbildung 5.6, so läßt sich deutlich erkennen, daß die Zahl der stärker dargestellten Verbindungen (große Priming-Effekte) bei längeren SOAs vor allem für kurze Distanzen in Rückwärtsrichtung zunimmt. Die Darstellungen lassen vermuten, daß die in Experiment I (s. Abschnitt 5.2.2) gefundenen Modulierungen der Geschwindigkeitsfelder sich mit der Zeit angleichen.

Zunächst wurde zur Prüfung von Hypothese H4 und H5 eine dreifache Varianzanalyse für den unabhängigen Faktor „SOA“ und die Meßwiederholungsfaktoren „Distanz“ und „Richtung“ über die Reaktionszeiten auf nahe und weite Items in Vorwärts- und Rückwärts-Richtung berechnet. Diese zeigte, daß die Verkürzung der Reaktionszeit mit längerer SOA zunimmt. Von 67,69 Millisekunden in Experiment I (Kontrollbedingung) steigt die durchschnittliche Reaktionszeitverkürzung auf 137,50 Millisekunden in Experiment II und 103,34 Millisekunden in Experiment III ($F_{SOA}(2{,}57) = 3{,}19$, $p < 0{,}05$). Hypothese H4 kann somit bestätigt werden.

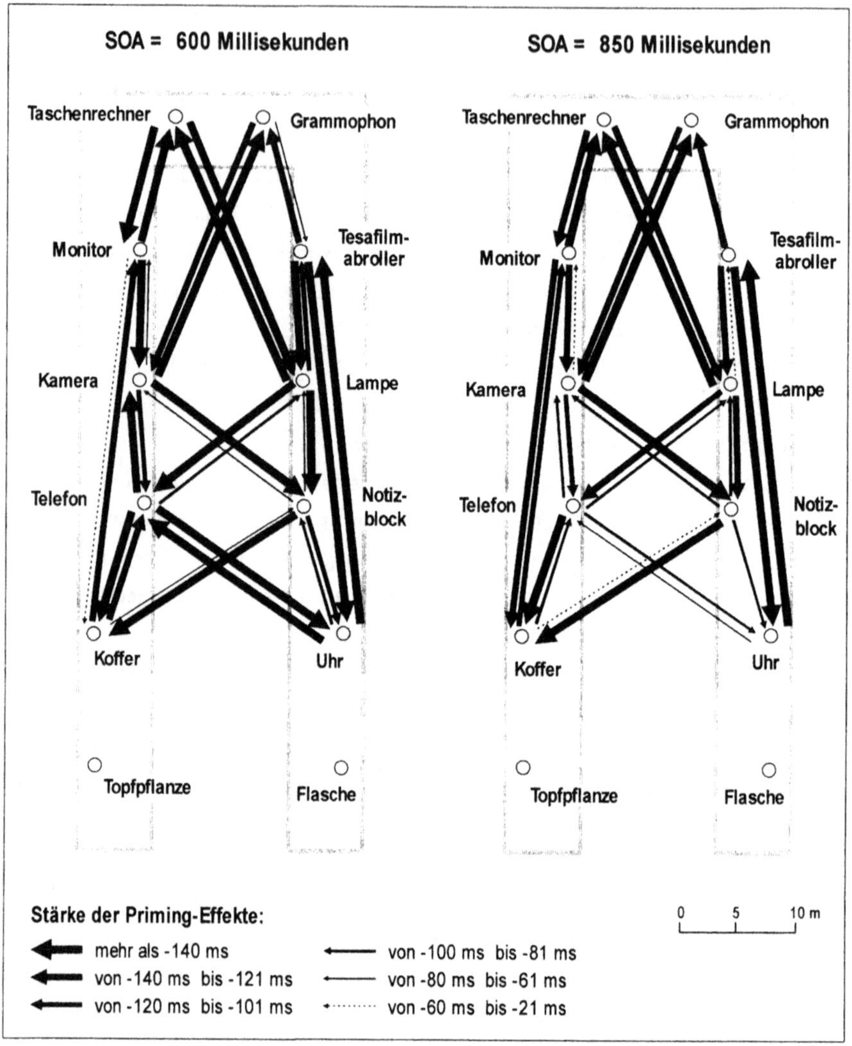

Abb. 5.10 Stärke und räumliche Verteilung der Priming-Effekte, Experimente II und III.

Außerdem sind auch die Wechselwirkungen „Distanz mal SOA“ und „Richtung mal SOA“ bedeutsam ($F_{DISTANZ/SOA}(2{,}57) = 2{,}97$, $p = 0{,}06$ und $F_{RICHTUNG/SOA}(2{,}57) = 5{,}81$, $p < 0{,}05$). Die Ergebnisse dieser Analyse können Tabelle 5.6 entnommen werden.

Tab. 5.6: Stärke der Priming-Effekte, Experimente II und III.

SOA	Bedingung	x	s	Priming-Effekte
	Alle	631,15	83,84	Priming-Effekt[1]:
	Baseline	768,65	92,62	-137,50*
	Nah	644,39	97,92	Gesamt-Priming-Effekt Distanz[2]:
600	Weit	627,23	111,99	17,16 n.s.
	Vorwärts	642,79	109,91	Gesamt-Priming-Effekt Richtung[2]:
	Rückwärts	628,81	89,70	13,98 n.s.
	Alle	665,31	76,84	Priming-Effekt[1]:
	Baseline	768,65	92,62	-103,34*
	Nah	691,18	92,62	Gesamt-Priming-Effekt Distanz[2]:
850	Weit	682,88	112,19	8,29 n.s.
	Vorwärts	690,53	100,73	Gesamt-Priming-Effekt Richtung[2]:
	Rückwärts	683,53	93,65	7,00 n.s

Legende: *x* = durchschnittliche Reaktionszeit in Millisekunden; *s* = Standardabweichung; [1]: Differenz zur Baseline; [2]: Differenz zwischen Items der gleichen Relation, n.s.: nicht signifikant; *: auf dem 5%-Niveau signifikant.

Diskussion: Die empirischen Werte bestätigen die Vorhersagen, daß der Priming-Effekt in Abhängigkeit von der SOA variiert. Steht mehr Zeit zur Verfügung, so vergrößert sich der Priming-Effekt. Zusätzlich zur Varianzanalyse berechnete Kontraste (Scheffé) zeigen, daß dieser Effekt auf den Unterschied zwischen beiden Experimenten mit der Kontrollbedingung (SOA = 350 Millisekunden) zurückzuführen ist. Dies läßt den Schluß zu, daß der Druckgradient in Strömungsrichtung *(dp/dx)* tatsächlich gegen Null geht, der Einfluß der Größe *P* daher zurückgeht. Dieser Vorgang scheint schon bei einer SOA von 600 Millisekunden stattgefunden zu haben. Darauf läßt auch die Tatsache schließen, daß beide Wechselwirkungen bedeutsam werden. Sowohl der in der Kontrollbedingung wirksame Faktor „Richtung" als auch der Faktor „Distanz" tragen nur dann zur Aufklärung der Varianz bei, wenn die Variation der SOA ebenfalls miteinbezogen wird. Betrachtet man die einzelnen Itemklassen lediglich unter einer SOA von 600 oder 850 Millisekunden, so ergeben sich zwischen ihnen keine signifikanten Unterschiede. Abbildung 5.10 läßt den Schluß zu, daß dafür vor allem Priming-Effekte bei kurzen Distanzen in Rückwärtsrichtung verantwortlich sind. Darin unterscheidet sich die räumliche Verteilung der Priming-Effekte bei einer SOA von 350 Millisekunden und höheren SOAs. Dieses „Verschwinden" von Priming-Effekten bei längerer SOA ist ein wesentliches Argument dafür, daß die Compound-Cue-Theorien die gefundenen Effekte nicht erklären können.

5.2.4 Übereinstimmung von Modell und Empirie bei verlängerter SOA

Die empirischen Werte der Experimente II und III, die im letzten Abschnitt dargestellt wurden, liefern die Datenbasis, um das in Abschnitt 5.2.2 angepaßte Modell zu überprüfen. Dazu werden die berechneten Geschwindigkeiten für jedes Prime-Target-Paar unter der jeweiligen Variation der SOA betrachtet (Tab. 5.7).

Tab. 5.7: Durchschnittliche Reaktionsgeschwindigkeit für Prime-Target-Kombinationen, Experimente II und III.

		SOA 600		SOA 850	
Item	d	x	v	x	v
Lampe – Notizblock	11,00	597,40	18,41	644,80	17,06
Notizblock – Lampe	11,00	701,15	15,69	675,47	16,28
Telefon – Kamera	11,36	584,35	19,43	668,50	16,99
Kamera – Telefon	11,36	655,11	17,34	785,63	14,46
Kamera – Monitor	11,52	706,11	16,32	738,05	15,61
Monitor – Kamera	11,52	607,85	18,95	630,05	18,29
Tesafilmabroller – Lampe	11,59	621,39	18,65	645,28	17,96
Lampe – Tesafilmabroller	11,59	657,65	17,62	740,20	15,66
Notizblock – Uhr	11,60	572,55	20,25	587,43	19,74
Uhr – Notizblock	11,60	579,00	20,03	635,48	18,25
Koffer – Telefon	11,86	633,32	18,72	670,96	17,67
Telefon – Koffer	11,86	614,15	19,31	607,70	19,51
Grammophon – Tesafilmabroller	12,07	663,05	18,20	685,35	17,60
Tesafilmabroller – Grammophon	12,07	685,63	17,60	793,47	15,21
Monitor – Taschenrechner	12,10	701,20	17,26	779,37	15,53
Taschenrechner – Monitor	12,10	642,78	18,83	635,12	19,05
Kamera – Notizblock	18,42	566,95	32,49	624,70	29,49
Notizblock – Kamera	18,42	566,70	32,51	634,95	29,01
Telefon – Lampe	18,64	644,83	28,90	654,85	28,46
Lampe – Telefon	18,64	732,94	25,43	642,73	28,99
Telefon – Uhr	20,89	577,05	36,20	596,35	35,03
Uhr – Telefon	20,89	588,86	35,47	541,38	38,58
Koffer – Notizblock	21,91	627,00	34,95	636,60	34,42
Notizblock – Koffer	21,91	566,70	38,67	621,50	35,26
Kamera – Grammophon	25,51	692,72	36,82	731,22	34,88
Grammophon – Kamera	25,51	584,05	43,67	620,62	41,10
Taschenrechner – Lampe	26,41	614,89	42,95	678,10	38,94
Lampe – Taschenrechner	26,41	625,95	42,19	690,39	38,25
Tesafilmabroller – Uhr	33,82	576,95	58,62	619,25	54,62
Uhr – Tesafilmabroller	33,82	690,78	48,96	682,26	49,57
Koffer – Monitor	34,11	670,37	50,88	687,10	49,64
Monitor – Koffer	34,11	606,80	56,21	639,95	53,30

Legende: d = Distanz in Metern; x = durchschnittliche Reaktionszeit in Millisekunden; v = durchschnittliche Reaktionsgeschwindigkeit in Metern pro Sekunde.

Es werden folgende Regressionsgleichungen berechnet:

$$v_{600} = 1{,}60 \cdot d \text{ und } v_{850} = 1{,}53 \cdot d. \qquad \text{(Gl. 5.6a, b)}$$

Wie zuvor können die Regressionsgleichungen als Tangenten des jeweiligen Geschwindigkeitsprofils der Scherströmung angesehen werden. Die Anpassung der Geraden an die empirischen Werte zeigt Abbildung 5.11 ($F_{600}(1{,}31) = 5686{,}71$, $p < 0{,}0001$ und $F_{850}(1{,}31) = 6011{,}74$, $p < 0{,}0001$).

Da die empirischen Daten bereits bei einer SOA von 600 Millisekunden keinen Hinweis darauf liefern, daß zwischen einzelnen Itemgruppen Unterschiede bestehen (s. oben, Abschnitt 5.2.3), kann angenommen werden, daß die bereits vorgenommene lineare Anpassung eine hinreichende Modellierung der Daten darstellt. (Diese entspricht einer Anpassung an eine einfache Scherströmung.) Vorwärts- und Rückwärtsitems sowie Items aus unterschiedlichen Regionen erzeugen den gleichen Priming-Effekt.

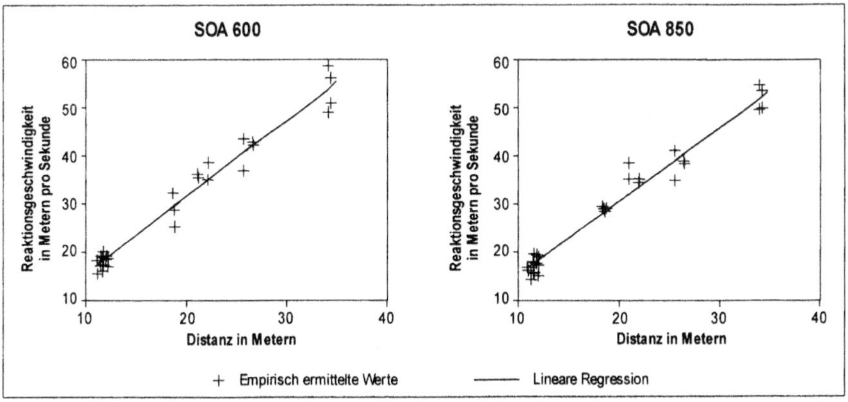

Abb. 5.11 Empirisch ermittelte Werte und Regressionsgeraden der Reaktionsgeschwindigkeiten, Experimente II und III.

Wie zuvor läßt sich mit Hilfe der Regressionsgeraden für jedes Prime-Target-Paar ein Priming-Effekt errechnen, der mit den empirisch ermittelten Priming-Effekten verglichen werden kann (s. Tabelle 5.8).

In diesem Fall können keine Korrelationskoeffizienten für die empirischen und modellierten Priming-Effekte berechnet werden, da die lineare Regression dazu führt, daß die modellierten Priming-Effekte für alle Distanzen konstant sind. Dies ist die Vorhersage des Modells. Der Einfluß der Zeit sollte ja gerade darin bestehen, die Unterschiede zwischen den Relationen abzuschwächen. Zu prüfen wäre daher, ob die empirischen Werte dieser Konstanzannahme ebenfalls entsprechen, d.h. ob sie nur zufällig variieren. Dazu wird mit Hilfe eines Kolmogorov-Smirnov-Anpassungstests die Gleichverteilungsannahme der empirischen Werte geprüft (Bortz, Lienert, Boehnke, 1990, S. 319 ff.). Ein Signifikanzwert über 5% bestätigt, daß es sich um eine Gleichverteilung handelt, beträgt der Wert unter 5% muß die Annahme abgelehnt werden. Die Gleichverteilung kann für beide Variationen der SOA bestätigt werden ($Z_{600} = 1{,}05,\ n = 32,\ p = 0{,}217$ und $Z_{850} = 1{,}25,\ n = 32,\ p = 0{,}087$).

Die Vorhersage, daß mit der Zeit, die zwischen Darbietung von Prime und Target vergeht, auch der modulierende Einfluß auf die Geschwindigkeitsfelder geringer wird, konnte somit nicht falsifiziert werden. Im Gegenteil, die Annahme, daß die Priming-Effekte bei verschiedenen Itemklassen aufgrund des Zusammenspiels verschiedener Größen im dimensionslosen Druckgradienten P zustande kommen (wenn der Druckgradient in Strömungsrichtung (dp/dx) konstant, aber von Null verschieden ist), führt zu einem hinreichend guten Ergebnis. Der Priming-Prozeß, der für eine SOA von 350 Millisekunden durch unterschiedliche Geschwindigkeitsfelder für Vorwärts- und Rückwärtspaare beschrieben werden kann und somit stark von der maximal erinnerbaren Distanz abhängt, kann mit zunehmender SOA mehr und mehr als einfache Scherströmung verstanden werden.

Tab. 5.8: Empirische Priming-Effekte und Vorhersagen des Modells, Experimente II und III.

		Empirie		Modell	
Item	d	PE 600	PE 850	PE 600	PE 850
Lampe – Notizblock	11,00	-171,25	-123,85	-143,65	-115,06
Notizblock – Lampe	11,00	-67,50	-93,18	-143,65	-115,06
Telefon – Kamera	11,36	-184,30	-100,15	-143,65	-115,06
Kamera – Telefon	11,36	-113,54	16,98	-143,65	-115,06
Kamera – Monitor	11,52	-62,54	-30,60	-143,65	-115,06
Monitor – Kamera	11,52	-160,80	-138,60	-143,65	-115,06
Tesafilmabroller – Lampe	11,59	-147,26	-123,37	-143,65	-115,06
Lampe – Tesafilmabroller	11,59	-111,00	-28,45	-143,65	-115,06
Notizblock – Uhr	11,60	-105,60	-83,30	-143,65	-115,06
Uhr – Notizblock	11,60	-83,02	24,82	-143,65	-115,06
Koffer – Telefon	11,86	-135,33	-97,69	-143,65	-115,06
Telefon – Koffer	11,86	-154,50	-160,95	-143,65	-115,06
Grammophon – Tesafilmabroller	12,07	-67,45	10,72	-143,65	-115,06
Tesafilmabroller – Grammophon	12,07	-125,87	-133,53	-143,65	-115,06
Monitor – Taschenrechner	12,10	-196,10	-181,22	-143,65	-115,06
Taschenrechner – Monitor	12,10	-189,65	-133,17	-143,65	-115,06
Kamera – Notizblock	18,42	-191,70	-149,40	-143,65	-115,06
Notizblock – Kamera	18,42	-77,87	-86,39	-143,65	-115,06
Telefon – Lampe	18,64	-98,28	-81,55	-143,65	-115,06
Lampe – Telefon	18,64	-161,85	-128,70	-143,65	-115,06
Telefon – Uhr	20,89	-153,76	-90,55	-143,65	-115,06
Uhr – Telefon	20,89	-142,70	-78,26	-143,65	-115,06
Koffer – Notizblock	21,91	-75,93	-37,43	-143,65	-115,06
Notizblock – Koffer	21,91	-184,60	-148,03	-143,65	-115,06
Kamera – Grammophon	25,51	-201,70	-143,95	-143,65	-115,06
Grammophon – Kamera	25,51	-129,95	-133,70	-143,65	-115,06
Taschenrechner – Lampe	26,41	-141,65	-132,05	-143,65	-115,06
Lampe – Taschenrechner	26,41	-201,95	-147,15	-143,65	-115,06
Tesafilmabroller – Uhr	33,82	-191,60	-172,30	-143,65	-115,06
Uhr – Tesafilmabroller	33,82	-179,79	-227,27	-143,65	-115,06
Koffer – Monitor	34,11	-123,82	-113,80	-143,65	-115,06
Monitor – Koffer	34,11	-35,71	-125,92	-143,65	-115,06

Legende: d = Distanz in Metern; PE = Priming-Effekt.

5.3 Zusammenfassung und erste Bewertung des Modells

Für das in Abschnitt 5.1.3 formulierte Modell zum Informationsabruf in mentalen Karten (A1 bis A12) wurden fünf empirisch prüfbare Hypothesen formuliert. Experimente zur Prüfung der Hypothesen konnten diese nicht falsifizieren. Bis auf weiteres läßt sich somit folgendes formulieren:

Priming-Prozesse – die zustande kommen, wenn Objekte einer Anordnung, die zuvor gelernt wurde, paarweise als Primes und Targets dargeboten werden – lassen sich bei geeigneten SOA (350 Millisekunden) als Strömung auffassen, die sich durch unterschiedliche Geschwindigkeitsfelder für Vorwärts- und Rückwärtspaare auszeichnet. Aufgrund eines konstanten Druckgradienten in Strömungsrichtung *(dp/dx)* entstehen unterschiedliche Geschwindigkeiten in Vorwärts- und in Rückwärtsrichtung sowie in Abhängigkeit von der tatsächlichen Lage der Primes und Targets zueinander (der Zugehörigkeit zu Regionen). Die Reaktionsgeschwindigkeit kann dabei nach Gleichung 5.2b und 5.2c angegeben werden. Eine Bestimmung der Tangenten der Geschwindigkeitsprofile ergibt nach Durchführung einer Regression folgende Lösung:

$$v_{350VOR} = \begin{cases} x_1 d + x_2 d^2, & falls 350 \le RZ < 2000 \\ 0 \quad sonst. \end{cases} \qquad \text{und}$$

$$v_{350RÜCK} = \begin{cases} x_3 d + x_4 d^2, & falls 350 \le RZ < 2000 \\ 0 \quad sonst. \end{cases},$$

mit $x_1,...x_4 \in \{\mathbf{R}\}$, RZ in Millisekunden und $x_2, x_4 \neq 0$ (Gl. 5.7 a, b)

Der Faktor *d* gibt dabei die metrische Distanz zwischen Prime und Target an.

Gemäß dieser Funktionsgleichungen für die Reaktionsgeschwindigkeiten kann somit für jedes einzelne Prime-Target-Paar sowie für Klassen von Prime-Target-Paaren ein Priming-Effekt vorhergesagt werden (H1).

Der Priming-Effekt, der als Differenz zwischen einer Baseline und allen Prime-Target-Paaren berechnet wird, läßt sich bereits aufgrund einer linearen Regressionsgleichung vorhersagen. Dieser Priming-Effekt und die zugehörige Strömung wächst mit der Zeit, die zwischen der Darbietung von Prime und Target (SOA) vergeht (H4).

Die Geschwindigkeit, mit der der Priming-Prozeß stattfindet, wird jedoch von einer weiteren Komponente moduliert: dem dimensionslosen Druckgradienten *P*, der das Zusammenspiel verschiedener, im Strömungsprozeß wirkender, Größen angibt. Bisher wurde vor allem die in Navigationsrichtung bzw. gegen die Navigationsrichtung unterschiedlich erinnerbaren maximalen Distanzen (a_1 und a_2) als Größe in *P* untersucht. Hat *P* einen Einfluß, so kommt es sowohl zu kognitiven Distanz- als auch zu Richtungseffekten (H2 und H3).

Gesamt-Priming-Effekte entstehen jedoch nur so lange, wie der Druckgradient in Strömungsrichtung *(dp/dx)* konstant, aber von Null verschieden ist. Die Überlegung war, daß eine größere Zeitspanne (zwischen 510 bis 680 Millisekunden) dazu führen sollte, daß die Objekte der Anordnung erinnert sind, der Druckgradient also gegen Null geht. Ein für längere Zeitspannen formuliertes Modell würde dann vorhersagen, daß der Einfluß von *P* zurückgeht. Es zeigte sich, daß schon bei einer SOA von 600 Millisekunden kein Einfluß unterschiedlicher

Geschwindigkeitsfelder mehr festzustellen war. Eine durchgeführte Varianzanalyse zeigt, daß die Unterschiede zwischen den Experimenten bzgl. des Gesamt-Priming-Effekts zwischen der SOA von 350 Millisekunden und den anderen SOAs liegen. Für eine SOA von 600 bis 850 Millisekunden läßt sich daher folgendes formulieren:

Die zuvor festgelegten unterschiedlichen Geschwindigkeitsfelder für Vorwärts- und Rückwärtspaarungen gleichen sich an. Die Reaktionsgeschwindigkeit kann nun als einfache Scherströmung formuliert und wie folgt angegeben werden:

$$v_{>350} = \begin{cases} xd, & falls\, 350 \leq RZ < 2000 \\ 0 & sonst. \end{cases},$$

mit $x \in \{\mathbf{R}\}$, RZ in Millisekunden (Gl. 5.8)

Die gewählte Betrachtung des Priming-Prozesses als Strömung führt zu der Aussage, daß Priming-Prozesse bei geeigneter SOA sowohl zu einfachen Priming-Effekten als auch zu Gesamt-Priming-Effekten bzgl. kognitiver Distanz und Richtung führen. Der Prozeß wird durch die Erinnerung an die Anordnung eingeleitet und erfolgt in Vorwärts- und in Rückwärtsrichtung. Dadurch kommt es zu einer generellen Verkürzung der Reaktionszeit aufgrund einer im Modell postulierten einfachen Scherströmung, die durch den Einfluß der maximalen Erinnerungsleistung unter konstantem Druckgradienten in Strömungsrichtung unterschiedlich moduliert wird. Eine Verlängerung der SOA führt jedoch zu einem Verschwinden der Gesamt-Priming-Effekte, d.h. zum Einfluß der maximalen Erinnerungsleistung, aber auch zu einem Ansteigen der einfachen Priming-Effekte.

Das gewählte Modell stellt eine Möglichkeit dar, Priming-Befunde, die bisher nicht mit einem Modell alleine zu erklären waren, zu integrieren. Die Reaktionsgeschwindigkeiten und somit auch die Reaktionszeiten können über Funktionsgleichungen bestimmt werden. Die Form der Gleichung und die Prüfung der Anpassung (über Korrelationen und Gleichverteilungsannahmen) geben Hinweise darauf, ob bei der gewählten SOA schon eine Scherströmung vorliegt, oder ob Effekte aufgrund unterschiedlicher Relationen zwischen Prime und Target zu erwarten sind.

Nach dem in 5.1.3 dargelegten Modell können jedoch auch andere Größen einen Einfluß auf das Entstehen der Effekte haben. Eine Untersuchung weiterer Größen stellt somit eine Generalisierbarkeit der getroffenen Annahmen dar. Diese Generalisierbarkeit des hier aufgestellten Modells ist Thema des nächsten Kapitels.

6 Generalisierbarkeit des Priming-Modells

Im vorigen Kapitel wurde ein Strömungsmodell zum Informationsabruf in mentalen Karten aufgestellt. Der Priming-Prozeß wurde bei geeigneter SOA (im Experiment betrug diese 350 Millisekunden) als eine Strömung beschrieben, die nicht-linear von der meßbaren Distanz zwischen Prime und Target abhängt, sondern durch Grundgeschwindigkeit, Lernerfahrung mit der entsprechenden Raumanordnung, Zeit und Charakteristika der fraglichen Raumanordnung (wie z.B. die maximal erinnerbare Distanz) bestimmt wird. Eine gute Annäherung stellte eine quadratische Regression (Gl. 5.7a und 5.7b) dar.

Für höhere SOAs (600 und 850 Millisekunden), d.h. für eine größere Zeitspanne, die von der Darbietung des Primes bis zur Darbietung des Targets verstreicht, wurde festgestellt, daß der Einfluß der Relation zwischen Prime und Target und der maximal erinnerbaren Distanz zurückgeht. Eine für diesen Fall gute Annäherung ist daher die lineare Regression (Gl. 5.8).

Das weitere Vorgehen besteht nun in der Prüfung der Generalisierbarkeit dieser Aussagen, die unter folgenden Aspekten betrachtet werden kann:

(1) Es wird einerseits die Einflußgröße *a* und die damit in Zusammenhang stehende Operationalisierung der kognitiven Distanz (Abschnitt 6.1) untersucht. Dazu wird die Versuchsanordnung, die die Versuchspersonen kennenlernen, variiert: Es können die Hypothesen H1 bis H3 geprüft werden (Abschnitte 6.1.1 und 6.1.2).

(2) Andererseits wird die in Kapitel 5 festgestellte Veränderung über die Zeit näher beleuchtet. Dazu werden die Hypothesen H4 und H5 bei veränderten SOAs (Abschnitt 6.2) geprüft. Eine der Veränderungen besteht darin, SOAs einzusetzen, die zwischen 350 und 600 Millisekunden liegen (Abschnitt 6.2.1). In einer weiteren Untersuchung wird die Zeit von 350 Millisekunden weiter reduziert (Abschnitt 6.2.2).

(3) Als weitere Einflußgröße auf den angenommenen Strömungsvorgang wurde die Grundverarbeitungsgeschwindigkeit des Systems (*U*) genannt. Eine Gegenüberstellung sog. „langsamer" und „schneller" Informationsverarbeiter erfolgt daher in Abschnitt 6.3.

Insgesamt werden dazu die Daten von vier weiteren Experimenten herangezogen. Die Numerierung erfolgt fortlaufend. Die experimentelle Vorgehensweise bei den nachfolgend geschilderten Experimenten war die gleiche wie bisher. Geprüft wurden der Einfluß von Richtung und kognitiver Distanz zwischen Objekten einer räumlichen Anordnung auf die Wiedererkennung dieser Objekte. Gemessen wurde die Reaktionsgeschwindigkeit nach der paarweisen Darbietung von Primes und Targets. Von Item (Prime-Target-Paar) zu Item ändert sich die Relation zwischen Prime und Target in bezug auf die gegenseitige Lage (s. oben Abschnitt

5.2). Daraus ergeben sich unterschiedliche kognitive Distanzen und Richtungen. Einen Überblick über die Experimente aus Kapitel 5 und 6 gibt Tabelle 6.1.

Tab. 6.1: Übersicht über die dargestellten empirischen Daten.

Experiment	Anordnung	SOA	Hypothesenprüfung
I	Museum	350	H1, H2, H3
II	Museum	600	H4, H5
III	Museum	850	H4, H5
IV	Straßen	350	H1, H2, H3
V	Raum	350	H1, H2, H3
VI	Raum	450	H4, H5
VII	Straßen	100	H4, H5

6.1 Variation der räumlichen Anordnung

Variiert wurde in den Experimenten IV und V, deren Daten zur Prüfung des Modells herangezogen werden, die räumliche Anordnung. Die Variation der Anordnung soll dazu dienen, den Einfluß von Regionen und somit von Entscheidungspunkten zu überprüfen.

6.1.1 Experiment IV: offene, u-förmige Anordnung aus Straßen

Die Überprüfung beginnt mit einem Experiment von Schweizer (1997), das bereits in Abschnitt 4.3.2 geschildert wurde (s. auch unten). Die Daten wurden im Rahmen dieser Arbeit nicht neu erhoben. Es wurde aber eine Baseline ermittelt, indem Versuchspersonen Distraktoren als Primes und Objekte der unten geschilderten Anordnung als Targets dargeboten wurden. Mit Hilfe dieser Baseline konnten die Daten aus Experiment IV (Straßen) neu ausgewertet werden (s. unten). Die verwendete Anordnung ist wie die Anordnung in Experiment I (Museum) u-förmig und enthält insgesamt 12 Objekte. Im Gegensatz zum Museum kann man sich hier jedoch leichter einen Überblick über das Gelände verschaffen, denn es handelt sich um ein „offenes“ Areal. Man kann von einer Längsstraße zur anderen blicken. Die Sicht wird nicht durch Wände versperrt, wie das im Museum (Exp. I bis III) der Fall war. Nach allem, was wir aus Untersuchungen zum Distanzeffekt wissen, kann dies ein Faktor sein, der die Enkodierung von Distanzen beeinflußt. Darauf weisen auch die in Abschnitt 4.3.2 beschriebenen Befunde zum Ausgangsexperiment hin. Es konnte lediglich ein Richtungseffekt evoziert werden. Hinweise auf Distanzen ergaben sich kaum.

Zu prüfen ist nun, ob sich diese Ergebnisse auch bei der in dieser Arbeit gewählten Operationalisierung von Richtung und Distanz als Effekte der Position (d.h. der Lage) eines Items aufrecht erhalten lassen. Dazu wird die Anordnung wiederum in Regionen aufgeteilt, und es werden neue Itemklassen gebildet (s. unten). In diesem Fall ist es jedoch möglich, daß die auch aus Gründen der Vergleichbarkeit gewählte Operationalisierung nicht geeignet ist, einen Distanzeffekt zu erzeugen. Sie entspricht, wie bereits erwähnt (s. auch Abschnitt 5.1.1), eher dem Konzept der kognitiven Distanzen. Die insgesamt offenere Anordnung läßt demgegenüber vermuten, daß auch die Bildung von Relationen aufgrund von perzeptuellen Distanzen begünstigt wird. Eine Aufteilung der Items nach Regionen dürfte auf perzeptuelle Distanzen jedoch keinen Einfluß haben.

Zu den so neu zu berechnenden Reaktionszeiten für Klassen von Items (s. unten) wurde eine Baseline erhoben (s. oben). Dadurch ist es möglich, die Hypothesen H1 bis H3 anhand dieser Anordnung erneut zu prüfen. Abschließend wird versucht, die entstehenden Priming-Effekte mit den in Gleichung 5.7 a und 5.7b dargestellten Regressionsgeraden zu beschreiben.

Untersuchungsmethode und -material: Die Versuchspersonen lernten eine Anordnung kennen, die aus drei in U-Form angeordneten Straßen auf einer Rasenfläche und daran aufgereihten Objekten besteht. Abbildung 6.1 gibt einen Überblick über die in Experiment IV verwendete Anordnung.

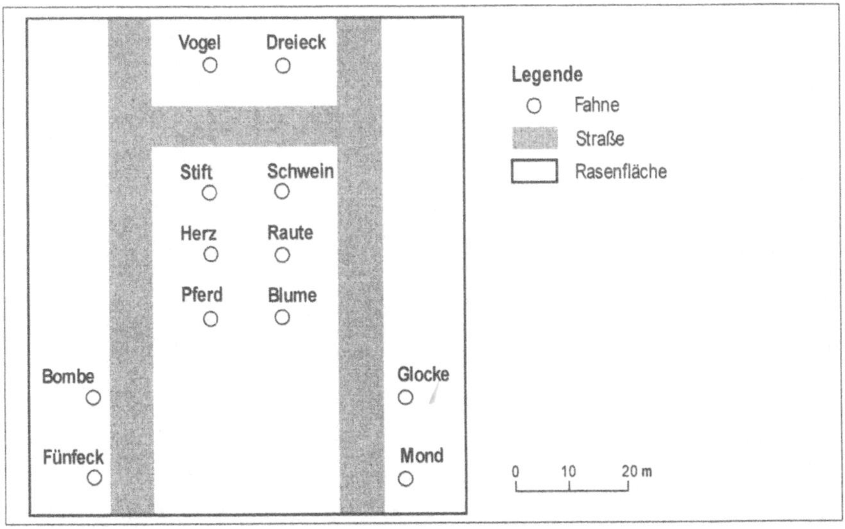

Abb. 6.1 Zweidimensionaler Grundriß der gefilmten Anordnung, Experiment IV.

Die Versuchspersonen sahen mit Hilfe einer Videokamera erstellte Filme von dieser Anordnung aus der Feldperspektive. Sie sahen der Reihe nach Fahnen mit folgenden Symbolen: Fünfeck, Bombe, Pferd, Herz, Stift, Vogel, Dreieck, Schwein, Raute, Blume, Glocke und Mond. (Bei einer Kontrollbedingung verlief der Film genau umgekehrt.) Beide Filme hatten eine Gesamtlänge von ca. zwei Minuten. Die einzelnen Objekte waren ca. 4,5 Sekunden lang im Fokus der Kamera.

Die Straßen und die einzelnen Objekte waren im Maßstab 1:87 angefertigt. Damit erhielt die gesamte Anordnung eine Länge von 87 und eine Breite von 78,3 Metern. Die maximale Distanz zwischen Objekten betrug bei dieser Anordnung 79,95 Meter. Die Anordnung entspricht in ihrer Länge in etwa der Länge der im Kontrollexperiment (Exp. I) verwendeten Anordnung.

Tab. 6.2: Zusammensetzung der Itemstichprobe, Experiment IV.

Item	*r*	*d*
Raute – Blume	vorwärts	9,39
Blume – Raute	rückwärts	9,39
Pferd – Herz	vorwärts	11,23
Herz – Pferd	rückwärts	11,23
Pferd – Blume	vorwärts	11,26
Blume – Pferd	rückwärts	11,26
Herz – Stift	vorwärts	11,77
Stift – Herz	rückwärts	11,77
Schwein – Raute	vorwärts	12,57
Raute – Schwein	rückwärts	12,57
Vogel – Dreieck	vorwärts	14,34
Dreieck – Vogel	rückwärts	14,34
Herz – Raute	vorwärts	14,88
Raute – Herz	rückwärts	14,88
Herz – Blume	vorwärts	15,65
Blume – Herz	rückwärts	15,65
Pferd – Raute	vorwärts	17,30
Raute – Pferd	rückwärts	17,30
Stift – Raute	vorwärts	19,15
Raute – Stift	rückwärts	19,15
Vogel – Blume	vorwärts	46,86
Blume – Vogel	rückwärts	46,86
Pferd – Dreieck	vorwärts	47,82
Dreieck – Pferd	rückwärts	47,82
Bombe – Glocke	vorwärts	58,45
Glocke – Bombe	rückwärts	58,45
Dreieck – Glocke	vorwärts	60,84
Glocke – Dreieck	rückwärts	60,84
Bombe – Vogel	vorwärts	62,53
Vogel – Bombe	rückwärts	62,53

Legende: *r* = Richtung nach gelernter Route; *d* = Distanz in Metern.

Die UV der Untersuchung ist wie bisher die Lage der einzelnen Prime-Target-Paare, aus der sich die kognitive Distanz und die Richtung ergeben. Die Relationen der einzelnen Items wurden gemäß diesen UVs variiert. Die Zusammensetzung der Itemstichprobe kann im einzelnen Tabelle 6.2 entnommen werden. (Alle Items sowie die verwendeten Distraktoren sind in Anhang I abgebildet. Zwischen dem Anfangs- und Endobjekt der Route und allen anderen

Objekten wurden keine Items gebildet.) Zusätzlich wurden 20 Distraktoritems dargeboten. (Die Items wurden während der Reaktionszeitmessung randomisiert dargeboten.)

Ergebnisse: Wie in Kapitel 5 bereits dargestellt, wurden zur Überprüfung des Treatments und der Instruktion die Trefferrate und die Rate für falschen Alarm berechnet. Insgesamt zeigten die Versuchspersonen eine sehr hohe Trefferrate (0,97) und eine sehr geringe Rate für falschen Alarm (0,01; s. oben). Insgesamt wurden 21 Fehler gemacht ($\bar{x} = 1{,}08$ und $s = 1{,}06$). Für jede Versuchsperson und für jedes Item wurden nun Priming-Effekte mit Hilfe der korrigierten Reaktionszeiten der Versuchspersonen (d.h. Fehler wurden durch missings ersetzt) und einer Baseline für dieses Experiment berechnet. Diese lag bei durchschnittlich 690,45 Millisekunden ($s = 138{,}15$).

Gemäß der Vorgehensweise in Kapitel 5 wurde zur Prüfung der Hypothese H1 ein T-Test für die durchschnittliche Reaktionszeiten pro Versuchsperson auf alle Items mit der Baseline berechnet (s. Tabelle 6.3). Die generelle Verkürzung der Reaktionszeit liegt bei 54,37 Millisekunden und ist hoch signifikant (t=-3,09, df= 23, p<0,005).

Zur Prüfung von Hypothese H2 und H3 wurden die Items wie bisher nach Richtung und kognitiver Distanz klassifiziert. Auch in der Anordnung zu Experiment IV kommen wie im Kontrollexperiment (Exp. I) zwei bis vier Entscheidungspunkte (Bombe, Vogel, Dreieck und Blume) vor. Daher kann auch hier die mittlere Region (Vogel und Dreieck) deutlich von den anderen Regionen abgegrenzt werden. Nahe und weite Items werden daher wie folgt klassifiziert: Weite Items sind Items, bei denen Prime oder Target aus dieser mittleren Region stammen. Es entstehen folgende Kategorien:

- kognitiv nahe Items in Vorwärtsrichtung (9,39 bis 12,57 Meter im Modell),
- kognitiv nahe Items in Rückwärtsrichtung (9,39 bis 12,57 Meter im Modell),
- kognitiv weite Items in Vorwärtsrichtung (46,86 bis 47,82 Meter im Modell),
- kognitiv weite Items in Rückwärtsrichtung (46,86 bis 47,82 Meter im Modell).

Mit den so zusammengefaßten Reaktionszeiten der Versuchspersonen wurde wie bisher eine zweifache Varianzanalyse mit Meßwiederholung für die Faktoren „Richtung“ und „kognitive Distanz“ durchgeführt. Die Ergebnisse sind im einzelnen Tabelle 6.3 zu entnehmen.

Tab. 6.3: Stärke der berechneten Priming-Effekte, Experiment IV.

Bedingung	x	s	Priming-Effekte
Alle	636,08	86,28	Priming-Effekt[1]:
Baseline	690,45	138,15	-54,37**
Nah	645,52	78,02	Gesamt-Priming-Effekt Distanz[2]:
Weit	684,37	127,52	-38,86 n.s.
Vorwärts	642,20	95,98	Gesamt-Priming-Effekt Richtung[2]:
Rückwärts	687,69	85,17	-45,49*

Legende: x= durchschnittliche Reaktionszeit in Millisekunden; s = Standardabweichung; [1]: Differenz zur Baseline; [2]: Differenz zwischen Items der gleichen Relation; n.s.: nicht signifikant; *: auf dem 5%-Niveau signifikant; **: signifikant auf dem 1%-Niveau oder höher.

Wie im Ausgangsexperiment (Exp. I) zeigen sich auch hier signifikante Unterschiede bzgl. der Richtung ($F_{RICHTUNG}(1{,}23) = 5{,}76,\ p < 0{,}05$), in der die Prime-Target-Paare kombiniert werden. Der Faktor „Distanz" bleibt unter dem Signifikanz-Niveau. Einen Überblick über die räumliche Verteilung der empirisch ermittelten Priming-Effekte gibt Abbildung 6.2.

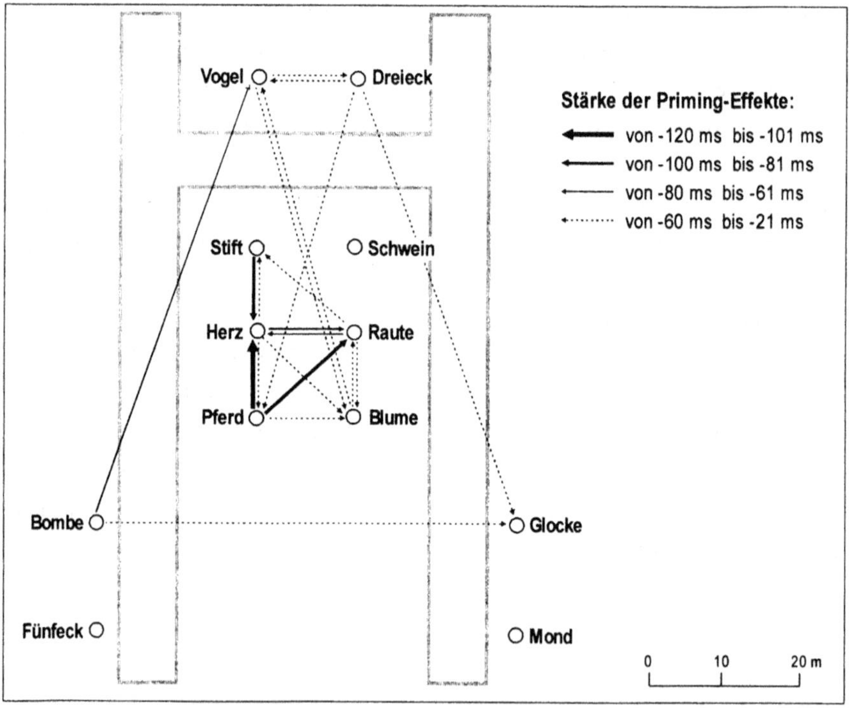

Abb. 6.2 Stärke und räumliche Verteilung der Priming-Effekte, Experiment IV.

Wie in Kapitel 5 (Abschnitte 5.2.1 und 5.2.3) sind die Relationen zwischen Prime und Target bzgl. ihrer Lage in der Anordnung dargestellt. Die Pfeilspitze gibt die Richtung der Relation wieder. Die Stärke der Linie entspricht der Höhe der Reaktionszeitverkürzungen gegenüber der Baseline. Auffallend ist, daß in dieser Untersuchung sehr viel schwächere Priming-Effekte festzustellen sind als beim Kontrollexperiment (Exp. I).

Diskussion: Auch mit der hier gewählten Anordnung kann Hypothese H1 bestätigt werden. Versuchspersonen erkennen ein Objekt aus einer zuvor gesehenen Anordnung etwa 54 Millisekunden schneller, wenn ihnen zuvor ein Prime aus der gleichen Anordnung dargeboten wurde, als eine Vergleichsgruppe, denen ein solches Prime nicht dargeboten wurde. Der Priming-Effekt ist hoch signifikant. Die Hypothesen H2 und H3 betonen die Lage der Prime-Target-Kombinationen. Die Ergebnisse weisen darauf hin, daß die Lage der Objekte wiederum einen entscheidenden Einfluß auf die Reaktionszeiten der Versuchspersonen hat. Die durchgeführte Operationalisierung in nahe und weite Items – aufgrund der Zugehörigkeit zu einer Anfangs- oder Endregion vs. zu einem mittleren Bereich – führt dieses Mal jedoch zu einem Ausbleiben des Distanzeffekts. Zieht man die in Abbildung 6.2 illustrierte räumliche Verteilung der Effekte hinzu, so scheinen Distanzeffekte deshalb nicht signifikant zu werden, weil die Distanzen hier insgesamt wenig Einfluß auf die Reaktionszeiten haben. Es treten auch für kurze Distanzen nur wenige Priming-Effekte auf, deren Betrag 60 Millisekunden übersteigt. Das mag möglicherweise am eingesetzten Material liegen. Eventuell hätte eine etwas längere SOA hier bessere Effekte erzielt. Dagegen spricht jedoch, daß der Richtungseffekt etwa gleich stark auftritt wie im Kontrollexperiment (Exp. I).

Anpassung: Um die Übereinstimmung des Modells mit den empirischen Daten von Experiment IV zu prüfen, werden die berechneten Geschwindigkeiten für jedes Prime-Target-Paar betrachtet. Dadurch kann die Regressionsgerade, die die Scherströmung beschreibt, ermittelt werden.

Tab. 6.4: Durchschnittliche Reaktionsgeschwindigkeit für Prime-Target-Kombinationen, Experiment IV.

Item	*d*	*x*	*v*
Raute – Blume	9,39	631,00	14,88
Blume – Raute	9,39	641,37	14,64
Pferd – Herz	11,23	578,71	19,41
Herz – Pferd	11,23	635,05	17,69
Pferd – Blume	11,26	641,33	17,56
Blume – Pferd	11,26	873,86	12,89
Herz – Stift	11,77	646,50	18,21
Stift – Herz	11,77	608,13	19,35
Schwein – Raute	12,57	700,52	17,94
Raute – Schwein	12,57	742,73	16,92
Vogel – Dreieck	14,34	633,64	22,63
Dreieck – Vogel	14,34	662,00	21,66
Herz – Raute	14,88	629,04	23,65
Raute – Herz	14,88	615,87	24,16
Herz – Blume	15,65	652,35	23,99
Blume – Herz	15,65	691,71	22,62
Pferd – Raute	17,30	609,96	28,37
Raute – Pferd	17,30	681,83	25,38
Stift – Raute	19,15	718,92	26,64
Raute – Stift	19,15	652,26	29,36
Vogel – Blume	46,86	630,57	74,32
Blume – Vogel	46,86	662,29	70,76
Pferd – Dreieck	47,82	744,65	64,22
Dreieck – Pferd	47,82	643,38	74,33
Bombe – Glocke	58,45	649,46	90,00
Glocke – Bombe	58,45	710,52	82,27
Dreieck – Glocke	60,84	649,78	93,63
Glocke – Dreieck	60,84	729,29	83,42
Bombe – Vogel	62,53	625,00	100,0
Vogel – Bombe	62,53	741,71	84,31

Legende: *d* = Distanz in Metern; *x* = durchschnittliche Reaktionszeit in Millisekunden; *v* = durchschnittliche Reaktionsgeschwindigkeit in Metern pro Sekunde.

Es wird folgende Regressionsgleichung berechnet:

$$v = 1{,}48 \cdot d \qquad \text{(Gl. 6.1)}$$

Die Regressionsgleichung ist wie bisher als Tangente des jeweiligen Geschwindigkeitsprofils der einfachen Scherströmung anzusehen. Die Anpassung der Geraden an die empirischen Werte ($F(1{,}29) = 6384{,}35$, $p < 0{,}0001$) zeigt Abbildung 6.3.

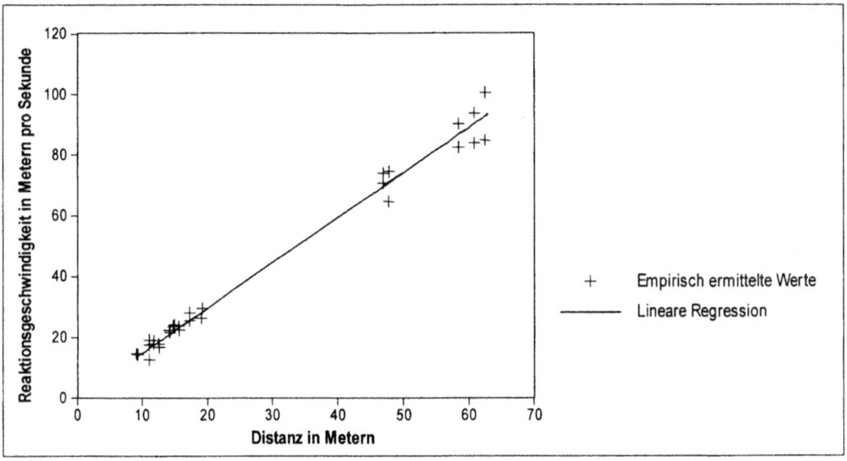

Abb. 6.3 Empirisch ermittelte Werte und Regressionsgerade der Reaktionsgeschwindigkeit, Experiment IV.

Die lineare Anpassung, die der Priming-Geschwindigkeit ohne Berücksichtigung der weiteren Einflußgrößen entspricht, liefert eine generelle Reaktionszeitverkürzung von 15,14 Millisekunden.

Eine Prüfung der Hypothesen H2 und H3 ergibt jedoch auch Hinweise auf Einflüsse der maximal erinnerbaren Distanzen. Diese fallen zwar nicht so eindeutig aus wie im entsprechenden Kontrollexperiment (Exp. I), doch bestehen im Gegensatz zu den Experimenten mit verlängerter SOA (Exp. II und III) deutliche Unterschiede zwischen den Itemgruppen. Daher wird der Einfluß der maximal erinnerbaren Distanz und des dimensionslosen Druckgradienten auf das Geschwindigkeitsfeld geprüft.

Zur Modellierung der Daten wird wiederum eine quadratische Regression, getrennt für Vorwärts und Rückwärtspaare, berechnet. Die Anpassung an die empirische Datenbasis ergibt somit zwei neue Regressionskurven, die die Tangenten des Geschwindigkeitsprofils unter Einfluß von P darstellen:

$$v_{VOR} = 1{,}56d - 0{,}0007d^2 \text{ und } v_{RÜCK} = 1{,}47d - 0{,}00009d^2 . \qquad \text{(Gl. 6.2a, b)}$$

Abbildung 6.4 zeigt die Anpassung der Regressionsgeraden an die empirischen Werte ($F_{VOR}(1{,}13) = 657958$, $p < 0{,}0001$ und $F_{RÜCK}(1{,}13) = 4100000$, $p < 0{,}0001$).

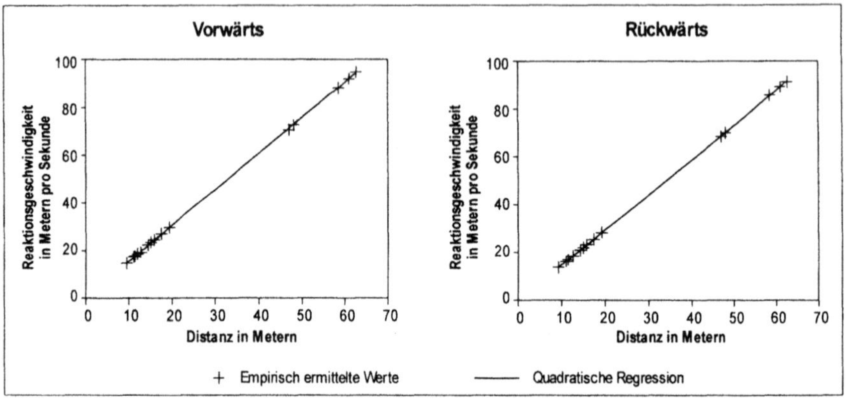

Abb. 6.4 Tangenten der Geschwindigkeitsprofile für Vorwärts- und Rückwärtsströmungen, Experiment IV.

Es können nun mit Hilfe der beiden Regressionsgeraden Priming-Effekte für unterschiedliche Distanzen und Richtungen errechnet werden, um sie mit den empirisch ermittelten Priming-Effekten zu vergleichen (s. Tabelle 6.5).

Berechnet man zwischen beiden Größen (zwischen empirischem und modelliertem Priming-Effekt) einen Rangkorrelationskoeffizienten (Spearman's ρ) für die oben beschriebenen Itemklassen, so ist dieser signifikant von Null verschieden ($\rho = 0{,}496$, $p < 0{,}01$). Die modellierten Effekte weisen einen statistisch bedeutenden Zusammenhang mit den empirisch ermittelten Priming-Effekten auf, der allerdings nicht so hoch ist, wie beim entsprechenden Kontrollexperiment (Exp. I). Dies war schon anhand des geringen Einflusses der Distanzen vorhersehbar. Durch eine lineare Korrelation werden etwa 25% der gemeinsamen Varianz beider Variablen aufgeklärt ($R^2 = 24{,}60$).

Insgesamt zeigen die Daten aus Experiment IV, daß eine Abschätzung der Reaktionsgeschwindigkeiten und der zugehörigen Priming-Effekte über eine quadratische Regression möglich ist. Die quadratische Anpassung, die in Gleichung 5.7a und Gleichung 5.7b vorgeschlagen wird, um einen Strömungsprozeß bei einer SOA von 350 Millisekunden zu beschreiben, ist auch in dieser Untersuchung anwendbar. Die Daten zeigen jedoch auch, daß die Modulierung der Geschwindigkeitsfelder durch die Art der räumlichen Anordnung beeinflußt wird – dies aber entgegen der in Abschnitt 5.1.3 geäußerten Überlegungen. Die insgesamt offenere Anordnung gegenüber der Anordnung im Kontrollexperiment, führt offensichtlich nicht dazu, daß die Modulierung der Reaktionszeiten stärker ausfällt als im Kontrollexperiment. Das liegt nicht nur an der hier gewählten Operationalisierung der Distanzen. Daß keine Unterschiede zwischen Distanzen zustande kommen, ist vor allem auf insgesamt wenige Reaktionszeitverkürzungen bzgl. der Distanz zurückzuführen (s. Abb. 6.2). Auch bei kurzen Distanzen zeigen sich kaum Priming-Effekte über 60 Millisekunden. Dennoch läßt sich ein Richtungseffekt evozieren, was dafür spricht, daß es Unterschiede, bei den maximal erinnerbaren Distanzen gibt. Um dieses unklare Bild etwas zu erhellen, wird der postulierte Zusammenhang zwischen der zu repräsentierenden räumlichen Anordnung und der im Modell formulierten Einflußgröße *a* in der folgenden Untersuchung weiter erforscht.

Tab. 6.5: Empirische Priming-Effekte und Vorhersagen des Modells, Experiment IV.

Item	*d*	PE-Empirie	PE-Modell
Raute – Blume	9,39	-59,45	-45,80
Blume – Raute	9,39	-49,08	-9,88
Pferd – Herz	11,23	-111,74	-45,26
Herz – Pferd	11,23	-55,40	-9,80
Pferd – Blume	11,26	-49,12	-45,25
Blume – Pferd	11,26	183,41	-9,80
Herz – Stift	11,77	-43,95	45,11
Stift – Herz	11,77	-82,32	-9,78
Schwein – Raute	12,57	10,07	-44,87
Raute – Schwein	12,57	52,28	-9,75
Vogel – Dreieck	14,34	-56,81	-44,36
Dreieck – Vogel	14,34	-28,45	-9,67
Herz – Raute	14,88	-61,41	-44,20
Raute – Herz	14,88	-74,58	-9,65
Herz – Blume	15,65	-38,10	-43,97
Blume – Herz	15,65	1,26	-9,62
Pferd – Raute	17,30	-80,49	-43,49
Raute – Pferd	17,30	-8,62	-9,55
Stift – Raute	19,15	28,47	-42,95
Raute – Stift	19,15	-38,19	-9,47
Vogel – Blume	46,86	-59,88	-34,71
Blume – Vogel	46,86	-28,16	-8,31
Pferd – Dreieck	47,82	54,20	-34,42
Dreieck – Pferd	47,82	-47,07	-8,27
Bombe – Glocke	58,45	-40,99	-31,20
Glocke – Bombe	58,45	20,07	-7,83
Dreieck – Glocke	60,84	-40,67	-30,48
Glocke – Dreieck	60,84	38,84	-7,73
Bombe – Vogel	62,53	-65,45	-29,96
Vogel – Bombe	62,53	51,26	-7,66

Legende: *d* = Distanz in Metern; PE = Priming-Effekt.

6.1.2 *Experiment V: geschlossene „Ein-Raum-Anordnung“*

Für Experiment V wurde eine Anordnung konstruiert, die lediglich aus einem Raum bestand und nur noch acht Objekte enthielt. Ziel war es, die Objekte dadurch näher zusammenzurücken. Eine Folge davon sollte das Verschwinden des kognitiven Distanzfaktors sein, was durch Hypothese H2 geprüft werden kann. Für die Modellierung ist zudem entscheidend, daß die insgesamt geringere Abmessung der Anordnung den Einfluß des Faktors *a* reduzieren müßte. Fraglich ist auch, ob bei diesen Abmessungen überhaupt noch Unterschiede zwischen maximal erinnerbaren Distanzen in Vorwärts- und Rückwärtsrichtung bestehen. Trotz dieser Annahmen werden die Hypothesen H1 bis H3 wie bisher geprüft, da die Vorhersage eines ausbleibenden Effekts statistisch nicht einfach zu prüfen ist.

Untersuchungsmethode und -material: Auch in diesem Experiment wurden die Versuchspersonen zunächst mit einer Anordnung vertraut gemacht. Dieses Mal wurde die Anordnung wie bei Experiment I mit einem virtuellen Realitätsprogramm erzeugt (Superscape VRT).

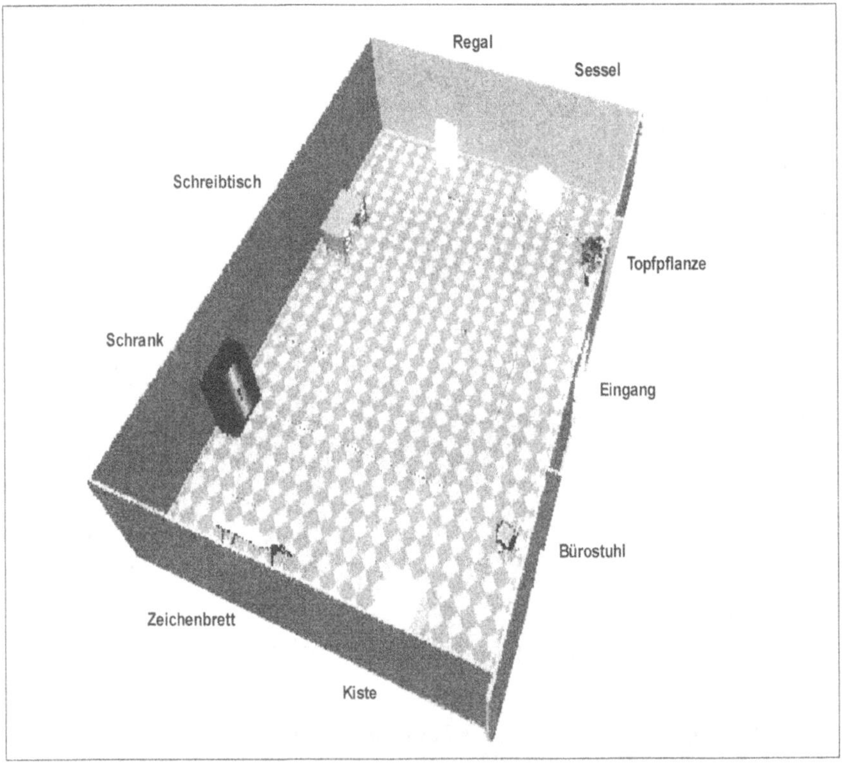

Abb. 6.5 Untersuchungsanordnung, Experiment V.

Zu sehen war ein Raum, der von links nach rechts folgende Objekte enthielt (s. auch Abb. 6.5 und Anhang I): Bürostuhl, Kiste, Zeichenbrett, Schrank, Schreibtisch, Regal, Sessel, Topfpflanze. Die Objekte waren an den Wänden des Raumes plaziert. Der erzeugte Film war so konstruiert, daß die Versuchspersonen den Eindruck hatten, den Raum durch den Eingang zu betreten. Dabei waren die Objekte Bürostuhl, Kiste, Zeichenbrett und Schrank sofort zu sehen. Danach erfolgte ein Schwenk nach links zum Bürostuhl. Von da an hatte die Versuchsperson den Eindruck, einzeln an den Objekten vorbeizugehen. Wie zuvor wurde die Feldperspektive gewählt, nicht die in Abbildung 6.5 vermittelte Beobachterperspektive. Der Film dauerte insgesamt ca. 1 Minute und 40 Sekunden. Die Entfernung zwischen zwei Objekten betrug ca. 7 Sekunden. Jedes Objekt befand sich für ca. 5 Sekunden im Kamerafokus.

Auch hier ergeben sich die räumlichen Maße der Anordnung aus der Größe des virtuellen Betrachters, die mit der Konstruktion der Umgebung im Programm festgelegt wurde. Es wurde eine Augenhöhe von etwa 1,70 Metern gewählt. Die Anordnung erhielt damit eine Breite von 39,4 Metern und eine Länge von etwa 20 Metern. Die maximale Distanz zwischen zwei Objekten betrug 35,55 Meter.

Die Relationen der einzelnen Items wurden gemäß der Lage variiert. Die Zusammensetzung der Itemstichprobe ist in Tabelle 6.6 dargestellt. (Zwischen den Objekten „Bürostuhl" und „Topfpflanze" und allen anderen Objekten wurden keine Items gebildet.) Zusätzlich wurden zwölf Distraktoritems dargeboten. (Die Items wurden während der Reaktionszeitmessung randomisiert dargeboten.)

Tab. 6.6: Zusammensetzung der Itemstichprobe, Experiment V.

Item	*r*	*d*
Regal – Sessel	vorwärts	7,96
Sessel – Regal	rückwärts	7,96
Kiste – Zeichenbrett	vorwärts	8,49
Zeichenbrett – Kiste	rückwärts	8,49
Zeichenbrett – Schrank	vorwärts	10,01
Schrank – Zeichenbrett	rückwärts	10,01
Schreibtisch – Regal	vorwärts	11,50
Regal – Schreibtisch	rückwärts	11,50
Kiste – Schreibtisch	vorwärts	28,96
Schreibtisch – Kiste	rückwärts	28,96
Schrank – Sessel	vorwärts	31,01
Sessel – Schrank	rückwärts	31,01

Legende: *r* = Richtung nach gelernter Route; *d* = Distanz in Metern.

Versuchspersonen: Es nahmen 30 Versuchspersonen teil. 9 Versuchspersonen wurden aufgrund der auch hier durchgeführten Treatmentprüfung von der Analyse ausgeschlossen. Die restlichen 21 Versuchspersonen waren Studenten unterschiedlicher Fachrichtungen der Universität Mannheim.

Ergebnisse: Die Versuchspersonen in Experiment V produzierten, wie in den anderen Experimenten auch, eine sehr hohe Trefferrate (0,97) und eine sehr geringe Rate für falschen Alarm (0,11; s. oben). Insgesamt wurden 35 Fehler gemacht ($\bar{x} = 1{,}67$ und $s = 0{,}97$). Zur

Prüfung der Hypothese H1 wurde ein T-Test für die durchschnittlichen Reaktionszeiten pro Versuchsperson auf alle Items (Fehler wurden durch missings ersetzt) mit der Baseline berechnet (s. Tabelle 6.7). Diese lag bei durchschnittlich 845,60 Millisekunden ($s = 207{,}25$), also etwa 80 Millisekunden höher als bei den Untersuchungen von Janzen (2000). Die generelle Reaktionszeitverkürzung liegt bei 84,44 Millisekunden und ist hoch signifikant ($t = 3{,}30,\ df = 20,\ p < 0{,}005$).

Zur Prüfung von Hypothese H2 und H3 wurden die Items wie bisher nach Richtung und kognitiver Distanz klassifiziert. Wie bereits berichtet, kann diese Anordnung nicht in Regionen aufgeteilt werden. Um eine Testung der Hypothese H2 zu ermöglichen, wurden die Items wie folgt zusammengefaßt:

- kognitiv nahe Items in Vorwärtsrichtung (7,96 bis 8,49 Meter im Modell),
- kognitiv nahe Items in Rückwärtsrichtung (7,96 bis 8,49 Meter im Modell),
- kognitiv weite Items in Vorwärtsrichtung (28,96 bis 21,01 Meter im Modell),
- kognitiv weite Items in Rückwärtsrichtung (28,96 bis 21,01 Meter im Modell).

Die berechnete zweifache Varianzanalyse mit Meßwiederholung für die Faktoren „Richtung" und „Distanz" erbrachte signifikante Ergebnisse für den Faktor „Richtung" und eine Tendenz für die Wechselwirkung zwischen Richtung und Distanz ($F_{RICHTUNG}(1{,}20) = 4{,}61,\ p < 0{,}05$ und $F_{RICHTUNG\,/\,DISTANZ}(1{,}20) = 3{,}61,\ p = 0{,}07$). Die Unterschiede bzgl. der kognitiven Distanz bleiben unter dem Signifikanzniveau. Die Ergebnisse sind im einzelnen Tabelle 6.7 zu entnehmen.

Tab. 6.7: Stärke der berechneten Priming-Effekte, Experiment V.

Bedingung	x	s	Priming-Effekte
Alle	761,16	117,16	Priming-Effekt[1]:
Baseline	845,60	207,25	-84,44**
Nah	778,83	146,25	Gesamt-Priming-Effekt Distanz[2]:
Weit	740,80	103,34	38,00 n.s.
Vorwärts	734,85	91,33	Gesamt-Priming-Effekt Richtung[2]:
Rückwärts	784,79	155,13	-49,94*

Legende: x = durchschnittliche Reaktionszeit in Millisekunden; s = Standardabweichung; [1]: Differenz zur Baseline; [2]: Differenz zwischen Items der gleichen Relation; n.s.: nicht signifikant; *: auf dem 5%-Niveau signifikant; **: signifikant auf dem 1%-Niveau oder höher.

Eine Übersicht über die räumliche Verteilung der empirisch ermittelten Priming-Effekte gibt Abbildung 6.6.

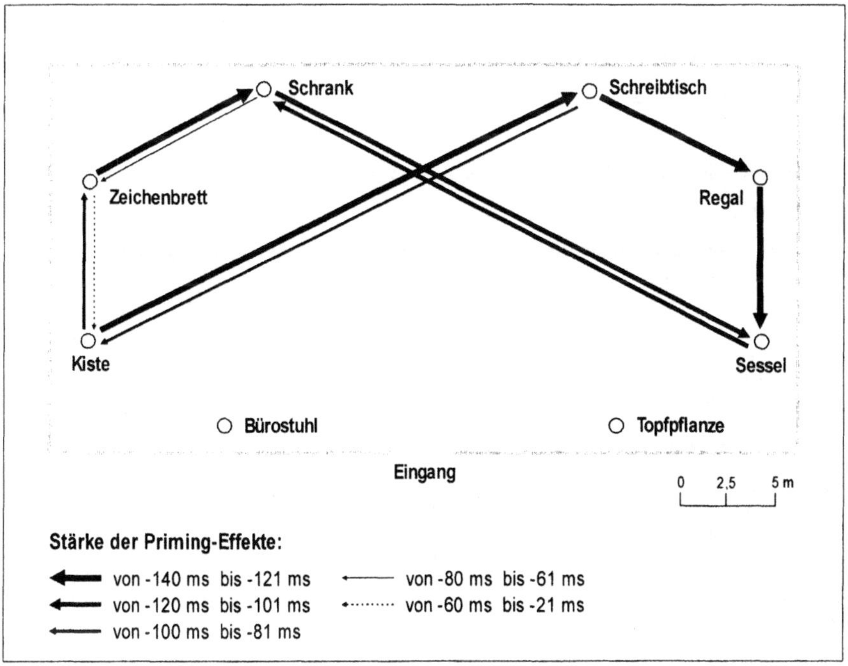

Abb. 6.6 Stärke und räumliche Verteilung der Priming-Effekte, Experiment V.

Es läßt sich erkennen, daß in diesem Experiment Reaktionszeitverkürzungen sowohl bei nahen als auch bei weiten Relationen gemessen wurden, jedoch weniger Relationen in Rückwärtsrichtung als Relationen in Vorwärtsrichtung solche Effekte evozieren können. Das Nicht-Zustandekommen eines Distanzeffekts scheint hier darauf zu beruhen, daß Distanzen keine Unterschiede mehr erzeugen können.

Diskussion: Wiederum kann Hypothese H1 bestätigt werden. Versuchspersonen erkennen ein Objekt aus einer zuvor gesehenen Anordnung etwa 84 Millisekunden schneller, wenn ihnen zuvor ein Prime aus der gleichen Anordnung dargeboten wurde, als eine Vergleichsgruppe, denen ein solches Prime nicht dargeboten wurde. Dieser einfache Priming-Effekt ist hoch signifikant. Die Hypothesen H2 und H3 betonen die Lage der Prime-Target-Kombinationen. Wie erwartet kann Hypothese H2, ebenso wie in Experiment IV, nicht durch die Befunde unterstützt werden. Der Einfluß der Distanz ist weniger stark. Die Inspektion von Abbildung 6.6 zeigt, daß dies wahrscheinlich darauf zurückzuführen ist, daß kein Unterschied zwischen den im Experiment operationalisierten nahen und weiten kognitiven Distanzen besteht. Wie bisher leistet vor allem der Faktor „Richtung“ einen wesentlichen Beitrag zur Varianzaufklärung. Hinzu kommt die Wechselwirkung zwischen Distanz und Richtung. Hypothese H3 kann daher als bestätigt angesehen werden.

Anpassung: Auch in Experiment V soll die Übereinstimmung des Modells mit den empirischen Daten geprüft werden. Es werden die berechneten Geschwindigkeiten für jedes Prime-Target-Paar betrachtet, um die Regressionsgerade, die die Scherströmung beschreibt, zu ermitteln.

Tab. 6.8: Durchschnittliche Reaktionsgeschwindigkeit für Prime-Target-Kombinationen, Experiment V.

Item	d	x	v
Regal – Sessel	7,96	717,37	11,10
Sessel – Regal	7,96	833,55	9,55
Kiste – Zeichenbrett	8,49	745,95	11,38
Zeichenbrett – Kiste	8,49	796,43	10,65
Zeichenbrett – Schrank	10,01	711,26	14,07
Schrank – Zeichenbrett	10,01	770,25	12,99
Schreibtisch – Regal	11,50	720,05	15,97
Regal – Schreibtisch	11,50	846,26	13,59
Kiste – Schreibtisch	28,96	724,95	39,95
Schreibtisch – Kiste	28,96	762,52	37,98
Schrank – Sessel	31,01	726,30	42,70
Sessel – Schrank	31,01	729,62	42,51

Legende: d = Distanz in Metern; x = durchschnittliche Reaktionszeit in Millisekunden; v = durchschnittliche Reaktionsgeschwindigkeit in Metern pro Sekunde.

Für die ermittelten Reaktionsgeschwindigkeiten kann nun folgende Regressionsgleichung berechnet werden:

$$v = 1{,}35 \cdot d\,. \qquad \text{(Gl. 6.3)}$$

Die Regressionsgleichung ist wiederum als Tangente des jeweiligen Geschwindigkeitsprofils der einfachen Scherströmung anzusehen. Die Anpassung der Geraden an die empirischen Werte $F(1{,}11) = 8901{,}46,\ p < 0{,}0001$) zeigt Abbildung 6.7.

Die lineare Anpassung der Priming-Geschwindigkeit liefert eine Reaktionszeitverkürzung von 105,74 Millisekunden. Da die empirischen Werte auch hier auf Einflüsse der Modulation durch P schließen lassen, wird dieser angenommene Einfluß auf die Geschwindigkeitsfelder – wie bisher – durch die Anpassung an eine quadratische Regression geprüft, die getrennt für Vorwärts- und Rückwärtspaare durchgeführt wird.

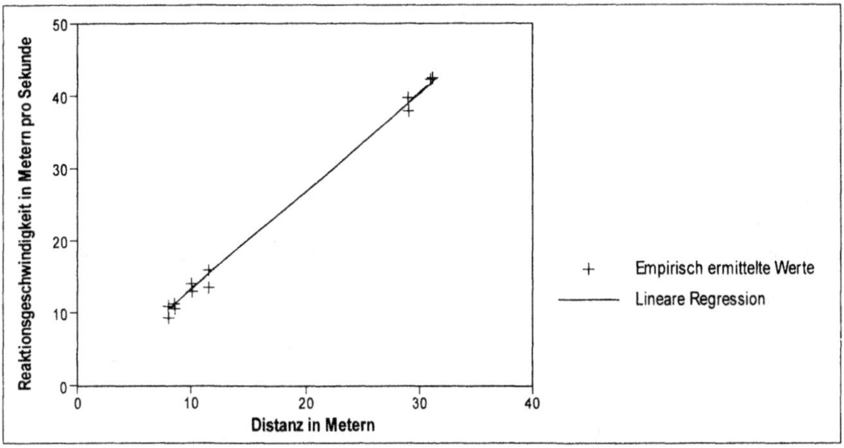

Abb. 6.7 Empirisch ermittelte Werte und Regressionsgerade der Reaktionsgeschwindigkeit, Experiment V.

Es wurden folgende Regressionskurven berechnet:

$$v_{VOR} = 1{,}36d + 0{,}0005d^2 \text{ und } v_{RÜCK} = 1{,}15d + 0{,}0032d^2. \qquad \text{(Gl. 6.4a, b)}$$

Abbildung 6.8 zeigt die Anpassung der Regressionen an die empirischen Werte ($F_{VOR}(1{,}2) = 7340455$, $p < 0{,}0001$ und $F_{RÜCK}(1{,}2) = 145971$, $p < 0{,}0001$).

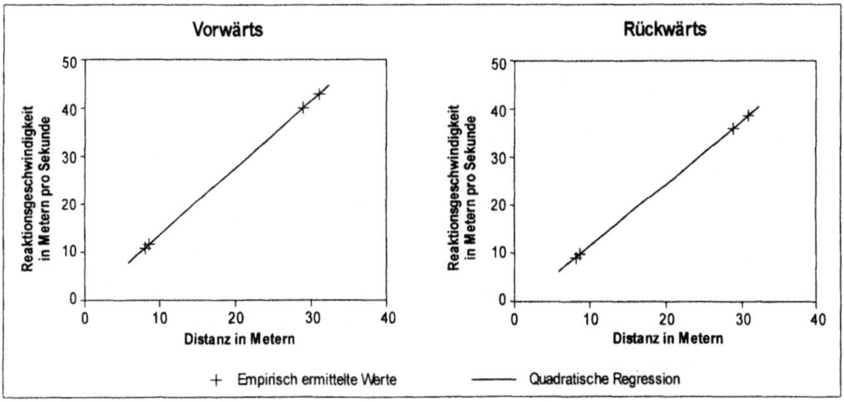

Abb. 6.8 Tangenten der Geschwindigkeitsprofile für Vorwärts- und Rückwärtsströmungen, Experiment V.

Die modellierten Priming-Effekte werden in Tabelle 6.9 mit den empirisch ermittelten Priming-Effekten verglichen.

Tab. 6.9: Empirische Priming-Effekte und Vorhersagen des Modells, Experiment V.

Item	*d*	PE-Empirie	PE-Modell
Regal – Sessel	7,96	-128,23	-114,01
Sessel – Regal	7,96	-12,05	5,27
Kiste – Zeichenbrett	8,49	-99,65	-114,15
Zeichenbrett – Kiste	8,49	-49,17	4,05
Zeichenbrett – Schrank	10,01	-134,34	-114,55
Schrank – Zeichenbrett	10,01	-75,35	,56
Schreibtisch – Regal	11,50	-125,55	-114,95
Regal – Schreibtisch	11,50	0,66	-2,85
Kiste – Schreibtisch	28,96	-120,65	-119,58
Schreibtisch – Kiste	28,96	-83,08	-40,75
Schrank – Sessel	31,01	-119,30	-120,12
Sessel – Schrank	31,01	-115,98	-44,99

Legende: *d* = Distanz in Metern; PE = Priming-Effekt.

Der Rangkorrelationskoeffizient für die oben beschriebenen Itemklassen ist bzgl. der modellierten und empirischen Effekte signifikant von Null verschieden ($\rho = 0{,}786,\ p < 0{,}005$). Die lineare Korrelation erklärt etwa 62% der gemeinsamen Varianz beider Variablen ($R^2 = 61{,}78$).

Wiederum kann die Abschätzung der Reaktionsgeschwindigkeiten und der zugehörigen Priming-Effekte mit Hilfe einer quadratischen Regression vorgenommen werden. Die Funktionsgleichung für die Reaktionsgeschwindigkeit entspricht auch hier der allgemeinen Lösung in Gleichung 5.7a und Gleichung 5.7b. Wie in Experiment IV zeigt sich eine Abschwächung des Faktors „kognitive Distanz" gegenüber dem Kontrollexperiment (Exp. I). Dieses Mal scheint jedoch die insgesamt kleinere Abmessung der Anordnung; dafür verantwortlich zu sein. Dafür spricht auch die Inspektion der räumlichen Verteilung der Priming-Effekte (Abb. 6.6). Bei allen hier operationalisierten Distanzen treten schon relativ starke Reaktionszeitverkürzungen auf. Dennoch scheint die maximal erinnerbare Distanz in Vorwärts- und Rückwärtsrichtung unterschiedlich ausgeprägt zu sein.

Die Modellierung der Daten durch quadratische Regressionen in Vorwärts- und Rückwärtsrichtung gelingt aufgrund des beschriebenen Zusammenwirkens der Einflußgrößen zwar nicht so gut wie in Experiment I, der Zusammenhang ist jedoch statistisch signifikant.

Es wird nun untersucht, welchen Einfluß die Zeit bei den in Experiment IV und V verwendeten Anordnungen hat.

6.2 Weitere Variationen der SOA

Bisher wurde die postulierte Einflußgröße „Zeit" anhand der in Kapitel 5 beschriebenen Experimentalanordnung überprüft. In Untersuchung II und III konnte bestätigt werden, daß der modulierende Einfluß verschiedener Größen für höhere SOAs (600 und 850 Millisekunden), d.h. für größere Zeitspannen, die von der Darbietung des Primes bis zur Darbietung des Targets verstreichen, zurückgeht. Eine für diesen Fall gute Annäherung ist die allgemeine Form der linearen Regression aus Gleichung 5.8.

Die unterschiedliche Einflußnahme der Zeit war u.a. ein Argument gegen die Annahme, daß Priming-Effekte durch Abrufprozesse im Rahmen von Compound-Cue-Modellen erklärt werden könnten. Dieses wichtige Argument soll nun weiter gestützt werden. Es wird daher die Veränderung der Effekte in Abhängigkeit von der SOA bei den eben beschriebenen Anordnungen (Exp. IV und V) untersucht.

6.2.1 Experiment VI: Erhöhung der SOA

Eine erste Veränderung der SOA und damit des Einflusses der Zeit auf das Geschwindigkeitsfeld der postulierten Strömung besteht in einer Erhöhung der SOA um 100 Millisekunden. Zur Untersuchung wird die Anordnung aus Experiment V genutzt. Gemäß den Ergebnissen aus Experiment II, III und V müßte eine Erhöhung der SOA dazu führen, daß die Höhe der Priming-Effekte bzgl. der kurzen und weiten Distanzen weiter ansteigt (H4) und Priming-Effekte für kurze Distanzen in Rückwärtsrichtung evoziert werden. Der in Experiment V deutlich erscheinende Richtungseffekt sollte sich also reduzieren und Distanzeffekte sollten weiterhin nicht auftauchen (H5).

Untersuchungsmethode und -material: Die Versuchsmethode, das Versuchsmaterial und die UVs der dazu durchgeführten Untersuchungen sind weitgehend identisch mit dem in Abschnitt 6.1.2 geschilderten Experiment. Es wurde lediglich die SOA von 350 Millisekunden auf 450 Millisekunden erhöht.

Versuchspersonen: In Experiment VI nahmen insgesamt 31 Versuchspersonen teil. 10 Versuchspersonen wurden aufgrund der Treatmentprüfung von der Analyse ausgeschlossen. Auch hier waren die Versuchspersonen Studenten unterschiedlicher Fachrichtungen der Universität Mannheim.

Ergebnisse: Die Trefferrate in Experiment VI lag bei 0,95, die Rate für falschen Alarm bei 0,1. Insgesamt wurden 36 Fehler gemacht ($\bar{x} = 1{,}71$ und $s = 0{,}96$).

Zur Prüfung der Hypothesen H4 und H5 wurde eine dreifache Varianzanalyse mit dem unabhängigen Faktor „SOA" und den Meßwiederholungsfaktoren „Distanz" und „Richtung" über die Reaktionszeiten auf nahe und weite Items in Vorwärts- und Rückwärts-Richtung berechnet. In die Varianzanalyse gehen die Daten aus Experiment V und VI ein.

Die Verkürzung der Reaktionszeit nimmt nicht zu. Weder der Faktor „Richtung" noch der Faktor „Distanz" wird signifikant. Es zeigt sich jedoch eine signifikante Wechselwirkung der Faktoren „Distanz mal SOA" ($F_{DISTANT\,/\,SOA}(1{,}40) = 5{,}54,\ p < 0{,}05$) und eine Tendenz in bezug auf die Faktoren „Richtung mal SOA“ ($F_{RICHTUNG\,/\,SOA}(1{,}40) = 3{,}28$, $p = 0{,}08$). Die Reaktionszeitunterschiede sind in Tabelle 6.10 dargestellt.

Tab. 6.10: Stärke der berechneten Priming-Effekte, Experiment VI.

Bedingung	x	s	Priming-Effekte
Alle	757,44	84,66	Priming-Effekt[1]:
Baseline	845,60	207,25	-88,16**
Nah	741,71	93,66	Gesamt-Priming-Effekt Distanz[2]:
Weit	778,36	133,83	-36,64 n.s.
Vorwärts	771,10	123,69	Gesamt-Priming-Effekt Richtung[2]:
Rückwärts	784,79	155,13	-13,69 n.s.

Legende: x= durchschnittliche Reaktionszeit in Millisekunden; s = Standardabweichung; [1]: Differenz zur Baseline; [2]: Differenz zwischen Items der gleichen Relation; n.s.: nicht signifikant; *: auf dem 5%-Niveau signifikant; **: signifikant auf dem 1%-Niveau oder höher.

Eine Übersicht über die räumliche Verteilung der empirisch ermittelten Priming-Effekte gibt Abbildung 6.9. Wie in Experiment V können Reaktionszeitverkürzungen sowohl bei nahen als auch bei weiten Relationen festgestellt werden. Es nehmen jedoch – wie vorhergesagt – auch die Priming-Effekte bei Rückwärtsrelationen zu, was deutlich an den Relationen im rechten Teil der Abbildung zu sehen ist.

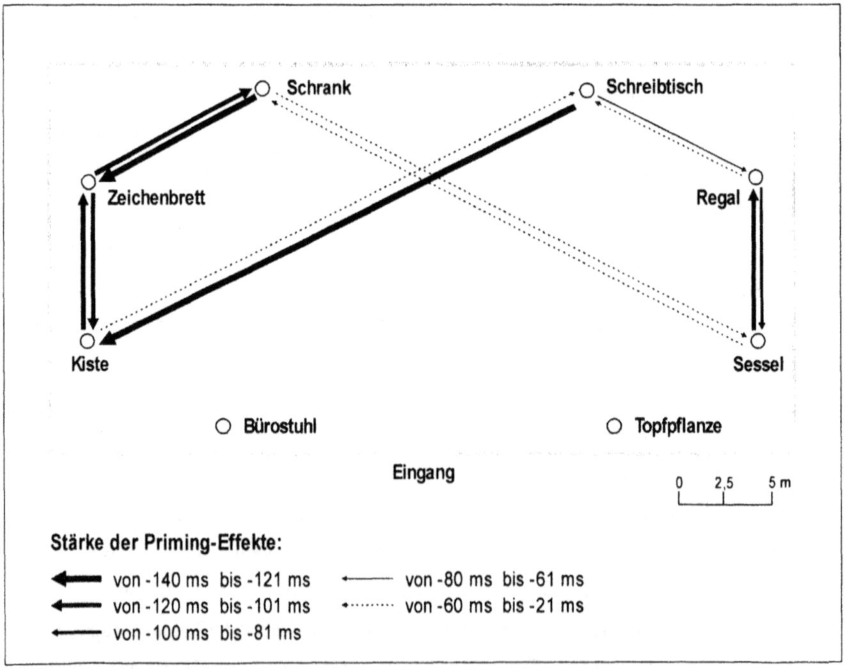

Abb. 6.9 Stärke und räumliche Verteilung der Priming-Effekte, Experiment VI.

Diskussion: Die empirischen Werte können Hypothese H4 nicht bestätigen. Der Priming-Effekt wird mit einer Erhöhung der SOA um 100 Millisekunden nicht größer. Dennoch zeigt sich eine Abschwächung der Modulierung der Geschwindigkeitsfelder. Weder ein Distanz- noch ein Richtungseffekt lassen sich evozieren. Die Wechselwirkungen dieser Faktoren mit dem Einflußfaktor SOA sind statistisch bedeutsam.

Insgesamt sind die Ergebnisse jedoch nicht ganz eindeutig. Obwohl die Gesamt-Priming-Effekte wie erwartet weiter reduziert wurden, was auf eine generelle Erhöhung der Gesamt-Priming-Effekte in allen Regionen zurückzuführen ist, bleibt die Höhe des Priming-Effekts (gegenüber der Baseline) unverändert. Möglicherweise ist die untersuchte Zeitspanne gerade so gewählt, daß die zusätzliche Zeit nicht für eine weitere, statistisch relevante Verkürzung aller Reaktionszeiten ausreicht, die Wirkung der Einflußgrößen auf die Geschwindigkeitsfelder jedoch schon statistisch überprüfbar ist.

Anpassung: Die Prüfung der Übereinstimmung des Modells mit den empirischen Daten erfolgt wie bisher. Tabelle 6.11 zeigt die durchschnittlichen Reaktionsgeschwindigkeiten für alle Prime-Target-Kombinationen und die zugehörigen Reaktionsgeschwindigkeiten.

Tab. 6.11: Durchschnittliche Reaktionsgeschwindigkeit für Prime-Target-Kombinationen, Experiment VI.

Item	d	x	v
Regal – Sessel	7,96	753,58	10,56
Sessel – Regal	7,96	735,63	10,82
Kiste – Zeichenbrett	8,49	734,95	11,55
Zeichenbrett – Kiste	8,49	726,50	11,68
Zeichenbrett – Schrank	10,01	726,89	13,76
Schrank – Zeichenbrett	10,01	713,52	14,02
Schreibtisch – Regal	11,50	777,80	14,78
Regal – Schreibtisch	11,50	787,20	14,61
Kiste – Schreibtisch	28,96	791,70	36,58
Schreibtisch – Kiste	28,96	685,30	42,26
Schrank – Sessel	31,01	796,91	38,92
Sessel – Schrank	31,01	809,14	38,33

Legende: d = Distanz in Metern; x = durchschnittliche Reaktionszeit in Millisekunden; v = durchschnittliche Reaktionsgeschwindigkeit in Metern pro Sekunde.

Die Berechnung der linearen Regression liefert folgende Regressionsgleichung:

$$v = 1{,}31 \cdot d\,. \qquad \text{(Gl. 6.5)}$$

Die Anpassung zeigt Abbildung 6.10 ($F(1{,}11) = 2633{,}59,\ p < 0{,}0001$).

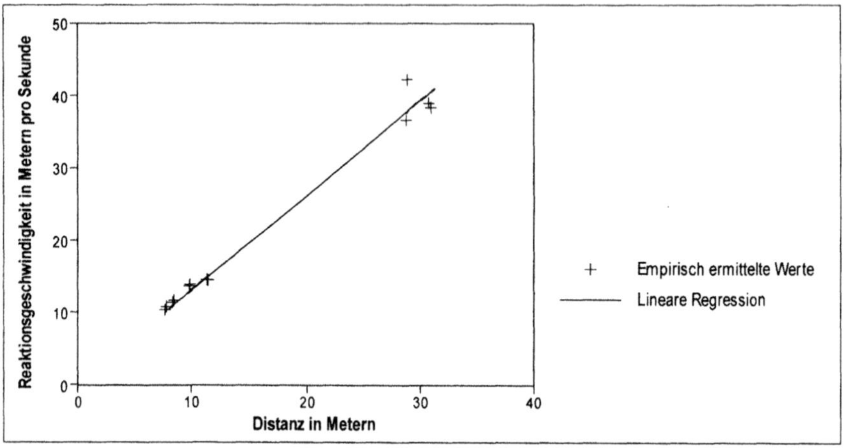

Abb. 6.10 Empirisch ermittelte Werte und Regressionsgerade der Reaktionsgeschwindigkeit, Experiment VI.

Die lineare Anpassung liefert exakt die gleiche Reaktionszeitverkürzung wie die Anpassung in Experiment V, nämlich 105,74 Millisekunden. Das entspricht auch der Befundlage. Da der Einfluß der unterschiedlichen Itemklassen empirisch kaum noch bedeutsam ist, wird angenommen, daß das Geschwindigkeitsfeld des Priming-Prozesses schon bei der hier eingesetzten SOA (450 Millisekunden) weitgehend einer einfachen Scherströmung entspricht. Dies kann auch nach der in Abbildung 6.9 dargestellten räumlichen Verteilung der Priming-Effekte vermutet werden. Tabelle 6.12 stellt die mit Hilfe der linearen Regression berechneten Priming-Effekte den empirisch ermittelten Priming-Effekten gegenüber.

Tab. 6.12: Empirische Priming-Effekte und Vorhersagen des Modells, Experiment VI.

Item	*d*	PE-Empirie	PE-Modell
Regal – Sessel	7,96	-92,03	-105,74
Sessel – Regal	7,96	-109,97	-105,74
Kiste – Zeichenbrett	8,49	-110,65	-105,74
Zeichenbrett – Kiste	8,49	-119,10	-105,74
Zeichenbrett – Schrank	10,01	-118,71	-105,74
Schrank – Zeichenbrett	10,01	-132,08	-105,74
Schreibtisch – Regal	11,50	-67,80	-105,74
Regal – Schreibtisch	11,50	-58,40	-105,74
Kiste – Schreibtisch	28,96	-53,90	-105,74
Schreibtisch – Kiste	28,96	-160,30	-105,74
Schrank – Sessel	31,01	-48,60	-105,74
Sessel – Schrank	31,01	-36,46	-105,74

Legende: *d* = Distanz in Metern; PE = Priming-Effekt.

Auch in diesem Fall können keine Korrelationskoeffizienten für die empirischen und modellierten Priming-Effekte berechnet werden (lineare Regression). Die Vorhersage des Modells ist, daß die empirisch ermittelten Priming-Effekte zufällig um einen konstanten Werte streuen (s. auch Abschnitt 5.2.4). Es wird daher durch den Kolmogorov-Smirnov-Anpassungstest die Gleichverteilungsannahme der empirischen Werte geprüft. Die Gleichverteilung kann bestätigt werden ($Z_{600} = 0{,}575,\ n = 12,\ p = 0{,}895$).

Die gewählte Anpassung, eine lineare Regression nach Gleichung 5.8, liefert ein hinreichend gutes Ergebnis. Die Vorhersage, daß mit der Zeit, die von der Darbietung des Primes bis zur Darbietung des Targets vergeht, auch der modulierende Einfluß auf die Geschwindigkeitsfelder geringer wird, konnte auch hier nicht falsifiziert werden. Es kann somit weiter angenommen werden, daß der Einfluß unterschiedlicher Größen, wie die Charakteristika der Raumanordnung und die maximal erinnerbare Distanz, mit der Zeit zurückgeht. Die obere Schranke der SOA von 600 Millisekunden kann nach diesem Untersuchungsergebnis weiter reduziert werden. Allerdings ist die Angabe der Zeiten, die eine Wirkung der untersuchten Größen erwarten lassen, auch abhängig von der Anordnung selbst.

6.2.2 Experiment VII: Verminderung der SOA

In Experiment VII wird anhand der Anordnung aus Experiment IV untersucht, ab wann die fraglichen Priming-Effekte eigentlich auftauchen. Die SOA wird gegenüber Experiment IV um 150 Millisekunden auf 100 Millisekunden verringert. Es werden die Hypothesen H1 bis H3 geprüft.

Untersuchungsmethode und -material: Versuchsmethode, Versuchsmaterial und UVs der Untersuchung wurden bereits unter Abschnitt 6.1.1 beschrieben. Die SOA betrug 100 Millisekunden, d.h. das Prime wurde 100 Millisekunden lang dargeboten, dann erschien sofort das Target.

Versuchspersonen: In Experiment VII nahmen insgesamt 39 Versuchspersonen teil. 9 Versuchspersonen wurden aufgrund der Treatmentprüfung von der Analyse ausgeschlossen. Auch hier waren die Versuchspersonen Studenten unterschiedlicher Fachrichtungen der Universität Mannheim.

Ergebnisse: Die Trefferrate in Experiment VII lag bei 0,98 die Rate für falschen Alarm bei 0,02. Insgesamt wurden 34 Fehler gemacht ($\bar{x} = 1{,}13$ und $s = 1{,}28$).

Zur Prüfung Hypothese H4 und H5 wurde mit den Daten aus Experiment IV eine dreifache Varianzanalyse mit den unabhängigen Faktoren „SOA“ und die Meßwiederholungsfaktoren „Distanz“ und „Richtung“ über die Reaktionszeiten auf nahe und weite Items in Vorwärts- und Rückwärts-Richtung berechnet. Dabei wird lediglich die Wechselwirkung der Faktoren „Richtung“ und „SOA“ ($F_{RICHTUNG/SOA}(1{,}52) = 4{,}75,\ p < 0{,}05$) signifikant. Keiner der anderen Faktoren kann einen Beitrag zur Aufklärung der Varianz leisten. Die Ergebnisse sind im einzelnen Tabelle 6.13 zu entnehmen.

Tab. 6.13: Stärke der berechneten Priming-Effekte, Experiment VII.

Bedingung	*x*	*s*	Priming-Effekte
Alle	675,75	113,62	Priming-Effekt[1]:
Baseline	690,45	138,15	-14,69 n.s.
Nah	661,85	116,09	Gesamt-Priming-Effekt Distanz[2]:
Weit	672,05	112,61	-10,20 n.s.
Vorwärts	658,37	130,09	Gesamt-Priming-Effekt Richtung[2]:
Rückwärts	675,53	108,15	-17,16 n.s.

Legende: *x* = durchschnittliche Reaktionszeit in Millisekunden; *s* = Standardabweichung; [1]: Differenz zur Baseline; [2]: Differenz zwischen Items der gleichen Relation; n.s.: nicht signifikant; *: auf dem 5%-Niveau signifikant; **: signifikant auf dem 1%-Niveau oder höher.

Abbildung 6.11 zeigt die räumliche Verteilung der wenigen gefundenen Effekte.

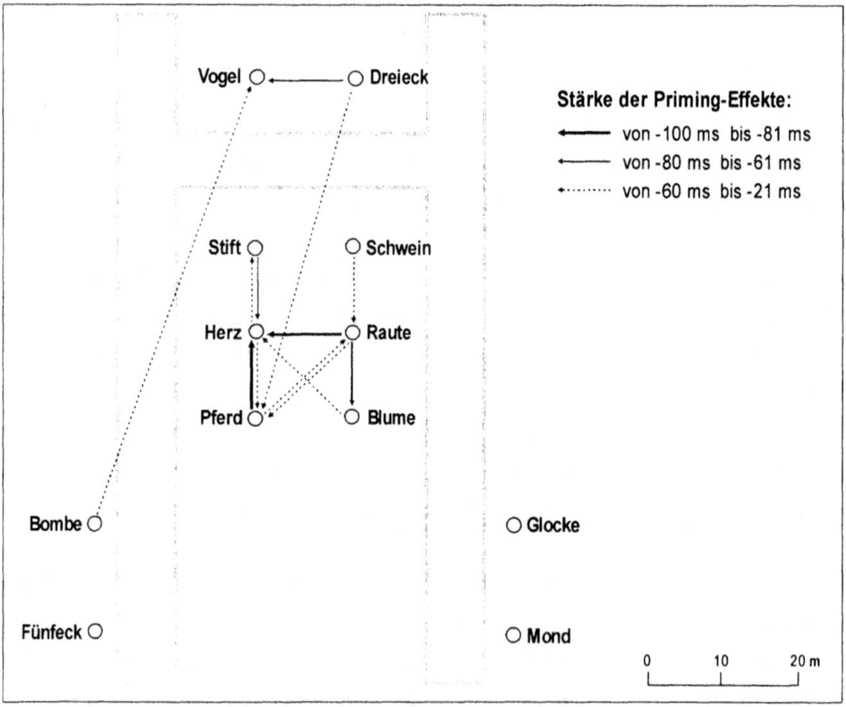

Abb. 6.11 Höhe der Priming-Effekte in bezug zur räumlichen Lage, Experiment VII.

Obwohl statistisch kein Einfluß eines Primes festzustellen ist, liefert die Grafik Hinweise darauf, daß einzelne Gesamt-Priming-Effekte schon ausgeprägt sind. Dies sind im wesentlichen die Relationen, die zu einem späteren Zeitpunkt (SOA = 350 Millisekunden) auch evoziert werden, dann jedoch stärker ausgeprägt sind (s. auch Abb. 6.2).

Diskussion: Die empirischen Werte zeigen, daß mit einer SOA von 100 Millisekunden noch kein statistisch prüfbarer Priming-Prozeß stattfindet. Weder können Gesamt-Priming-Effekte für Klassen von Items evoziert werden (sei es in bezug auf die Richtung oder auf die kognitive Distanz) noch kann mit Sicherheit eine Verkürzung der Reaktionszeiten gegenüber der Baseline konstatiert werden. Andererseits zeigt die räumliche Verteilung einzelner Reaktionszeitverkürzungen, daß ähnliche Muster wie in Abbildung 6.2 auftauchen. Möglicherweise wäre eine SOA von etwas über 100 Millisekunden in der Lage, statistische meßbare Priming-Effekte hervorzurufen.

6.3 Überprüfung der Grundverarbeitungsgeschwindigkeit

Bisher wurde lediglich der Einfluß der Charakteristika der räumlichen Anordnung und der Zeit auf den postulierten Strömungsvorgang geprüft. Im zugrundeliegenden hydrodynamischen Modell sind das die Größen a und dp/dx. Alle anderen Größen wurden als konstant angenommen. Eine zentrale weitere Einflußgröße ist jedoch die Grundverarbeitungsgeschwindigkeit des Systems (U), die im hydrodynamischen Modell der Geschwindigkeit entspricht, mit der die Platten bewegt werden. Diese Einflußgröße kann geprüft werden, indem sog. „schnelle" und „langsame" Informationsverarbeiter einander gegenübergestellt werden.

Die Vorhersage, die sich aus dem Modell ergibt, ist folgende: Je höher die Grundgeschwindigkeit der Informationsverarbeitung ist, desto geringer fällt die Modulierung des Geschwindigkeitsfeldes aus. Der Einfluß der Größen, die insgesamt in P wirken, läßt nach. Umgekehrt sollten die Einflußgrößen eher bei langen Reaktionszeiten, d.h. niedrigen Geschwindigkeiten wirken.

Eine Möglichkeit, diese Aussage zu prüfen, besteht darin, die bei allen Experimenten mit kurzer SOA (350 Millisekunden) festgestellten Richtungseffekte daraufhin zu überprüfen, ob sie gleichermaßen bei Versuchspersonen auftauchen, die schnell und langsam reagieren. Dazu wird mit den Daten der schon angeführten Experimente I, IV und V eine Gesamtanalyse durchgeführt. Für jedes Experiment werden die Versuchspersonen anhand der ermittelten durchschnittlichen Reaktionszeiten für alle Items zu einer der Kategorien „langsam" oder „schnell" zugeordnet. Dadurch ergibt sich die in Tabelle 6.14 dargestellte Aufteilung.[51]

[51] Die Überlappung der Kategoriengrenzen entsteht, da die Geschwindigkeit, um ungleichen Verteilungen entgegenzuwirken, pro Experiment bestimmt wird.

Tab. 6.14: Reaktionszeiten für „schnelle“ und „langsame“ Informationsverarbeiter, Experimente I, IV und V.

Bedingung	x	s	Kategoriengrenzen
Schnell	623,58	63,43	514,57 bis 732,50
Langsam	789,34	87,79	660,57 bis 1034,25

Legende: x = durchschnittliche Reaktionszeit in Millisekunden; s = Standardabweichung; Kategoriengrenzen in Millisekunden.

Eine für „schnelle“ und „langsame“ Informationsverarbeiter getrennt durchgeführte Varianzanalyse mit den Faktoren Richtung und Experiment[52] ergibt, daß der Richtungseffekt, wie vorhergesagt, genau dann hochsignifikant wird, wenn die Grundverarbeitungsgeschwindigkeit sinkt, d.h. wenn es sich um „langsame“ Informationsverarbeiter handelt ($F_{RICHTUNG}(1{,}30) = 19{,}40,\ p < 0{,}001$). Bei beiden Kategorien (schnell vs. langsam) zeigt sich auch ein Effekt (bzw. eine Tendenz) des Faktors Experiment, der auf die unterschiedlich hohen Reaktionszeiten als Folge des in den Experimenten verwendeten unterschiedlichen Stimulusmaterials zurückzuführen ist. (Schnell: $F_{EXPERIMENT}(2{,}29) = 4{,}77,\ p < 0{,}05$ und langsam: $F_{EXPERIMENT}(2{,}29) = 3{,}22,\ p < 0{,}100$) zurückzuführen ist. Weder ist der Faktor „Richtung“ bei hohen Grundgeschwindigkeiten noch sind bei beiden Gruppen die Wechselwirkungen statistisch bedeutsam. Tabelle 6.15 zeigt die Höhe der Priming-Effekte für „schnelle“ und „langsame“ Informationsverarbeiter.

Tab. 6.15: Stärke der berechneten Priming-Effekte, Experimente I, IV und V.

Kategorie	Bedingung	x	s	Gesamt-Priming-Effekt: Richtung
Schnell	Vorwärts	621,65	85,71	-15,47 n.s.
	Rückwärts	637,12	72,64	
Langsam	Vorwärts	745,08	74,48	-98,90**
	Rückwärts	843,98	151,48	

Legende: x = durchschnittliche Reaktionszeit in Millisekunden; s = Standardabweichung; n.s.: nicht signifikant; **:signifikant auf dem 1%-Niveau oder höher.

Der vermutete Zusammenhang kann somit vorläufig als bestätigt angesehen werden. Auch der Faktor Grundverarbeitungsgeschwindigkeit des Systems bzw. des Individuums scheint einen Einfluß auf die Modulierung des Geschwindigkeitsfeldes bei der Strömung zu haben, die den Priming-Prozeß beschreibt. Dieser Faktor wirkt genau in die vom Modell vorhergesagte Richtung: Gesamt-Priming-Effekte lassen sich eher evozieren, wenn die Grundverarbeitungsgeschwindigkeit der Versuchspersonen nicht zu hoch ist.

[52] Die Prüfung der Gesamt-Priming-Effekte erfolgte nur über den Faktor Richtung, da sich dieser über alle Experimente hinweg als stabil erwiesen hat. Von einer Korrektur des Signifikanz-Niveaus wird jedoch abgesehen, da es sich nicht um eine Prüfung einer Hypothese im strengen Sinne, sondern um eine explorative Analyse handelt.

6.4 Zusammenfassung und Diskussion

Die gewählte Betrachtung des Priming-Prozesses im Strömungsmodell führte bisher zu der Aussage, daß Priming-Prozesse als zweifache Strömung betrachtet werden können, die in Vorwärst- und Rückwärtsrichtung stattfindet (Kapitel 5). Bei geeigneter SOA wurde der Priming-Prozeß als eine Strömung beschrieben, die nicht-linear von der meßbaren Distanz zwischen Prime und Target abhängt, sondern durch Grundgeschwindigkeit, Lernerfahrung mit der Raumanordnung, Zeit und Charakteristika der fraglichen Raumanordnung (wie z.B. die maximal erinnerbare Distanz) bestimmt wird. Eine gute Annäherung stellte eine quadratische Regression (Gl. 5.8a und 5.8b) dar. Ein solcher Strömungsprozeß führt sowohl zu einfachen Priming-Effekten als auch zu Gesamt-Priming-Effekten bzgl. der kognitiven Distanz und der Richtung. Eine Verlängerung der SOA bewirkt, daß der Einfluß der Relation zwischen Prime und Target und der maximal erinnerbaren Distanz zurückgeht. Eine für diesen Fall gute Annäherung ist daher die lineare Regression (Gl. 5.8).

Die Darstellung der Untersuchungen in diesem Kapitel hatte folgendes Ziel: Das in Kapitel 5 anhand der dort berichteten Daten erstellte Modell sollte durch weitere empirische Prüfungen abgesichert und seine Generalisierbarkeit geprüft werden. Dies geschah zum einen durch die Variation von zwei Faktoren: der postulierten kognitiven Distanzen über die Änderung der Anordnungen und der SOA als Einflußgröße auf die Form der ermittelten Funktionsgleichung. Zum anderen wurde eine weitere Einflußgröße hinzugenommen: die Grundgeschwindigkeit der Informationsverarbeitung.

Die Ergebnisse zur Prüfung der vorhergesagten Effekte sind in Tabelle 6.16 zusammengefaßt. Eine erste Erkenntnis ist demnach, daß Priming offensichtlich erst mit einer SOA von über 100 Millisekunden beginnt (Exp. VII). Es finden sich weder Verkürzungen der Reaktionszeit gegenüber der Baseline noch zeigen sich Effekte zwischen Prime-Target-Paaren bestimmter Relationen. Beide Arten von Effekten treten bei einer SOA von 350 Millisekunden mit der gleichen experimentellen Anordnung (Exp. IV) jedoch auf. Dazwischen liegt offensichtlich eine untere Grenze für das Zustandekommen von Priming-Effekten. Dies gilt zumindest für Wiederkennungsaufgaben bei paarweiser Prime-Target-Darbietung, wenn Primes und Targets Bilder aus einer zuvor gesehenen Anordnung sind.

Tab. 6.16: Zusammenfassung der Ergebnisse aus den Experimenten I bis VII.

SOA / Anordnung	100	350	450	600	850
u-förmig, geschlossen		PE** DE^{+} RE* n=20		PE** DE n.s. RE n.s. n=20	PE** DE n.s. RE n.s. n=20
u-förmig, offen	PE n.s. DE n.s. RE n.s. n=30	PE** DE n.s RE* n=24			
geschlossen, 1-Raum		PE** DE n.s. RE* n=21	PE** DE n.s. RE n.s. n=21		

PE: Priming-Effekt; DE: Distanzeffekt; RE: Richtungseffekt; n: Anzahl der in die Analyse einbezogenen Versuchspersonen; n.s.: nicht signifikant; $^{+}$: als Tendenz zu werten; *: auf dem 5%-Niveau signifikant; **: signifikant auf dem 1%-Niveau oder höher.

Daß bei einer SOA von 350 Millisekunden Priming-Effekte und Gesamt-Priming-Effekte zustande kommen, läßt sich über drei Arten von Anordnungen hinweg generalisieren: geschlossene u-förmige Anordnungen, offene u-förmige Anordnungen sowie geschlossene Anordnungen, die lediglich aus einem Raum bestehen. Die betreffenden Ergebnisse sind der Spalte „350" (Tab. 3.16) zu entnehmen. An diesen Ergebnissen ist jedoch auch abzulesen, daß die Variation der Anordnung einen Einfluß auf den evozierten Distanzeffekt hat. Eine Vermutung war, daß offene Anordnungen (Exp. IV), sowie Anordnungen, in denen mehrere Gegenstände auf einen Blick zu erfassen sind (Exp. V), mehr und mehr die Möglichkeit eröffnen, Distanzen metrisch zu enkodieren. In einem solchen Fall wäre der Einfluß kognitiver Distanzen nicht mehr nachzuweisen, ähnlich wie dies auch beim Erwerb von Wissen aus Karten angenommen wird (s. Abschnitt 4.2.2). Da der hier untersuchte Faktor „Distanz" aber über kognitive Distanzen operationalisiert wurde, müßte seine Wirkung folgerichtig dann auch nachlassen. Ein andere Erklärung kann jedoch auch sein, daß keine Reaktionszeitunterschiede zwischen Distanzen zustande kommen, weil insgesamt (zu) wenig Reaktionszeitverkürzungen bzgl. der Distanzen festzustellen sind (s. Abschnitt 6.2.1). In Experiment IV zeigen sich auch bei kurzen Distanzen kaum Priming-Effekte über 60 Millisekunden. Auf der anderen Seite liegen in Experiment V, einer weiteren Variation der Anordnung, bereits Reaktionszeitverkürzungen bei allen realisierten Distanzen vor.

Die Auswirkung der Anordnungsvariationen auf die Modellierung der Distanzeffekte kann somit nicht eindeutig bestimmt werden. Funktionsgleichungen für Vorwärts- und Rückwärtsrichtung (5.7a und 5.7b) können dennoch über eine quadratische Regression erfolgen. Man erhält zwar nicht so hohe Zusammenhänge zwischen Modellierung und Empirie (berechnet über die empirisch ermittelten und vorhergesagten Priming-Effekte) wie in Experiment I, dennoch sind die Korrelationen auch hier signifikant. Somit kann weiter angenommen werden, daß die in Kapitel 5 postulierten Einflußgrößen bei einer SOA von 350 Millisekunden auf das Geschwindigkeitsfeld der hypothetischen Strömungen wirken.

Der zweite Faktor, der untersucht wurde, war die Variation der SOA. Die entsprechenden Befunde findet man, wenn man Tabelle 6.16 von links nach rechts durchgeht. Sie liefern Anhaltspunkte dafür, inwiefern die Geschwindigkeitsfelder des angenommenen Strömungsprozesses einer einfachen Scherströmung entsprechen (Gl. 5.8) oder aber durch andere Größen moduliert werden, so daß quadratische Regressionen zur Vorhersage der Reaktionsgeschwindigkeiten herangezogen werden müssen. Bereits erwähnt wurde, daß Priming-Experimente in dem hier durchgeführten Gültigkeitsbereich eine SOA benötigen, die zumindest höher als 100 Millisekunden ist (s. oben). Insofern kann die Untergrenze für den in den Funktionsgleichungen 5.7a und 5.7b angegebenen Bereich (350) vorläufig mit „mehr als 100“ angegeben werden.

Die Befunde zur Einschränkung der oberen Grenze (Exp. VI) sind jedoch widersprüchlich. Zwar nehmen die Einflüsse aufgrund der maximal erinnerbaren Distanzen ab, doch nimmt der Priming-Effekt nicht zu, wie das bei den in Kapitel 5 geschilderten Experimenten II und III beobachtet werden konnte. Da der durchgeführte Test auf Gleichverteilung, diese jedoch bestätigt, wird angenommen, daß die modulierenden Einflüsse zumindest statistisch nicht mehr nachweisbar sind. Der Priming-Prozeß kann bei einer SOA von 450 Millisekunden bereits weitegehend als einfache Scherströmung beschrieben werden. Dafür spricht auch, daß die Modellierung der Daten mit Hilfe der linearen Regression bereits einen höheren Koeffizienten erzeugt als die quadratische Regression des zugehörigen Experiments V.

Die in Abschnitt 6.3 durchgeführte Analyse der Daten aus den Experimenten I, IV und V hatte das Ziel, den Einfluß des Faktors „Grundverarbeitungsgeschwindigkeit“ zu prüfen. Ein positives Ergebnis, so war die Annahme, würde das Modell weiter stützen, da ein weiterer Faktor identifiziert werden könnte, der den Zusammenhang zwischen dem in Kapitel 5 beschriebenen hydrodynamischen Strömungsmodell und dem für Priming-Prozesse entworfenen Modell bekräftigt. Der Einfluß des Faktors wurde geprüft, indem die Versuchspersonen für jedes Experiment (I, IV und V) bzgl. ihrer Reaktionszeit in „schnelle“ und „langsame“ Informationsverarbeiter klassifiziert wurden und die Stärke des Richtungseffekts für diese Kategorien geprüft wurde. Es zeigte sich genau der erwartete Zusammenhang: Die Grundverarbeitungsgeschwindigkeit des Systems bzw. des Individuums scheint einen Einfluß auf die Modulierung des Geschwindigkeitsfeldes bei der Strömung zu haben, die den Priming-Prozeß beschreibt, denn der Richtungs-Effekt läßt sich genau dann evozieren, wenn die Grundverarbeitungsgeschwindigkeit der Versuchspersonen nicht zu hoch ist.

Auch die in diesem Kapitel geschilderten Befunde sind weder alleine durch Abrufprozesse im Rahmen von Compound-Cue-Modellen zu erklären noch durch Priming nach Spreading-Activation-Theorien. Auch hier zeigen sich Richtungseffekte und ein Einfluß der Zeit auf die Priming-Effekte, die nicht ohne Zusatzannahmen zu erklären sind. So können Spreading-Activation-Theorien i.d.R. nicht erklären, warum Aktivation sich in Vorwärts- und Rückwärtsrichtung unterschiedlich schnell ausbreiten soll. Compound-Cue-Theorien postulieren demgegenüber keine Abhängigkeit des Entscheidungsprozesses von der Länge der Zeit, die zwischen Prime und Target vergeht. (Mit einer gewissen Anlaufzeit des Prozesses, wie die Befunde zu Experiment VII nahelegen, hätten sie jedoch keine Schwierigkeiten.)

Hier wurde versucht, beide Arten von Befunde zu integrieren. Die Reaktionsgeschwindigkeiten und somit auch die Reaktionszeiten können über Funktionsgleichungen bestimmt werden. Wie bereits erwähnt, können die Form der Gleichung und die Prüfung der Anpassung (über Korrelationen und Gleichverteilungsannahmen) auch eingesetzt werden, um zu ermitteln, ob bei der gewählten SOA schon eine einfache Scherströmung vorliegt oder ob Effekte aufgrund unterschiedliche Relationen zwischen Prime und Target zu erwarten sind. Dies gilt auch für die hier dargestellten Generalisierungen. In diesem Sinne kann auch beurteilt werden, ob maximal erinnerbare Distanzen einen Einfluß auf die Geschwindigkeitsverteilungen haben. Die Ermittlung der Priming-Geschwindigkeit über die Funktionsgleichungen 5.7a, b und 5.8 kann auch bei einer Erweiterung der SOA-Variation und einer Generalisierung der zu lernenden Anordnung erfolgreich eingesetzt werden.

7 Zusammenfassung, abschließende Bewertung des Modells und Ausblick

In dieser Arbeit wurde ein Modell für das Entstehen von Priming-Effekten beim Informationsabruf in mentalen Karten als Strömungsprozeß formuliert. Entstanden ist dieses Vorhaben mit dem Vorsatz, existierende Theorien zur Erklärung von Priming-Effekten zu verbessern, da diese nur mit einer Reihe von Zusatzannahmen und Transformationsregeln in der Lage sind, die beschriebenen Befunde abzubilden. Die Beschreibung des Priming-Prozesses als Strömung geht über die existierenden Theorien hinaus, da sie die Möglichkeit bietet, bislang nur mit Zusatzannahmen zu erklärende Befunde zu integrieren und Reaktionszeiten der Versuchspersonen direkt über Priming-Geschwindigkeiten abzubilden. Der zu modellierende Bereich bezieht sich auf Information, die durch Navigation erworben wurde, d.h. auf Information, die hauptsächlich über das Prinzip der Kontiguität enkodiert wird. Der Priming-Prozeß im engeren Sinne ist als Wiedererkennungsaufgabe konzipiert. Es wird zunächst ein Prime aus einer zuvor gelernten Anordnung dargeboten, danach ein Target, das ebenfalls aus der Anordnung stammen kann (bekannt) oder nicht (neu). Zwischen Prime und Target besteht eine Relation, die in bezug auf die Distanz, die Lage und die Richtung variiert. Diese Größen werden in dieser Arbeit über kognitive Distanzen (Zugehörigkeit zu Regionen) und maximal erinnerbare Distanzen (in Navigationsrichtung größer als gegen die Navigationsrichtung) operationalisiert.

Es ergibt sich folgendes Strömungsmodell eines Priming-Prozesses: Priming-Prozesse, die zustande kommen, wenn Objekte einer Anordnung, die zuvor gelernt wurde, paarweise als Primes und Targets dargeboten werden, lassen sich als Strömung auffassen, die sich durch unterschiedliche Geschwindigkeitsfelder für Vorwärts- und Rückwärtspaare auszeichnet (s. auch Abb. 5.1). Die unterschiedlichen Geschwindigkeiten in Vorwärts- und in Rückwärtsrichtung und in Abhängigkeit von der tatsächlichen Lage der Primes und Targets zueinander (der Zugehörigkeit zu Regionen) entstehen aufgrund eines konstanten Druckgradienten in Strömungsrichtung (*dp/dx*). Die Reaktionsgeschwindigkeit kann dabei durch eine spezielle Lösung der Navier-Stokesschen Bewegungsgleichungen angegeben werden (Gl. 5.2b und c). Der zugehörige Zustandsraum der zu beschreibenden Experimentalsituation ist zweidimensional und besteht zum einen aus der Relation zwischen Prime und Target und zum anderen aus der Zeitachse des Wiedererkennungsprozesses. Dabei wird angenommen, daß die Darbietung des Primes eine Erinnerung an die Anordnung bewirkt, die den Wiedererkennungsprozeß auslöst. Die Geschwindigkeiten, die entstehen, können als Reaktionsgeschwindigkeiten bei einfachen Wahl-Reaktions-Aufgaben aufgefaßt werden. Sie geben Aufschluß über die Zeit, die man braucht, um ein geprimtes Target wiederzuerkennen.

Die Geschwindigkeit, mit der der Priming-Prozeß stattfindet, variiert in Abhängigkeit von bestimmten Einflußgrößen. Diese sind die Zeit, die von der Darbietung des Primes bis zur Darbietung des Targets vergeht (*dp/dx*), die Grundverarbeitungsgeschwindigkeit des Individuums (*U*), seine Lernerfahrung mit der räumlichen Anordnung (η) und bestimmte anordnungsspezifische Gesichtspunkte (a). Das Zusammenspiel dieser Größen wird im hydrodynamischen Modell (Abb. 5.1) durch den dimensionslosen Druckgradienten *P* beschrieben. Hat *P* einen Einfluß, so kommt es sowohl zu kognitiven Distanz- als auch zu Richtungseffekten.

Der unterschiedliche Einfluß von *P* und das Zusammenspiel der zuordenbaren kognitiven Einflußgrößen kann somit vorhergesagt und empirisch geprüft werden. Dies geschah durch insgesamt sieben empirische Untersuchungen, die folgende Annahmen bestätigen:

(1) Bei geeigneter SOA bewirkt die nicht-lineare Abhängigkeit des Geschwindigkeitsfeldes der Strömung in Strömungsrichtung, daß kognitive Distanzen und Richtungen unterschiedliche Priming-Effekte evozieren.

(2) Wird dieser Zeitbereich überschritten, so wird der Zusammenhang zwischen Strömungsgeschwindigkeit und kognitiven Distanzen und Richtungen zunehmend linear. Der Strömungsprozeß entspricht dann mehr und mehr einer einfachen Scherströmung, d.h. die Reaktionszeiten verändern sich nicht in Abhängigkeit von der kognitiven Distanz und der Richtung. (Es scheint jedoch auch eine Untergrenze für das Wirken von Primes zu geben, unterhalb der kein Strömungsprozeß stattfindet.)

(3) Eine Veränderung der Anordnung bewirkt eine Veränderung des Resultats der in *P* wirkenden Größen. Sowohl die Verringerung der Abmessungen insgesamt als auch die Möglichkeit, gegenüberliegende Objekte zu betrachten, haben zur Folge, daß die Geschwindigkeitsfelder in Vorwärts- und Rückwärtsrichtung sich einer einfachen Scherströmung annähern.

(4) Die Grundverarbeitungsgeschwindigkeit der Versuchspersonen (operationalisiert über insgesamt kurze oder lange Reaktionszeiten) hat einen Einfluß auf die stattfindende Strömung. Gesamt-Priming-Effekte (operationalisiert über den Richtungseffekt) treten eher bei „langsamen" als bei „schnellen" Informationsverarbeitern auf. Auch in diesem Fall kann der Einfluß von *P* dafür verantwortlich gemacht werden. Bei hohen Grundverarbeitungsgeschwindigkeiten (schnelle Informationsverarbeiter) wird der Zusammenhang eher linear, der Vorgang entspricht einer einfachen Scherströmung.

Das Strömungsmodell ermöglicht es, die bisher berichteten Daten zusammenzufassen und kognitive Einflußgrößen zu identifizieren, die diese Daten erklären. Es sollte jedoch auch

Anregungen und Heuristiken dafür liefern, wie weitergehende Forschungsfragen und -perspektiven entwickelt werden können.

7.1 Die Rolle der kognitiven Einflußgrößen

Der modellierte Strömungsprozeß liefert Anhaltspunkte für die weitere Forschung in bezug auf die im Modell identifizierten kognitiven Einflußgrößen. Eine erste Einflußgröße, die variiert wurde, war die SOA, die mit dem Druckgradienten in Strömungsrichtung gleichgesetzt wird. Dieser Parameter ist ausschlaggebend dafür, daß die anderen Einflußgrößen wie maximal erinnerbare Distanz, Grundverarbeitungsgeschwindigkeit und Lernerfahrung mit der räumlichen Anordnung zu einem anderen als einem linearen Zusammenhang zwischen Geschwindigkeit und kognitiver Distanz zwischen Prime und Target führen. Der Einfluß der SOA wurde in insgesamt fünf Variationen untersucht. Es zeigte sich, daß bei bildhaftem Material eine SOA über 100 und unter 450 Millisekunden in der Lage ist, eine Tangente des Geschwindigkeitsfeldes zu erzeugen, die annähernd gut durch eine quadratische Regression geschätzt werden kann.

Die isolierte Größe beschreibt den Zusammenhang zwischen SOA-Variation und Entstehen von Gesamt-Priming-Effekten. Aus der Formel 5.2b und 5.2c kann ihr Einfluß bei Festlegung bestimmter Anfangswerte auch numerisch angegeben werden. Man wäre somit in der Lage, nach einigen Vorversuchen genau zu bestimmen, welche SOA (unter Gleichhaltung aller sonstigen Variablen) eingesetzt werden muß, um maximale Effekte erzielen zu können.

Die Identifizierung dieser Größe liefert jedoch auch Anhaltspunkte zur Erklärung weiterer, bisher nur durch Zusatzannahmen zu erklärender Priming-Befunde. Wie die Formel zur Berechnung des Einflusses von *P* (Gl. 5.2a) zeigt, wirken alle identifizierten Größen zusammen. Insofern ist es beispielsweise auch einleuchtend, daß unterschiedliches Material zu unterschiedlichen SOA-Variationen führen muß bzw. Priming-Effekte in Abhängigkeit von SOA und Material verschieden groß ausfallen (s. Abschnitt 3.2.3). Zwar muß nicht das Material selbst als weitere Einflußgröße berücksichtigt werden, doch ist die Informationsverarbeitung bei Bildern oder Wörtern mit unterschiedlich hohen Grundverarbeitungsgeschwindigkeiten verbunden. Insofern kann angenommen werden, daß Gesamt-Priming-Effekte leichter bei verbalem Material zu erzeugen sind als bei bildhaftem Material, da die Verarbeitung bildhaften Materials grundsätzlich schneller erfolgt. Die berichteten Befunde von Dagenbach et al. (1989) sowie Carr et al. (1982) weisen darauf hin. Ein Vergleich der Reaktionszeiten aus eigenen Experimenten (s. auch Schweizer, 1997) und dem zuvor bei verbalem Material isolierten Richtungseffekt (Herrmann, Buhl & Schweizer, 1995; Herrmann, Buhl, Schweizer & Janzen, 1995) bestätigen ebenfalls diese Vermutung. Auch die Befunde der Arbeitsgruppe um

Bower und Rinck (z.B. Rinck & Bower, 1995; Rinck et al., 1997) weisen in diese Richtung der Interpretation. Hier war es im Zusammenhang mit der Darbietung von Sätzen gelungen, die sonst eher selten zu evozierenden kognitiven Distanzeffekte zu erzeugen. Dies kann nun dadurch erklärt werden, daß die Verarbeitung der Sätze zu generell längeren Reaktionszeiten führt und somit zu einer Modulierung der sonst linearen Abhängigkeit der Geschwindigkeit in Abhängigkeit von der kognitiven Distanz. (Richtungseffekte wurden bei diesen Autoren nicht geprüft.)

Tatsächlich scheint die Gesamtheit der Modulierung des Geschwindigkeitsfeldes durch *P* stark von der Grundverarbeitungsgeschwindigkeit der Individuen abzuhängen. So konnte auch gezeigt werden, daß die in den Experimenten festgestellten Gesamt-Priming-Effekte vor allem auf Personen zurückzuführen sind, die insgesamt eher langsam reagieren. Versuchspersonen, die kurze Reaktionszeiten aufweisen, scheinen in ihrer Reaktionsgeschwindigkeit mit zunehmender kognitiver Distanz eher einen linearen Zusammenhang und gleichverteilte Reaktionsgeschwindigkeiten in Vorwärts- und in Rückwärts-Richtung zu produzieren. Ähnliche Befunde zeigen sich auch – wie bereits berichtet – bei den Untersuchungen von Lüer et al. (1993).

Auch der Einfluß der Grundverarbeitungsgeschwindigkeit kann nach den Gleichungen 5.2b und 5.2c numerisch bestimmt werden. Zu überlegen ist aber auch, ob diese Größe weitere Variablen bei Priming-Prozessen erklärt. Eine solche Möglichkeit bietet sich im Zusammenhang mit der gestellten Aufgabe. In den Abschnitten 3.2.2 und 3.2.3 wurde ausführlich dargestellt, daß bestimmte Effekte nur im Zusammenhang mit bestimmten Aufgaben auftauchen. Ein Beispiel hierfür waren Effekte beim affektiven Priming (Klauer & Stern, 1992; Rothermung & Wentura, 1998; Wentura, 2000) bzw. die dazu widersprüchliche Befundlage. Möglicherweise kann diese auch auf verschiedene Grundverarbeitungsgeschwindigkeiten und daraus resultierende, unterschiedliche Reaktionszeiten beim Priming zurückgeführt werden. Dazu müßte geprüft werden, ob die Operationalisierung der evaluativen Aufgaben zu längeren Reaktionszeiten führte als lexikalische Entscheidungsaufgaben. Dann wäre das Ausbleiben von Effekten bei Aufgaben mit kürzeren Entscheidungszeiten ähnlich zu bewerten wie im Vergleich zwischen bildhaftem und verbalem Material. Die oben erwähnten Befunde von Bower und Rinck (1995) deuten auf eine mögliche Interpretation in diese Richtung. Die Reaktionszeiten der Versuchspersonen liegen bei diesen Aufgaben bei einer bis mehreren Sekunden, während Wiedererkennungsaufgaben i.d.R. Reaktionszeiten um 650 Millisekunden bei bildhaftem Material (Schweizer, 1997) bzw. etwa 700 Millisekunden bei Wörtern (z.B. Wagener-Wender, 1993) evozieren. Die Unterschiedlichkeit der Priming-Befunde bei verschiedenen Aufgaben wird jedoch auch von weiteren Größen beeinflußt. Dazu zählen die oben erwähnte SOA, die bei divergierendem Material und verschiedenen Aufgaben recht unterschiedlich ausfällt und die Relation, die zwischen Prime und Target angenommen werden muß. Genauer zu untersuchen wäre in diesem Zusammenhang auch, ob eine Variation der Darbietungsrate von bekannten und neuen Reizen im Sinne der Signalentdeckung zu verschiedenartigen Effekten führt, die nun über die Grundverarbeitungsgeschwindigkeit erklärt werden können.

Die Relation zwischen Prime und Target wurde im Modell durch die maximal erinnerbare Distanz in Vorwärts- und in Rückwärtsrichtung operationalisiert. Auch diese Größe hat einen Einfluß auf die Geschwindigkeitsverteilung im Strömungsmodell. Die im Experiment durchgeführte Variation der SOA ruft nicht mehr so eindeutige Effekte hervor, wenn die Abmessungen der Anordnung und die Sichtbarkeit der Objekte von gegenüberliegenden Seiten verändert wird. Es wurde angenommen, daß mit dieser Art der Veränderung, auf die Einflußgröße *a*, den Betrag der maximal erinnerbaren Distanzen, eingewirkt wurde.

Grundsätzlich ist es jedoch nicht zwingend, die Relation zwischen Prime und Target über die maximal erinnerbare Distanz einer räumlichen Anordnung zu operationalisieren. Im Grunde können hier beliebige Relationen abgebildet werden. Somit ist dieses Modell dann auch für nicht-raumspezifische Priming-Prozesse zu nutzen. Dieser Punkt wird in Abschnitt 7.2 noch einmal angeführt, wenn die Raumspezifität des Modells insgesamt diskutiert wird.

Eine weitere Einflußgröße, die in dieser Arbeit nicht untersucht wurde, ist die Vorerfahrung mit der Raumanordnung, d.h. die „Zähigkeit“ der Gedächtnisspuren oder die Viskosität. Durch den gewählten Gegenstandsbereich, der Navigation durch die Anordnung auf einem bestimmten Weg und dadurch, daß die Versuchspersonen etwa gleich viele Lerndurchgänge erfuhren, wurde dieser Parameter konstant gehalten. Die Viskosität bietet jedoch die Möglichkeit, die Lernerfahrung mit der experimentell dargebotenen Raumanordnung sowie Vorerfahrungen mit Anordnungen aus der persönlichen Umgebung in die Abschätzung von Priming-Effekten einzubeziehen. In diesem Sinne könnte Versuchspersonen in Zukunft ein vertrauter Umweltausschnitt dargeboten werden, wenn gleichzeitig die Vorerfahrung erfaßt wird. Die Vorhersage nach dem hier modellierten Strömungsprozeß wäre, daß die Gesamt-Priming-Effekte mit Zunahme der Vorerfahrung kleiner werden. Die Abschätzung dieses Parameters bietet somit eine Möglichkeit, episodisches Wissen (s. auch Abschnitt 3.1.1) zu untersuchen und die Ergebnisse mit anderen Formen mentaler Karten zu vergleichen.

Die genannten Einflußgrößen bieten eine Reihe von Ansatzpunkten, um die bisherige Forschung im Bereich des Priming (nicht nur im Bereich des räumlichen Priming) unter neuen Gesichtspunkten zu systematisieren und zu erforschen. Das Modell geht somit über die

Erklärungsmöglichkeiten existierender Theorien hinaus. Eine weitere Frage ist nun, ob das Modell als raumspezifisch zu betrachten ist.

7.2 Raumspezifität des Strömungsprozesses

Raumspezifisch ist im hier modellierten Strömungsprozeß die Operationalisierung der Einflußgröße a, d.h. die Abmessung des Strömungskanals in y-Richtung, die der maximal erinnerbaren Distanz in Vorwärts- und Rückwärtsrichtung zugeordnet wurde. Anhaltspunkte hierfür lieferten die bisherigen Befunde zu Entscheidungspunkten und Landmarken bzw. die dabei auftretenden Asymmetrien bei Distanzschätzungen (s. auch Abschnitte 4.2.1, 4.3.2 und 5.1.1). Um eine solche Repräsentation von Distanzen anzunehmen, muß nicht postuliert werden, daß Distanzen und Richtungen metrisch kodiert sind. Denkbar ist auch die hier zugrundegelegte Vorstellung, daß Objekte über ihre Kontiguität und ihre Zugehörigkeit zu Regionen, d.h. über ihre Position in der Sequenz, enkodiert werden. Diese Aussage wurde anhand der durchgeführten empirischen Untersuchungen überprüft, was zu nicht ganz eindeutigen Ergebnissen führte (s. auch Abschnitt 6.4). An der gewählten Operationalisierung ist somit nur raumspezifisch, daß Distanzen in Vorwärts- und Rückwärtsrichtung unterschiedlich ausfallen und daß die Zugehörigkeit zu Regionen eingeführt wird.

Wie schon angedeutet wurde, ist die hier gewählte Belegung der Größe a nicht zwingend vorgeschrieben. Eine Erweiterung könnte darin bestehen, diese Relationen grundsätzlich als Kontiguität zu betrachten und die Schlußfolgerungen auf das serielle Lernen im allgemeinen zu übertragen. In diesem Fall wäre dann zu überlegen, ob die Annahme unterschiedlicher Relationen in Vorwärts- und Rückwärtsrichtung weiterhin aufrecht erhalten werden soll. Auch die Einteilung in Regionen, die bei der Aneignung räumlicher Umgebungen interindividuell relativ gleichartig erfolgt, muß bei der Konzeption der Relation zwischen Prime und Target für das serielle Lernen überdacht werden. Bei räumlichen Umgebungen ist meist klar, was als Entscheidungspunkt dient, nämlich Kreuzungen, an denen eine Richtungsentscheidung getroffen werden muß o.ä. (s. auch Abschnitte 4.2.1 und 4.2.2). Stellt man sich dagegen vor, man lerne verbales Material aus Listen, so können interindividuelle Unterschiede schon in der Zusammenfassung der einzelnen Wörter in Dreier-, Vierer- oder Fünfergruppen bestehen. Diese Einteilung kann zwar als Einteilung in Regionen aufgefaßt werden (die erste und die letzte Dreiergruppe von Wörtern werden wahrscheinlich besser behalten als die mittleren Gruppen), die Einteilung erzeugt jedoch zu viel Varianz zwischen den Versuchspersonen, als daß einheitliche Gesamt-Priming-Effekte erwartet werden könnten. Eine Alternative böte eine vom Versuchsleiter angebotene Kategorisierung der Wörter (s. auch Abschnitt. 3.1.1). Eine Darbietung von drei Wörtern aus der Kategorie „Obst“, gefolgt von drei Wörtern aus einer anderen Kategorie usf. (s. auch Hoffmann, 1996) würde den Versuchspersonen interindividuell gleiche Entscheidungspunkte liefern. Mit einem solchen Experiment könnte geprüft werden, ob ähnliche Gesamt-Priming-Effekte wie in den vorliegenden Untersuchungen zu erzeugen sind. Ist dies nicht der Fall, wäre auch diese Dimension des gewählten Zustandsraumes als nicht spezifisch räumlich zu betrachten.

Bisher weist die Befundlage jedoch eher auf eine spezifisch räumliche Komponente hin. Untersuchungen zum Listenlernen, in denen das gleiche bildhafte Material wie bei den beschriebenen Untersuchungen eingesetzt wurde, konnten keine Gesamt-Priming-Effekte evozieren (Schweizer, 1997; zu verbalem Material s. auch Herrmann, Buhl & Schweizer, 1995). Eine raumspezifische Interpretation wäre, daß das Nicht-Zustandekommen der Gesamt-Priming-Effekte auf das Fehlen einer unterschiedlichen Repräsentation von Vorwärts- und Rückwärtsrichtung und des Einflusses von Regionen zurückzuführen ist. Der Priming-Prozeß nach seriellem Lernen entspricht einer einfachen Scherströmung und müßte so zwar zu einem Priming-Effekt aber eben nicht zu Gesamt-Priming-Effekten führen.

Neben der bisher ausführlich diskutierten Einflußgröße, die über den Parameter a wirkt, ist dies die einzige Größe, die es ermöglicht den Priming-Prozeß und das entworfene Strömungsmodell als raumspezifisch aufzufassen. Die übrigen unter Abschnitt 7.1 beschriebenen Größen sowie der Wiedererkennungsprozeß selbst sind nicht raumspezifisch. Dabei kann der Wiederkennungsprozeß nach den Ausführungen in Abschnitt 7.1 auch allgemeiner als Abrufprozeß bei verschiedenen Aufgaben konzipiert werden.

7.3 Dynamik des Strömungsprozesses

Priming läßt sich nach dem hier entwickelten Modell als zweifacher Strömungsprozeß auffassen. Dieser Prozeß ist nach Definition stationär, d.h. im Strömungskanal bleiben in x-Richtung die festgestellten Verhältnisse unverändert. Die Variation der SOA, die anhand von empirischen Untersuchungen geprüft wurde, wurde daher in verschiedenen Regressionsgleichungen modelliert. (Dies war eine Maßnahme, um die stationäre Lösung der Bewegungsgleichung beibehalten zu können.) Es wurde dargestellt, daß die Veränderung vor allem darin besteht, daß sich der Druckgradient in Strömungsrichtung ändert.

Unklar blieb jedoch bisher, wie der Einfluß der SOA auf die Größe der Priming-Effekte bestimmt werden kann. Eine Möglichkeit, diese Zeitabhängigkeit des Priming-Prozesses noch einmal gesondert darzustellen, besteht nach den in Abschnitt 2.2.2 dargestellten Ausführungen darin, diesen als Trajektorie (Spur in der Zeit) im Zustandsraum aufzufassen. Diese Betrachtungsweise erlaubt es, Attraktoren zu bestimmen, gegen die das System konvergiert und zu untersuchen, ob das System nicht-lineare Anteile hat.

Um dies zu erreichen kann der Zustandsraum über die Größe der fraglichen Effekte festgelegt werden, d.h. über die Größe des Priming-Effekts und des in allen Untersuchungen stabil evozierten Richtungseffekts. Er ist ein Indiz für die Stärke des Prozesses. Der Priming-Effekt illustriert den Einfluß der einfachen Scherströmung. Der Richtungseffekt ist ebenso wie der Distanzeffekt ein Indikator für den Einfluß der Modulierung durch den dimensionslosen Druckgradienten.

In diesen Zustandsraum kann nun die Größe der empirisch gewonnenen Effekte bei jeder SOA-Ausprägung eingezeichnet werden. Da die Veränderung der SOA bedeutet, daß die Zeit, die für den Prozeß der Informationsverarbeitung zur Verfügung steht, verändert wird, kann man diese Ausprägungen auch als einzelne Zeitpunkte (t_1 bis t_5) auffassen. Die Zeitpunkte markieren sozusagen das Fortschreiten des Systems in der Zeit. Das System bezieht sich dann natürlich nicht auf einen einzelnen Menschen, sondern auf ein hypothetisches System, das aus allen untersuchten Versuchspersonen besteht. Das Ergebnis illustriert Abbildung 7.1.

Aus Abbildung 7.1 bzw. den zugrundeliegenden Daten kann noch kein dynamisches System formuliert werden. Dazu wären einerseits mehr Trajektorien nötig, andererseits müßten formale Verfahren herangezogen werden, um die Daten für eine Analyse der Eigenschaften dynamischer Systeme aufzubereiten. Eine solche Schar von Trajektorien könnte sich aber ergeben, wenn sich die unter 7.1 ausführlich dargestellten Parameter zwischen den Trajektorien unterscheiden. So könnte beispielsweise je eine Trajektorie für verschiedene Grundverarbeitungsgeschwindigkeiten oder für unterschiedliche Aufgaben formuliert werden. Andere Ansatzpunkte wären die Lernerfahrung mit der Raumanordnung oder die unterschiedliche Gestaltung der Abmessung des Systems zu berücksichtigen.

Bisher läßt sich aus Abbildung 7.1 schon so viel erkennen: Sowohl der Betrag des Priming-Effekts als auch der Betrag des Gesamt-Priming-Effekts (Richtungseffekt) steigt nur bis zu einer bestimmten Größe an, danach fällt er wieder ab. Ab einem bestimmten Punkt bedeutet eine Erhöhung des Betrags des Priming-Effekts gleichzeitig eine Abnahme des Betrags des Gesamt-Priming-Effekts. Auf einer anderen Ebene kann dieser Prozeß als Interaktion von Abrufgeschwindigkeit und kognitiven Einflußgrößen beim Priming beschrieben werden. Man könnte formulieren: Der Informationsabruf in mentalen Karten ist die Veränderung der Charakteristiken (hier dargestellt durch die Strömungsgeschwindigkeit) eines Systems, das durch die Interaktion von kognitiven Einflußgrößen (dem dimensionslosen Druckgradienten) und dem Prozeß des Informationsabrufs konstituiert ist und das virtuell auf ein Gleichgewicht dieser beiden Komponenten ausgerichtet ist (s. auch Alisch & Gerber, 2001b, S. 94).

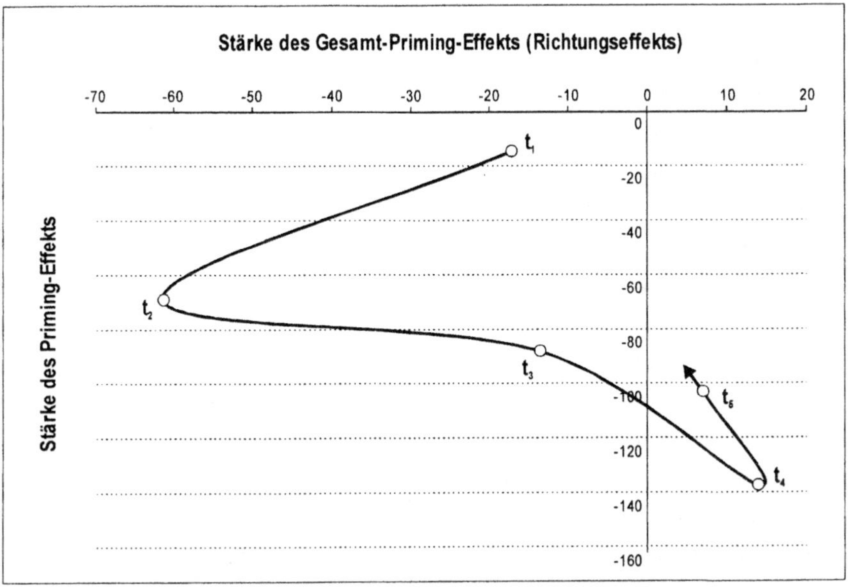

Abb. 7.1. Skizze einer Trajektorie aus der Stärke der Priming-Effekte zu verschiedenen Zeitpunkten (Erläuterungen s. Text).

Würde man, wie vorgeschlagen, auch andere Einflußgrößen berücksichtigen, so wäre dadurch feststellbar, welche Trajektorien (Prozesse) zu gleichen Attraktoren hin konvergieren, ob es sog. Separatrizen gibt usf. (s. auch Abschnitt 2.2.2). Eine solche Einordnung würde es erlauben, verschiedene Prozesse des Informationsabrufs zu kategorisieren. So wäre es z.B. denkbar, daß der Informationsabruf für bildhaftes und verbales Stimulusmaterial oder für räumliche und nicht-räumliche Wissensinhalte anhand der Dynamik des Systems zu unterscheiden ist.

7.4 Erklärungskraft des Modells

Die bisher zur Erklärung von Priming-Befunden herangezogenen Theorien (s. Abschnitte 3.2.2 und 3.2.3), die Spreading-Activation-Theorien und die Compound-Cue-Modelle, wurden als gegenseitige Ergänzung gesehen, die dazu dienen sollte, die Fülle von Befunden zu Priming-Untersuchungen zu erklären. Die den Spreading-Activation-Theorien zugrundeliegende Metapher ist die Wellenausbreitung. Wie bei der Ausbreitung von Wellen wird Aktivation sozusagen von einem Ort (Knoten) zum anderen weitergegeben. Die Knoten selbst bleiben in Ruhe. Compound-Cue-Modelle nehmen an, daß Familiaritätsindizes zwischen Kontext (zu dem auch das Prime gehört) und Target berechnet werden und diese dann zu Entscheidungen führen.

Demgegenüber wurden Priming-Prozesse hier als Strömungsprozesse betrachtet. Sie sind somit als kontinuierlicher Prozeß anzusehen, in dem verschiedene Größen in dynamischer Weise aufeinander wirken. Die bisher beschriebenen Vorteile und Interpretationsmöglichkeiten dieser Betrachtungsweise, können zusammenfassend wie folgt formuliert werden:

(1) Das Modell geht weit über die Erklärungsmöglichkeiten der in den Abschnitten 3.2.2 und 3.2.3 beschriebenen Modelle hinaus, da es eine ganze Reihe von Befunden integriert und systematisch zu bestimmten Einflußgrößen in Beziehung setzen kann. Dazu zählen neben der Integration von Distanz- und Richtungseffekten z.B. auch die Erklärung verschiedener Stärken von Priming-Effekten bei variierendem Material und unterschiedlicher Aufgabe.

(2) Es ist in der Lage weitere Forschungslücken aufzuzeigen. Eine Schließung dieser Lücken kann anhand der angegeben Berechnungsvorschriften leicht mit der weiteren Prüfung des Modells einhergehen. So kann aus den angegebenen Gleichungen beispielsweise ermittelt werden, welche SOA (bei Konstanthaltung der übrigen Größen) zu welcher Stärke von Effekten führen müßte oder wie die Vorerfahrung von Raum sich auf das Auftreten von Priming-Effekten auswirkt.

(3) Die Auffassung des Prozesses als Strömung läßt es zu, kognitive Einflußgrößen des Priming-Prozesses zu identifizieren und die Dynamik des Systems explizit zu berücksichtigen.

(4) Die Strömungsgeschwindigkeiten können direkt in Reaktionsgeschwindigkeiten überführt werden, so daß keine Transformationen von einem Summenwert auf Zeitverläufe notwendig sind.

(5) Da das Modell nicht per se als raumspezifisch zu betrachten ist, ist es nach wissenschaftstheoretischen Gesichtspunkten weitreichend, aber dennoch einfach und sparsam.

Ob die gemachten Aussagen beim Informationsabruf, der nicht in mentalen Karten stattfindet, genügend Erklärungskraft besitzen, bleibt abzuwarten. Grundsätzlich bietet die Formulierung des Strömungsprozesses diese Möglichkeit.

Literaturverzeichnis

Abraham, F.D., Abraham, R.H., & Shaw, C.D. (1990). *A visual introduction to dynamical systems theory for psychology*. Santa Cruz, CA: Aerial Press.

Abraham, R.H. & Shaw, C.D. (1985). *Dynamics – The geometry of behavior* (Part 1: Periodic behavior). Santa Cruz, CA: Aerial Press.

Agre, P.E (1993). The symbolic worldview: reply to Vera and Simon. *Cognitive Science, 17*, 61-69.

Albert, H. (1982). *Die Wissenschaft und die Fehlbarkeit der Vernunft*. Tübingen: Mohr.

Alisch, J.-M. & Gerber, U. (2001a). Nichtlineare Zeitreihenanalyse in der Empirischen Pädagogik I: Metatheorie und Methodologie. *Empirische Pädagogik, 15*, 7-52

Alisch, J.-M. & Gerber, U. (2001b). Nichtlineare Zeitreihenanalyse in der Empirischen Pädagogik III: Dynamische Systeme. *Empirische Pädagogik, 15*, 93-152

Allesch, v. J. (1931). *Zur nichteuklidischen Struktur des phänomenalen Raumes*. Jena: Fischer.

Allport, G. (1989). Visual attention. In M.I. Posner (ed.), *Foundations of cognitive science* (pp. 159-182). Oxford: Clarendon Press.

Allport, G. & Pettigrew, T. (1957). Cultural influence on the perception of movement: the trapezoidal illusion among the Zulus. *Journal of Abnormal and Social Psychology, 55*, 104-113.

Anderson, J.R. (1976). *Language, memory, and thought*. Hillsdale, NJ: Erlbaum.

Anderson, J.R. (1983a). *The architecture of cognition*. Cambridge, MA: Harvard University Press.

Anderson, J.R. (1983b). A spreading activation theory of memory. *Journal of Verbal Learning and Verbal Behavior, 22*, 261-295.

Anderson, J.R. (1991). Is human cognition adaptive? *Behavioral and Brain Sciences, 14*, 471-517.

Anderson, J.R. (1993). *Rules of the mind*. Hillsdale, NJ: Erlbaum.

Anderson, J.R. (1996). *Kognitive Psychologie. Eine Einführung* (2. Aufl.). Heidelberg: Spektrum.

Anderson, J.R. & Matessa, M. (1997). A production system theory of serial memory. *Psychological Review, 104*, 728-748.

Angyal, A. (1930). Die Lagebeharrung der optisch vorgestellten räumlichen Umgebung. *Neue Psychologische Studien, 6*, 291-309.

Appleyard, D. (1970). Styles and methods of structuring a city. *Environment and Behavior, 2*, 100-116.

Aristoteles (1979). *Physikvorlesung* (3. Aufl., übers. von H. Wagner). Darmstadt: Wissenschaftliche Buchgesellschaft.

Arnberger, E. (1993). *Thematische Kartographie* (3. Aufl.). Braunschweig: Westermann.

Asch, E. & Witkin, H.A. (1948). Studies in space orientation: I. Perception of the upright with displaced visual fields. *Journal of Experimental Psychology, 38*, 315-477.

Astheimer, P., Böhm, K., Felger, W., Göbel, M. & Müller, S. (1994a). Die Virtuelle Umgebung – Eine neue Epoche in der Mensch-Maschine-Kommunikation. Teil I: Einordnung, Begriffe und Geräte. *Informatik-Spektrum, 17*, 281-290.

Astheimer, P., Böhm, K., Felger, W., Göbel, M. & Müller, S. (1994b). Die Virtuelle Umgebung – Eine neue Epoche in der Mensch-Maschine-Kommunikation. Teil II: Interaktions- und Präsentationstechniken, Systeme, Anwendungen. *Informatik-Spektrum, 17*, 357-367.

Atkinson, R.C. & Shiffrin, R.M. (1968). Human memory: a proposed system and its control processes. *The Psychology of Learning and Motivation, 2*, 89-195.

Attneave, F. (1974). *Informationstheorie in der Psychologie*. Bern: Huber.

Attneave, F. & Olson, K.R. (1967). Discriminability of stimuli varying in physical and retinal orientation. *Journal of Experimental Psychology, 74*, 149-157.

Baddeley, A.D. (1986). *Working memory*. Oxford: University Press.

Baddeley, A.D., Grant, S., White, E. & Thomson, N. (1975). Imagery visual working memory. In P.M. Rabitt & S. Dornic (eds.), *Attention and performance V* (pp. 205-217). London: Academic Press.

Baddeley, A.D. & Lieberman, K. (1980). Spatial working memory. In R.S. Nickerson (ed.), *Attention and performance* (Vol. 8, pp. 521-539). Hillsdale, NJ: Erlbaum.

Baird, J.C. (1970). *Psychophysical analysis of visual space*. Oxford: Pergamon Press.

Bartlett, F.C. (1932). *Remembering: a study in experimental and social psychology*. New York, NY: Cambridge University Press.

Beller, H. K. (1971). Priming: effects of advance information on matching. *Journal of Experimental Psychology, 87*, 176-182.

Berendt, B. & Jansen-Osmann, P. (1997). Feature accumulation and route structuring in distance estimations – an interdisciplinary approach. In S.C. Hirtle & A.U. Frank (eds.), *Spatial information theory: a theoretical basis for GIS* (Proceedings of the International Conference COSIT '97, pp. 279-296). Berlin: Springer.

Bertalanffy, v. L. (1968). *General system theory: foundations, developments, applications*. New York, NY: Braziller.

Bertalanffy, v. L., Beier, W. & Laue, R. (1977). *Biophysik des Fließgleichgewichts*. Braunschweig: Vieweg.

Blades, M. (1991). The development of the abilities required to understand spatial representations. In D.M. Mark & A.U. Frank (eds.), *Cognitive and linguistic aspects of geographic space* (pp. 81-115). Dordrecht: Kluwer.

Bobrow, S. & Bower, G.H. (1969). Comprehension and recall of sentences. *Journal of Experimental Psychology, 80*, 455-461.

Boring, E.G. (1929). *A history of experimental psychology*. New York, NY: Appleton-Century-Crofts.

Bortz, J. (1993). *Statistik für Sozialwissenschaftler* (4., vollst. überarb. Aufl.). Berlin: Springer.

Bortz, J., Lienert, G. A. & Boehnke, K. (1990). *Verteilungsfreie Methoden in der Biostatistik*. Berlin: Springer.

Bost, P.R. (1998). Repetition priming for objects from scenes. *Dissertation Abstracts International: Section B: The Sciences and Engineering, 59*, 6500.

Bower, G.H. (1961). Application of a model to paired-associate learning. *Psychometrika, 26*, 255-280.

Bower, G.H. (1967). A multicomponent theory of the memory trace. In G.H. Bower (ed.), *The psychology of learning and motivation.* (Vol. 1, pp. 229-325). New York, NY: Academic Press.

Bower, G.H., Karlin, M.B. & Dueck, A. (1975). Comprehension and memory for pictures. *Memory & Cognition, 3*, 216-220.

Bower, G.H. & Rinck, M. (1999). Goals as generators of activation in narrative understandings. In S.R. Goldman, A.C. Graeser & P. van den Broek (eds.), *Narrative comprehension, causality, and coherence* (pp. 111-134). Mahwah, NJ: Erlbaum.

Bredenkamp, J. & Erdfelder, E. (1996). Methoden der Gedächtnispsychologie. In D. Albert & K.-H. Stapf (Hrsg.), *Gedächtnis* (Enzyklopädie der Psychologie, Themenbereich C, Theorie und Forschung, Serie II: Kognition, Bd. 4, S. 1-94). Göttingen: Hogrefe.

Brewer, W.F. & Treyens, J.C. (1981). The role of schemata in memory for places. *Cognitive Psychologie, 13*, 207-230.

Briggs, R. (1973). Urban cognitive distances. In R.M. Downs & D.S. Stea (eds.), *Image and environment. Cognitive mapping and spatial behaviour* (pp. 361-388). Chicago: Aldine.

Broadbent, D.E. (1958). *Perception and communication*. Oxford: Pergamon Press.

Brooks, L.R. (1967). The suppression of visualization in reading. *Quarterly Journal of Experimental Psychology, 19*, 289-299.

Brown, J. (1959). Some tests of the decay theory of immediate memory. *Quarterly Journal of Experimental Psychology, 10*, 12-21.

Bruner, J.S., Goodnow, J.J. & Austin, G.A. (1956). *A study of thinking*. New York, NY: Wiley.

Bryant, D.J., Tversky, B. & Franklin, N. (1992). Internal and external spatial frameworks for representing described scenes. *Journal of Memory and Language, 31*, 74-98.

Buhl, H.M. (1996). *Wissenserwerb und Raumreferenz. Ein sprachpsychologischer Zugang zur mentalen Repräsentation* (Linguistische Arbeiten, Bd. 357). Tübingen: Niemeyer.

Buhl, H. M., Katz, S., Schweizer, K. & Herrmann, T. (2000). Einflüsse des Wissenserwerbs auf die Linearisierung beim Sprechen über räumliche Anordnungen. *Zeitschrift für experimentelle Psychologie, 47*, 17-33.

Byrne, R.W. (1979). Memory for urban geography. *Quarterly Journal of Experimental Psychology, 31*, 147-154.

Carr, T.H., McCauley, C., Sperber, R.D. & Parmelee, C.M. (1982). Words, pictures and priming: on semantic activation, conscious identification, and the automaticity of information processing. *Journal of Experimental Psychology: Human Perception and Performance, 8*, 757-777.

Castelli, L. & Zogmaister, C. (2000). The role of familiarity in implicit memory effects: the case of exemplar activation. *European Journal of Social psychology, 30*, 223-234.

Cermak, L.S. & Craik, F.I.M. (1979) (eds.). *Levels of processing in human memory*. Hillsdale, NJ: Erlbaum.

Cherry, E. (1953). Some experiments on the recognition of speech, with one and with two ears. *Journal of the Acoustic Society of America, 25*, 975-979.

Chown, E., Kaplan, S. & Kortenkamp, D. (1995). Prototypes, location, and associative networks (PLAN): towards a unified theory of cognitive mapping. *Cognitive Science, 19*, 1-51.

Chwilla, D.J., Hagoort, P. & Brown, C.M. (1998). The mechanisms underlying backward priming in a lexical decision task: spreading activation vs. semantic matching. *The Quarterly Journal of Experimental Psychology, 51A*, 531-560.

Clark, H.H. & Bly, B. (1995). Pragmatics and Discourse. In J.L. Miller & P.D. Eimas (eds.), *Speech, Language and Communication* (pp. 371-405). San Diego: Academic Press.

Clayton, K. & Chattin, D. (1989). Spatial and semantic priming effects in tests of spatial knowledge. *Journal of Experimental Psychology: Learning, Memory, and Cognition, 15*, 495-506.

Clayton, K. & Habibi, A. (1991). Contribution of temporal contiguity to the spatial priming effect. *Journal of Experimental Psychology: Learning, Memory and Cognition, 17*, 263-271.

Collins, A.M. & Loftus, E.F. (1975). A spreading activation theory of semantic processing. *Psychological Review, 82*, 407-428.

Cooper L.A. & Shepard, R.N. (1973). Chronometric studies of the rotation of mental images. In W.G. Chase (ed.), *Visual information processing* (pp. 75-176). New York, NY: Academic Press.

Craik, F.I.M. (1977). Depth of processing in recall and recognition. In S. Dornic (ed.) *Attention and performance* (Vol. VI, pp. 679-697). Hillsdale, NJ: Erlbaum.

Craik, F.I.M. & Lockhart, R.S. (1972). Levels of processing: a framework of memory research. *Journal of Verbal Learning and Verbal Behavior, 11*, 671-684.

Curiel, J.M. & Radvansky, G.A. (1998). Mental organization of maps. *Journal of Experimental Psychology: Learning, Memory, and Cognition, 24*, 202-214.

Dagenbach, D., Carr, T.H. & Wilhelmsen, A. (1989). Task-induced strategies and near-threshold priming: conscious influences on unconscious perception. *Journal of Memory and Language, 28*, 412-443.

Darken, R.P. (1999). *Transferring spatial knowledge from virtual to real environments.* Presentation on "Spatial Cognition in real and virtual environments", Tübingen, 27. - 28. April, 1999.

Darken, R.P. & Carmein, D. (1997). The omni-directional treadmill: a locomotion device for virtual worlds. *Proceedings of UIST '97*, 213-221.

Darken, R.P. & Sibert, J.L. (1996). Navigating large virtual spaces. *International Journal of Human Computer Interaction, 8*, 49-71.

Davis, E. (1990). *Representations of commonsense knowledge*. San Mateo, CA: Morgan Kaufmann.

Deacon, T. W. (1998). The symbolic species: the co-evolution of language and the brain. New York, NY: Norton.

Dean, M.P. & Young, A.W. (1996). An item-specific locus of repetition priming. *The Quarterly Journal of Experimental Psychology, 49A*, 269-294.

Deese, J. & Kaufman, R.A. (1957). Serial effects in recall of unorganized and sequentially organized verbal material. *Journal of Experimental Psychology, 54*, 180-187.

De Groot, A.M.B. (1985). Word-context effects in word naming and lexical decision. *The Quarterly Journal of Experimental Psychology, 37A*, 281-297.

Dell, G.S., Burger, L.K. & Svec, W.R. (1997). Language production and serial order: a functional analysis and a model. *Psychological Review, 104*, 123-147.

Denis, M. (1996). Imagery and the description of spatial configurations. In M.J. de Vaga, P. Intons-Peterson, N.S. Johnson-Laird & M. Denis (eds.), *Models of visuospatial cognition* (pp. 128-197). Oxford: Oxford University Press.

Dijk, van T.A. & Kintsch, W. (1983). *Strategies of discourse comprehension*. Hillsdale, NJ: Erlbaum.

Distler, H.K., Van Veen, H.A., Braun, S.J., Heinz, W., Franz, W.O. & Bülthoff, H.H. (1998). Navigation in real and virtual environments: Judging orientation and distance in a large-scale landscape. In M. Göbel, J. Landauer, U. Lang, & M. Wapler (eds.), *Virtual Environments '98* (pp. 1245-133). Wien: Springer.

Dörner, D. (1974). *Die kognitive Organisation beim Problemlösen*. Bern: Huber.

Dörner, D. (1979). *Problemlösen als Informationsverarbeitung*. Stuttgart: Klett-Cotta.

Dörner, D. (1994). Heuristik der Theorienbildung. In T. Herrmann & C.F. Graumann (Hrsg.), *Methodologische Grundlagen der Psychologie* (Enzyklopädie der Psychologie, Themenbereich B: Methodologie und Methoden, Serie I: Forschungsmethoden der Psychologie, Bd. 1, S. 343-388). Göttingen: Hogrefe.

Dörner, D. & van der Meer, E. (1995) (Hrsg.). *Das Gedächtnis. Probleme – Trends – Perspektiven*. Göttingen: Hogrefe.

Dorsch, F., Häcker, H. & Stapf, K.-H. (1987) (Hrsg.). *Dorsch Psychologisches Wörterbuch* (11., erg. Aufl.). Bern: Hans Huber.

Dosher, B.A. & Rosedale, G. (1989). Integrated retrieval cues as a mechanism for priming in retrieval from memory. *Journal of Experimental Psychology: General, 118*, 191-211.

Downs, R. M. & Stea, D. (1982). *Kognitive Karten: Die Welt in unseren Köpfen*. New York, NY: Harper & Row.

Downs, R.M. & Stea, D. (1973). Cognitive maps and spatial behaviour: process and products. In R.M. Downs & D.S. Stea (eds.), *Image and environment. Cognitive mapping and spatial behavior* (pp. 8-26). Chicago: Aldine.

Duncan, E.M. & McFarland, C.E. (1980). Isolating the effect of symbolic distance and semantic congruity in comparative judgements: an additive-factors analysis. *Memory & Cognition, 8*, 612-622.

Durstewitz, D. (1995). Entstehung hierarchischer Kategorienstrukturen in einem selbstorganisierenden neuronalen Netz. *Kognitionswissenschaft, 4*, 97-107.

Ebbinghaus, H. (1985). *Über das Gedächtnis. Untersuchungen zur experimentellen Psychologie* (1. Aufl., Leipzig 1885). Darmstadt: Wissenschaftliche Buchgesellschaft.

Einstein, A. (1960). Vorwort. In M. Jammer (1960), *Das Problem des Raumes* (S. xi-xv). Darmstadt: Steinkopff.

Engelkamp, J. (1990). Das menschliche Gedächtnis. Das Erinnern von Sprache, Bildern und Handlungen. Göttingen: Hogrefe.

Engelkamp, J. (1995). Explaining retention: lines of development and problems. In B. Boothe, R. Hirsing, A. Helminger, B. Meier & R. Volkart (eds.), *Perception – evaluation – interpretation* (Vol. 3, pp. 12-20). Göttingen: Hogrefe.

Engelkamp, J. (1997). *Das Erinnern eigener Handlungen*. Göttingen: Hogrefe.

Esser, H. (1993). *Soziologie. Allgemeine Grundlagen*. Frankfurt: Campus.

Estes, W.K. (1955). Statistical theory of distributional phenomena in learning. *Psychological Review, 62*, 369-377.

Estes, W.K. (1961). New developments in behavior theory: differential tests of axioms for associative learning. *Psychometrika, 26*, 73-84.

Estes, W.K. (1972). An associative basis for coding and organization. In A.W. Melton & E. Martin (eds.), *Coding processes in human memory* (pp. 161-190). Washington: Winston.

Evans, G.W. (1980). Environmental cognition. *Psychological Bulletin, 88*, 259-287.

Evans, G.W. & Pezdek, K. (1980). Cognitive mapping: knowledge of real-world distance and location information. *Journal of Experimental Psychology: Human Learning, Memory and Cognition, 6*, 13-24.

Feldman, J.A. (1981). A connectionist model of visual memory. In G.E. Hinton & J.A. Anderson (eds.), *Parallel models of associative memory* (pp. 49-81). Hillsdale, NJ: Erlbaum.

Finke, R.A. (1989). *Principles of mental imagery*. Cambridge, MA: MIT-Press.

Flugel, C. (1938). *Probleme und Ergebnisse der Psychologie* (5. Aufl.). Stuttgart. Ernst-Klett.

Foppa, K. (1970). *Lernen, Gedächtnis, Verhalten. Ergebnisse und Probleme der Lernpsychologie* (7. Aufl.). Köln: Kiepenheuer & Witsch.

Frank, A.U. (2000). Spatial communication with maps: defining the correctness of maps using a multi-agent simulation. In C. Freksa, W. Brauer, C. Habel & K.F. Wender (eds.), *Spatial cognition II – Integrating abstract theories, empirical studies, formal methods, and practical applications* (pp. 80-99). Berlin: Springer.

Franklin, N. & Tversky, B. (1990). Searching imagined environments. *Journal of experimental Psychology: General, 1*, 63-76.

Freksa, C., Moratz, R. & Barkowski, T. (2000). Schematic maps for robot navigation. In C. Freksa, W. Brauer, C. Habel & K.F. Wender (eds.), *Spatial cognition II – Integrating abstract theories, empirical studies, formal methods, and practical applications* (pp. 100-114). Berlin: Springer.

Gaarder, J. (1991). *Sofies Welt*. München: Carl Hanser.

Gadenne, V. (1994). Theorien. In T. Herrmann & C.F. Graumann (Hrsg.), *Methodologische Grundlagen der Psychologie* (Enzyklopädie der Psychologie, Themenbereich B: Methodologie und Methoden, Serie I: Forschungsmethoden der Psychologie, Bd. 1, S. 295-342). Göttingen: Hogrefe.

Gardner, H. (1992). *Dem Denken auf der Spur* (2. Aufl.). Stuttgart: Klett-Cotta.

Gathercole, S.E. & Baddeley, A.D. (1993). *Working memory and language* (Essays in cognitive psychology series). Hove: Erlbaum.

Gentner, D. & Grudin, J. (1985). The evolution of mental metaphors in psychology: a 90-year retrospective. *American Psychologist, 40*, 181-192.

Gibson, J.J. (1966). *The senses considered as perceptual systems*. Boston, MA: Houghton Mifflin.

Gibson, J.J. (1982). *Wahrnehmung und Umwelt: Der ökologische Ansatz in der visuellen Wahrnehmung*. München: Urban & Schwarzenberg.

Gillner, S. & Mallot, H. (1998). Navigation and acquisition of spatial knowledge in a virtual maze. *Journal of Cognitive Neuroscience, 10*, 445-463.

Gillund, G. & Shiffrin, R.M. (1984). A retrieval model for both cognition and recall. *Psychological Review, 91*, 1-67.

Glaser, W. R. (1992). Picture naming. *Cognition, 42*, 61-105.

Glenberg, A.M., Meyer, M. & Lindem, K. (1987). Mental models contribute to foregrounding during text comprehension. *Journal of Memory and Language, 26*, 69-83.

Golledge, R.G. (1976). Methods and methodological issues in environmental cognition research. In G. Moore & R.G. Golledge (eds.), *Environmental knowing* (pp. 300-313). Stroudsburgh, PA: Dowden, Hutchinson & Ross.

Golledge, R.G. (1992). Place recognition and wayfinding: making sense of space. *Geoforum, 23*, 199-214.

Golledge, R.G., Klatzky, R. & Loomis, J.M. (1996). Cognitive mapping and wayfinding by adults without vision. In J. Potugali (ed.), *The construction of cognitive maps* (pp. 215-246). Dordrecht: Kluwer Academic Publishers.

Gosztonyi, A. (1976). *Der Raum. Geschichte seiner Probleme in Philosophie und Wissenschaften* (Bd. 1 und 2). Freiburg: Alber.

Graf, R. (1994). *Selbstrotation und Raumreferenz. Zur Psychologie partnerbezogenen Lokalisierens*. Frankfurt/a.M.: Lang.

Graf, R., Herrmann, T., Grabowski, J. & Schweizer, K. (1996). Grundriß eines Modells der Aktivierung von Konzepten, Wörtern und Figuren. In J. Grabowski, G. Harras & T. Herrmann (Hrsg.), *Bedeutung – Konzepte – Bedeutungskonzepte* (S. 154-210). Opladen: Westdeutscher Verlag.

Green, D.M. & Swets, J.A. (1966). *Signal detection theory and psychophysics*. New York, NY: Wiley.

Greeno, J.G. & Moore, J.L. (1993). Situativity and symbols: response to Vera and Simon. *Cognitive Science, 17*, 49-59.

Grossberg, S. (1987). Competitive Learning: from interactive activation to adaptive resonance. *Cognitive Science, 11*, 23-63.

Guyon, E., Hulin J.-P. & Petit, L. (1997). *Hydrodynamik*. Braunschweig: Vieweg.

Habel, C. (1989). „Zwischen"-Bericht. In C. Habel, M. Herweg & K. Rehkämper. (Hrsg.), *Raumkonzepte in Verstehensprozessen. Interdisziplinäre Beiträge zu Sprache und Raum* (S. 37-69). Tübingen: Niemeyer.

Hake, G. (1982). *Kartographie I* (6. Aufl.). Berlin: de Gruyter.

Hake, G. & Grünreich, D. (1994). *Kartographie* (7. Aufl.). Berlin: de Gruyter.

Hanley G.L. & Levine, M. (1983). Spatial problem solving: the integration of independently learned cognitive maps. *Memory & Cognition, 11*, 415-422.

Hardwick, D.A., Woolridge, S.C. & Rinalducci, E.J. (1983). Selection of landmarks as a correlate of cognitive map organization. *Psychological Reports, 53*, 807-813.

Hasher, L. & Zacks, R.T. (1979). Automatic and effortful processes in memory. *Journal of Experimental Psychology: General, 108*, 356-388.

Hermans, D., Crombez, G. & Eelne, P. (2000). Automatic attitude activation and efficiency: the fourth horseman of automaticity. *Psychologica Belgica, 40*, 3-22.

Herrmann, T. (1965). *Psychologie der kognitiven Ordnung*. Berlin: de Gruyter.

Herrmann, T. (1976). Ganzheitspsychologie und Gestalttheorie. In H. Balmer (Hrsg.), *Die Psychologie des 20. Jahrhunderts* (Bd. 1: Die europäische Tradition, S. 573-658). Zürich: Kindler.

Herrmann, T. (1993). Mentale Repräsentation – ein erläuterungsbedürftiger Begriff. In J. Engelkamp & T. Pechmann (Hrsg.), *Mentale Repräsentation* (S. 17-30). Bern: Huber.

Herrmann, T. (1994). Forschungsprogramme. In T. Herrmann & C.F. Graumann (Hrsg.), *Methodologische Grundlagen der Psychologie* (Enzyklopädie der Psychologie, Themenbereich B: Methodologie und Methoden, Serie I: Forschungsmethoden der Psychologie, Bd. 1, S. 251-294). Göttingen: Hogrefe.

Herrmann, T. (1995). Gedächtnis und Sprache. Zum Problem des Blickpunktes. In D. Dörner & E. van der Meer (Hrsg.), *Das Gedächtnis. Probleme – Trends – Perspektiven* (S. 199-226). Göttingen: Hogrefe.

Herrmann, T. (1996). Blickpunkte und Blickpunktsequenzen. *Sprache und Kognition, 15,* 159-177.

Herrmann, T., Buhl, H. M. & Schweizer, K. (1995). Zur blickpunktbezogenen Wissensrepräsentation: Der Richtungseffekt. *Zeitschrift für Psychologie, 203*, 1-23.

Herrmann, T., Buhl, H. M., Schweizer, K. & Janzen, G. (1993). *Zur repräsentationalen Basis des Ankereffekts. Kognitionspsychologische Untersuchungen zur sprachlichen Linearisierung* (Arbeiten aus dem Sonderforschungsbereich 245 „Sprache und Situation“, Heidelberg/Mannheim, Bericht Nr. 58). Mannheim: Universität Mannheim, Lehrstuhl Psychologie III.

Herrmann, T. & Grabowski, J. (1994). *Sprechen – Psychologie der Sprachproduktion.* Heidelberg: Springer.

Herrmann, T. & Janzen, G. (i. Dr.). Umwege bei der Navigation im Labyrinth. *Kognitionswissenschaft.*

Herrmann, T. & Schweizer, K. (1998). *Sprechen über Raum. Sprachliches Lokalisieren und seine kognitiven Grundlagen.* Bern: Huber.

Herrmann, T., Schweizer, K., Buhl, H. M. & Janzen, G. (1995). *Ankereffekt und Richtungseffekt – Forschungsbericht* (Arbeiten der Forschungsgruppe „Sprache und Kognition“, Bericht Nr. 54). Mannheim: Universität Mannheim, Lehrstuhl Psychologie III.

Herrmann, T., Schweizer, K., Janzen, G. & Katz, S. (1998). Routen- und Überblickswissen – konzeptuelle Überlegungen. *Kognitionswissenschaft, 7*, 145-159.

Hinton, G.E. & Anderson, J.A. (eds.) (1989). *Parallel models of associative memory.* Hillsdale, NJ: Erlbaum.

Hoffmann, J. (1996). Sequentielle Strukturbildung. In J. Hoffmann & W. Kintsch (Hrsg.), *Lernen* (Enzyklopädie der Psychologie, Themenbereich C: Theorie und Forschung, Serie II: Kognition, Bd. 7, S. 235-272). Göttingen: Hogrefe.

Hunt, E. (1978). Mechanics of verbal ability. *Psychological Review, 85*, 109-130.

International Cartographic Association (1973). *Mehrsprachiges Wörterbuch kartographischer Fachbegriffe.* Wiesbaden: Franz Steiner.

Irtel, H. (1996). Signalentdeckungstheorie. In G. Strube, B. Becker, C. Freksa, U. Hahn, K. Opwis & G. Palm (Hrsg.), *Wörterbuch der Kognitionswissenschaft* (S. 622-623). Stuttgart: Klett-Cotta.

Jaeger, H. (1995). *Dynamische Systeme in der KI und ihren Nachbarwissenschaften* (Arbeitspapiere der GMD 925). St. Augustin: GMD.

Jaeger, H. (1996). Dynamische Systeme in der Kognitionswissenschaft. *Kognitionswissenschaft, 5*, 151-174.

Jammer, M. (1969), *Concepts of space* (2nd ed.). Cambridge, MA: MIT.

Jansen-Osmann, P. (1999). *Kognition von Distanzen – laborexperimentelle Untersuchungen in virtuellen Umgebungen* (Unveröffentl. Dissertation). Duisburg: Gerhard-Mercator-Universität.

Janzen, G., Herrmann, T., Katz, S. & Schweizer, K (2000). Oblique angled intersections and barriers: Navigating through a virtual maze. In C. Freksa, W. Brauer, C. Habel & K.F. Wender (eds.) *Spatial cognition II – Integrating abstract theories, empirical studies, formal methods, and practical applications* (pp. 277-294). Berlin: Springer.

Janzen, G. (2000). *Organisation räumlichen Wissens. Untersuchungen zur Orts- und Richtungsrepräsentation*. Wiesbaden: DUV.

Jaspers, K. (1981). *Die großen Philosophen*. München: Piper & Co.

Johnson-Laird, P.N. (1983). *Mental models. Towards a cognitive science of language, inference, and consciousness*. Cambridge, MA: Cambridge University Press.

Kahneman, D. (1973). *Attention and effort*. Englewood Cliffs, NJ: Prentice Hall.

Kaplan, S. (1976). Adaption, structure and knowledge. In G.T. Moore & R.G. Golledge (eds.), *Environmental knowing: theories, perspectives, and methods* (pp. 32-45). Stroudsburg, PA: Dowden, Hutchinson & Ross.

Kato, K. (1982). A study on route learning: the simulation technique by videotape presentation. *Tohoku Psychologica Folia, 41*, 24-34.

Katz, S. (2000). *Raumbeschreibung und Raumstruktur*. Der Einfluß der Erwerbsreihenfolge auf die sprachliche Linearisierung. Hamburg: Kovac.

Katz, S., Janzen, G., Schweizer, K. & Herrmann, T. (1999). *Hin- und Zurückfinden beim Routenlernen: Der Einfluß schiefwinkliger Kreuzungskonfigurationen auf die Navigationsleistung* (Arbeiten des Mannheimer Teilprojektes im DFG- Schwerpunktprogramm „Raumkognition", Bericht Nr. 5). Mannheim: Universität Mannheim, Lehrstuhl Psychologie III.

Kintsch, W. (1979). Levels of processing in language material: discussion of the paper by Lachman and Lachman and Perfetti. In L.S. Cermak & F.I.M. Craik, F.I.M (eds.), *Levels of processing in human memory* (pp. 211-222). Hillsdale, NJ: Erlbaum.

Kintsch, W. (1988). The role of knowledge in discourse comprehension: a construction-integration model. *Psychological Review, 95*, 163-182.

Kintsch, W. (1992). A cognitive architecture for comprehension. In H.L. Pick, P. van den Broek & D.C. Knill (eds.), *The study of cognition: conceptual and methodological issues* (pp. 143-164). Washington, DC: APA.

Kintsch, W. (1996). Lernen aus Texten. In J. Hoffmann & W. Kintsch (Hrsg.), *Lernen* (Enzyklopädie der Psychologie, Themenbereich C: Theorie und Forschung, Serie II: Kognition, Bd. 7, S. 503-528). Göttingen: Hogrefe.

Kintsch, W. & Ericsson, A. (1996). Die kognitive Funktion des Gedächtnisses. In D. Albert & K.-H. Stapf (Hrsg.), *Gedächtnis* (Enzyklopädie der Psychologie, Themenbereich C, Theorie und Forschung, Serie II: Kognition, Bd. 4, S. 541-432). Göttingen: Hogrefe.

Kitchin, R.M. (1994). Cognitive maps: what are they and why study them? *Journal of Environmental Psychology, 14*, 1-19.

Kitchin, R. & Freundschuh, S. (2000). *Cognitive mapping: past, present and future*. London: Routledge Frontiers of Cognitive Science.

Klauer, K.C. & Stern, E. (1992). How attitudes guide memory-based judgements: a two process model. *Journal of Experimental Social Psychology, 28*, 186-206.

Klein, W. (1982). Local deixis in route directions. In R.J. Jarvella. & W. Klein (eds.), *Speech, place, and action. Studies in deixis and related topics* (pp. 161-182). Chichester: Wilson & Riley.

Klein, W. (1994). Keine Känguruhs zur Linken – Über die Variabilität von Raumvorstellungen und ihren Ausdruck in der Sprache. In H.-J. Kornadt, J. Grabowski & R. Mangold (Hrsg.), *Sprache und Kognition: Perspektiven moderner Sprachpsychologie* (S. 163-182). Heidelberg: Spektrum.

Klix, F. (1971). *Information und Verhalten. Kybernetische Aspekte der organismischen Informationsverarbeitung*. Berlin: Deutscher Verlag der Wissenschaften.

Klix, F. (1993). *Erwachendes Denken. Geistige Leistungen aus kognitionspsychologischer Sicht*. Heidelberg: Spektrum.

Kluwe, R.H. (1980). *Wissen und Denken*. München: Kohlhammer.

Kluwe, R.H. (1990). Gedächtnis und Wissen. In H. Spada (Hrsg.), *Lehrbuch Allgemeine Psychologie* (S. 115-187). Bern: Huber.

Kohonen, T. (1989). *Self-organization and associative memory*. Berlin: Springer.

Kolers, P.A. (1979). A pattern-analyzing basis of recognition. In L.S. Cermak & F.I.M. Craik (eds), *Levels of processing in human memory* (pp. 363-384). Hillsdale, NJ: Erlbaum.

Koriat, A. (1981). Semantic facilitation in lexical decision as a function of prime-target association. *Memory & Cognition, 9*, 587-598.

Kosslyn, S.M. (1981). The medium and the message in mental imagery: a theory. *Psychological Review*, *88*, 46-66.

Kosslyn, S.M. (1983). *Ghosts in the mind's machine. Creating and using images in the brain*. New York, NY: Norton.

Kosslyn, S.M., Ball, T.M. & Reiser, B.J. (1978). Visual images preserve metric spatial information: evidence from studies of image scanning. *Journal of Experimental Psychology: Human Perception and Performance*, *4*, 47-60.

Kosslyn, S.M., Cave, C.B., Provost, D.A. & Gierke, S.M. (1988). Sequential processes in image generation. *Cognitive Psychology*, *20*, 319-343.

Kosslyn, S.M., Flynn, R.A., Amsterdam, J.B. & Wang, G. (1990). Components of high-level vision: a cognitive neuroscience analysis and accounts of neurological syndromes. *Cognition, 34*, 203-277.

Kosslyn, S.M., Pick, H.L. & Fariello, G. (1974). Cognitive maps in children and men. *Child Development, 67*, 2797-2822.

Kosslyn, S.M., Reiser, B.J., Farah, M.J. & Fliegel, S.L. (1983). Generating visual images: units and relations. *Journal of Experimental Psychology: General, 112*, 278-303.

Krieg-Brückner, B., Röfer, T., Carmesin, H.-O. & Müller, R. (1998). A taxonomy of spatial knowledge for navigation and its application to the Bremen autonomous wheelchair. In C. Freksa, C. Habel & K.F. Wender (eds.), *Spatial cognition. An interdisciplinary approach to representing and processing spatial knowledge* (pp. 373-397). Berlin: Springer.

Kriz, J. (1992). *Chaos und Struktur. Systemtheorie* (Bd. 1). München: Quintessenz.

Kuipers, B. (1978). Modelling spatial knowledge. *Cognitive Science*, *2*, 129-153.

Kuipers, B. (1983). The cognitive map: could it have been any other way? In H.L. Pick & L.P. Acredolo (eds.), *Spatial orientation* (pp. 345-359). New York, NY: Plenum Press.

Kuipers, B. (1998). A hierarchy of qualitative representations for space. In C. Freska, C. Habel und K.F. Wender (eds.), *Spatial cognition. An interdisciplinary approach to representing and processing spatial knowledge* (pp. 337-350). Berlin: Springer.

Lachman, R., Lachman, J.L. & Butterfield, E.C. (1979). *Cognitive psychology and information processing*. Hillsdale, NJ: Erlbaum.

Lakatos, I. (1962). *Infinite regression and foundations of mathematics*. London: The Aristotelian Society.

Lashley, K.S. (1951). The problem of serial order in behavior. In L.A. Jeffress (ed.), *Cerebral mechanics in behavior. The Hixon symposium* (pp. 112-136). New York, NY: Wiley.

Leibniz, G.W. (1904). *Hauptschriften zur Grundlegung der Philosophie* (Bd. 1). Hamburg: Meiner.

Levine, D.S. (1990). *Introduction to neural and cognitive modelling*. Hillsdale, NJ: Erlbaum.

Levine, M. (1982). You-are-here maps: psychological considerations. *Environment and Behavior, 14*, 221-237.

Levine, M., Jankovic, I.N. & Palij, M. (1982). Principles of spatial problem solving. *Journal of Experimental Psychology: General, 11*, 157-175.

Liben, L.S. (1981). Spatial representation and behavior: multiple perspectives. In L.S. Liben, A.H. Patterson & N. Newcombe (eds.), *Spatial representation and behavior across the life span* (pp. 4-36). New York, NY: Academic Press.

Loftus, E.F. (1974). Activation of semantic memory. *American Journal of Psychology, 86,* 331-337.

Loomis, J.M., DaSilva, J.A., Fujita, N. & Fukusima, S.S. (1992). Visual space perception and visually directed action. *Journal of Experimental Psychology: Human Perception and Performance, 18,* 906-921.

Loomis, J.M., DaSilva, J.A., Philbeck, J.W. & Fukusima, S.S. (1996). Visual perception of location and distance. *Current Directions in Psychological Science, 5,* 72-77.

Lowrey, R.A. (1973). A method for analyzing distance concepts of urban residents. In R.M. Downs & D.S. Stea (eds.), *Image and environment. Cognitive mapping and spatial behaviour* (pp. 338-360). Chicago: Aldine.

Luce, R.D. (1986). *Response times. Their role in inferring elementary mental organization.* New York, NY: Oxford University Press.

Lüer, G., Heuermann, R., Lass, U., Becker, D., Fang, Y. & Ma, H. (1993). Encoding and recognition differences between alphabetic and logographic words. *German Journal of Psychology, 3,* 200-226.

Lüer, G., Werner, S. & Lass, U. (1995). Repräsentation analogen Wissens im Gedächtnis. In D. Dörner & E. van der Meer (Hrsg.), *Das Gedächtnis. Probleme – Trends – Perspektiven* (S. 75-125). Göttingen: Hogrefe.

Luhmann, N. (1984). *Soziale Systeme. Grundriß einer allgemeinen Theorie.* Frankfurt/a.M.: Suhrkamp.

Lynch, K. (1960). *The image of the city.* Cambridge, MA: The Technology Press & Harvard University Press.

Mach, E. (1921). *Die Mechanik in ihrer Entwicklung.* Leipzig: Brockhaus.

Mallot, H.A., Gillner, S. & Steck, S. (1999). *View-based vs. place-based navigation: what is recognized in recognition-triggered responses?* Presentation on „Spatial Cognition in real and virtual environments", Tübingen, 27. - 28. April, 1999.

Mandelbrot, B.B. (1987). *Die fraktale Geometrie der Natur.* Basel: Birkhäuser.

Mandler, G. (1967). Organization and memory. In K.W. Spence & J.T. Spence (eds.), *The psychology of learning and motivation* (Vol. 1, pp. 328-371). New York, NY: Academic Press.

Mandler, J. M. (1984). *Stories, scripts, and scenes: aspects of schema theory.* Hillsdale, NJ: Erlbaum.

Mangold, R. (1996). Die Simulation von Lernprozessen in konnektionistischen Netzwerken. In J. Hoffmann & W. Kintsch (Hrsg.), *Lernen* (Enzyklopädie der Psychologie, Themenbereich C: Theorie und Forschung, Serie II: Kognition, Bd. 7, S. 389-444). Göttingen: Hogrefe.

Mangold-Allwinn, R. (1993). *Flexible Konzepte. Experimente, Modelle, Simulationen.* Frankfurt/a.M.: Lang.

Marr, D. (1982). *Vision.* San Francisco: Freeman.

Marsolek, C.I, Kosslyn, S.M. & Squire, L.R. (1992). Form-specific visual priming in the right cerebral hemisphere. *Journal of Experimental Psychology: Learning, Memory, and Cognition, 18,* 492-508.

Masson, M.E.J. (1995). A distributed memory model of semantic priming. *Journal of Experimental Psychology: Learning, Memory, and Cognition, 21,* 3-23.

Matthews, M.H. (1980). The mental maps of children. Images of Coventry´s city centre. *Geography, 65,* 169-179.

Maturana, H.R. & Varela, F.J. (1987). *Der Baum der Erkenntnis: Die biologischen Wurzeln des menschlichen Erkennens.* Bern: Scherz.

May, M. (1992). *Mentale Modelle von Städten. Wissenspsychologische Untersuchungen am Beispiel der Stadt Münster*. Münster: Waxmann.

May, M. (2000). *Kognition im Umraum*. Wiesbaden: DUV.

May, M., Péruch, P. & Savoyant, A. (1995). Navigating in a virtual environment with map-acquired knowledge: encoding and alignment effects. *Ecological Psychology, 7*, 21-36.

May, M. & Wartenberg, F. (1995). Rotationen und Translationen in Umräumen: Modelle und Experimente. *Kognitionswissenschaft, 4*, 142-153.

May, M., Wartenberg, F. & Péruch, P. (1997). Raumorientierung in virtuellen Umgebungen. In R.H. Kluwe (Hrsg.), *Studien zur Kognitionswissenschaft: Strukturen und Prozesse intelligenter Systeme* (S. 15-40). Wiesbaden: DUV.

McClelland, J.L. (1979). On the time relation of mental processes: an estimation o systems of processes in cascade. *Psychological Review, 86*, 287-330.

McClelland, J.L. & Rumelhart, D.E. (1981). An interactive activation model of context effects in letter perception. Part 1: an account of basic findings. *Psychological Review, 88*, 375-407.

McKoon, G. & Racliff, R. (1992). Spreading activation versus compound cue accounts of priming: mediated priming revisited. *Journal of Experimental Psychology: Learning, Memory, and Cognition, 18*, 1155-1171

McNamara, T.P. (1986). Mental representations of spatial relations. *Cognitive Psychology, 18*, 87-121.

McNamara, T.P. (1991). Memory's view of space. In G.H. Bower (ed.), *The psychology of learning and motivation* (pp. 147-186). San Diego: Academic Press.

McNamara, T.P. (1992a). Theories of priming: I. Associative distance and lag. *Journal of Experimental Psychology: Learning, Memory, and Cognition, 18*, 1173-1190.

McNamara, T.P. (1992b). Priming and constraints it places on theories of memory and retrieval. *Psychological Review, 99*, 650-662.

McNamara, T.P. (1994a). Priming and theories of memory: a reply to Ratcliff and McKoon. *Psychological Review, 101*, 185-187.

McNamara, T.P. (1994b). Theories of priming: II. Types of primes. *Journal of Experimental Psychology: Learning, Memory and Cognition, 20*, 507-520.

McNamara, T.P., Altarriba, J., Bendele, M., Johnson, S.C. & Clayton, K. (1989). Constraints on priming in spatial memory: naturally learned versus experimentally learned environments. *Memory & Cognition, 17*, 444-453.

McNamara, T.P. & Diwadkar, V.A. (1997). Symmetry and asymmetry of human spatial memory. *Cognitive Psychology, 34*, 160-190.

McNamara, T.P., Halpin, J.A. & Hardy, J.K. (1992). Spatial and temporal contributions to the structure of spatial memory. *Journal of Experimental Psychology: Learning, Memory, and Cognition, 18*, 555-564.

McNamara, T.P., Hardy, J.K. & Hirtle, S.S.C. (1989). Subjective hierarchies in spatial memory. *Journal of Experimental Psychology: Learning, Memory and Cognition, 15*, 211-227.

McNamara, T.P. & LeSueur, L.L. (1989). Mental representations of spatial and nonspatial relations. *The Quarterly Journal of Experimental Psychology, 41 A*, 215-233.

McNamara, T.P., Ratcliff, R.& McKoon, G.(1984). The mental representation of knowledge acquired from maps. *Journal of Experimental Psychology: Learning, Memory, and Cognition, 10*, 723-732.

Mecklenbräuker, S., Wippich, W., Wagener, M. & Saathoff, J.E. (1998). Spatial information and actions. In C. Freska, C. Habel und K.F. Wender (eds.), *Spatial cognition. An interdisciplinary approach to representing and processing spatial knowledge* (pp. 63-78). Berlin: Springer.

Merrill, A.A. & Baird, J.C. (1987). Semantic and spatial factors in environmental memory. *Memory & Cognition, 15*, 101-108.

Metzger, W. (1975). *Die Gesetze des Sehens*. Frankfurt/a.M.: Kramer.

Meyer, D.E. & Schvaneveldt, R.W. (1971). Facilitation in recognizing pairs of words: evidence of a dependence between retrieval operations. *Journal of Experimental Psychology, 90*, 227-234.

Meyer, D.E., Schvaneveldt, R.W. & Ruddy, M.G. (1975). Loci of contextual effects on visual word recognition. In P. Rabbitt & S. Dornic (eds.), *Attention and Performance* (Vol. V, pp. 98-118). New York, NY: Academic Press.

Miller, G.A. (1956). The magical number seven, plus or minus two: some limits on our capacity for processing information. *Psychological Review, 63*, 81-97.

Miller, G.A. & Selfridge, J.A. (1950). Verbal context and the recall of meaningful material. *American Journal of Psychology, 63*, 176-185.

Minsky, M.A. (1975). A framework for representing knowledge. In P.H. Winston (ed.), *The psychology of computer vision* (pp. 211-277). New York, NY: McGraw Hill.

Moar, I. & Bower, G.H. (1983). Inconsistency in spatial knowledge. *Memory & Cognition, 11*, 107-113.

Moore, G.T. (1973). Developmental differences in environmental cognition. In W.F.E. Preiser (ed.), *Environmental design research* (pp. 232-239). Stroudsburg, PA: Dowden, Huchinson & Ross.

Moore, G.T. (1975). The development of environmental knowledge: An overview of an interactional-constructivistic theory and some data on within individual development variations. In D. Canter & T. Lee (eds.), *Psychology and the built environment* (pp. 184-194). New York, NY: Wiley.

Montello, D.R. (1991). The measurement of cognitive distance: methods and construct validity. *Journal of Environmental Psychology, 11*, 101-122.

Montello, D.R. (1995). *The perception and cognition of environmental distance: processes and knowledge sources* (Unpublished manuscript). Santa Barbara, CA: University of California, Departement of Geography.

Morrow, D.G., Bower, G.H. & Greenspan, S. (1989). Updating situation models during narrative comprehension. *Journal of Memory and Language, 26*, 165-187.

Murdock, B.B. (1960). The distinctiveness of stimuli. *Psychological Review, 67*, 16-31.

Murdock, B.B. (1968). Serial order effects in short-term memory. *Journal of Experimental Psychology: Monograph Supplement, 76*, 1-15.

Murdock, B.B. (1982). A theory for the storage and retrieval of item and associative information. *Psychological Review, 89*, 609-626.

Nebe, J. M., Kröpel, S. & Pütz, M. (1998). Die Stadt in unseren Köpfen. *Standort – Zeitschrift für Angewandte Geographie, 22*, 10-15.

Neely, J.H. (1989). Experimental dissociations and the episodic/semantic memory distinction. In H.L. Roediger III & F.I.M. Craik (eds.), *Implicit memory: new directions in cognition, development and neuropsychology* (pp. 231-260). Hillsdale, NJ: Erlbaum.

Neely, J.H. (1991). Semantic priming effects in visual word recognition: a selective review of current findings and theories. In D. Besner & G.W. Humphreys (eds.), *Basic processes in reading. Visual word recognition* (pp. 264-337). Hillsdale, NJ: Erlbaum.

Neely, J. H. & Keefe, D. E. (1989). Semantic context effects on visual word processing: a hybrid prospective-retrospective processing theory. In G.H. Bower (ed.), *The psychology of learning and motivation* (Vol. 24, pp. 202-248). New York, NY: Academic Press.

Neisser, U. (1974). *Kognitive Psychologie*. Stuttgart: Klett-Cotta.

Neisser, U. (1979). *Kognition und Wirklichkeit. Prinzipien und Implikation der kognitiven Psychologie*. Stuttgart: Klett.

Neisser, U. (1986). Nested structure in autobiographical memory. In D.C. Rubin (ed.), *Autobiographical memory* (pp. 71-82). Cambridge, MA: Cambridge University Press.

Neisser, U. (1987). A sense of where you are: functions of the spatial module. In P. Ellen & C. Thinus-Blanc (eds.), *Cognitive processes and spatial orientation in animal and man* (Vol. II, pp. 293-310). Dordrecht: Martinus Nijhoff.

Neumann, O. (1996). Theorien der Aufmerksamkeit. In O. Neumann & A.F. Sanders (Hrsg.), *Aufmerksamkeit* (Enzyklopädie der Psychologie, Themenbereich C, Theorie und Forschung, Serie II: Kognition, Bd. 2, S. 559-643). Göttingen: Hogrefe.

Newcombe, N. (1982). Sex-related differences in spatial ability: problems and gaps in current approaches. In M. Potegal (ed.), *Spatial abilities: development and physiological foundations* (pp. 223-250). New York, NY: Academic Press.

Newell, A. (1990). *Unified theories of cognition*. Cambridge, MA: Harvard University Press.

Newell, A. & Simon, H.A. (1972). *Human problem solving*. Englewood Cliffs, NJ: Prentice-Hall.

Nigro, G. & Neisser, U. (1983). Point of view in personal memories. *Cognitive Psychology, 15*, 467-482.

Norman, D.A. & Bobrow, D.G. (1979). Memory retrieval: recoverability and discriminability of description. *Cognitive Psychology, 11*, 107-123.

Norman, D.A. & Wickelgren, W.A. (1965). Short-term-recognition-memory for single digits and pairs of digits. *Journal of Experimental Psychology, 70*, 479-489.

O'Keefe, J. & Nadel, L. (1978). *The hippocampus as a cognitive map*. Oxford, UK: Clarendon Press.

Opwis, K. (1992). *Kognitive Modellierung. Zur Verwendung wissensbasierter Systeme in der psychologischen Theoriebildung*. Bern: Huber.

Opwis, K. & Lüer, G. (1996). Modelle der Repräsentation von Wissen. In D. Albert & K.-H. Stapf (Hrsg.), *Gedächtnis* (Enzyklopädie der Psychologie, Themenbereich C, Theorie und Forschung, Serie II: Kognition, Bd. 4, S. 337-432). Göttingen: Hogrefe.

Opwis, K. & Plötzner, R. (1996). *Kognitive Psychologie mit dem Computer*. Heidelberg: Spektrum.

Paillard, J. (1991). Motor and representational framing of space. In J. Paillard (ed.), *Brain and space* (pp. 163-182). Oxford: Oxford University Press.

Paivio, A. (1975a). Coding distinction and repetition effects in memory. In G.H. Bower (ed.), *The psychology of learning and motivation* (Vol. 9. pp. 179-214). New York, NY: Academic Press.

Paivio, A. (1975b). Perceptual comparisons through the mind's eye. *Memory & Cognition, 3*, 635-647.

Palmer, S.E. (1978). Fundamental aspects of cognitive representation. In E. Rosch & B. L. Lloyd (eds.), *Cognition and categorization* (pp. 259-302). Hillsdale, N.J.: Erlbaum.

Park, D.C. & Mason, D.A. (1982). Is there evidence for automatic processing of spatial and color attributes present in pictures and words. *Memory & Cognition, 10*, 76-81.

Perrig, W. & Kintsch, W. (1985). Propositional and situational representations of text. *Journal of Memory and Language, 24*, 503-518.

Perrig, W.J., Wippich, W. & Perrig-Chiello, P. (1993). *Unbewußte Informationsverarbeitung*. Bern: Huber.

Péruch, P. (1999). *Transfer of spatial knowledge between virtual and real environments: which information could be transferred?* Presentation on „Spatial Cognition in real and virtual environments", Tübingen, 27. - 28. April, 1999.

Peterson, L.R. & Peterson, M. (1959). Short-term retention of individual verbal items. *Journal of Experimental Psychology, 58*, 193-198.

Pettersson, R. (1993). Visual Literacy and Infologie. In B. Weidenmann (Hrsg.), *Wissenserwerb mit Bildern* (S. 215-235). Bern: Huber.

Piaget, J.P. (1969). *Das Erwachen der Intelligenz beim Kinde*. Stuttgart: Klett.
Piaget, J.P. (1971). *Psychologie der Intelligenz*. Olten-Freiburg/Bg.: Walter.
Piaget, J.P. & Inhelder, B. (1975). *Die Entwicklung des räumlichen Denkens beim Kinde* (Gesammelte Werke, Band 6). Stuttgart: Klett-Cotta.
Piaget, J.P., Inhelder, B. & Szeminska, A. (1960). *The child's conception of geometry*. New York, NY: Basic Books.
Pick, H.L. & Lockman, J.J. (1981). Frames of references to spatial representations. In L.S. Liben, A.H. Patterson & N. Newcombe (eds.), *Spatial representation and behavior across the lifespan. Theory and application* (pp. 39-61). New York, NY: Academic Press.
Pick, H.L., Montello, D.R. & Somerville, S.C. (1988): Landmarks and the coordination and integration of spatial information. *British Journal of Developmental Psychology, 6*, 372-375.
Pinker, S. (1980) Mental imagery and the third dimension. *Journal of Experimental Psychology: General, 109*, 354-371.
Pirolli, P.L. & Anderson, J.R. (1985). The role of practice in fact retrieval. *Journal of Experimental Psychology: Learning, Memory, and Cognition, 11*, 136-153.
Popp, M. (1999). *Constructing immersive VR`s for the research on human navigational capabilities: which details are necessary which are sufficient?* Presentation on „Spatial Cognition in real and virtual environments", Tübingen, 27. - 28. April, 1999.
Popper, K.R. (1964). Die Zielsetzung der Erfahrungswissenschaft. In H. Albert (Hrsg.), *Theorie und Realität* (S. 29-41). Tübingen: Mohr.
Popper, K.R. (1973). *Objektive Erkenntnis*. Hamburg: Hoffmann & Campe.
Posner, M.I. & Mitchell, R.F. (1967). Chronometric analysis of classification. *Psychological Review, 74*, 392-409.
Posner, M.I. & Snyder, C.R.R. (1975). Attention and cognitive control. In R.L. Solso (ed.), *Information processing and cognition: the Loyola symposium* (pp. 55-85). Hillsdale, NJ: Erlbaum.
Poser, H. (1981). Gottfried Wilhelm Leibniz. In O. Höffe (Hrsg.), *Klassiker der Philosophie* (Bd. 1., S. 378-404). München: Beck.
Post, E.L (1943). Formal reductions of the general combinatorial decision problem. *American Journal of Mathematics, 65*, 197-215.
Presson, C.C., DeLange, N. & Hazelrigg, M.D. (1987). Orientation-specificity in kinaesthetic spatial learning: the role of multiple orientations. *Memory & Cognition, 15*, 225-229.
Pylyshyn, Z.W. (1981). The imagery debate: analogue media versus tacit knowledge. *Psychological Review, 88*, 16-45.
Pylyshyn, Z.W. (1984). *Computation and cognition: toward a foundation for cognitive science*. Cambridge, MA: MIT-Press.
Quillian, M.R. (1967). Word concepts: a theory and simulation of some basic semantic capabilities. *Behavioral Science, 12*, 410-430.
Raajjmakers, J.G.W. & Shiffrin, R.M. (1981). Search of associative memory. *Psychological Review, 88*, 93-134.
Ratcliff, R. (1978). A theory of memory retrieval. *Psychological Review, 85*, 59-108.
Ratcliff, R. & McKoon, G. (1978). Priming in item recognition: evidence for the propositional structure of sentences. *Journal of Verbal Learning and Verbal Behavior, 17*, 403-417.
Ratcliff, R. & McKoon, G. (1981). Does activation really spread? *Psychological Review, 88*, 454-462.
Ratcliff, R. & McKoon, G. (1988). A retrieval theory of priming in memory. *Psychological Review, 95*, 305-408.
Ratcliff, R. & McKoon, G. (1994). Retrieving information from memory: spreading-activation theories versus compound-cue theories. *Psychological Review, 101*, 177-184.

Rehkämper, K. (1990). Mentale Bilder – analoge Repräsentationen. In C. Habel & C. Freksa (Hrsg.), *Repräsentation und Verarbeitung räumlichen Wissens* (S. 47-67). Berlin: Springer.

Rehkämper, K. (1993). Picture yourself in a boat on a river – Über die Bildhaftigkeit mentaler Repräsentationen. *Kognitionswissenschaft, 3,* 117-126.

Rieser, J.J., Guth, D.A. & Hill, E.W. (1986). Sensitivity to perceive structure while walking without vision. *Perception, 15,* 173-188.

Rinck, M. & Bower, G.H (1995). Anaphora resolution and the focus of attention in situation models. *Journal of Memory and Language, 34,* 110-131.

Rinck, M., Hähnel, A., Glowalla, U. & Bower, G.H. (1997). The metrics of spatial situation models. *Journal of Experimental Psychology: Learning, Memory and Cognition, 23,* 622-637.

Rinck, M., Willims, P., Bower, G.H. & Becker, E.S. (1996). Spatial situation models and narrative understanding: some generalizations and extensions. *Discourse Processes, 21,* 23-55.

Rips, L.J., Shoben, E.J. & Smith, E.E. (1973). Semantic distance and verification of semantic relations. *Journal of Verbal Learning and Verbal Behavior, 12,* 1-20.

Römer, H. & Forger, M. (1993). Elementare Feldtheorie: Elektrodynamik, Hydrodynamik, Spezielle Relativitätstheorie. Weinheim: VHC.

Rojas, R. (1993). *Theorie der neuronalen Netze: Eine systematische Einführung.* Berlin: Springer.

Ropohl, G. (1978). Einführung in die allgemeine Systemtheorie. In H. Lenk (Hrsg.), *Systemtheorie als Wissenschaftsprogramm* (S. 9-49). Königstein: Athenäum.

Roskos-Ewoldson, B., McNamara, T.P., Shelton, A.L. & Carr, W. (1998). Mental representations of large and small spatial layouts are orientation dependent. *Journal of Experimental Psychology: Learning, Memory, and Cognition, 24,* 215-226.

Rothermund, K. & Wentura, D. (1998). Ein fairer Test für die Aktivationsausbreitungshypothese: Untersuchungen affektiver Kongruenzeffekte in der Stroop-Aufgabe. *Zeitschrift für Experimentelle Psychologie, 45,* 120-135.

Rothkegel, R., Wender, K.F. & Schumacher, S. (1998). Judging spatial relations from memory. In C. Freska, C. Habel und K.F. Wender (eds.), *Spatial cognition. An interdisciplinary approach to representing and processing spatial knowledge* (pp. 79-106). Berlin: Springer.

Rothwell, D. (1976). Cognitive mapping of the home environment. *Dissertation Abstracts International, 36,* 4758A.

Rouder, J.N., Ratcliff, R. & McKoon, G. (2000). A neural network model of implicit memory for object recognition. *Psychological Science, 11,* 13-19.

Rumelhart, D.E., Lindsay, P.H. & Norman, D.A. (1972). A process model for long-term memory. In E. Tulving & W. Donaldson (eds.), *Organization of memory* (pp. 197-246). New York, NY: Academic Press.

Rumelhart, D. & McClelland, J.L. (1982). An interactive activation model of context effects in letter perception. Part 2: the contextual enhancement effect and some tests and extensions of the model. *Psychological Review, 89,* 60-94.

Rumelhart, D. & Norman, D. (1975). The active structural network. In D. Norman & D. Rumelhart (eds.), *Explorations in cognition* (pp. 35-64). Reading, UK: Freeman.

Rummer, R. (1996). *Kognitive Beanspruchung beim Sprechen.* Weinheim: Psychologie Verlags Union.

Ryan, T.A. & Ryan, M.S. (1940). Geographical orientation. *The American Journal of Psychology, 53,* 204-215.

Sadalla, E.K., Burroughs, W.J. & Staplin, L.J. (1980). Reference points in spatial cognition. *Journal of Experimental Psychology: Human Learning and Memory, 6,* 516-528.

Sadalla, E.K. & Magel, S.G. (1980). The perception of traversed distance. *Environment and Behavior, 12*, 65-79.

Sadalla, E.K. & Montello, D.R. (1989). Remembering changes in direction. *Environment and Behavior, 21*, 346-363.

Sadalla, E.K. & Staplin, L.J. (1980). An information storage model for distance cognition. *Environment and Behavior, 12*, 183-193.

Salthouse, T.A. (1974). Using selective interference to investigate spatial memory representations. *Memory & Cognition, 2*, 749-757.

Sanders, A.F. (1979). Some remarks on mental load. In N. Moray (ed.), *Mental workload. Its theory and measurement* (pp. 41-77). New York, NY: Plenum Press.

Schade, M. (2000). Räumliche Leistungen und Umwegstrategien in Abhängigkeit von der Perspektive in einem virtuellen Labyrinth (Unveröffentl. Diplomarbeit). Mannheim: Universität Mannheim.

Schade, U. (1999). *Konnektionistische Sprachproduktion*. Wiesbaden: DUV.

Schank, R.C. & Abelson, R.P. (1977). Scripts, plans, and knowledge. In P.N. Johnson-Laird & P.C. Wason (eds.), *Thinking. Reading in cognitive sciences* (pp. 421-432). Cambridge, MA: Cambridge University Press.

Schmidt, R. (1996). Die Struktur der Gedächtnisspur. In D. Albert & K.-H. Stapf (Hrsg.), *Gedächtnis* (Enzyklopädie der Psychologie, Themenbereich C: Theorie und Forschung, Serie II: Kognition, Bd. 4, S. 181-260). Göttingen: Hogrefe.

Schmitz, S. (1999). *Wer weiß wohin? Orientierungsstrategien beim Menschen – Geschlechterunterschiede und ihre Hintergründe*. Egelsbach: Hänsel-Hohenhausen.

Schnotz, W. (1994). *Aufbau von Wissensstrukturen*. Weinheim: Beltz-PVU.

Schölkopf, B. & Mallot, H.A. (1995). View-based cognitive mapping and path integration. *Adaptive Behavior, 3*, 311-348.

Schulman, A.I. (1973). Recognition memory and the recall of spatial location. *Memory & Cognition, 1*, 256-260.

Schumann-Hengsteler, R. (1995). *Die Entwicklung des visuell-räumlichen Gedächtnisses*. Göttingen: Hogrefe.

Schweizer, K. (1993). *Biosignale bei induzierter Selbst- und Objektrotation*: Eine Reanalyse (Unveröffentl. Diplomarbeit). Mannheim: Universität Mannheim, Lehrstuhl Psychologie III.

Schweizer, K. (1997). *Räumliche oder zeitliche Wissensorganisation? Zur mentalen Repräsentation der Blickpunktsequenz bei räumlichen Anordnungen*. Lengerich: Pabst Science Publishers.

Schweizer, K., Herrmann, T., Janzen, G. & Katz, S. (1998). The route direction effect and its constraints. In C. Freska, C. Habel und K.F. Wender (eds.), *Spatial cognition. An interdisciplinary approach to representing and processing spatial knowledge* (pp. 19-38). Berlin: Springer.

Schweizer, K., Herrmann, T., Katz, S., Janzen, G., & Trendler, G. (1999). *Überblick und Seitenblick. Untersuchungen zum Distanzschätzen*. (Arbeiten des Mannheimer Teilprojekts im DFG- Schwerpunktprogramm „Raumkognition", Bericht Nr. 3). Mannheim: Universität Mannheim, Lehrstuhl Psychologie III.

Schweizer, K. & Janzen, G. (1996). Zum Einfluß der Erwerbssituation auf die Raumkognition: Mentale Repräsentation der Blickpunktsequenz bei räumlichen Anordnungen. *Sprache & Kognition, 15*, 217-233.

Schweizer, K., Katz, S. & Janzen, G. (2000). Orientierung im Raum – kognitive Grundlagen und sprachliche Realisierungen. *Tourismus Journal – Zeitschrift für tourismuswissenschaftliche Forschung und Praxis, 4, 79-101.*

Segall, M.H., Campell, D.T. & Herskovits, M.J. (1966). *The influence of culture on visual perception*. Indianapolis: Bobbs-Merrill.

Selfridge, O. (1970). Pandemonium: a paradigm for learning. In P.C. Dowell (ed.), *Perceptual learning and adaptation* (pp. 465-478). Harmondsworth: Penguin Books.

Selz, O. (1913). *Über die Gesetze des geordneten Denkverlaufs*. Stuttgart: Spemann.

Selz, O. (1922). *Zur Psychologie des produktiven Denkens und des Irrtums*. Bonn: Cohen.

Siegel, A.W. (1981). The externalization of cognitive maps by children and adults: in search of ways to ask better questions. In L.S. Liben, A.H. Patterson & N. Newcombe (eds.), *Spatial representation and behavior across the life span* (pp. 167-194). New York, NY: Academic Press.

Siegel, A.W. & White, S.H. (1975). The development of spatial representations of large-scale environments. In H.R. Reese (ed.), *Advances in child development and behaviour* (pp. 10-55). New York, NY: Academic Press.

Shannon, C.E. (1938). A symbolic analysis of relay and switching circuits. *Transactions of the American Institute of Electrical Engineers, 57*, 1-11.

Shannon, C.E. & McCarthy, J. (1956) (eds.). *Automata studies: annals of mathematical studies* (34). Princeton, NJ: University Press.

Shepard, R. N. (1975). Form, formation, and transformation of internal representations. In R. Solso (ed.), *Information processing and cognition: The Loyola symposium* (pp. 87-122). Hillsdale, NJ: Erlbaum.

Shepard, R.N. & Metzler, J. (1971). Mental rotation of three-dimensional objects. *Science, 171*, 701-703.

Shiffrin, R.M. (1970). Memory research. In D. Norman (ed.). *Models of human memory* (pp. 375-444). New York, NY: Academic Press.

Shiffrin, R.M. & Schneider, W. (1977). Controlled and automatic human information processing: II. Perceptual learning, automatic attending, and a general theory. *Psychological Review, 84*, 127-190.

Smith, G.A. (1980). Models of choice reaction time. In A.T. Welford (ed.), *Reaction times* (pp. 173-214). London: Academic Press.

Snodgrass, J.G. & Corwin, J. (1988). Pragmatics of measuring recognition memory: application to dementia and amnesia. *Journal of Experimental Psychology: General, 117*, 34-50.

Sperling, G. (1967). Successive approximations to a model for short-term memory. *Acta Psychologica, 27*, 285-292.

Spies, M. (1993). *Unsicheres Wissen*. Heidelberg: Spektrum.

Squire, L.M. & Kandel, E.R. (1999). *Memory. From minds to molecules*. New York, NY: Scientific American Library.

Stachowiak, H. (1973). *Allgemeine Modelltheorie*. Berlin: Springer

Stark; C.E.L. & McClelland, J.L. (2000). Repetition priming of words, pseudowords, and nonwords. *Journal of Experimental Psychology: Learning, Memory, and Cognition, 26*, 945-972.

Steck, S. & Mallot, H.A. (2000). The role of global and local landmarks in virtual environment navigation. *Presence, 9*, 69-83.

Stern, W. (1930). *Studien zur Personwissenschaft. Erster Teil: Personalistik als Wissenschaft*. Leipzig: Barth.

Sternberg, S. (1966). High speed scanning in human memory. *Science, 153*, 652-654.

Sternberg, S. (1969). Memory scanning: mental processing revealed by reaction-time experiments. *American Scientist, 57*, 421-457.

Stevens, A. & Coupe, P. (1978). Distortions in judged spatial relations. *Cognitive Psychology, 10*, 422-437.

Stolz, J.A. (1999). Word recognition and temporal order judgements: semantics turn back the clock. *Canadian Journal of Experimental Psychology, 53*, 316-322.

Ströker, E. (1965). *Philosophische Untersuchungen zum Raum*. Frankfurt/a.M.: Klostermann.

Strohecker, C. (2000). Cognitive zoom: from object to path and back again. In C. Freksa, W. Brauer, C. Habel & K.F. Wender (eds.), *Spatial cognition II – Integrating abstract theories, empirical studies, formal methods, and practical applications* (pp. 1-15). Berlin: Springer.

Sutton, R.S. & Barto, A.G. (1981). Towards a modern theory of adaptive networks: expectation and prediction. *Psychological Review, 88*, 135-170.

Swanson, J.M. & Briggs, G.E. (1969). Information processing as a function of speed versus accuracy. *Journal of Experimental Psychology, 81*, 223-229.

Tack, W.H. (1983). Psychophysische Methoden. In H. Feger & J. Bredenkamp (Hrsg.), *Messen und Testen* (Enzyklopädie der Psychologie, Themenbereich B: Methodologie und Methoden, Serie I: Forschungsmethoden der Psychologie, Bd. 3, S. 346-426). Göttingen: Hogrefe.

Talmy, L. (1983). How language structure space. In H.L. Pick & L.-P. Acredolo (eds.), *Spatial orientation. Theory, research, and application* (pp. 225-282). New York; NY: Plenum Press.

Taylor, H.A. & Tversky, B. (1992a). Descriptions and depictions of environment. *Memory & Cognition, 20*, 483-496.

Taylor, H.A. & Tversky, B. (1992b). Spatial mental models derived from survey and route descriptions. *Journal of Memory and Language, 31*, 261-292.

Thorndyke, P.W. (1981). Distance estimations from cognitive maps. *Cognitive Psychology, 13*, 526-550.

Thorndyke, P.W. & Hayes-Roth, B. (1982). Differences in spatial knowledge acquired from maps and navigation. *Cognitive Psychology, 14*, 560-589.

Tolman, E.C. (1948). Cognitive maps in rats and men. *Psychological Review, 55*, 189-208.

Townsend, J. (1971). A note on the identifiability of parallel and serial processes. *Perception and Psychophysics, 10*, 161-163.

Trendler, G. (1999). *Routenwissen: Cued Recall und Distanzschätzung* (Unveröffentl. Diplomarbeit). Mannheim: Universität Mannheim.

Treisman, A.M. (1988). Features and objects: the fourteenth Bartlett memorial lecture. *The Quarterly Journal of Experimental Psychology, 40A*, 201-237.

Trowbridge, C.C. (1913). On fundamental methods of orientation in imagery maps. *Science, 38*, 888-897.

Truckenbrodt, E. (1983). *Lehrbuch der angewandten Fluidmechanik*. Berlin: Springer.

Tulving, E. (1972). Episodic and semantic memory. In E. Tulving & W. Donaldson (eds.), *Organization of memory* (pp. 381-403). New York, NY: Academic Press.

Tulving, E. (1985). Memory and consciousness. *Canadian Psychologist, 26*, 1-12.

Tulving, E. & Schacter, D.L. (1990). Priming and human memory systems. *Science, 247*, 301-305.

Tversky, B. (1981). Distortions in memory for maps. *Cognitive Psychology, 13*, 407-433.

Tversky, B. & Hemenway, K. (1983). Categories of environmental scenes. *Cognitive Psychology, 15*, 121-149.

Ulrich, R., Stapf, K.-H. & Giray, M. (1996). Faktoren und Prozesse des Einprägens und Erinnerns. In D. Albert & K.-H. Stapf (Hrsg.), *Gedächtnis* (Enzyklopädie der Psychologie, Themenbereich C: Theorie und Forschung, Serie II: Kognition, Bd. 4, S. 95-180). Göttingen: Hogrefe.

Vater, H. (1991). *Einführung in die Raum-Linguistik*. Hürth-Efferen: Gabel.

Velichkovsky, B.M. (1994). Sprache, Evolution und die funktionale Organisation der menschlichen Erkenntnis. In H.-J. Kornadt, J. Grabowski & R. Mangold-Allwinn (Hrsg.), *Sprache und Kognition. Perspektiven moderner Sprachpsychologie* (S. 113-132). Heidelberg: Spektrum.

Wagener, M. & Wender, K.F. (1985). Spatial representations and inference processes in memory for text. In G. Rickheit & H. Strohner (eds.), *Inferences in text processing* (pp. 115-136). Amsterdam: North-Holland.

Wagener-Wender, M. (1993). *Mentale Repräsentation räumlicher Informationen*. Bonn: Holos.

Wagener, M., Mecklenbräuker, S., Wippich, W., Saathoff, J.E. & Melzer, A. (2000). Preparing a cup of tea and writing a letter: do script based actions influence the representation of a real environment? In C. Freksa, W. Brauer, C. Habel & K.F. Wender (eds.), *Spatial cognition II – Integrating abstract theories, empirical studies, formal methods, and practical applications* (pp. 363-386). Berlin: Springer.

Waloszek, G. (1996). Parallele Gedächtnismodelle. In D. Albert & K.-H. Stapf (Hrsg.), *Gedächtnis* (Enzyklopädie der Psychologie, Themenbereich C: Theorie und Forschung, Serie II: Kognition, Bd. 4, S. 261-336). Göttingen: Hogrefe.

Warren, H.C. (1908). Magnetic sense of direction. *Psychological Bulletin, 5*, 376-377.

Weidenmann, B. (1993) (Hrsg.). *Wissenserwerb mit Bildern*. Bern: Huber.

Weizsäcker, v. E.U. (1987). Brückenkonzepte zwischen Natur- und Geisteswissenschaften: Selbstorganisation, offene Systeme und Evolution. *Sozial-ökologische Arbeitspapiere, 17*, 1-27.

Wender, K.-F., Colonius, H. & Schulze, H.-H. (1980). *Modelle des menschlichen Gedächtnisses*. Stuttgart: Kohlhammer.

Wender, K. F. & Wagener, M. (1990). Zur Verarbeitung räumlicher Informationen: Modelle und Experimente. *Kognitionswissenschaft, 1*, 4-14.

Wentura, D. (2000). Dissociative affective and associative priming effects in the lexical decision task: yes versus no responses to word targets reveal evaluative judgement tendencies. *Journal of Experimental Psychology: Learning, Memory, and Cognition, 26*, 456-469.

Werlen, B. (1999). *Zur Ontologie von Gesellschaft und Raum. Sozialgeographie alltäglicher Realisierungen* (Bd. 1). Stuttgart: Steinert.

Werner, S., Krieg-Brückner, B. & Herrmann, T. (2000). Modelling navigational knowledge by route graphs. In C. Freksa, W. Brauer, C. Habel & K.F. Wender (eds.), *Spatial cognition II – Integrating abstract theories, empirical studies, formal methods, and practical applications* (pp. 295-316). Berlin: Springer.

Werner, S., Krieg-Brückner, B., Mallot, H.A., Schweizer, K. & Freksa, C. (1997). Spatial cognition: the role of landmark, route, and survey knowledge in human and robot navigation. In M. Jarke, K. Pasedach & K. Pohl (eds.) *Informatik'97* (pp. 41-50). Berlin: Springer.

Werner, S., Saade, C. & Lüer, G. (1998). Relations between the mental represenation of extrapersonal space and spatial behavior. In C. Freska, C. Habel und K.F. Wender (eds.), *Spatial cognition. An interdisciplinary approach to representing and processing spatial knowledge* (pp. 107-127). Berlin: Springer.

Wertheimer, M. (1912). Experimentelle Untersuchungen über das Sehen von Bewegungen. *Zeitschrift für Psychologie, 61*, 161-265.

Wertheimer, M. (1923). Untersuchungen zur Lehre von der Gestalt II. *Psychologische Forschung, 4*, 301-350.

Wickelgren, W. (1976). Network strength theory of storage and retrieval dynamics. *Psychological Review, 83*, 466-478.

Wickens, C.D. (1992). *Engineering psychology and human performance* (2nd ed.). New York, NY: HarperCollins.

Wiener, N. (1961). *Cybernetics*. Cambridge, MA: MIT-Press.

Willke, H. (1987). *Systemtheorie. Eine Einführung in die Grundprobleme* (2. Aufl.). Stuttgart: Fischer.

Wilton, R.N. (1979). Knowledge of spatial relations: the specification of the information used in making inferences. *Quarterly Journal of Experimental Psychology, 31*, 133-146.

Wippich, W. (1980). *Bildhaftigkeit und Organisation*. Darmstadt: Steinkopff.

Wippich, W. (1984). *Lehrbuch der angewandten Gedächtnispsychologie* (Band 1). Stuttgart: Kohlhammer.

Wippich, W. (1985). *Lehrbuch der angewandten Gedächtnispsychologie* (Band 2). Stuttgart: Kohlhammer.

Wolford, G. (1971). Function of distinct associations for paired-associate performance. *Psychological Review, 78*, 303-313.

Wunderlich, D. (1985). Raum, Zeit und das Lexikon. In H. Schweizer (Hrsg.), *Sprache und Raum: Ein Arbeitsbuch für das Lehren von Forschung* (S. 66-89). Stuttgart: Metzler.

Wunderlich, D. & Herweg, M. (1991). Lokale und Direktionale. In A. v. Stechow & D. Wunderlich (Hrsg.), *Semantik. Ein internationales Handbuch der zeitgenössischen Forschung* (S. 758-785). Berlin: de Gruyter.

Yeap, W. K. (1988). Towards a computational theory of cognitive maps. *Artificial Intelligence, 34*, 297-360.

Zierep, J. (1997). *Grundzüge der Strömungslehre* (6. Aufl.). Berlin: Springer.

Zimmer, H.D. (1993). Modalitätsspezifische Systeme der Repräsentation und Verarbeitung von Information: Überflüssige Gebilde, nützliche Fiktionen, notwendiges Übel oder zwangsläufige Folge optimierter Reizverarbeitung. *Zeitschrift für Psychologie, 201*, 203-235.

Anhang: Auflistung der Objekte und Distraktoren der Priming-Experimente I bis VII

Objekte und Distraktoren der Experimente I bis III

	Topfpflanze		Flasche
	Koffer		Tastatur (Distraktor)
	Telefon		Regal (Distraktor)
	Kamera		Taschenlampe (Distraktor)
	Monitor		Tisch (Distraktor)
	Taschenrechner		Dose (Distraktor)
	Grammophon		Kiste (Distraktor)
	Tesafilmabroller		Stifte (Distraktor)
	Lampe		Bürostuhl (Distraktor)
	Notizblock		Sessel (Distraktor)
	Uhr		

Objekte und Distraktoren der Experimente IV und VII

	Fünfeck		Schmetterling (Distraktor)
	Bombe		Eichhörnchen (Distraktor)
	Pferd		Pfeil (Distraktor)
	Herz		Widder (Distraktor)
	Stift		Hand (Distraktor)
	Vogel		Briefkasten (Distraktor)
	Dreieck		Sonne (Distraktor)
	Schwein		Tropfen (Distraktor)
	Raute		Gift (Distraktor)
	Blume		Uhr (Distraktor)
	Glocke		
	Mond		

Objekte und Distraktoren der Experimente V und VI

 Bürostuhl	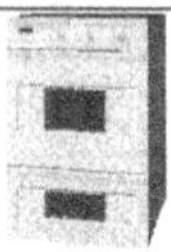 Ofen (Distraktor)
 Kiste	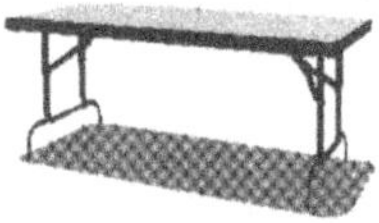 Klapptisch (Distraktor)
 Zeichenbrett	 Hocker (Distraktor)
 Schrank	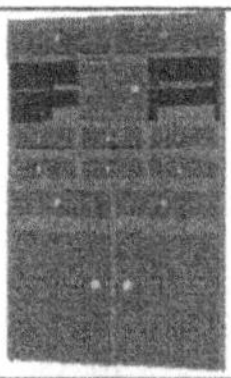 Kommode (Distraktor)
 Schreibtisch	 Tisch (Distraktor)
 Regal	 Tastatur (Distraktor)
 Sessel	
 Topfpflanze	

GPSR Compliance

The European Union's (EU) General Product Safety Regulation (GPSR) is a set of rules that requires consumer products to be safe and our obligations to ensure this.

If you have any concerns about our products, you can contact us on ProductSafety@springernature.com

In case Publisher is established outside the EU, the EU authorized representative is:

Springer Nature Customer Service Center GmbH
Europaplatz 3
69115 Heidelberg, Germany

Batch number: 10809466

Printed by Printforce, the Netherlands